iLike就业Pro/ENGINEER野火5.0
中文版多功能教材

张云杰　白　皛　　等编著

電子工業出版社
Publishing House of Electronics Industry
北京 · BEIJING

内容简介

Pro/ENGINEER是美国PTC公司的标志性软件，该软件已逐渐成为当今世界最为流行的CAD/CAM/CAE软件之一，被广泛应用于电子、通信、机械、模具、汽车、自行车、航天、家电、玩具等各制造行业的产品设计中。Pro/ENGINEER野火5.0中文版是该软件最新的中文版本。本书以Pro/ENGINEER野火5.0中文版为基础，根据用户的实际需求，较为全面地讲解了开发专业实例之前所应掌握的基本知识，共分为9课，以设计实例为主线，详细介绍了设计基础、特征设计、特征操作和编辑、曲面设计、工程图设计、组件装配设计、模具设计、数控加工和钣金件设计等内容。

本书结构严谨，内容翔实，知识全面，可读性强，设计实例实用性强，专业性强，步骤清晰，可以作为设计人员的自学教材，同时也可作为Pro/ENGINEER产品设计和加工培训班的教材。

图书在版编目（CIP）数据

iLike就业Pro/ENGINEER野火5.0中文版多功能教材/张云杰等编著.—北京：电子工业出版社，2011.1
ISBN 978-7-121-12520-1

Ⅰ.①i… Ⅱ.①张… Ⅲ.①机械设计：计算机辅助设计—应用软件，Pro/ENGINEER 5.0—教材 Ⅳ.①TH122

中国版本图书馆CIP数据核字（2010）第240189号

责任编辑：戴 新
印　　刷：北京天竺颖华印刷厂
装　　订：三河市鑫金马印装有限公司
出版发行：电子工业出版社
　　　　　北京市海淀区万寿路173信箱　邮编：100036
　　　　　北京市海淀区翠微东里甲2号　邮编：100036
开　　本：787×1092 1/16　印张：13.75　字数：350千字
印　　次：2011年1月第1次印刷
定　　价：29.00元

凡所购买电子工业出版社图书有缺损问题，请向购买书店调换。若书店售缺，请与本社发行部联系，联系及邮购电话：（010）88254888。

质量投诉请发邮件至zlts@phei.com.cn，盗版侵权举报请发邮件至dbqq@phei.com.cn。
服务热线：（010）88258888。

前　言

Pro/ENGINEER是美国PTC公司的标志性软件，该软件能将设计至生产的过程集成在一起，让所有的用户同时进行同一产品的设计制造工作，它提出的参数化、基于特征、单一数据库、全相关及工程数据再利用等概念改变了MDA（Mechanical Design Automation）的传统观念，这种全新的概念已成为当今世界MDA领域的新标准。自问世以来，由于其强大的功能，现已逐渐成为当今世界最为流行的CAD/CAM/CAE软件之一，被广泛应用于电子、通信、机械、模具、汽车、自行车、航天、家电、玩具等各制造行业的产品设计中。Pro/ENGINEER野火5.0是该软件最新的中文版本，它针对设计中的多种功能进行了大量的补充和更新，使用户可以更加方便地进行三维设计，这一切无疑为广大的产品设计人员带来了福音。

为了使读者能更好地学习Pro/ENGINEER野火5.0中文版的设计功能，同时能够在设计行业就业中凸显优势，笔者根据多年在该领域的设计经验精心编写了本书。本书以Pro/ENGINEER野火5.0中文版为基础，根据用户的实际需求，较为全面地讲解了开发专业实例之前所应掌握的基本知识。本书共分为9课，以设计实例为主线，讲解Pro/ENGINEER功能和知识，详细介绍了设计基础、特征设计、特征操作和编辑、曲面设计、工程图设计、组件装配设计、模具设计、数控加工和钣金件设计等内容。

本书结构严谨、内容丰富、语言规范，实例和讲解侧重于实际设计，实用性强，主要针对使用Pro/ENGINEER野火5.0中文版进行设计和加工的广大初、中级用户，可以作为设计人员的自学教材，同时也可作为Pro/ENGINEER产品设计和加工培训班的教材。

本书由云杰漫步多媒体科技CAX设计教研室组织编写，张云杰、白晶等编著，参加编写的还有汤明乐、尚蕾、张云静、靳翔、金宏平、周益斌、杨婷、马永健等，在此感谢出版社的编辑和老师们的大力协助。

由于时间仓促，在本书编写过程中难免有疏忽之处，在此，笔者对广大读者表示歉意，望广大读者不吝赐教，对书中的不足之处予以指正。

为方便读者阅读，若需要本书配套资料，请登录“北京美迪亚电子信息有限公司”（http://www.medias.com.cn），在“资料下载”页面进行下载。

前　言

Pro/ENGINEER是美国PTC公司的标志性软件，[illegible]

[illegible]MDA（Mechanical Design Automation）[illegible]MDA[illegible]CAD/CAM/CAE软件之[illegible]

[illegible]Pro/ENGINEER[illegible]

为了使读者能够尽快学习Pro/ENGINEER[illegible]

[illegible]Pro/ENGINEER[illegible]

[illegible]Pro/ENGINEER[illegible]

[illegible]

由于时间仓促，[illegible]恳请广大读者批评指正。

为方便读者阅读，若需要本书配套资料，请登录[illegible]（http://www.medias.com.cn），在[illegible]页面进行下载。

目　录

第1课

Pro/ENGINEER野火5.0设计基础

本课知识结构：简单介绍Pro/ENGINEER界面和功能，文件和视角的基本操作，基准特征如基准面、基准轴等的创建，以及零件的草绘设计方法。

就业达标要求：

★ 了解Pro/ENGINEER的基本界面和功能；

★ 能够进行文件基本操作和视角变换；

★ 能够建立基准特征和绘制基本的草图。

本课建议学时：2学时

1.1 Pro/ENGINEER界面和功能介绍

下面来讲解Pro/ENGINEER的界面及其功能。

1.1.1 认识Pro/ENGINEER界面

在Windows XP系统下启动Pro/ENGINEER野火5.0，显示欢迎界面（如图1-1所示）后，进入Pro/ENGINEER的工作界面。

Pro/ENGINEER野火5.0的工作界面如图1-2所示，主要由菜单栏、工具栏、特征工具栏、导航器、工作窗口等组成。除此之外，对于不同的功能模块还可能出现菜单管理器（如图1-3所示）和特征对话框（如图1-4所示），本节将详细介绍这些组成部分的功能。

图1-1 欢迎界面

1. 菜单栏

菜单栏中集合了大量的Pro/ENGINEER操作命令，如图1-5所示，包括文件、编辑、视图、插入、分析、信息、应用程序、工具、窗口和帮助10个菜单项。

2. 工具栏

工具栏一般位于菜单栏的下方，如图1-6所示。用户也可以根据需要自定义工具栏的位置。

工具栏中各按钮的功能与菜单栏中对应的命令功能相同，工具栏中的按钮可以通过【工具】|【定制屏幕】菜单命令进行自定义。

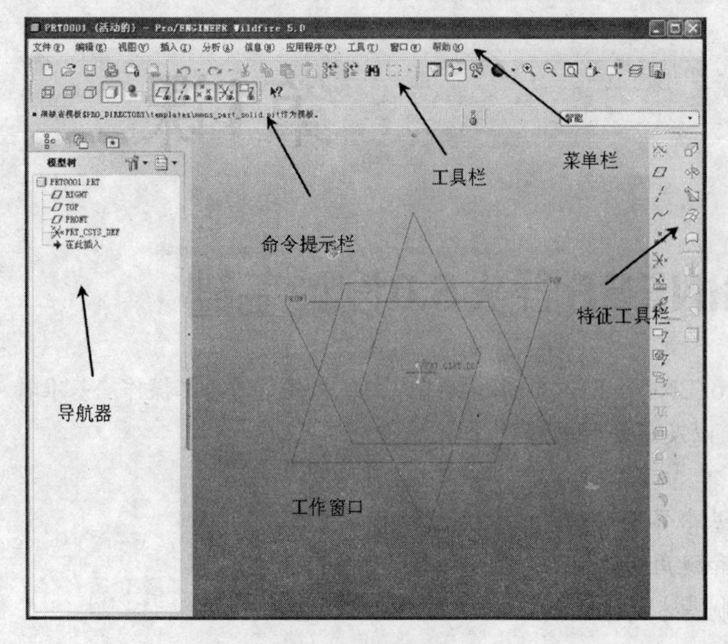

菜单栏
工具栏
命令提示栏
特征工具栏
导航器
工作窗口

图1-2 工作界面

菜单管理器
设置草绘平面
使用先前的
新设置
设置平面
平面
产生基准
退出平面

图1-3 菜单管理器

伸出项：扫描
元素
信息
轨迹
定义
截面
必需的
定义
参照
信息
确定
取消
预览

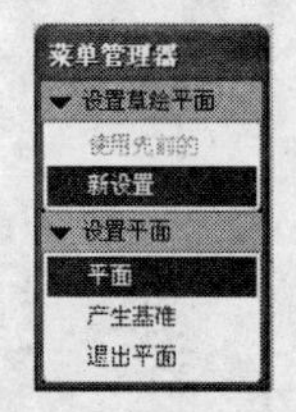

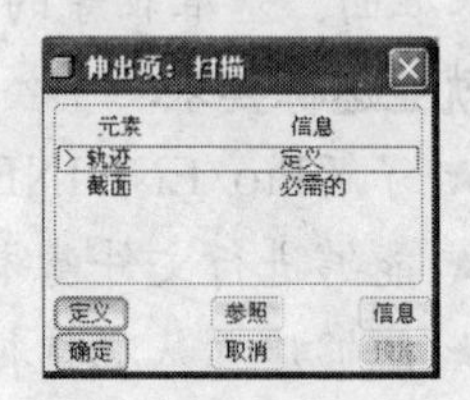

图1-4 特征对话框

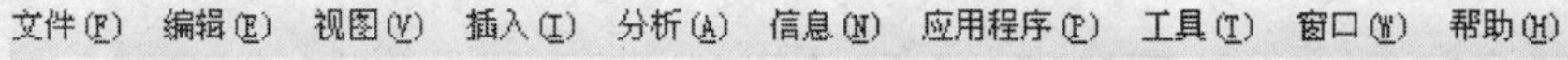

文件(F) 编辑(E) 视图(V) 插入(I) 分析(A) 信息(N) 应用程序(P) 工具(T) 窗口(W) 帮助(H)

图1-5 菜单栏

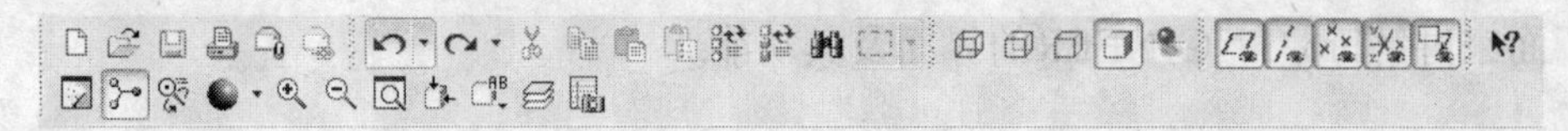

图1-6 工具栏

3. 特征工具栏

特征工具栏一般位于界面的右方，系统默认的特征工具栏如图1-7所示，用户可以根据需要通过【工具】菜单中的【定制屏幕】命令自行定义特征工具栏。特征工具栏中按钮的功能是创建不同的特征，这些将在后面关于创建特征的章节中做详细介绍。

4. 命令提示栏

命令提示栏如图1-8所示，它的主要功能是提示命令执行情况和下一步操作的信息。

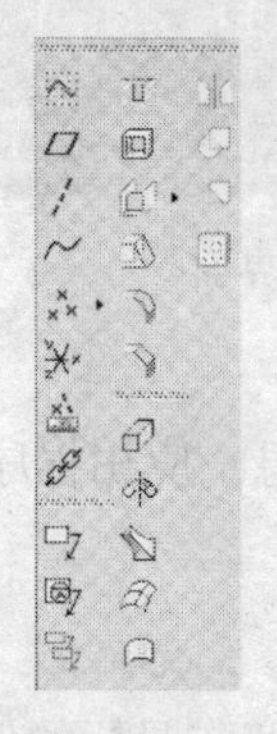

图1-7 特征工具栏

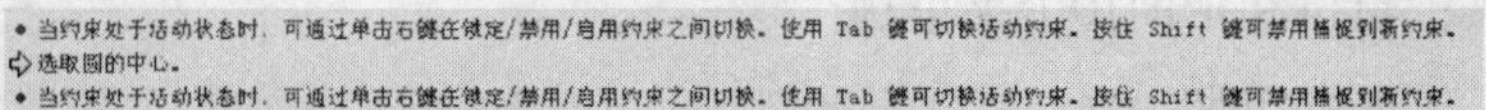

• 当约束处于活动状态时，可通过单击右键在锁定/禁用/启用约束之间切换。使用 Tab 键可切换活动约束。按住 Shift 键可禁用捕捉到新约束。
选取圆的中心。
• 当约束处于活动状态时，可通过单击右键在锁定/禁用/启用约束之间切换。使用 Tab 键可切换活动约束。按住 Shift 键可禁用捕捉到新约束。
选取一个草绘。(如果首选内部草绘，可在 放置 面板中找到"编辑"选项。)

图1-8 命令提示栏

5. 导航器

导航器一般位于界面的左侧，如图1-9所示，单击▌按钮可以收缩或关闭导航器，再次单击按钮可以重新打开导航器。

导航器共包括3个选项卡。

（1）【模型树】选项卡：单击【模型树】标签可以激活【模型树】选项卡，它的主要功能是以树的形式显示模型的各基准、特征等信息。模型树支持用户的编辑操作。

（2）【文件夹浏览器】选项卡：单击【文件夹浏览器】标签将切换到【文件夹浏览器】选项卡，如图1-10所示。在其中选择文件夹后，会在其右边的窗格中显示该文件夹中所有的文件。在右边的窗格中单击鼠标右键可以进行【新建】、【剪切】、【复制】等文件操作。

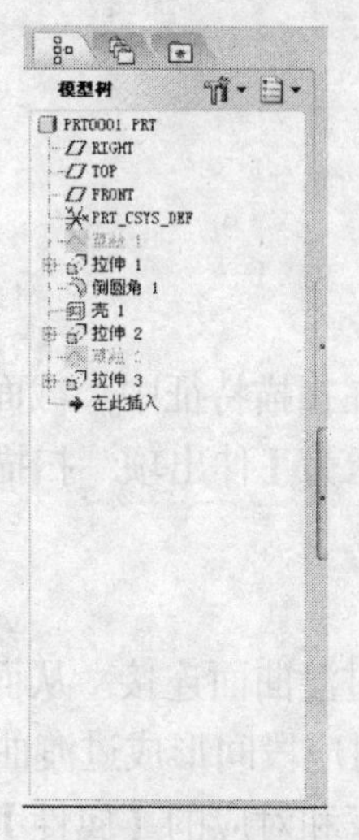

图1-9 导航器

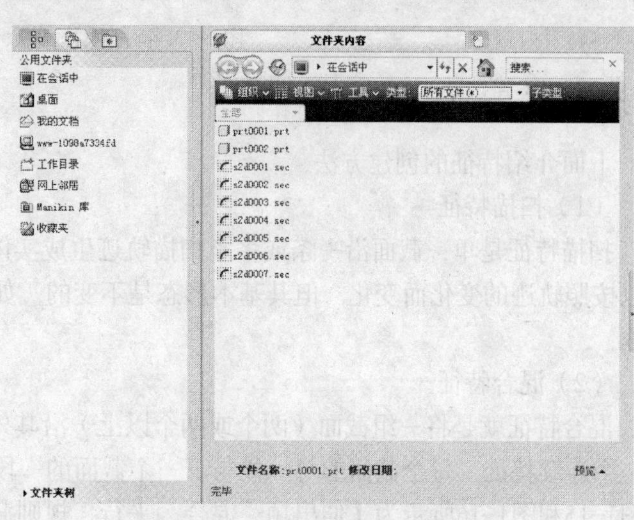

图1-10 【文件夹浏览器】选项卡

（3）【收藏夹】选项卡：单击【收藏夹】标签将切换到【收藏夹】选项卡，如图1-11所示。它的主要功能是收藏用户选定的文件夹，单击【添加收藏夹】按钮可将当前目录添加到收藏夹中，单击【组织收藏夹】按钮可以对收藏夹中的项目进行编辑。

6. 浏览器

浏览器如图1-12所示，通过它可以访问网站和一些在线的目录信息，还可以显示特征的查询信息等，在计算机联网的情况下，启动软件后就会显示浏览器，如不需要访问相关内容，可将其收缩关闭。

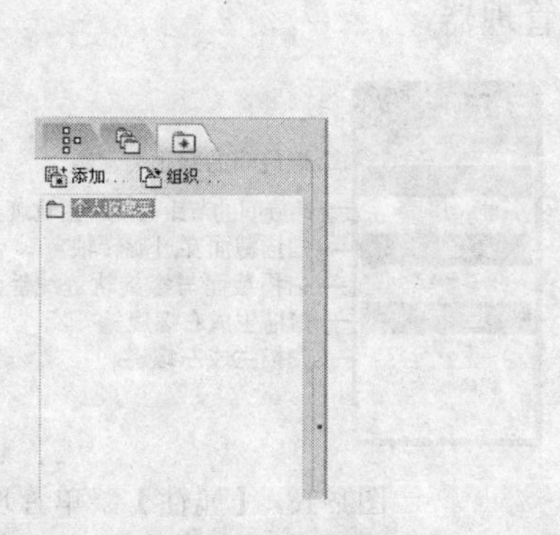

图1-11 【收藏夹】选项卡

图1-12 浏览器

7. 特征操控面板

特征操控面板一般位于工具栏下方，如图1-13所示。它的主要功能是详细定义和编辑所创建特征的参数和参照等，只有部分特征是通过特征操控面板来定义的，例如倒角、拉伸、孔、筋等特征，在后面创建这些特征时再做详细介绍。

图1-13 特征操控面板

1.1.2 特征设计功能

下面介绍特征的创建方法。

（1）扫描特征

扫描特征是单一截面沿一条或多条扫描轨迹生成实体的方法。在扫描特征中，截面虽然可以按照轨迹的变化而变化，但其基本形态是不变的。如图1-14所示为【伸出项：扫描】对话框。

（2）混合特征

混合特征就是将一组截面（两个或两个以上）沿其外轮廓线用过渡曲面连接，从而形成的一个连续特征。每个截面的每一段与下一个截面的一段匹配，在对应段间形成过渡曲面。如图1-15和图1-16所示为【伸出项：混合，平行，规则截面】对话框和对应的【属性】菜单管理器。

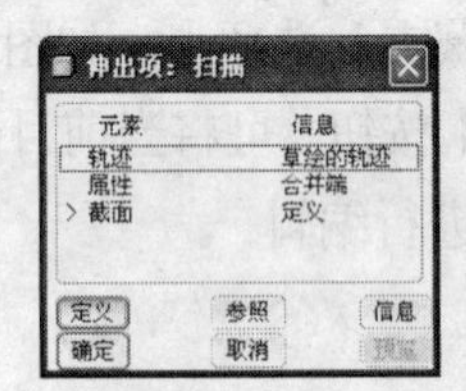

图1-14 【伸出项：扫描】对话框

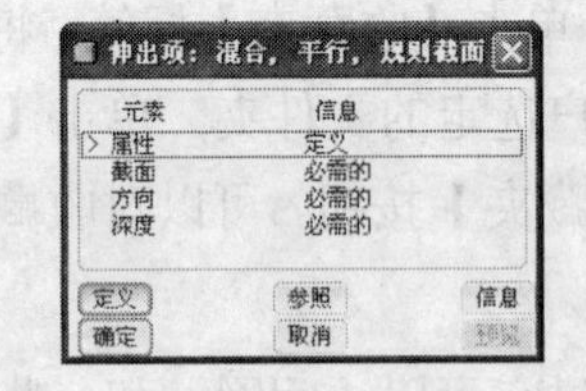

图1-15 【伸出项：混合，平行，规则截面】对话框

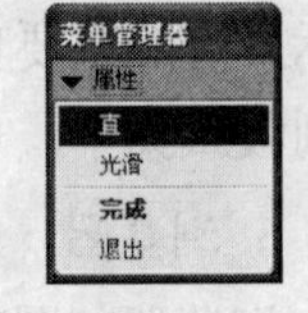

图1-16 【属性】菜单管理器

（3）螺纹特征

对于实体和曲面造型，螺旋扫描方式均可用。螺纹特征是实体造型特征的一种，更确切地说，螺纹特征的创建是螺旋扫描切口操作的具体应用。如图1-17和图1-18所示为【伸出项：螺旋扫描】对话框和对应的【属性】菜单管理器。

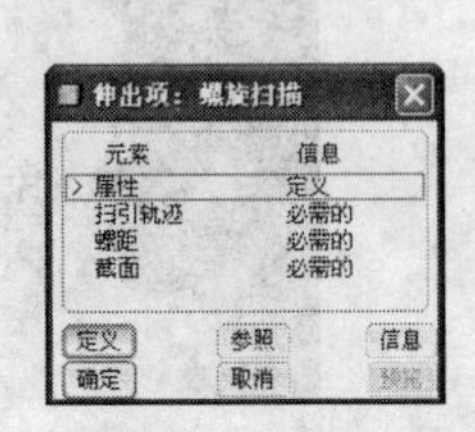

图1-17 【伸出项：螺旋扫描】对话框

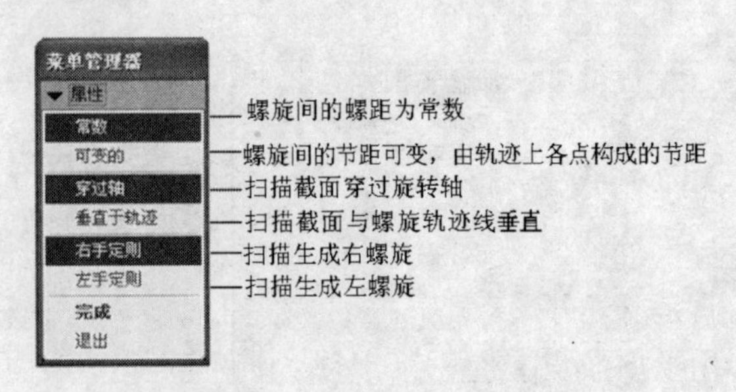

图1-18 【属性】菜单管理器

（4）倒角/圆角特征

在零件模型中添加倒角特征，通常是为了使零件模型便于装配，或者用来防止锐利的边角割伤人。Pro/ENGINEER中的倒角特征分为边倒角和拐角倒角两种类型。边倒角是指在棱边上进行操作的倒角特征。拐角倒角是指在棱边交点处进行操作的倒角特征。在零件模型中添加圆角特征，通常是为了增加零件造型的变化使其更为美观，或者为了增加零件造型的强度。在Pro/ENGINEER中，所有圆角特征的控制选项都放在【圆角特征】操控面板中。

如图1-19所示为【边倒角特征】操控面板。

如图1-20所示为【倒角（拐角）：拐角】对话框，可以进行拐角倒角的操作。

图1-19 【边倒角特征】操控面板

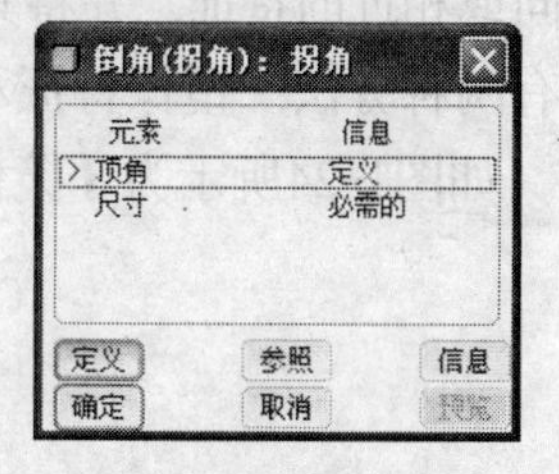

图1-20 【倒角（拐角）：拐角】对话框

如图1-21所示为【圆角特征】操控面板。

图1-21 【圆角特征】操控面板

（5）抽壳特征

抽壳特征是将零件实体的一个或几个表面去除，然后挖空实体的内部，留下一定壁厚的壳的构造方式。如图1-22所示为【壳特征】操控面板。

图1-22 【壳特征】操控面板

（6）孔特征

Pro/ENGINEER中的孔特征分为直孔和标准孔两大类，直孔又可细分为简单孔和草绘孔两种。

直孔：最简单的一类孔特征。

标准孔：由系统创建的基于相关工业标准的孔，可带有标准沉孔、埋头孔等不同的末端形状。

（7）筋特征

筋特征又称为“加强肋”特征，是实体曲面间连接的薄翼或腹板伸出项，对零件外形尤其是薄壳外形有提升强度的作用。筋特征的外形通常为薄板，位于相邻实体表面的连接处，用于加强实体的强度，也常用于防止实体表面出现不需要的折弯。如图1-23所示为【轨迹筋特征】操控面板。

图1-23 【轨迹筋特征】操控面板

1.1.3 特征操作和编辑功能

（1）特征复制概述

特征复制操作是将零件模型中单个特征、数个特征或组特征通过复制操作产生与原特征相同或相近的特征，并将其放置到当前零件的指定位置上的一种特征操作方法。特征复制操作有两种方法：镜像特征和复制特征。

如图1-24所示为【镜像特征】操控面板。

图1-24 【镜像特征】操控面板

如图1-25所示为【复制特征】菜单管理器。

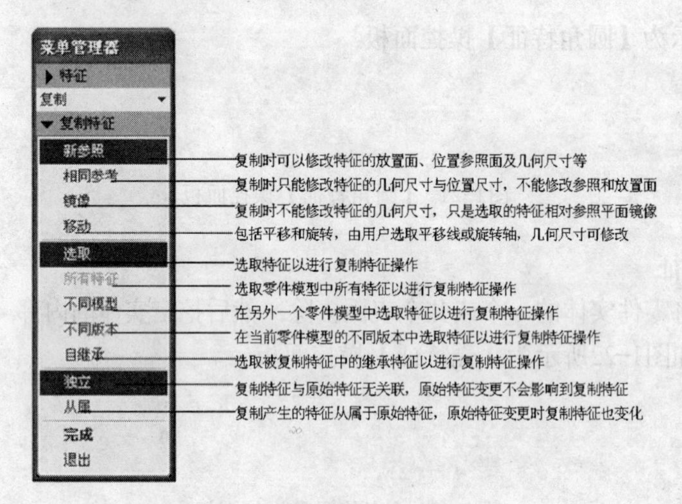

图1-25 【复制特征】菜单管理器

（2）阵列

特征的阵列是将一定数量的几何元素或实体按照一定的方式进行规律有序的排列。

先创建一个父特征，然后根据所选取的阵列方式，按照一定设计意图可以生成与父特征相同或相似的子阵列特征，它是一种特殊的特征复制。如图1-26所示为【阵列特征】操控面板。

图1-26 【阵列特征】操控面板

（3）重定义特征

Pro/ENGINEER是基于特征的参数化设计系统，其零件模型是由一系列的特征组成的。在完成零件模型的设计后，如果某个特征不符合设计要求，便可以对该特征进行重新定义，使其达到设计要求。重定义是指重新定义特征的创建方式，包括特征的几何数据、绘图平面、参照平面和二维截面等。可以通过两种方式来重新定义特征，一是使用快捷菜单，另一种是使用菜单命令。

（4）特征的重新排序

在Pro/ENGINEER系统中，实体特征是按照生成顺序在已有的特征上逐渐加入新的特征，它允许在已建立的多个特征中，重新排列各个特征的生成顺序。但不同的添加顺序会产生不同的效果，从而增强设计的灵活性。在对实体上的特征进行重新排序时，应注意特征之间的父子关系，生成顺序的调整仅能在同级别的子特征之间进行，而父特征不能移到子特征之后，同样子特征也不能移到父特征之前。

（5）特征的重定参照

特征的重定参照是指重新定义特征构建时所选择的参照，让用户可以选取新的绘图平面、特征放置面或尺寸标注参照面等。当两个特征间有父子关系时，如果对父特征进行修改，则其子特征的生成就会受影响，且使其修改困难。对特征重定参照，能够改变特征间的父子关系，可以方便地进行特征的修改。

（6）程序设计

在Pro/ENGINEER中通过程序设计就可以控制零件模型中特征的出现与否、尺寸的大小及装配组件中零件的出现与否、零件个数等。如图1-27所示为【程序】菜单管理器，在菜单管理器中选择相应的选项，即可进入程序环境。

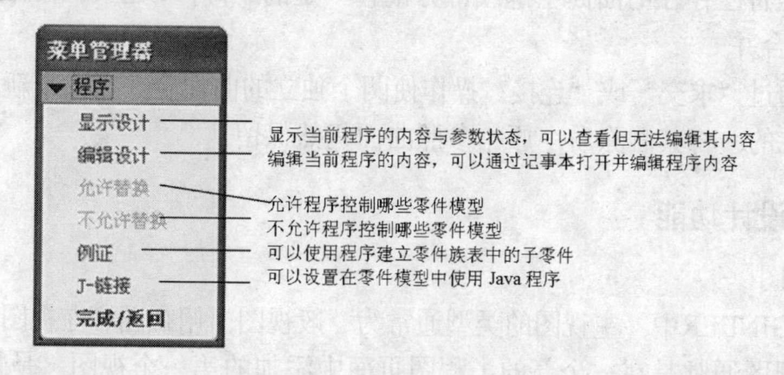

图1-27 【程序】菜单管理器

1.1.4 曲面设计功能

（1）简单曲面

多数简单曲面的创建均与相应的实体创建方法相似。

（2）可变截面扫描

可变截面扫描用于创建一个截面变化的模型，扫描截面沿着扫描轨迹线进行扫描，在扫描过程中，截面的形状和大小随着轨迹线和轮廓线的变化而发生改变。丰富的控制属性和可以预见的结果形状使它能在更多的环境下发挥功能。

（3）扫描混合曲面

创建扫描混合曲面特征与创建扫描混合实体特征的区别是在【扫描混合特征】操控面板中单击【创建曲面】按钮，其创建的方法与生成扫描混合实体的方法类似。

（4）边界混合曲面

当需要建立的零件没有明显的剖面和轨迹时，常以基准曲线的各种方法先创建出曲面的边界线，然后再用边界生成边界曲面。如图1-28所示为【边界混合工具】操控面板。

图1-28 【边界混合工具】操控面板

（5）自由曲面

自由曲面特征可以方便迅速地创建形式自由的曲线和曲面，它可以包含无数的曲线和曲面，并能够将它们组合成为一个超级特征。自由曲面主要包括：

边界曲面：创建边界曲面需要有矩形或三角形边界曲线，还可以选择内部曲线的一组主曲线定义曲面的边界。

放样曲面：由指向同一方向的一组非相交曲线创建。

混合曲面：由一条或两条主曲线和至少一条交叉曲线创建，交叉曲线是与一条或多条主曲线相交的曲线。

（6）填充曲面

填充曲面是通过填充同一个平面上的封闭图形而建立的曲面。

（7）曲面偏移

曲面偏移是将已存在的曲面全部或部分偏移一定的距离，以生成新的曲面。

（8）曲面合并

曲面合并通过“求交”或“连接”操作使两个独立的曲面合并为一个新的曲面面组，该面组是单独存在的，将其删除后，原始参照曲面仍然保留。

1.1.5 工程图设计功能

（1）三视图

在Pro/ENGINEER中，主视图的类型通常为一般视图，俯视图和左视图的类型通常为投影视图。一般视图通常是在一个新的工程图页面中添加的第一个视图，是最容易变动的视图，可以根据设置对其进行缩放和旋转。如图1-29所示为【绘图视图】对话框。

（2）剖视图

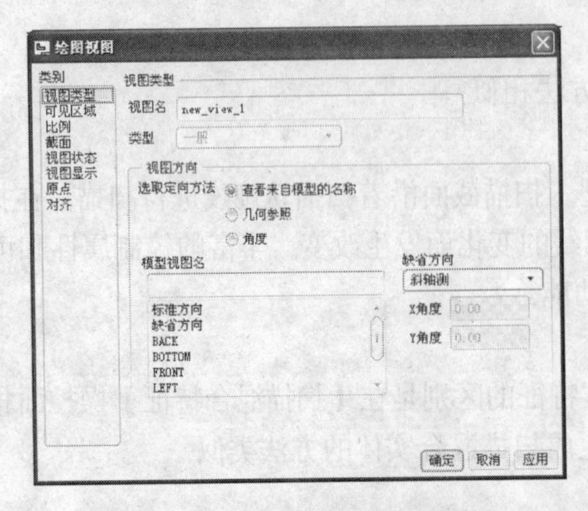

图1-29 【绘图视图】对话框

机械制图中的剖视图有多种形式，如全剖视图、半剖视图、局部剖视图等。在【绘图视图】对话框的“类别”列表框中选择【截面】选项，可以创建不同类型的剖视图，如图1-30所示。

（3）特殊视图

特殊视图主要包括旋转视图、辅助视图和详细视图等。

旋转视图是现有视图的一个剖面绕切割平面投影并旋转90°后生成的视图，如图1-31所示。在零件模型中创建的剖面可用做切割平面，或者在生成旋转视图时即时创建一个切割平面。

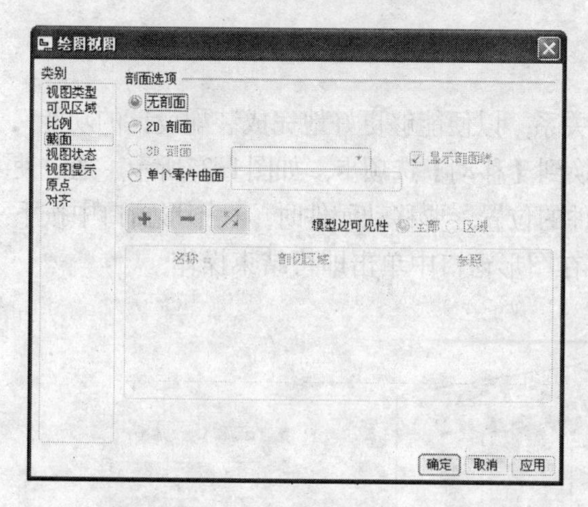

图1-30 设置截面选项

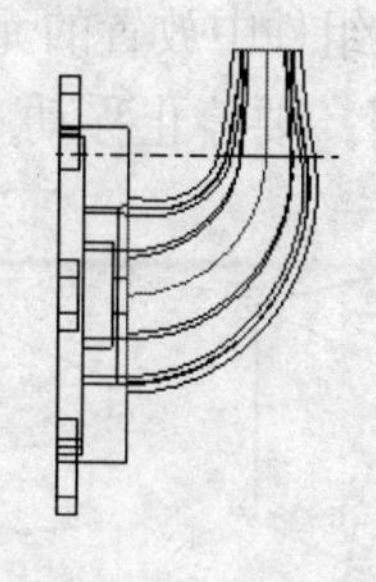
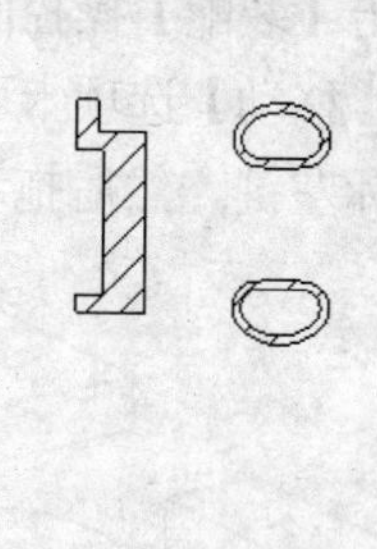

图1-31 旋转视图

辅助视图通常用于表达模型中的倾斜部分，是将倾斜部分以垂直角度向选定曲面或轴进行投影后生成的视图，是一种投影视图，如图1-32所示。选定曲面的方向确定投影通道。父视图中的参照必须垂直于屏幕平面。

详细视图通常用于表达模型中局部的详细情况，如图1-33所示。

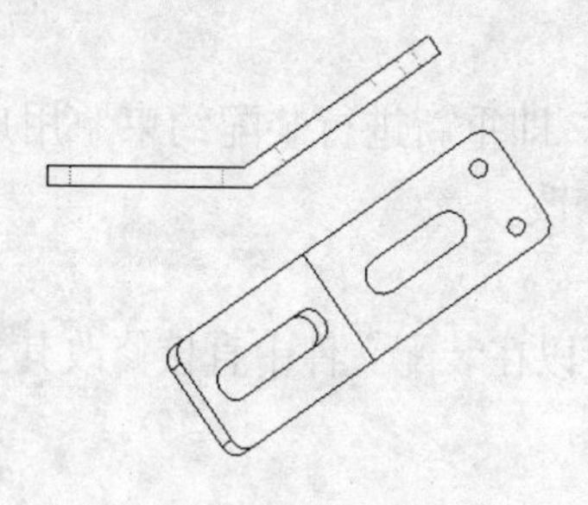

图1-32 辅助视图示例

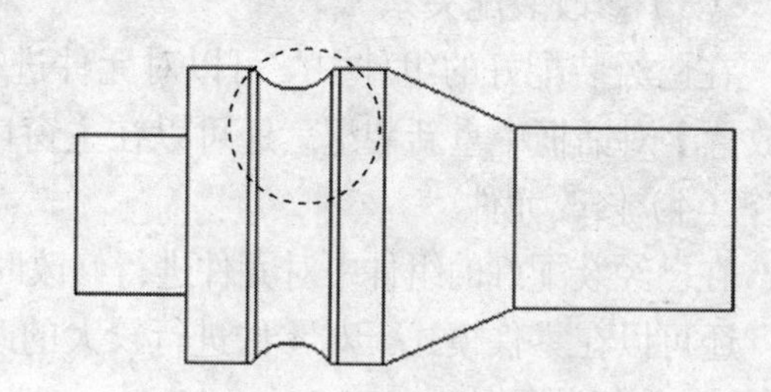

图1-33 详细视图示例

1.1.6 装配设计功能

（1）零件装配约束

在装配零件的过程中，为了将每个零件固定在装配体上，需要确定零件之间的装配约束，以确定零件之间的关系。下面主要介绍配对、对齐、插入等约束类型。配对是指面与面相结合，并且两平面是相对的，如图1-34所示。

对齐是指两平面互相对齐、两条轴线同轴或使两圆弧或圆的中心线成一直线。当两平面互相对齐时，两平面法向朝向同一方向，如图1-35所示，而不是像配对约束朝向相对。平面之间的距离取决于这两个平面是否重合对齐，或者有偏距。

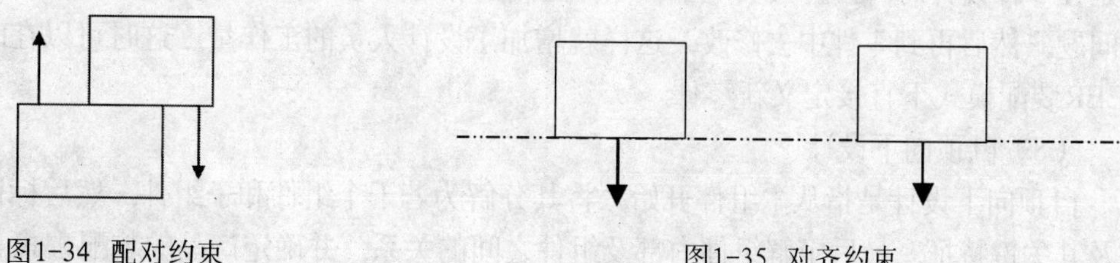

图1-34 配对约束　　图1-35 对齐约束

插入约束可以将一个旋转曲面插入另一个旋转曲面中，并且旋转曲面的各个轴线同轴，如图1-36所示。

（2）调整组件

在装配的过程中需要精确调节元件的位置关系，以便能够更好地完成装配设计的功能。单击【装配】操控面板中的【移动】标签，切换到【移动】选项卡，如图1-37所示。通过使用【移动】选项卡可调节要在组件中放置的元件的位置，要移动元件时，在图形窗口中按下鼠标左键，然后拖动鼠标即可。要停止移动，在图形窗口中单击即可结束操作。

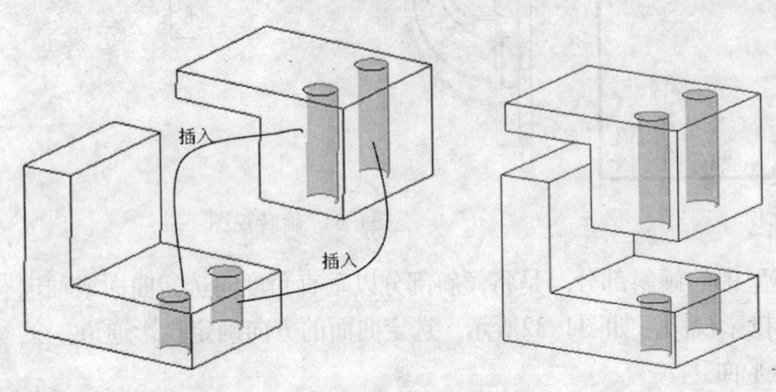

图1-36 插入约束

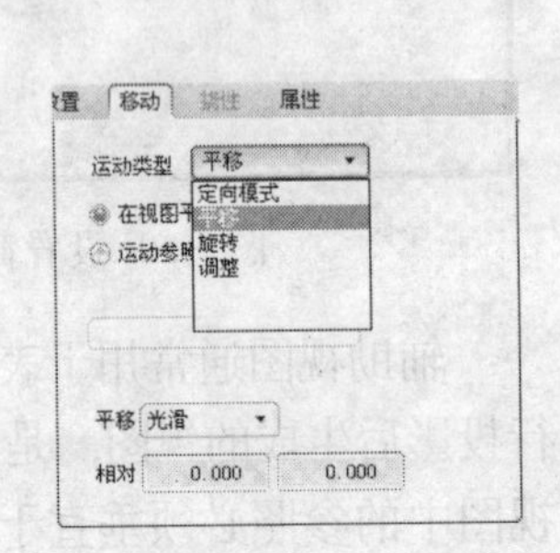

图1-37 【移动】选项卡

（3）修改装配关系

在已经装配好的组件中，可以对元件进行再修改，即重新进行装配约束。用户可以在【放置】对话框中重新装配，还可以在主窗口中直接修改。

（4）修改元件

在已经装配好的组件中对元件进行修改时，除了可以在装配文件中直接修改其主要尺寸外，还可以在零件模式下对零件进行较大的改动。

（5）复制元件

所谓复制，就是将一个原始元件沿着用户所选的坐标系平移一定的距离，并指定间隔此距离所要产生的个数，同时还可以对所复制的元件旋转一定的角度，以此一次性地产生多个完全相同的元件装配效果。组件复制有两种方式，即复制方式和阵列复制方式。

（6）插入装配特征

所谓装配特征，在Pro/ENGINEER中也叫组件特征，就是专门在装配中定义的特征，这种特征只能是减材料特征。相对于实际的装配，可以理解为在实际的装配完成后进行的打孔、切口以及开槽等不在零件中操作的特征。

（7）创建实体零件及特征

在传统的产品设计中，都是首先将所有的零件制作完成，最后再生成装配，这样做的缺点是在零件设计时，设计人员对于各零件之间的相互关系比较难以把握，常常在装配时才发现问题，然后再到零件中去修改，这样就增加了设计人员的工作量。这时可以在Pro/ENGINEER装配模式下直接定义新零件。

（8）自顶向下设计

自顶向下设计是指从主组件开始，将其分解为若干个组件和子组件，然后标识主组件元件及其关键特征，最后了解组件内部及组件之间的关系，并确定产品的装配方式。掌握了这些信息，就能规划设计并在模型中体现总体设计意图。自顶向下装配设计可以分为骨架设计和布局设计等设计方法，这些方法非常有利于灵活地进行复杂的装配设计。

1.1.7 模具设计功能

Pro/ENGINEER中的模具设计模块能帮助设计人员创造复杂曲面、精密公差以及所需的模具嵌件等其他特征，以确保各种模具能高效地制造出精确的零件。模具是产品成型的关键工艺设备，这是因为在现代制品生产中，正确的加工工艺、高效率的设备、先进的模具是影响制品生产的三大重要因素。

选择【文件】|【新建】菜单命令或单击【文件】工具栏中的【新建】按钮□，系统将出现【新建】对话框。Pro/ENGINEER中模具设计模块属于制造类型，所以新建模具设计文件时应在【新建】对话框中选取“制造”类型，子类型为“模具型腔”，如图1-38所示。

如果取消启用【使用缺省模板】复选框，则单击【确定】按钮后，会出现如图1-39所示的【新文件选项】对话框，在对话框中选用相应的模板，然后单击【确定】按钮，即可进入模具设计环境。

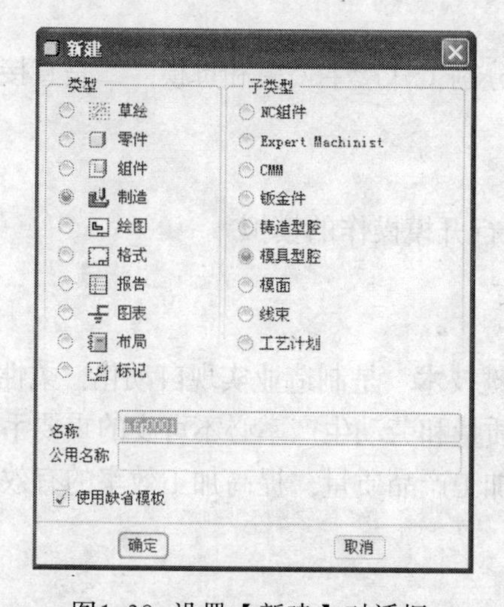

图1-38 设置【新建】对话框

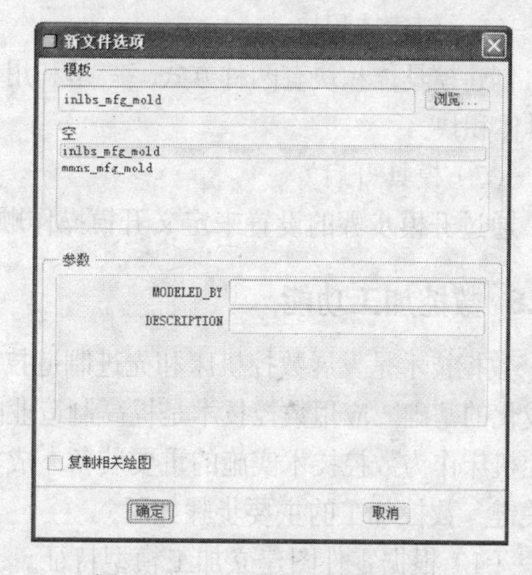

图1-39 【新文件选项】对话框

Pro/ENGINEER中模具设计模块的工作界面与其他模块一样，包括命令栏、工具栏、信息窗口、绘图窗口及联机帮助窗口等几部分，其操作方式也基本相同。模具设计环境工作界面窗口右侧是含有图标的工具栏，其图标的排列顺序与后面将要介绍到的模具设计基本流程大致相同，按照此工具栏的命令顺序从上而下操作，便可以完成模具的设计。

模具设计的流程如下。

（1）创建零件成品

首先需要在零件模块或组件模块创建零件成品，即用于拆模的零件模型。也可以在其他CAD软件中创建零件成品，再通过文件交换将其三维造型数据输入Pro/ENGINEER中，但使用这种方法有可能因为精度差异而产生几何问题，进而影响到后面的拆模操作。

（2）模具装配

进入模具设计模块，首先需要进行的操作便是模具装配，即将零件成品与工件装配在一起。模具设计的装配环境与零件装配环境相同，同样通过约束条件的添加、设置来进行装配操作。这里的工件可以事先创建，也可在装配过程中创建。

（3）模具检验

为了确认零件成品的厚度及拔模角是否符合设计需求，在开始拆模前必须先检验模型的厚度、拔模角等几何特征。若零件成品不满足设计需求，应返回零件设计模块进行修改。

（4）设置收缩率

不同的材料在射出成形后会有不同程度的体积变化，为了弥补此体积变化的误差，需要在模具设计模块设定零件成品的收缩率。

可以分别对*X*、*Y*、*Z*三个坐标轴设置不同的收缩率，也可以对某个特征或尺寸进行个别设置。

（5）创建分型面

采用分割的方式创建公模和母模，需要创建一个曲面特征作为分割的参考，这个曲面特征就是分型面。创建分型面与创建一般曲面特征相同。

如果零件成品的外形比较复杂，其分型面也会比较复杂，因此对于分型面的创建需要熟练掌握曲面特征的操作。

（6）创建体积块

创建模具体积块有两种方式，一是利用分型面分割工件产生公模和母模；二是直接创建模具体积块。

（7）模具开启

通过开模步骤的设置来定义开模操作顺序，进行开模操作的模拟。

1.1.8 数控加工功能

数控技术是发展数控机床和先进制造技术的关键技术，是制造业实现自动化、柔性化、集成化的基础，应用数控技术是提高制造业的产品质量和劳动生产率必不可少的重要手段。数控机床作为数控技术实施的重要装备，成为提高加工产品质量、提高加工效率的有效保证和关键。数控加工的主要步骤如下。

（1）根据零件图建立加工模型特征。

（2）设置被加工零件的材料、工件的形状与尺寸。

（3）设计加工机床参数，确定加工零件的定位基准面、加工坐标系和编程原点。

（4）选择加工方式，确定加工零件的定位基准面、加工坐标系和编程原点。

（5）设置加工参数（如机床主轴转速、进给速度等）。

（6）进行加工仿真，修改刀具路径达到最优。

（7）后期处理生成NC代码。

（8）根据不同的数控系统对NC做适当的修改，将正确的NC代码输入数控系统，驱动数控机床运动。

1.2 文件和视角基本操作

下面通过一个具体的设计实例来介绍Pro/ENGINEER基础的操作。该实例要求进行一些文件的基本操作，然后对三维视角进行控制。本例主要内容是对零件图进行视图的重定向操作，并为其设置外观，最后保存副本。完成的零件图如图1-40所示。

1.2.1 打开文件

（1）在桌面上双击图标，启动Pro/ENGINEER。

（2）单击【打开】按钮，打开如图1-41所示的【文件打开】对话框，选择名称为“shijiao01”的文件，单击【打开】按钮，打开如图1-42所示的零件。

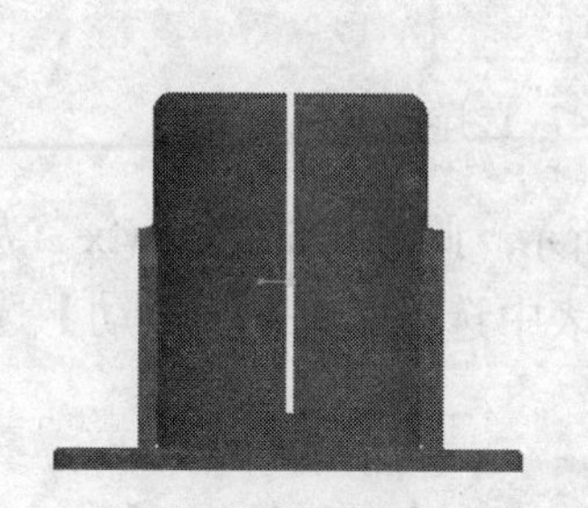

图1-40 实例图

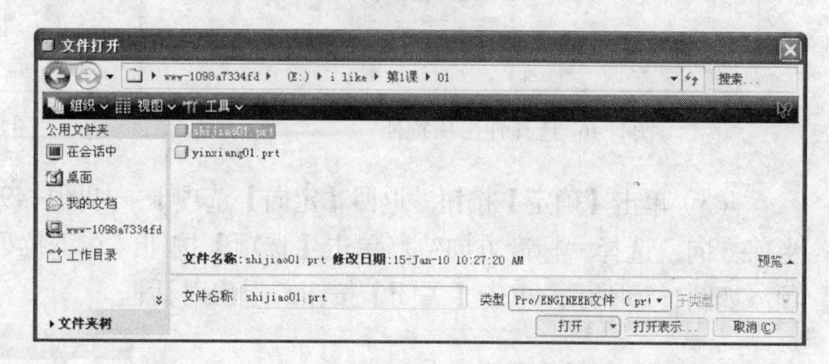

图1-41 【文件打开】对话框

1.2.2 重定向视图

（1）单击视图工具栏中的【视图管理器】按钮，打开如图1-43所示的【视图管理器】对话框，单击【定向】标签，切换到【定向】选项卡，单击【新建】按钮，输入名称“Viewfx”，按下Enter键，如图1-44所示。

图1-42 打开的零件图

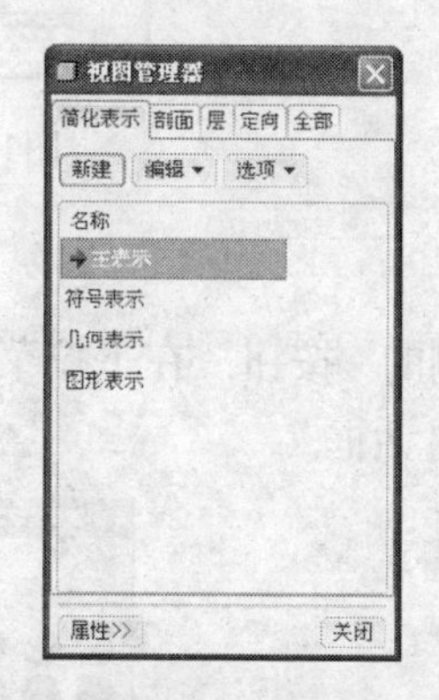

图1-43 【视图管理器】对话框

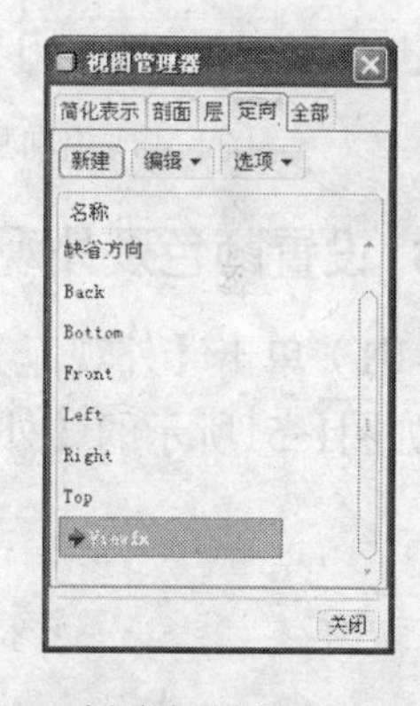

图1-44 创建新的方向“viewfx”

（2）单击【编辑】按钮，在下拉列表中选择【重定义】选项，如图1-45所示，打开【方向】对话框，选择【类型】为【按参照定向】，选择【参照1】的方向为【左】，单击【选取参照】按钮，然后在绘图区选择伸出项特征，如图1-46所示。选择【参照2】的方向为【下】，单击【选取参照】按钮，然后在绘图区选择如图1-47所示最下面的拉伸特征，定向后的效果如图1-48所示。

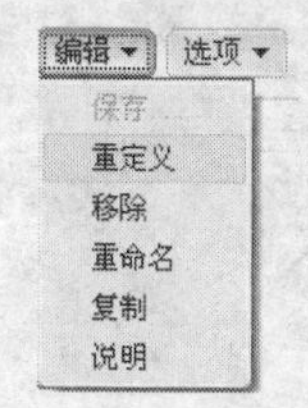

图1-45 选择【重定义】选项

图1-46 选择伸出项特征

图1-47 选择拉伸特征

（3）单击【确定】按钮，返回【定向】选项卡，如图1-49所示，此时方向“Viewfx”为当前方向，选择“标准方向”，单击【选项】按钮，在下拉列表中选择【设置为活动】选项，如图1-50所示，单击【关闭】按钮，退出对话框。

图1-48 定向后的效果

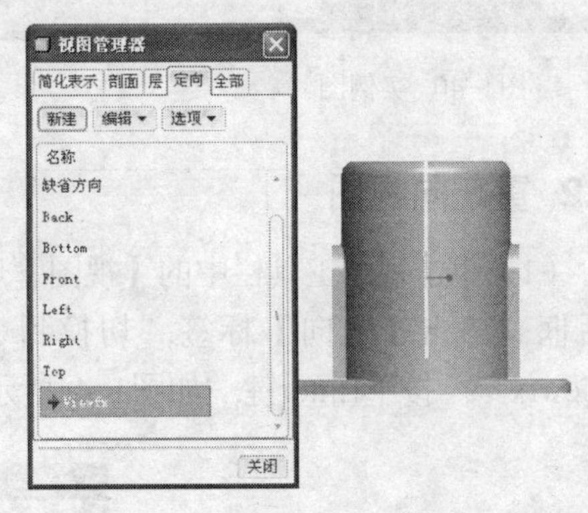

图1-49 返回【定向】选项卡

1.2.3 设置颜色及外观

（1）单击【外观库】按钮右侧的按钮，在下拉菜单中选择【外观管理器】选项，打开如图1-51所示的【外观管理器】对话框。

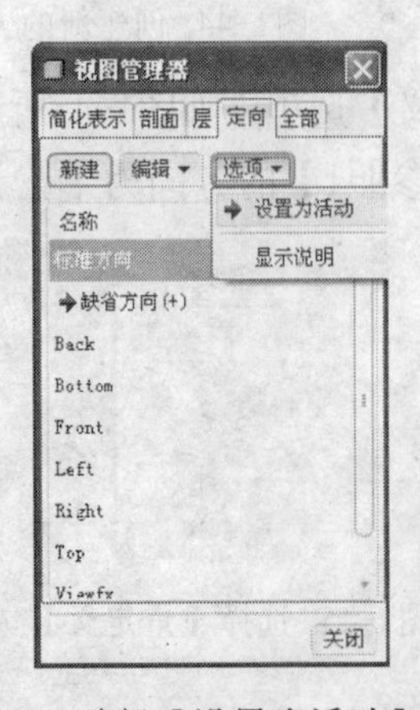

图1-50 选择【设置为活动】选项

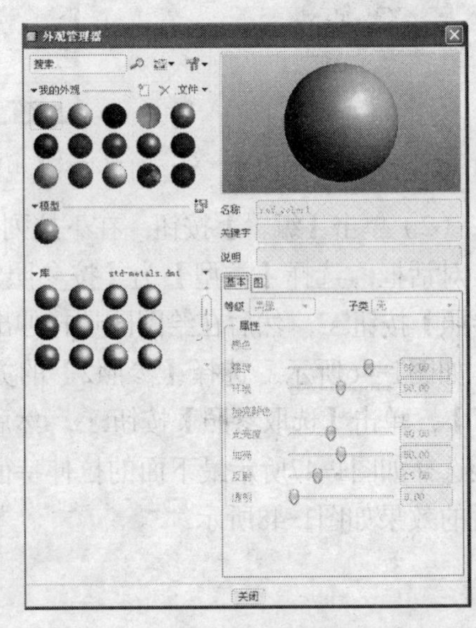

图1-51 【外观管理器】对话框

（2）在【我的外观】选项组中选择名称为【ptc-metallic-blue】的外观球，如图1-52所示。

（3）在对话框右侧的【等级】下拉列表中选择【金属】选项，如图1-53所示。

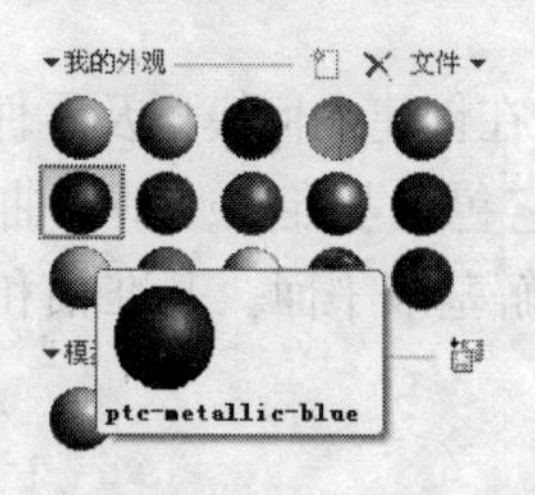

图1-52 选择外观球

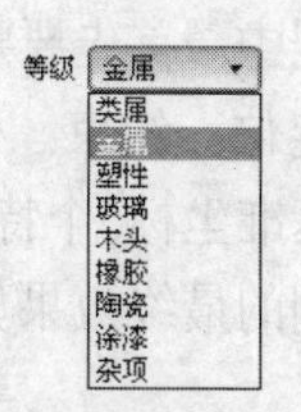

图1-53 选择【金属】选项

（4）单击【颜色】选项后面的色块，打开【颜色编辑器】对话框，如图1-54所示，在【红色值】数值框中输入5，在【绿色值】数值框中输入10，单击【关闭】按钮，然后关闭【外观管理器】对话框。

（5）单击【视图】工具栏中的【外观库】按钮●，鼠标指针变为笔形，按住Ctrl键，在模型树中选择顶级模型的名称，单击【确定】按钮，即给整个模型上色，结果如图1-55所示。

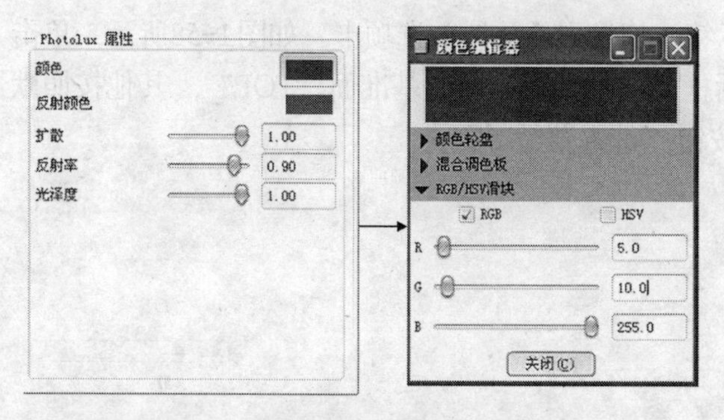

图1-54 打开【颜色编辑器】对话框

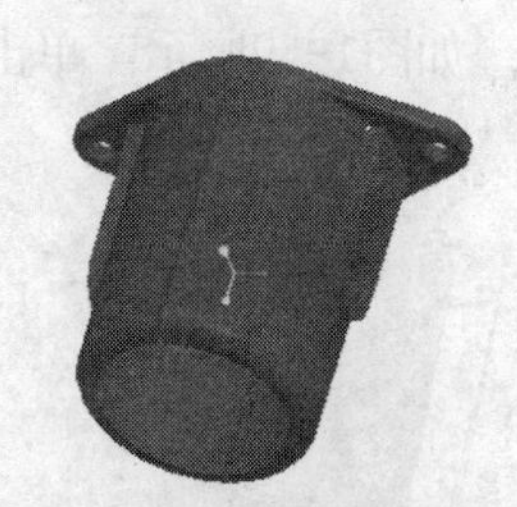

图1-55 给整个模型上色

提示 若要取消外观设置，单击【外观库】按钮●右侧的▾按钮，在下拉菜单中单击【清除外观】按钮 清除外观 ，然后选取相应要清除外观的对象即可。

1.2.4 保存副本

选择【文件】|【保存副本】菜单命令，打开如图1-56所示的【保存副本】对话框，在“新名称”文本框中输入新的名称，然后单击【确定】按钮，关闭对话框。

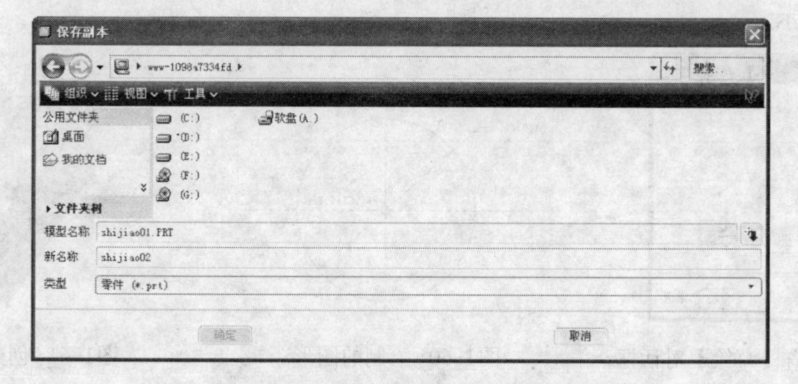

图1-56 【保存副本】对话框

1.3 基准特征设计

在建模过程中，首先要熟悉基准特征。基准特征是指在创建几何模型及零件实体时，用来为实体添加定位、约束、标注等定义时的参照特征，它包括基准点、基准曲线、基准平面、基准轴和基准坐标5个特征。下面将通过实例着重讲解基准平面、基准轴和基准坐标的创建方法，实例的最终效果如图1-57所示。

1.3.1 新建文件

启动Pro/ENGINEER，单击【新建】按钮，打开【新建】对话框，选择【类型】为【零件】，在【名称】文本框中输入适当的名称，单击【确定】按钮。打开【新文件选项】对话框，选择【模板】为mmks_part_solid，单击【确定】按钮，进入零件创建界面。

1.3.2 创建圆柱体

（1）选择【插入】|【拉伸】菜单命令或单击特征工具栏中的【拉伸】按钮，打开【拉伸特征】操控面板，单击【放置】标签，切换到【放置】选项卡，如图1-58所示，单击其中的【定义】按钮，打开【草绘】对话框，在模型树中单击基准面“TOP”，其他按照默认设置，如图1-59所示，单击【草绘】按钮，进入草绘界面。

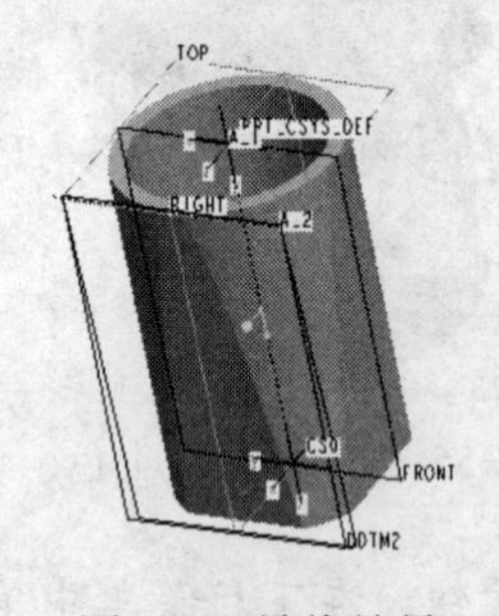

图1-57 最终效果

图1-58 【放置】选项卡

（2）绘制如图1-60所示的图形，单击【完成】按钮，退出草绘界面，返回特征工作窗口。

（3）在【拉伸特征】操控面板中单击【拉伸为实体】按钮，单击【从草绘平面以指定的深度值拉伸】按钮，输入指定值为“150”，单击【应用并保存】按钮。创建的特征如图1-61所示。

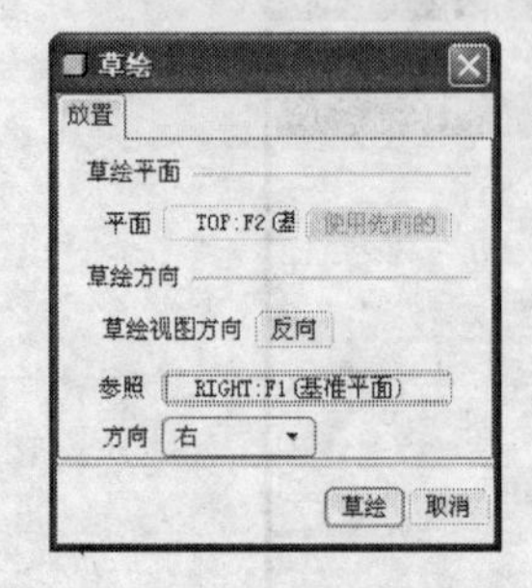

图1-59 设置【草绘】对话框

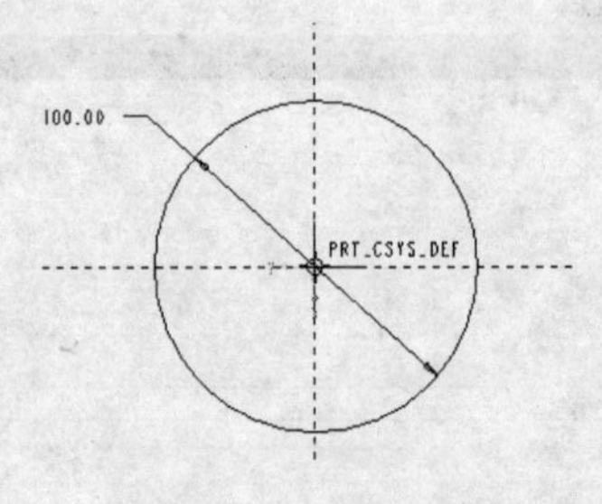

图1-60 绘制的图形

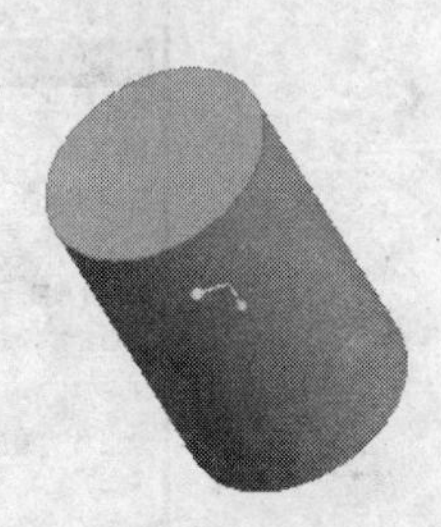

图1-61 创建的拉伸特征

（4）选择【插入】|【拉伸】菜单命令或单击特征工具栏中的【拉伸】按钮，打开【拉伸特征】操控面板，以图1-61中的加亮曲面为草绘基准面，进入草绘界面后绘制如图1-62所示的图形。单击【完成】按钮✓，退出草绘界面。

（5）返回特征工作窗口后，在操控面板中单击【从草绘平面以指定的深度值拉伸】按钮，输入指定值为“135”，单击【移除材料】按钮，注意图1-63中拉伸方向为指向实体内侧，若指向外侧则单击【将拉伸的深度方向更改为草绘的另一侧】按钮，单击【应用并保存】按钮。生成的拉伸特征如图1-64所示。

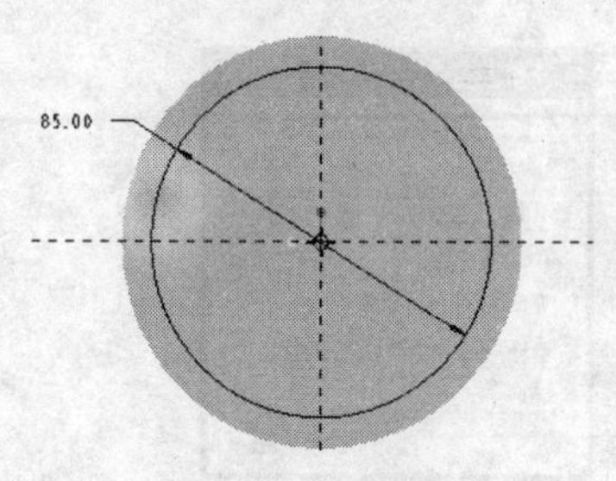

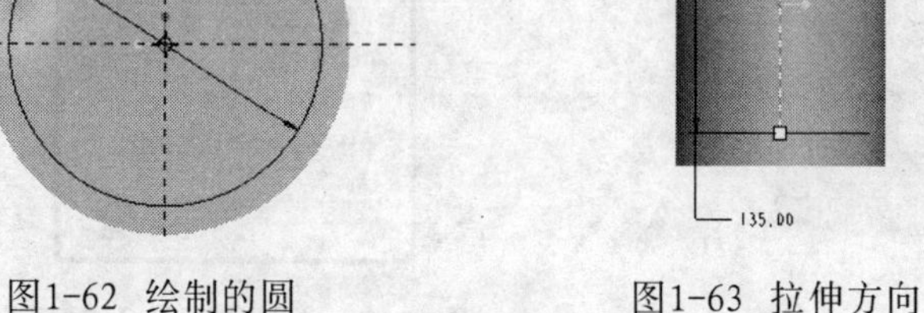

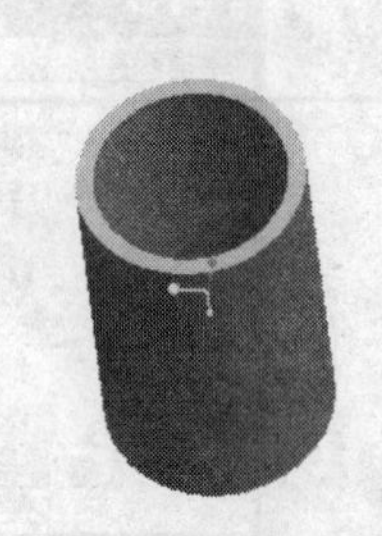

图1-62 绘制的圆　　图1-63 拉伸方向　　图1-64 创建的拉伸特征

1.3.3 创建基准平面和基准轴

（1）选择【插入】|【模型基准】|【平面】菜单命令或单击特征工具栏中的【平面】按钮，打开【基准平面】对话框，在模型树中选择“FRONT”基准面，在【平移】文本框中输入50，注意若偏移方向与图中的相反，应该输入负值，单击【确定】按钮，基准面DTM1创建完毕，如图1-65所示。

（2）选择【插入】|【模型基准】|【轴】菜单命令或单击特征工具栏中的【轴】按钮，在绘图区选择基准面“TOP”，按住Ctrl键，选择创建的基准面“DTM1”，此时在两平面的相交线处生成轴线，单击【确定】按钮，创建的基准轴如图1-66所示。

注意 选取第二个面时需同时按住CTRL键。

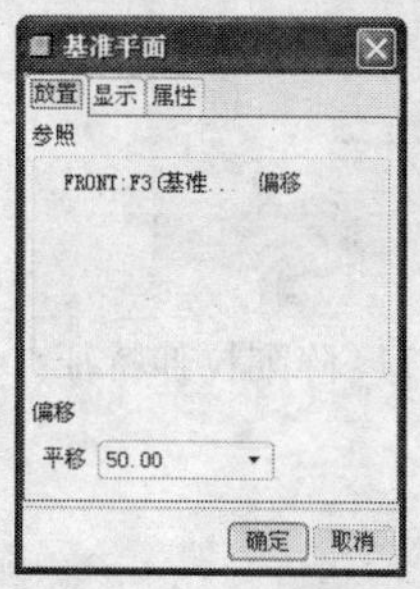

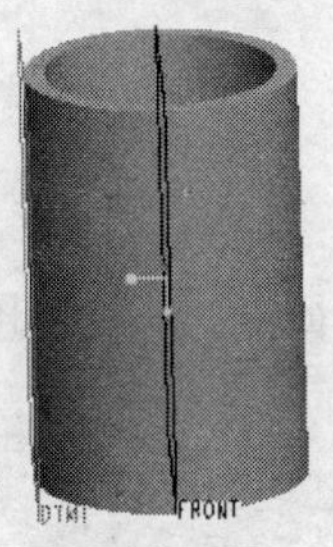

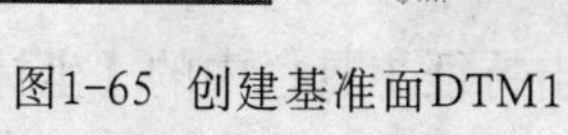

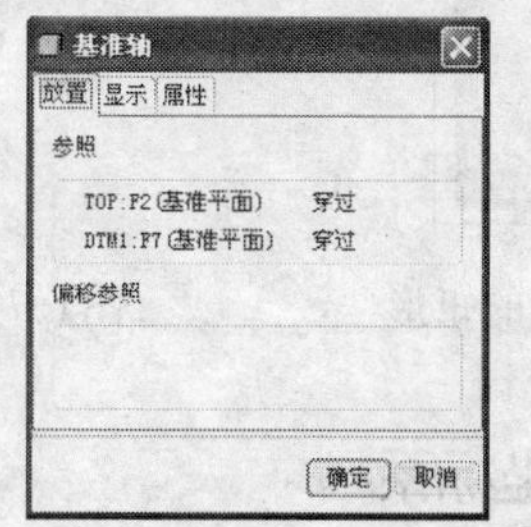

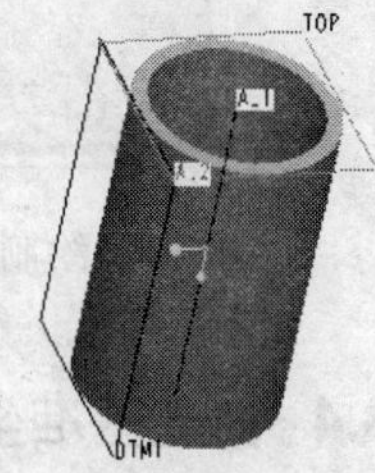

图1-65 创建基准面DTM1　　图1-66 创建基准轴

（3）选择【插入】|【模型基准】|【平面】菜单命令或单击特征工具栏中的【平面】按钮，打开【基准平面】对话框，在绘图区选择基准面“DTM1”，按住Ctrl键，选择创建的基准轴“A2”，输入旋转角度为“3”，注意若平面旋转方向与图1-67中的相反则输入负值，单击【确定】按钮，创建的基准面如图1-67所示。

注意 选取第一个面以后，【偏移】文本框显示为输入平移距离，只有当选取旋转轴线以后，【偏移】文本框才显示为输入角度值。

（4）选择【插入】|【拉伸】菜单命令或单击特征工具栏中的【拉伸】按钮，打开【拉伸特征】操控面板，单击【放置】选项卡中的【定义】按钮，打开【草绘】对话框，以基准面“DTM2”为草绘基准面，其他的按照默认设置，如图1-68所示，单击【草绘】按钮，进入草绘界面。

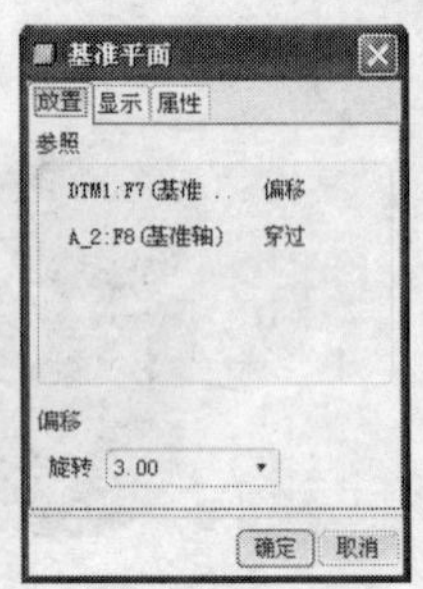

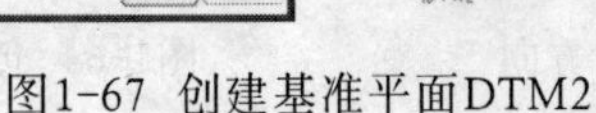

图1-67 创建基准平面DTM2

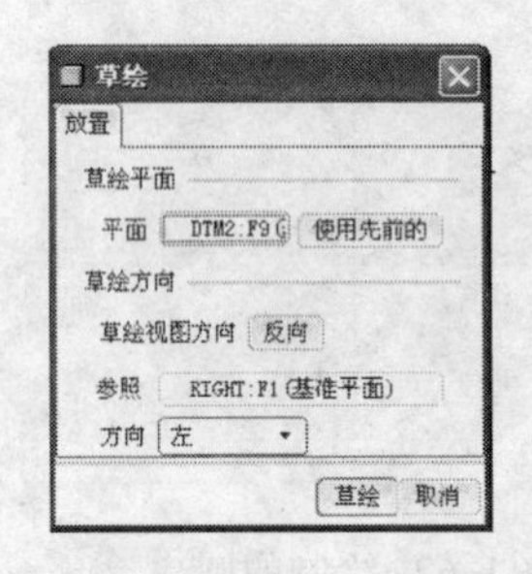

图1-68 设置【草绘】对话框

（5）绘制如图1-69所示的矩形，注意矩形要大于圆柱体的轮廓，单击【完成】按钮✓，退出草绘界面。

（6）返回特征工作窗口后，在操控面板中单击【从草绘平面以指定的深度值拉伸】按钮，输入指定值为“100”，单击【移除材料】按钮，注意拉伸方向为指向实体外侧，若指向内侧则单击【将拉伸的深度方向更改为草绘的另一侧】按钮，单击【应用并保存】按钮✓，生成如图1-70所示的拉伸特征。

（7）再用同样的方法绘制笔筒上的3个装饰面，或参考第3课所讲解的特征阵列内容来完成其他3个装饰面的创建，效果如图1-71所示。

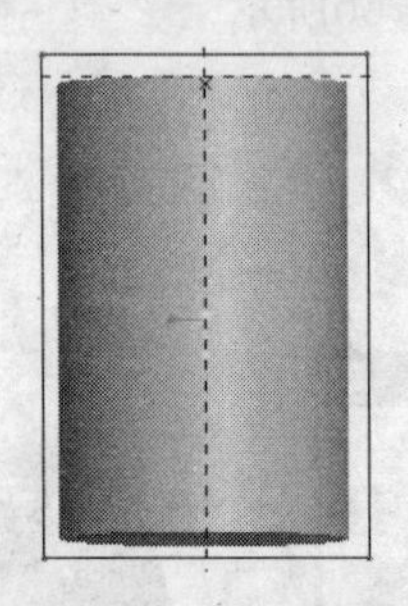

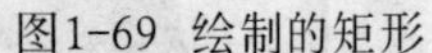

图1-69 绘制的矩形

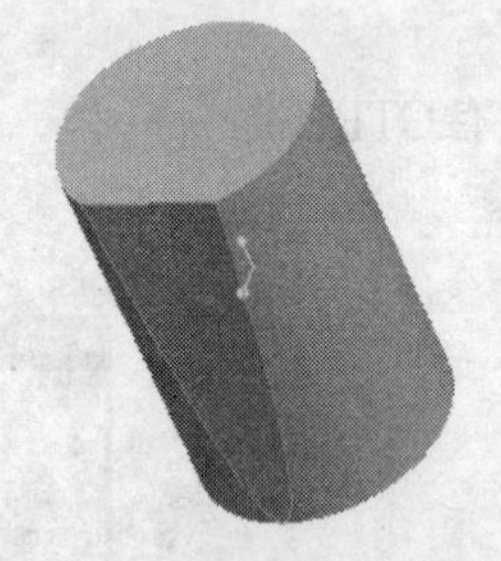

图1-70 创建的拉伸特征

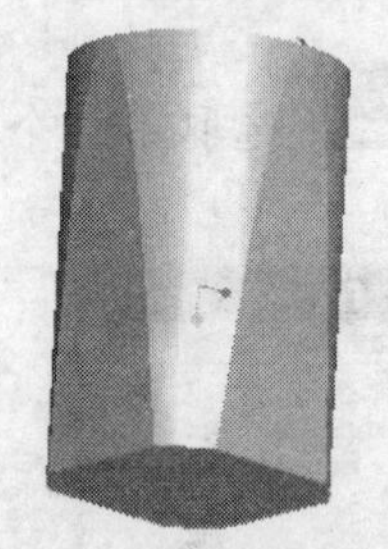

图1-71 阵列拉伸特征

1.3.4 创建基准坐标系

选择【插入】|【模型基准】|【坐标系】菜单命令或单击特征工具栏中的【坐标系】按钮，打开【坐标系】对话框，在绘图区选择基准面“FRONT”和基准面“RIGHT”以及图1-72中加亮的曲面，单击【确定】按钮，创建的坐标系如图1-72所示。

图1-72　创建坐标系

课后练习

1. 问答题

（1）Pro/ENGINEER野火5.0的工作界面主要由哪些要素组成？

（2）Pro/ENGINEER特征设计功能主要包括哪些具体的特征功能？

（3）零件装配约束主要有哪几种类型？

2. 操作题

（1）新建一个Pro/ENGINEER零件文件，并将其保存。

（2）绘制如图1-73所示的草图平面。

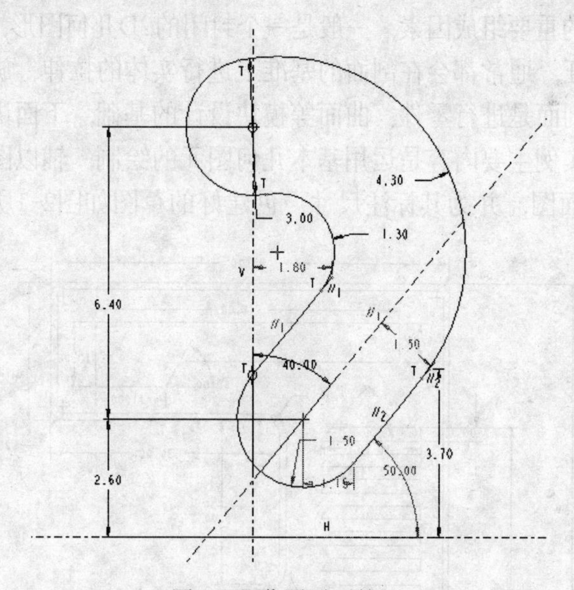

图1-73　草图平面练习

第2课

特征设计

本课知识结构：本章讲解了在Pro/ENGINEER中进行零件模型建模的方法和步骤，以及扫描特征、螺旋扫描特征、混合特征、倒角特征、圆角特征、孔特征、拔模特征、抽壳特征、筋特征和螺纹特征等工程特征的创建方法。

就业达标要求：

★ 熟悉绘制草图的一些基本操作；

★ 掌握基础的拉伸、旋转特征的创建，熟悉扫描特征、混合特征的生成方法；

★ 掌握工程特征的添加方法，以达到满意的效果。

本课建议学时：4学时

2.1 实例：排气口草图（草绘设计）

剖面是零件实体的重要组成因素，一般是一个封闭的2D几何图形，能够表现出零件实体的某一部分的形状特征，通常都会在剖面的基准上进行实体的拉伸、旋转等操作从而完成零件设计。因此，草绘剖面是进行零件、曲面等模块设计的基础，下面讲解一个排风口零件草图设计的实例，这个实例主要内容是运用基本几何图元的绘制，辅以图元特征的修剪、复制等操作，设计零件剖面图，并为其标注尺寸，创建好的草图如图2-1所示。

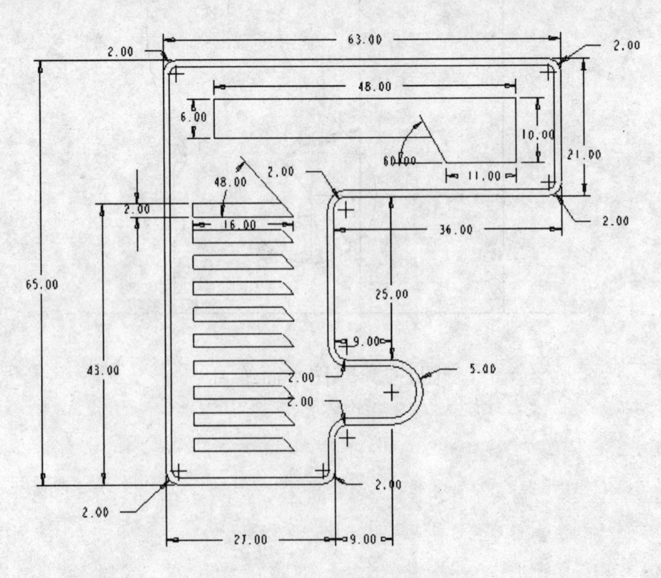

图2-1 创建好的草图

2.1.1 绘制零件的外层轮廓

（1）启动Pro/ENGINEER，新建一个文件，绘制线型轮廓中的一部分，单击【草绘器工具】工具栏中的【线】按钮╲，绘制如图2-2所示的轮廓。

提示 Pro/ENGINEER具有尺寸驱动功能，即图形的大小随着图形尺寸的改变而改变。用Pro/ENGINEER进行设计，一般是先绘制大致的草图，然后再修改其尺寸，在修改尺寸时输入准确的尺寸值，即可获得最终所需要大小的图形。

提示 草绘时，系统会根据图形的方位自动添加部分约束以辅助绘图，如水平、竖直、对称、共点等。这些约束的添加提高了绘图的效率。如图2-2所示为水平、垂直约束。

（2）修改尺寸，具体方法是双击要修改的尺寸数值，在弹出的数值框中输入尺寸，如图2-3示。然后按照如图2-4所示修改所有尺寸。

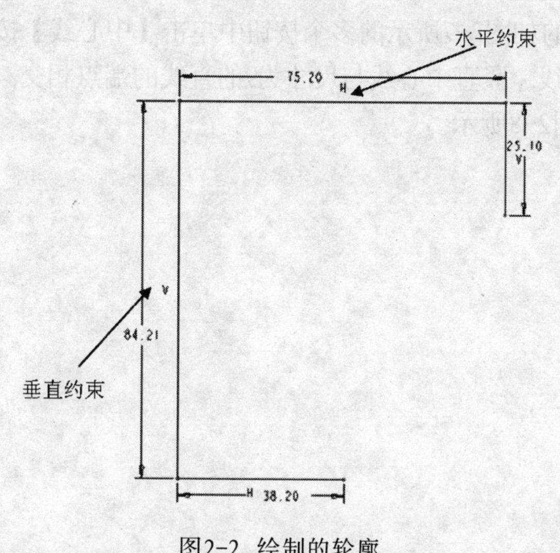

图2-2 绘制的轮廓

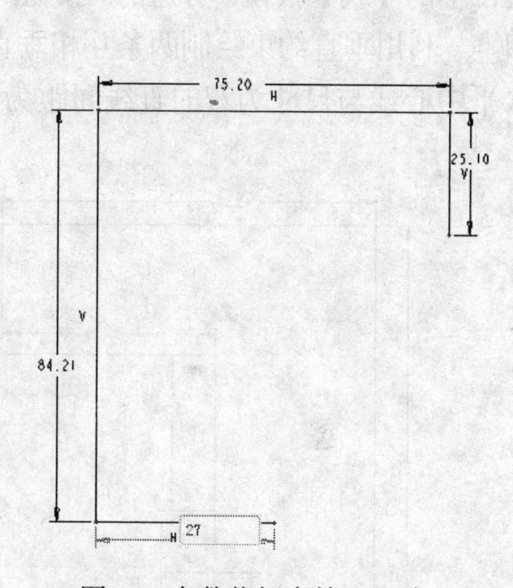

图2-3 在数值框中输入尺寸

提示 在绘制草图的过程中，Pro/ENGINEER系统会及时自动地按完全约束的原则产生尺寸，这样产生的尺寸称为“弱尺寸”（以灰色显示），系统在创建和删除它们时并不给予警告，用户不能手动删除。用户还可以根据设计意图增加尺寸以创建所需的尺寸布置，这些尺寸称为“强尺寸”（以黑色显示）。增加“强尺寸”时，系统自动删除多余的“弱尺寸”和约束，以保证二维草绘的完全约束。用户可以把有用的“弱尺寸”转换为“强尺寸”，方法是选择“弱尺寸”，再单击鼠标右键，在弹出的如图2-5所示的快捷菜单中选择【强】选项，可在文本框中修改尺寸，若不需要修改尺寸数值则直接按下Enter键，强弱尺寸即转换完毕。在退出草绘环境之前，把二维草图中的“弱”尺寸变成“强”尺寸是一个很好的习惯，这样可确保系统在没有得到用户的确认前不会删除这些尺寸。在整个Pro/ENGINEER软件中，每当修改一个弱尺寸值或在一个关系中使用它时，该尺寸就自动变为“强”尺寸。加强一个尺寸时，系统按四舍五入原则对其取整到系统设置的小数位数。

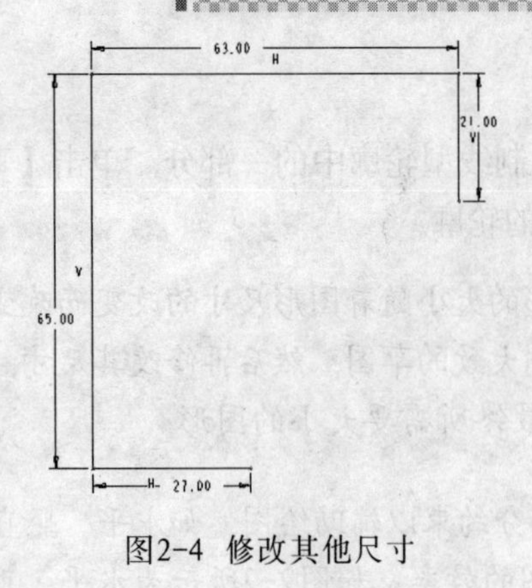

图2-4 修改其他尺寸

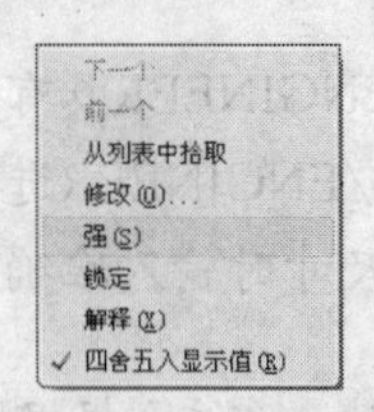

图2-5 快捷菜单

（3）进一步完善轮廓。

继续单击【线】按钮，绘制其他的线性轮廓并修改相应的尺寸数值，按照如图2-6所示完成轮廓的绘制。

（4）绘制两条互相垂直的中心线，以确定圆弧圆心所在位置。单击【草绘器工具】工具栏中的【线】按钮旁边的按钮，在展开的如图2-7所示的多个按钮中单击【中心线】按钮，利用垂直约束绘制两条互相垂直的中心线，竖直中心线与尺寸为9的直线的端点相交，水平中心线与尺寸为27的直线间距为14，如图2-8所示。

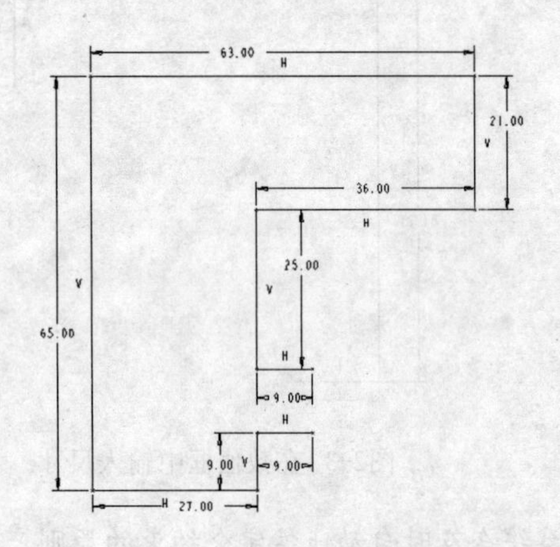

图2-6 进一步完善的轮廓图

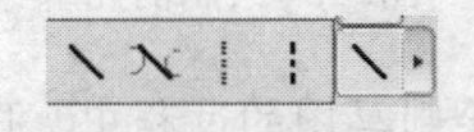
图2-7 展开的按钮

提示 在【草绘器工具】工具栏中，命令按钮右边带有符号，表示这个按钮中包含多个按钮。单击此符号则系统会自动弹出包含的所有按钮。在草绘中，中心线的长度是无限的，中心线可作为一个旋转特征的中心轴，也可作为草图内的对称中心线，还可以用来创建辅助线。

（5）绘制圆弧，单击工具栏中的【圆心和端点】按钮，以中心线的交点为圆心，两条长为9的直线右侧的端点为圆弧的端点，绘制圆弧，如图2-9所示。至此，零件草绘图的大致轮廓绘制完毕。

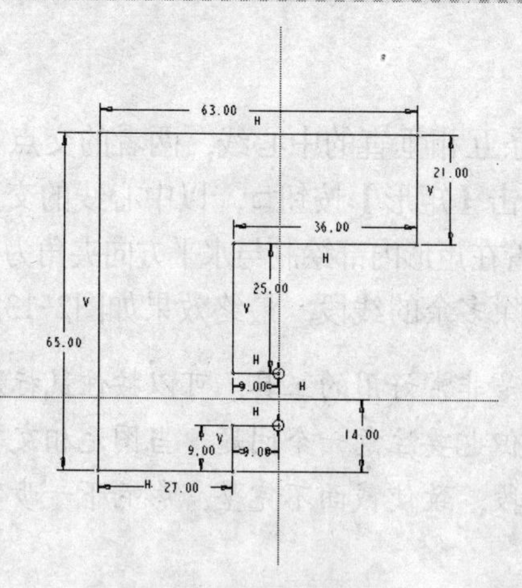

图2-8 绘制的两条中心线

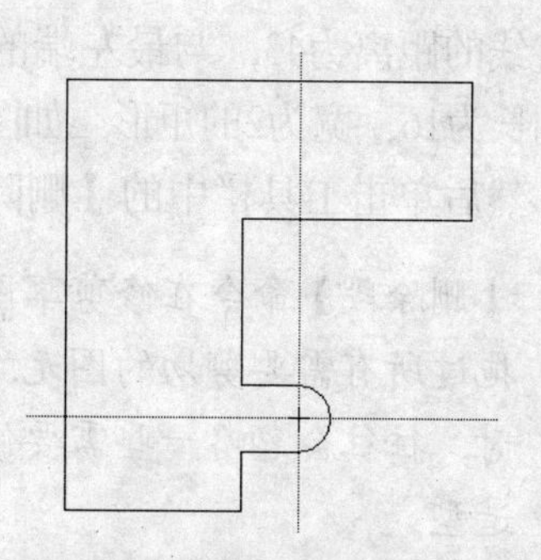
图2-9 草图的大致轮廓

提示 在绘制较复杂图形时，系统自动添加的尺寸会使图面显得较为凌乱，只要单击【草绘器工具】工具栏中的【显示尺寸】按钮，图形上便不显示尺寸，使图面整洁，可以专心绘制图元。但注意，这时候不是没有自动标注的尺寸，而是没有显示，只要再次单击【尺寸显示】按钮，尺寸即全部显示。

2.1.2 绘制零件上方的缺口

（1）绘制两条垂直的中心线，以确定圆弧圆心所在位置，单击【草绘器工具】工具栏中的【中心线】按钮，绘制两条互相垂直的中心线，单击工具栏中的【法向】按钮，再单击鼠标左键选取水平中心线和外部轮廓最上方的水平线（或轮廓左上角的端点），然后单击鼠标中键指定参数的放置位置，在弹出的数值框中输入尺寸数值6，如图2-10所示，竖直中心线与左上角端点的距离为8。

（2）绘制缺口，单击【草绘器工具】工具栏中的【线】按钮，以两条中心线的交点为起点绘制如图2-11所示的图形。角度值的修改方法为：用鼠标左键选取两线段，然后用鼠标中键指定尺寸参数的放置位置，即可标注并修改角度。

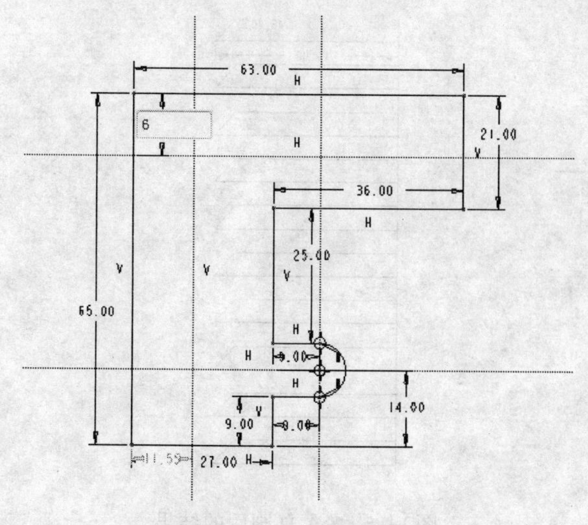

图2-10 输入尺寸值6

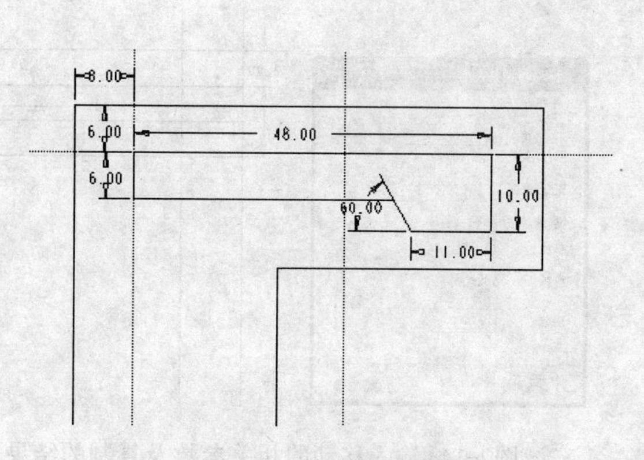

图2-11 绘制的图形

2.1.3 绘制阵列图形

（1）绘制组成阵列的单一图形。首先绘制两条互相垂直的中心线，两者的交点与轮廓的底端直线的距离为43，与最左端的距离为4.5。单击【矩形】按钮▭，以中心线的交点为起点，绘制长为16、宽为2的矩形，如图2-12所示。接着在矩形内部绘制与水平方向夹角为48°的斜直线，然后单击工具栏中的【删除段】按钮删除多余的线段，最终效果如图2-13所示。

注意 【删除段】命令在修剪草图时非常方便，是非常好用的工具，可以按住鼠标左键拖过所有需要剪切的图元，又快又方便。但也要注意一个问题，当图元相交较多时，往往会忽略一些需要修剪的短小图元段，致使截面不完整，影响下一步实体造型。

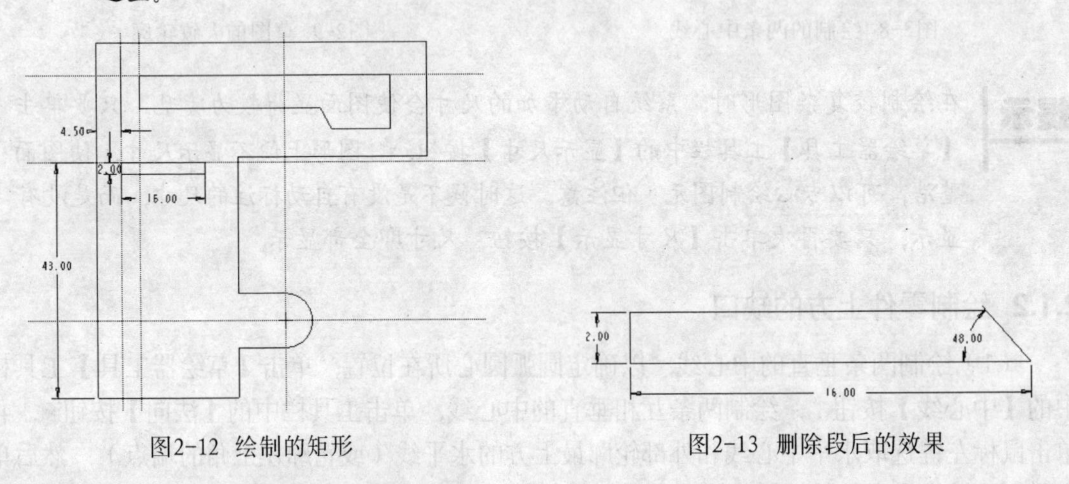

图2-12 绘制的矩形　　图2-13 删除段后的效果

（2）多次复制图形以完成图形的阵列。按住Ctrl键依次选择上述图形的每一条线，单击【复制】按钮后，再单击【粘贴】按钮，在图形区域单击鼠标左键，打开【移动和调整大小】对话框，分别输入水平和垂直数值为0与－4，如图2-14左图所示，单击【确定】按钮。复制后结果如图2-14右图所示。

（3）用同样的方法复制草绘图形，最终组成阵列的图形数目为10，如图2-15所示。

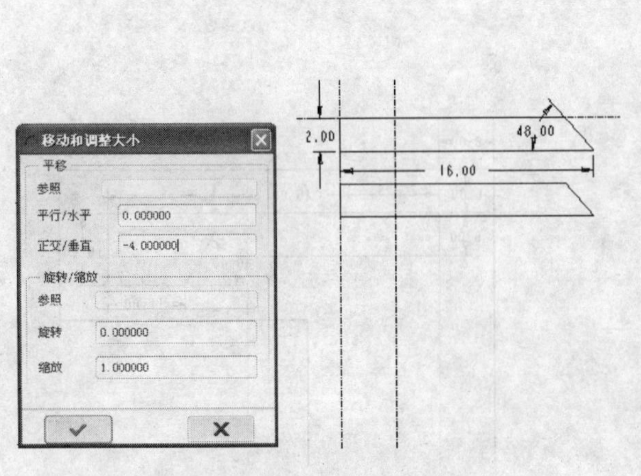

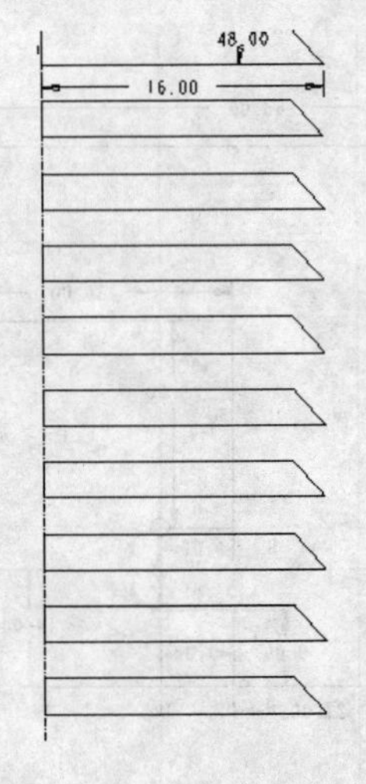

图2-14 输入移动的相关参数及复制的结果　　图2-15 多次复制后的结果

2.1.4 外部轮廓图形的修改

（1）绘制圆角。单击【草绘器工具】工具栏中的【圆角】按钮，在外部轮廓中选择多组两两相交的直线，生成圆角，其半径均为2，如图2-16所示。

（2）绘制偏移边。单击【草绘器工具】工具栏中的【偏移】按钮，在弹出的如图2-17所示的【类型】对话框中选中【环】单选按钮。

（3）在绘图区选择外部轮廓的某一条边线，在如图2-18所示的提示栏中输入偏移距离为1（若箭头指向与如图2-19所示的相同，指向轮廓的外侧，则输入－1），单击【接受值】按钮。

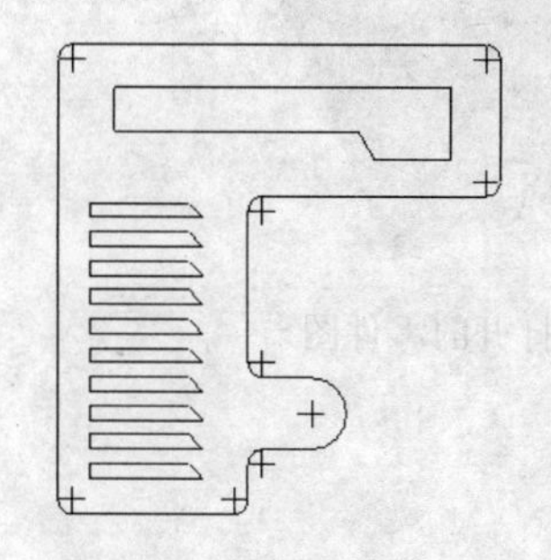

图2-16 生成的多个圆角

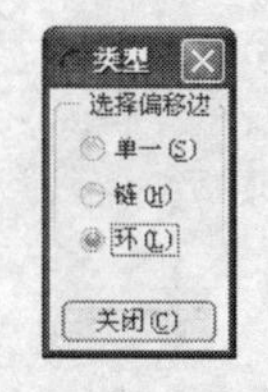

图2-17 【类型】对话框

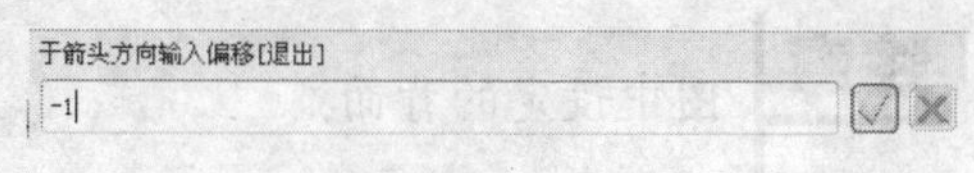

图2-18 提示栏

（4）关闭【类型】对话框，生成如图2-20所示偏移的边，至此零件的草绘设计完毕。

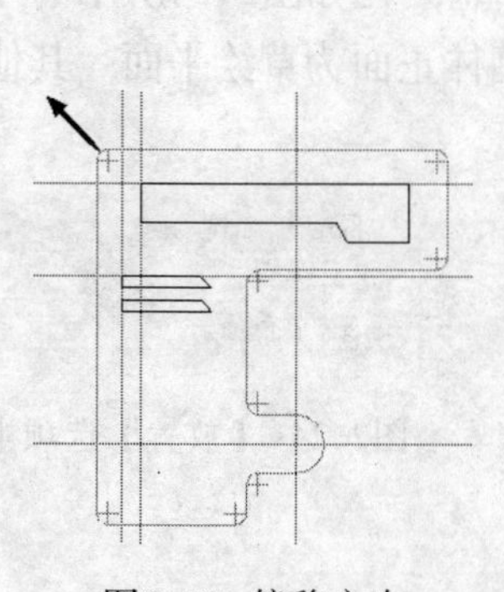

图2-19 偏移方向

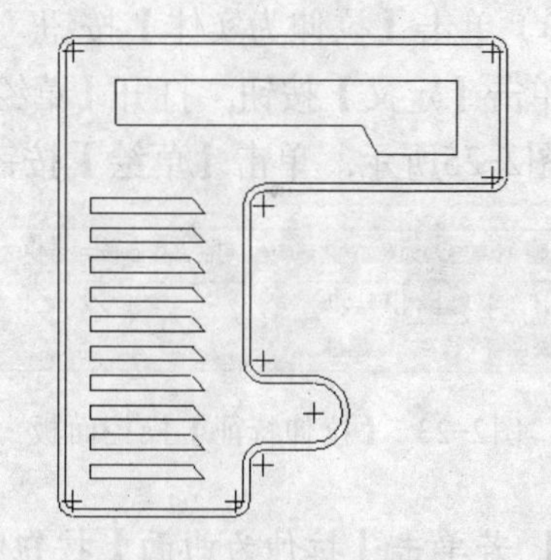

图2-20 完成的草绘图

2.2 实例：音箱设计（基础特征、拉伸特征、旋转特征）

零件实体设计在Pro/ENGINEER中属于基本特征，用于进行其他细化操作，如加入工程特征等，绝大多数零件的设计都是由这些基本特征开始的。

构建这些基本特征的方法一般来说都是使用拉伸、旋转。拉伸特征是将一个截面沿着与截面垂直的方向延伸，进而形成实体的造型方法。拉伸特征适合创建比较规则的实体。旋转特征也是常用的特征造型方法，它是将一个截面围绕一条中心线旋转一定角度，进而形成实体的造型方法，其适合创建轴、盘类等回转形的实体。

本例以拉伸、旋转特征的创建为主，设计音箱模型，然后利用圆角特征完善模型。完成后的音箱如图2-21所示。

2.2.1 绘制内凹式把手

（1）开启Pro/ENGINEER，打开名称为“yinxiang01”的文件，如图2-22所示。

图2-21 完成的音箱模型

图2-22 打开的零件图

注意 图中设定的背面。

（2）选择【插入】|【拉伸】菜单命令或单击绘图区域右侧【基础特征】工具栏中的【拉伸】按钮，打开【拉伸特征】操控面板，如图2-23所示。

（3）单击【拉伸为实体】按钮，单击【放置】标签，在如图2-24所示的【放置】选项卡中单击【定义】按钮，打开【草绘】对话框，选择箱体正面为草绘平面，其他按默认设置，如图2-25所示，单击【草绘】按钮，进入草绘界面。

图2-23 【拉伸特征】操控面板

图2-24 【放置】选项卡

提示 若单击【拉伸为曲面】按钮则生成曲面特征。
单击【加厚草绘】按钮，可以创建薄壁类型特征。在由截面草图生成实体时，薄壁特征的截面草图则由材料填充成厚度均匀的环，环的内侧、外侧、中心轮廓线是截面草图。

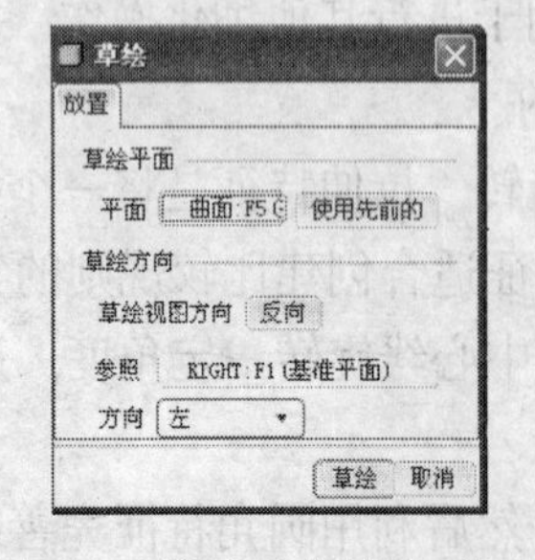

图2-25 设置【草绘】对话框

（4）绘制如图2-26所示的图形，单击【完成】按钮，退出草绘界面。

注意 拉伸截面可以是封闭的，也可以是开放的。但零件模型的第一个拉伸特征的拉伸截面必须是封闭的。

（5）返回到特征工作窗口，单击操控面板中的【移除材料】按钮，单击【从草绘平面以指定的深度值拉伸】按钮，输入深度为“30”，注意拉伸方向应指向箱体内侧，否则应单击【将拉伸的方向更改为草绘的另一侧】按钮，单击【应用并保存】按钮，生成的拉伸特征如图2-27所示。

提示 【移除材料】按钮用于选择去除材料。
【将拉伸的方向更改为草绘的另一侧】按钮用于更改拉伸方向。

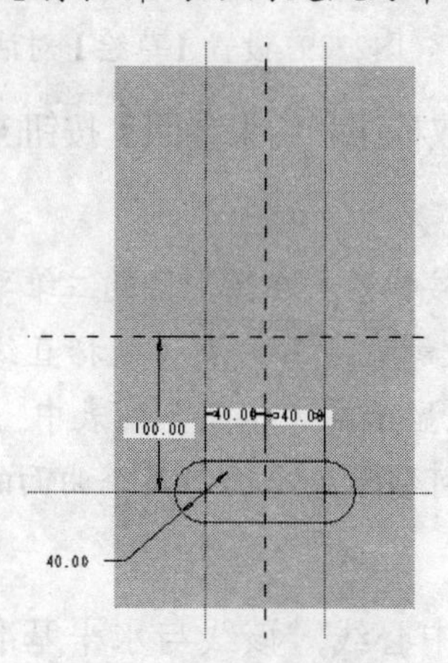

图2-26 绘制的图形

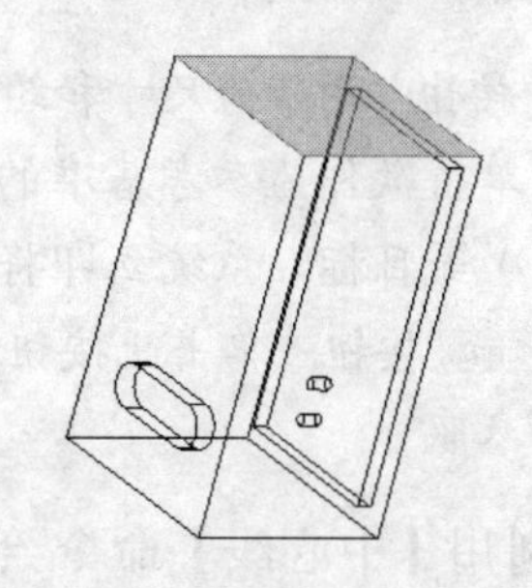
图2-27 创建的拉伸特征

提示 【从草绘平面以指定的深度值拉伸】按钮用于设置计算拉伸长度的方式。单击其右侧的按钮，展开多个按钮，各个按钮说明如下。

按钮：特征从草绘平面开始，按照所输入的数值（即拉伸深度值）向特征创建的方向一侧进行拉伸。

按钮：在草绘平面两侧进行拉伸，输入的深度值被草绘平面平均分割，草绘平面两边的深度值相等。

按钮：深度在零件的下一个曲面处终止。

按钮：特征在拉伸方向上延伸，直至与所有的曲面相交。

按钮：特征在拉伸方向上延伸，直到与指定的曲面（或平面）相交。

按钮：特征从草绘平面开始拉伸至选定的点、线、平面或曲面。

2.2.2 绘制扬声器

（1）选择【插入】|【旋转】菜单命令或单击【特征】工具栏中的【旋转】按钮，打开如图2-28所示的【旋转特征】操控面板。

（2）单击【作为实体旋转】按钮，单击【放置】标签，切换到【放置】选项卡，在其中单击【定义】按钮，打开【草绘】对话框，在绘图区选择基准面“RIGHT”为草绘平面，其他按照默认设置，如图2-29所示，单击【确定】按钮，进入草绘界面。

提示 单击【作为曲面旋转】按钮可生成曲面特征。

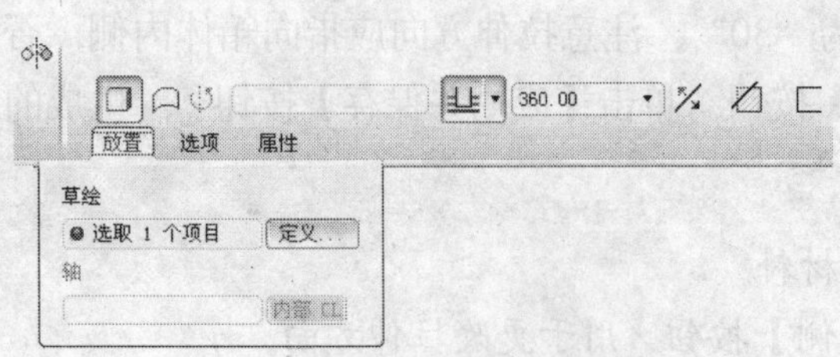

图2-28 【旋转特征】操控面板

图2-29 设置【草绘】对话框

（3）选择【草绘】|【参照】菜单命令，单击【选取标注和约束参照】按钮，选择参照曲线，如图2-30所示。

提示 按钮：用于为尺寸和约束选取参照，单击此按钮后，在图形区的二维草绘图形中单击欲作为参考基准的直线（包括平面的投影直线）、点（包括直线的投影点）等目标，系统立即将其作为一个新的参照显示在"参照"列表中。

剖面(X)按钮：单击此按钮，再选取目标曲面，可将草绘平面与某个曲面的交线作为参照。

（4）利用【中心线】命令绘制如图2-31所示的中心线，该线与水平基准轴间的距离为80。

注意 旋转截面必须有一条中心线，围绕中心线旋转的草图只能绘制在该中心线的一侧。若草绘中使用的中心线多于一条，Pro/ENGINEER将自动选取草绘的第一条中心线作为旋转轴，除非用户另外选取。

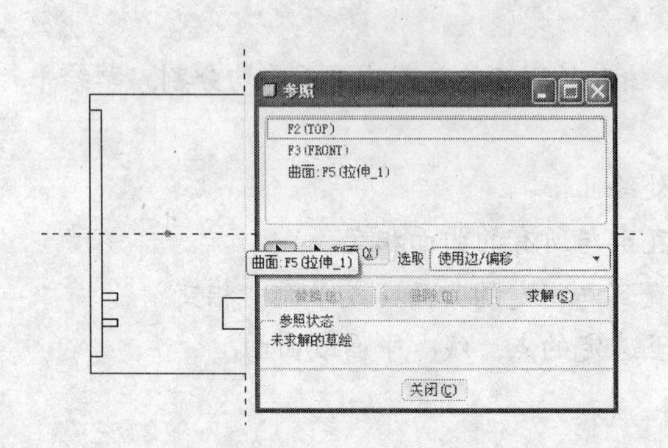

图2-30 选择参照曲线

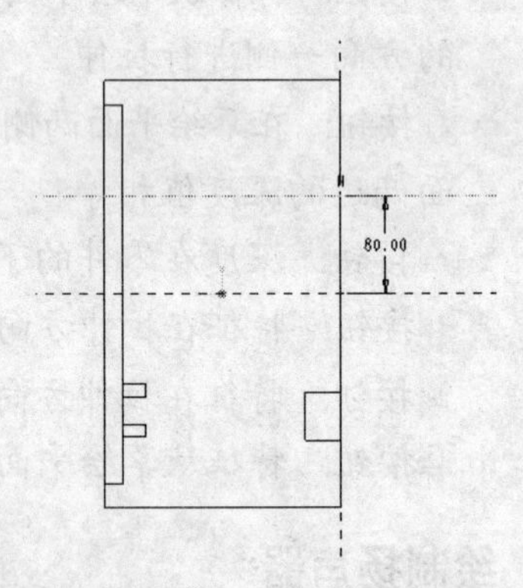

图2-31 绘制的中心线

（5）绘制如图2-32所示的草图。

注意 实体特征的截面必须是封闭的，而曲面特征的截面则可以不封闭。

（6）选择绘制的中心线，长时间按下鼠标右键，直至出现如图2-33所示的快捷菜单，选择【旋转轴】选项，然后单击【完成】按钮，返回特征工作窗口，在【旋转特征】操控面板中单击【从草绘平面以指定的角度值旋转】按钮，输入角度值"360"，单击【移除材料】按钮，再单击【应用并保存】按钮，生成的旋转特征如图2-34所示。

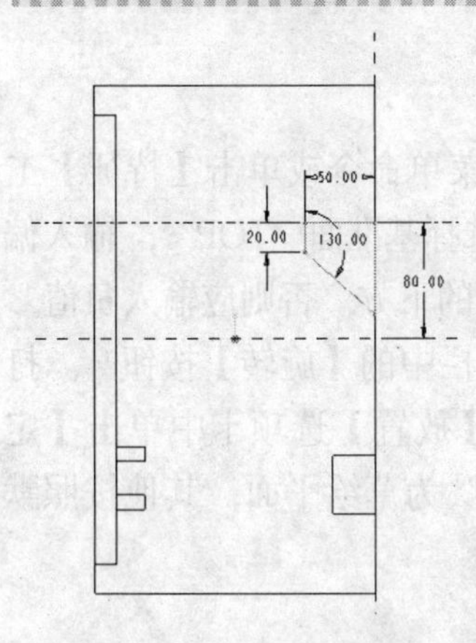

图2-32 绘制的草图

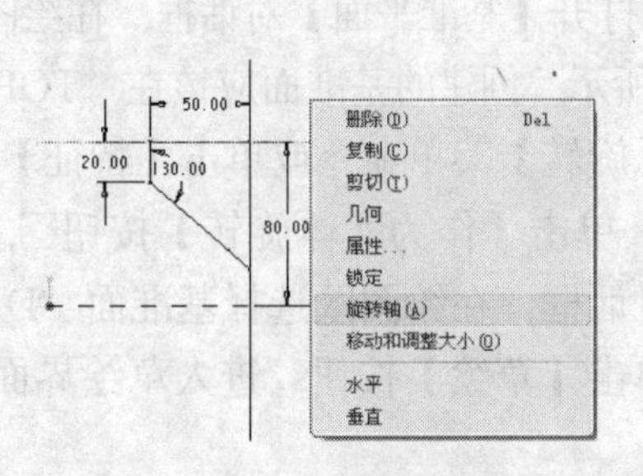

图2-33 快捷菜单

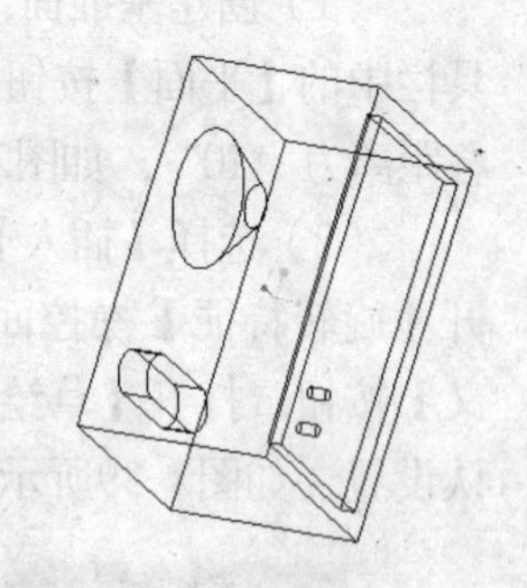
图2-34 创建的旋转特征

提示 单击操控板中的按钮后的按钮，可以选取特征的旋转角度类型，各选项说明如下。

按钮：特征从草绘平面开始按照所输入的角度值进行旋转。

按钮：特征将在草绘平面两侧分别从两个方向以输入角度值的一半进行旋转。

按钮：特征将从草绘平面开始旋转至选定的点、曲线、平面或曲面。

2.2.3 绘制音量调节旋钮所在的凹槽

（1）选择【插入】|【拉伸】菜单命令或单击【特征】工具栏中的【拉伸】按钮，打开【拉伸特征】操控面板，单击【拉伸为实体】按钮，在【放置】选项卡中单击【定义】按钮，打开【草绘】对话框，选择音箱的正面做为草绘平面，其他的按照默认设置，如图2-35所示，单击【草绘】对话框中的【草绘】按钮，进入草绘界面。

（2）绘制如图2-36所示的圆，首先利用【中心线】命令绘制两条互相垂直的轴线，两者的交点即为圆心所在位置，然后绘制直径为40的圆。

（3）单击【完成】按钮，返回特征工作窗口，在【拉伸特征】操控面板中单击【从草绘平面以指定的深度值拉伸】按钮，输入指定值为“5”，注意拉伸方向应指向音箱内侧，若向外侧单击【将材料的拉伸方向更改为草绘的另一侧】按钮。单击【移除材料】按钮，再单击【应用并保存】按钮，生成的拉伸特征如图2-37所示。

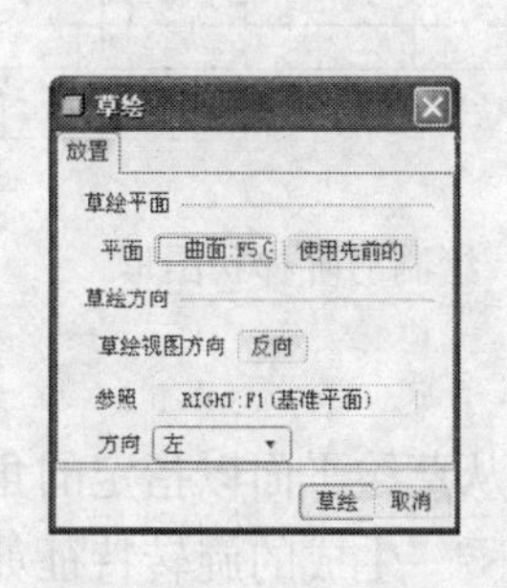

图2-35 设置【草绘】对话框

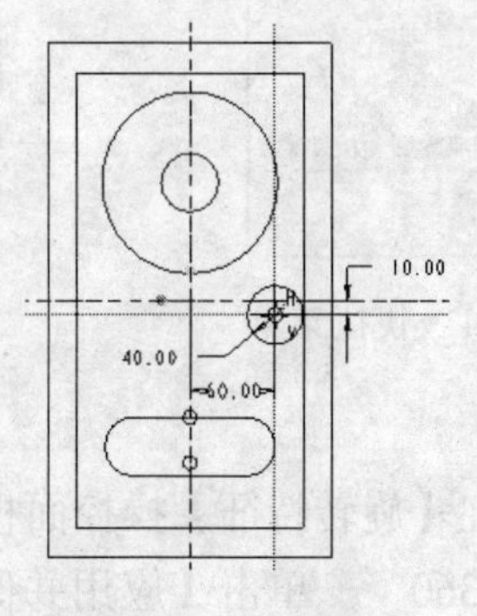

图2-36 绘制的圆

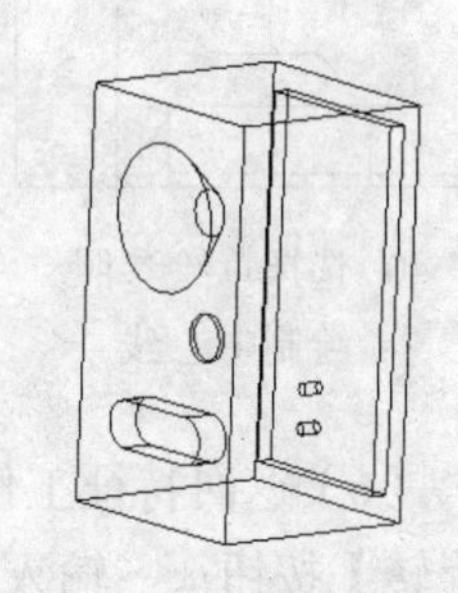
图2-37 创建的拉伸特征

2.2.4 绘制音量调节旋钮

（1）创建基准面。选择【插入】|【模型基准】|【平面】菜单命令或单击【特征】工具栏中的【平面】按钮▱，打开【基准平面】对话框，在绘图区选择基准面“TOP”，输入偏移距离为“10”，如图2-38所示，创建的基准面应该在“TOP”面的下方，否则应输入负值。

（2）选择【插入】|【旋转】菜单命令或单击【特征】工具栏中的【旋转】按钮，打开【旋转特征】操控面板，单击【作为实体旋转】按钮，在【放置】选项卡中单击【定义】按钮，打开【草绘】对话框，在绘图区选择基准面“DTM1”为草绘平面，其他按照默认设置，如图2-39所示，单击【草绘】按钮，进入草绘界面。

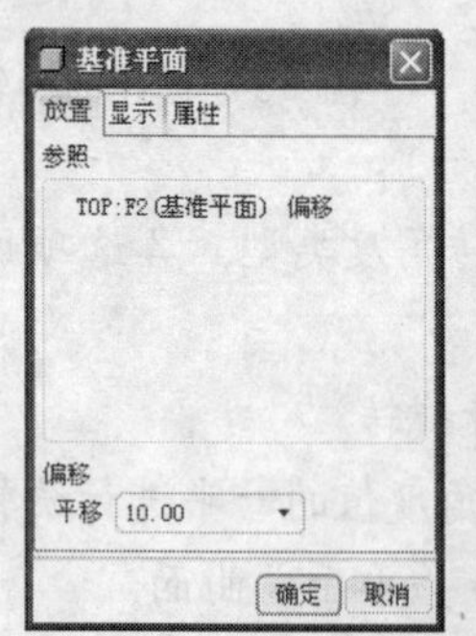

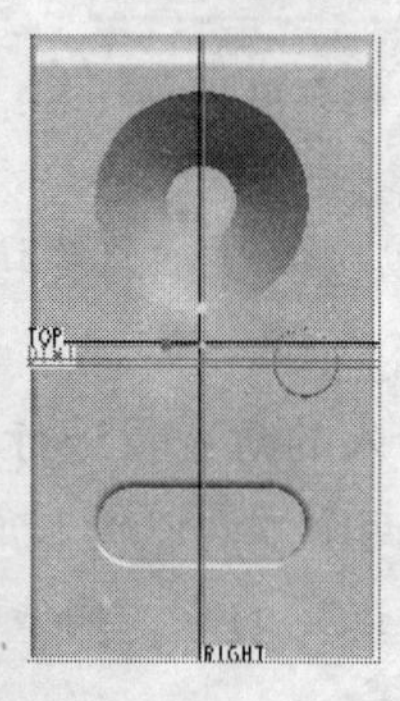

图2-38 创建的基准面“DTM1”

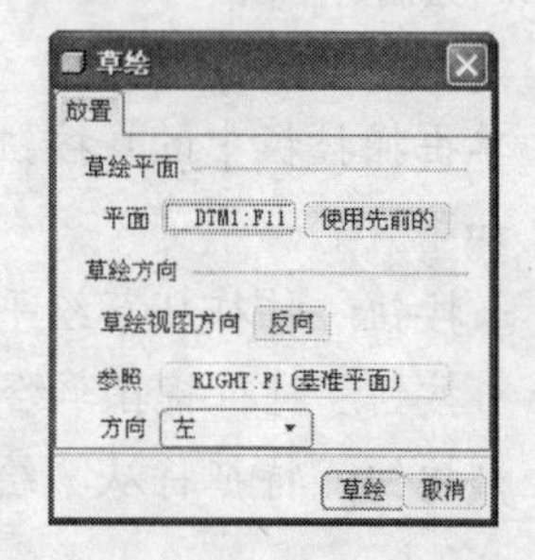

图2-39 设置【草绘】对话框

（3）选择【草绘】|【参照】菜单命令，在绘图区选择如图2-40所示的加亮显示的水平线，单击【关闭】按钮。

（4）利用【中心线】命令绘制旋转轴，其位置如图2-40所示。然后选择该轴线，长时间按下鼠标右键，直至弹出如图2-41所示的快捷菜单，在其中选择【旋转轴】选项。

（5）绘制如图2-42所示的阶梯状图形，绘制完成后单击【完成】按钮✓。

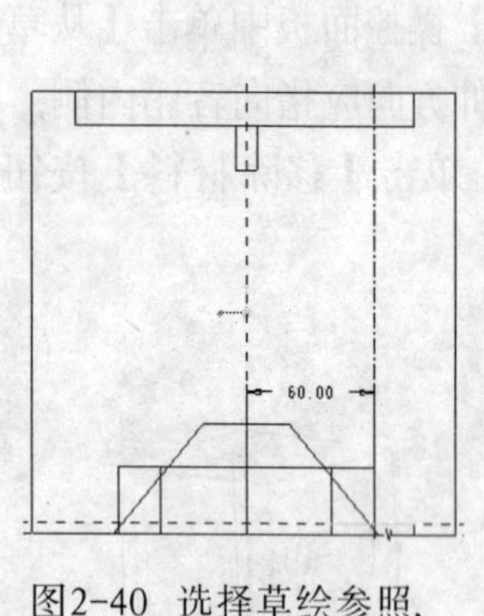

图2-40 选择草绘参照，绘制中心线

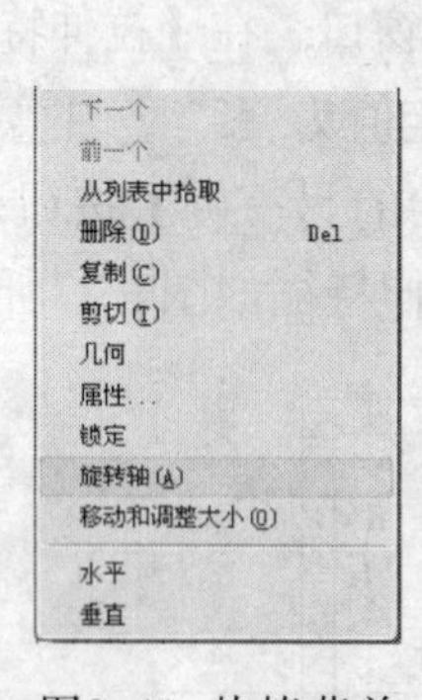

图2-41 快捷菜单

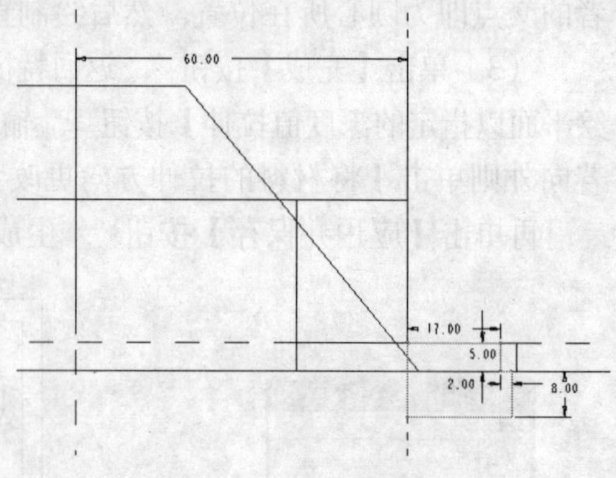

图2-42 绘制的阶梯状图形

（6）返回特征工作窗口，在【旋转特征】操控面板中单击【从草绘平面以指定的角度值旋转】按钮，输入角度值“360”，单击【应用并保存】按钮✓，生成的旋转特征如图2-43所示。

2.2.5 生成圆角特征

选择【插入】|【倒圆角】菜单命令或单击绘图区域右侧【特征】工具栏中的【倒圆角】按钮，打开【倒圆角特征】操控面板，如图2-44所示。选择倒圆边并设置倒圆参数，如图2-45所示，分别单击【应用并保存】按钮，关闭【倒圆角特征】操控面板，效果如图2-46所示。

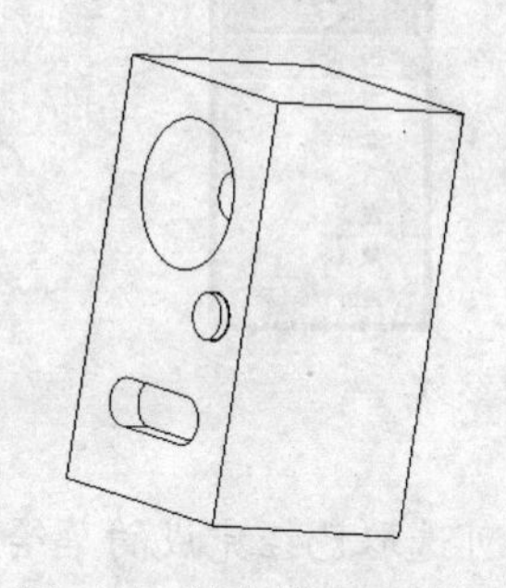

图2-43 创建的旋转特征

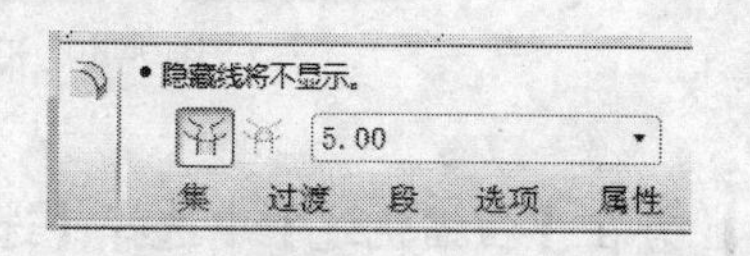

图2-44 【倒圆角特征】操控面板

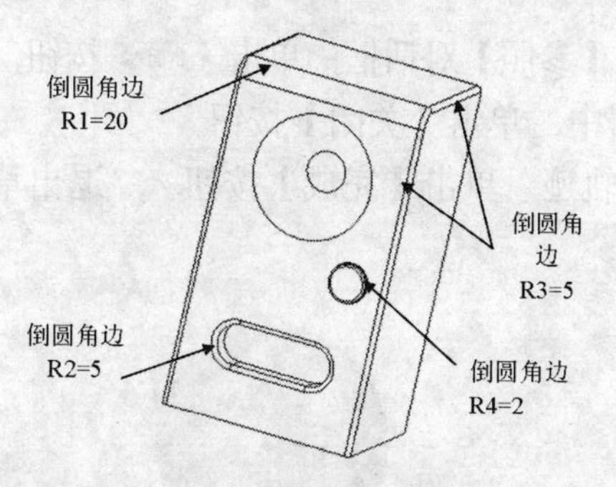

图2-45 选择倒圆边和倒圆参数

图2-46 倒圆角后的效果

2.3 实例：话筒设计（扫描特征）

在建立某些形状复杂的加工材料或切除材料特征时，如果只使用拉伸特征或旋转特征，通常难以在短时间内绘制完成，绘制这些复杂的特征，还需要使用扫描特征。下面的实例将应用到扫描特征。

该实例利用扫描特征绘制话筒手柄上的电源键，完成后的零件模型如图2-47所示，重点是轨迹路径和扫描截面的绘制。

（1）启动Pro/ENGINEER，打开如图2-48所示的名称为“huatong01”的文件。

图2-47 完成后的话筒模型

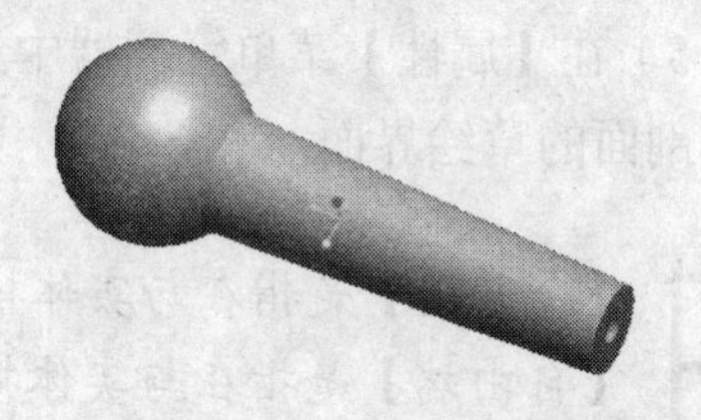

图2-48 打开的文件

（2）选择【插入】|【扫描】|【伸出项】菜单命令，在【扫描轨迹】菜单管理器中选择【草绘轨迹】选项，出现【设置平面】菜单管理器，从绘图区选择基准平面“FRONT”，在【方向】菜单管理器中按默认设置，单击【确定】。在【草绘视图】菜单管理器中选择【缺省】，如图2-49所示。系统进入草绘界面。

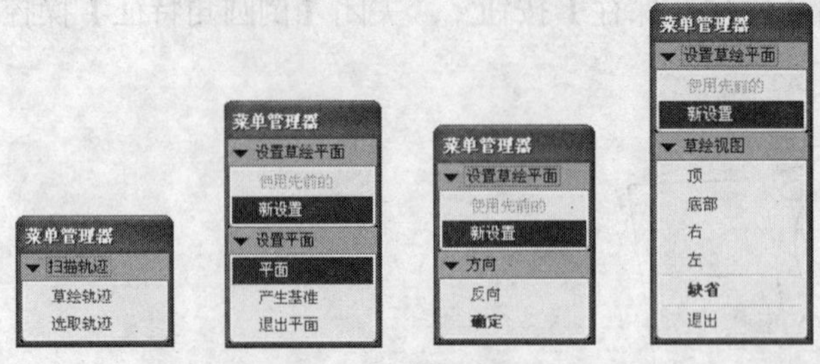

图2-49 设置各菜单管理器中的参数

提示 若在【扫描轨迹】中选择【选取轨迹】选项，即可选取已经完成的草绘曲线作为扫描轨迹。

（3）选择【草绘】|【参照】菜单命令，打开【参照】对话框。单击【剖面】按钮，选择如图2-50所示的曲面为参照，其名称出现在收集器中，单击【关闭】按钮。

（4）创建如图2-51所示的直线，即为扫描的轨迹。单击【完成】按钮✓，退出草绘界面，返回到特征工作窗口。

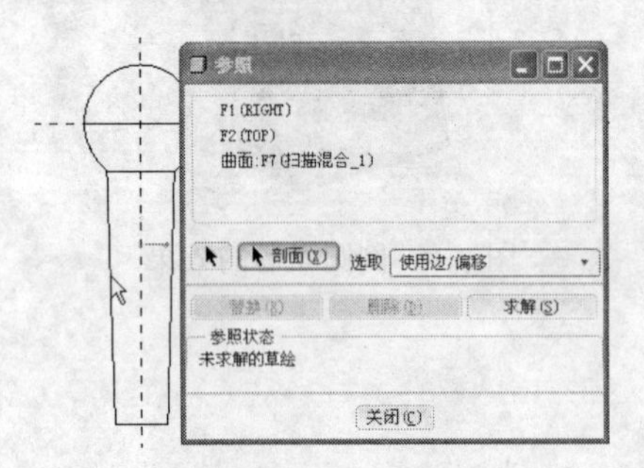

图2-50 选择曲面参照

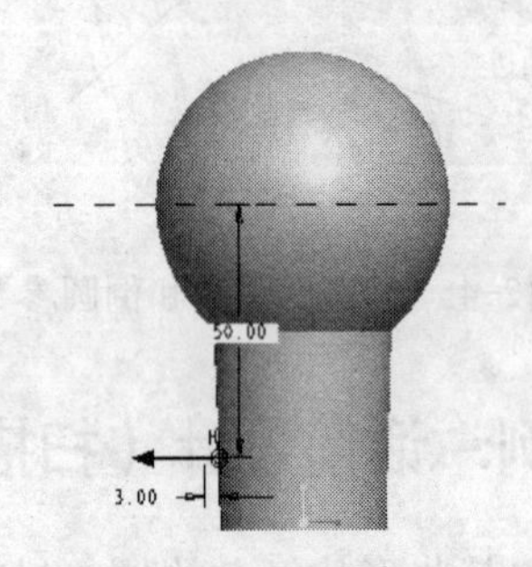

图2-51 绘制的曲线

提示 轨迹不能自身相交。

扫描特征的轨迹线可以是封闭的，也可以是不封闭的；轨迹线可以是直线、圆弧、曲线或三者的组合。

当扫描轨迹是封闭时，系统会出现如图2-52所示的【属性】菜单管理器。此时需要配合截面的形状选择【添加内表面】或【无内表面】选项。

（5）在【属性】菜单管理器中选择【合并端】，如图2-53所示。再选择【完成】，进入绘制剖面的草绘界面。

提示 【合并端】是指在与实体接触的位置，扫描特征自动延伸并与实体连接。

【自由端】是指在与实体接触的位置，扫描特征保持原来的形状，不与实体连接。

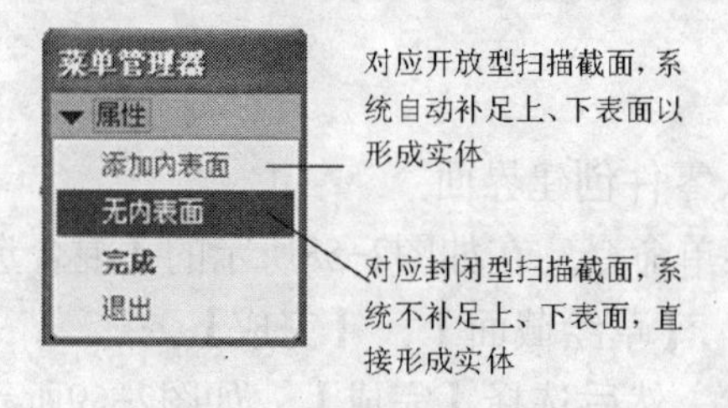

图2-52 【属性】菜单管理器

图2-53 选择【合并端】

（6）创建如图2-54所示的图形。单击【完成】按钮✓，退出草绘界面，返回到特征工作窗口。

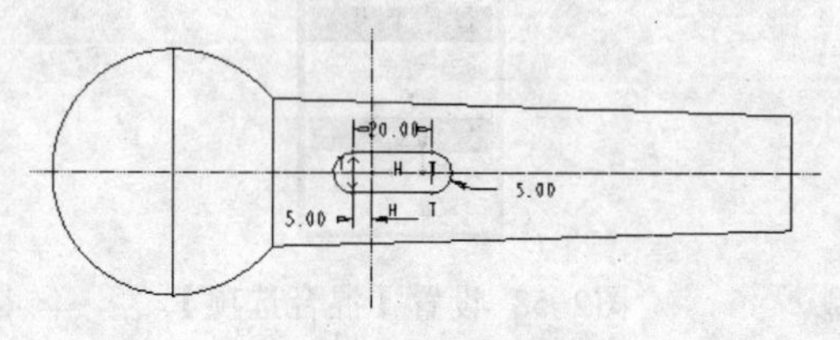

图2-54 绘制的曲线

注意 对于扫描特征的构建而言，需要设定扫描轨迹和扫描截面。
在绘制扫描截面的同时要考虑与轨迹线之间的比例，避免截面沿轨迹扫描的过程中因截面与轨迹之间的关系定义不良而产生干涉如截面尺寸过大，而轨迹相对较小会致使特征创建失败。

（7）在如图2-55所示的【伸出项：扫描】对话框中，单击【确定】按钮，效果如图2-56所示。

提示 在【伸出项：扫描】对话框中可以对扫描特征的各个元素进行重定义。

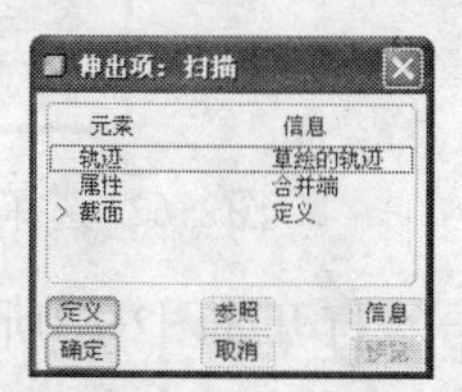

图2-55 【伸出项：扫描】对话框

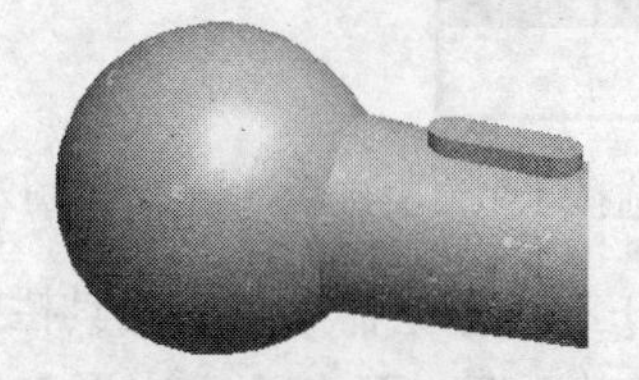

图2-56 绘制的伸出项效果

2.4 实例：花瓶瓶体设计（混合特征和抽壳）

将一组截面沿其边线用过渡曲面连接形成一个连续的特征，就是混合特征。混合特征至少需要两个截面。

抽壳特征常见于注塑或铸造零件，默认情况下，抽壳特征的壁厚是均匀的，零件中特征创建的顺序对抽壳特征的创建结果影响很大。下面通过具体实例讲解两种特征的创建方法。

本实例介绍花瓶的创建，用到混合特征的生成方法及抽壳特征的创建。设计重点是以平行混合方式创建混合特征的过程中各截面之间的切换。创建好的花瓶模型如图2-57所示。

2.4.1 生成混合特征

（1）启动Pro/ENGINEER，新建文件，进入零件创建界面。

（2）选择【插入】|【混合】|【伸出项】菜单命令，在如图2-58所示的【混合选项】菜单管理器中依次选择【平行】、【规则截面】、【草绘截面】、【完成】。

（3）在【属性】菜单管理器中选择【光滑】，然后选择【完成】，如图2-59所示。

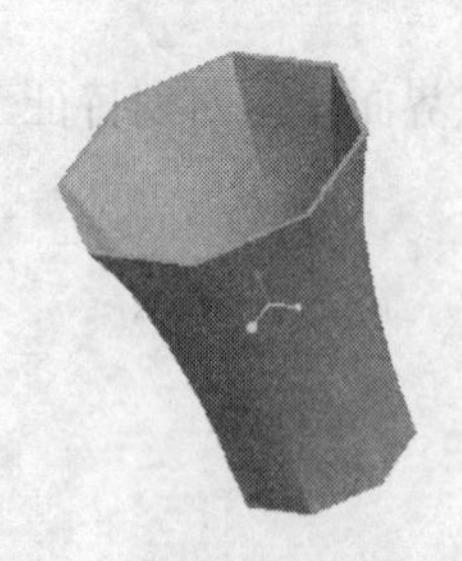

图2-57 创建好的花瓶模型

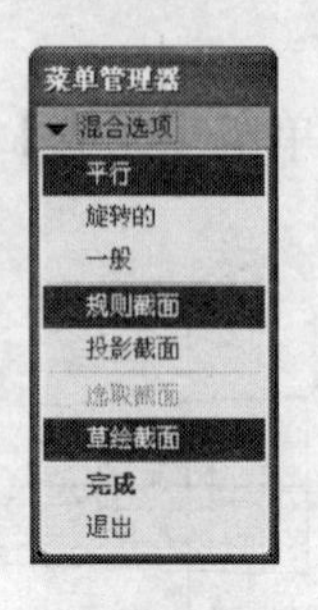

图2-58 设置【混合选项】菜单管理器

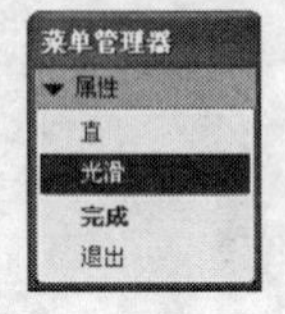

图2-59 选择【光滑】选项

（4）在【设置草绘平面】菜单管理器中选择【新设置】，在【设置平面】菜单管理器中选择【平面】，在绘图区选择基准平面“RIGHT”，按照默认方向，在【方向】菜单管理器中选择【确定】选项，选择【草绘视图】菜单管理器中的【缺省】选项，系统进入草绘界面，如图2-60～图2-62所示。

图2-60 选择【平面】选项

图2-61 选择【新设置】选项

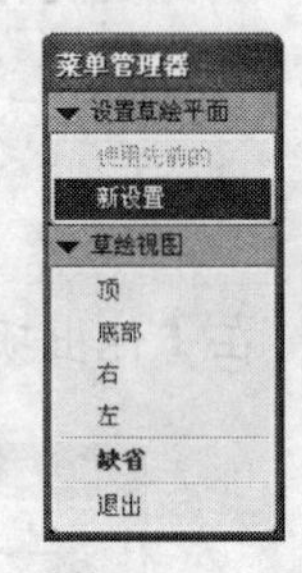

图2-62 选择【缺省】选项

（5）在【草绘器工具】工具栏中单击【调色板】按钮，打开如图2-63所示的【草绘器调色板】对话框，双击【八边形】按钮，然后在绘图区单击鼠标左键以确定八边形的位置，单击如图2-64所示的【移动和调整大小】对话框中的【接受更改并关闭对话框】按钮，关闭对话框。

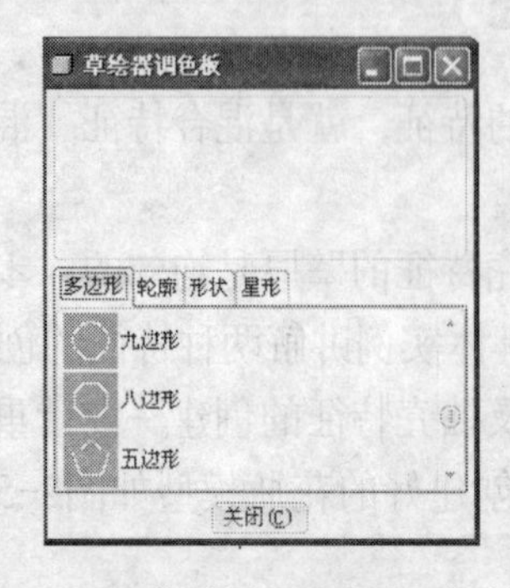

图2-63 【草绘器调色板】对话框

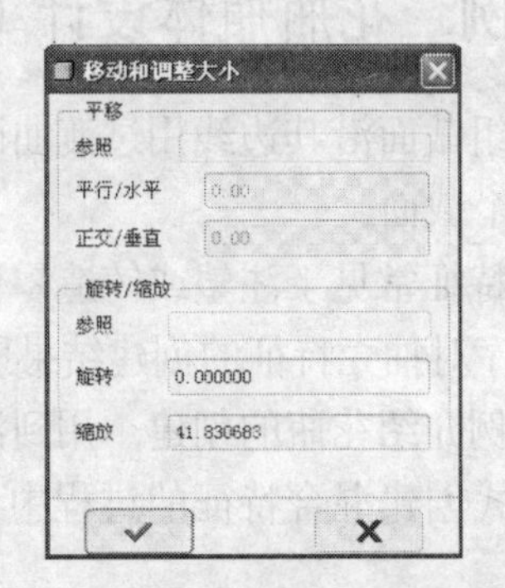

图2-64 【移动和调整大小】对话框

（6）修改多边形的边长为“60”，单击【特征】工具栏中的【重合】按钮，分别选择八边形的中心及坐标系，使二者重合，如图2-65所示。

注意 多边形的中心在系统的坐标系上。

（7）在空白处单击鼠标右键，在快捷菜单中选择【切换截面】选项，如图2-66所示。上一次的草绘变成灰色不可编辑，绘制如图2-67所示的多边形的外接圆。

提示 在平行混合方式下，各截面的绘制需要切换。

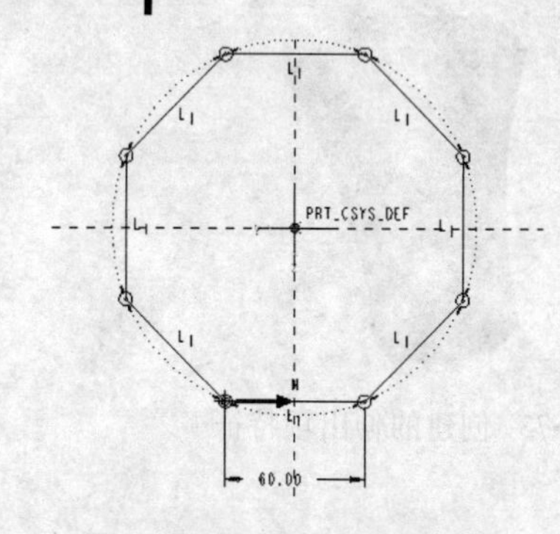

图2-65 调整八边形的边长及中心所在位置

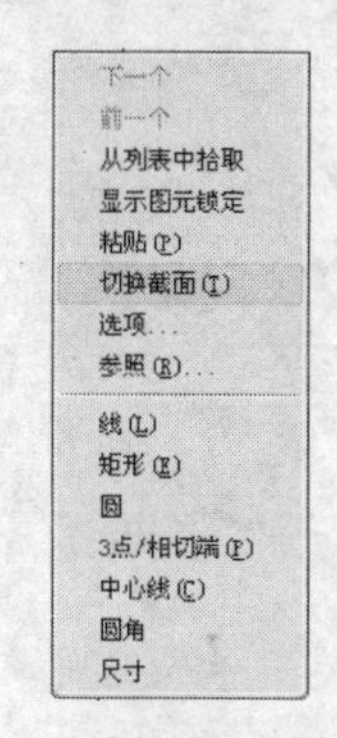

图2-66 选择【切换截面】选项

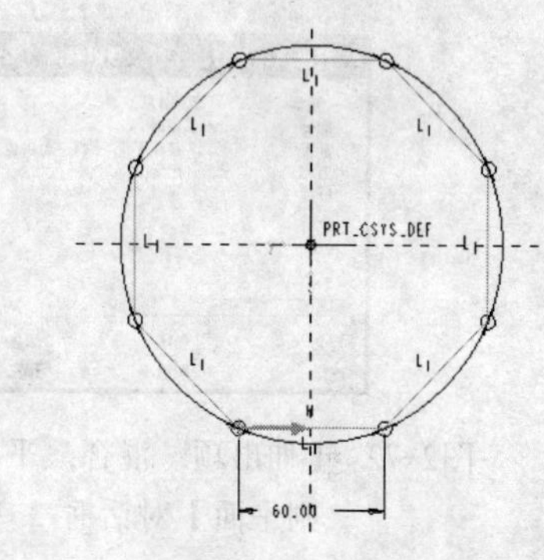

图2-67 绘制的曲线

（8）单击【草绘器工具】工具栏中的【分割】按钮，在绘图区单击圆与八边形的交点，将圆形分割成均等的8份，如图2-68所示。注意从八边形中箭头所在的位置顺序单击各交点。

注意 进行混合特征操作时，每个截面的图元数必须相等。

（9）在空白处单击鼠标右键，在快捷菜单中选择【切换截面】选项。上两次的草绘变成灰色不可编辑，绘制如图2-69所示的边长为100、中心与坐标系重合的八边形，单击【完成】按钮，退出草绘界面。

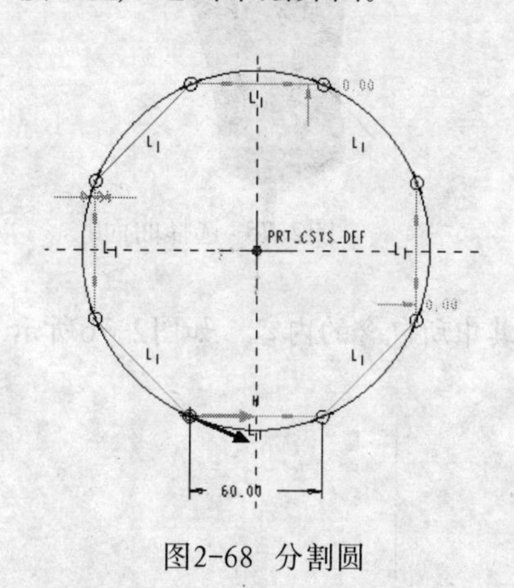

图2-68 分割圆

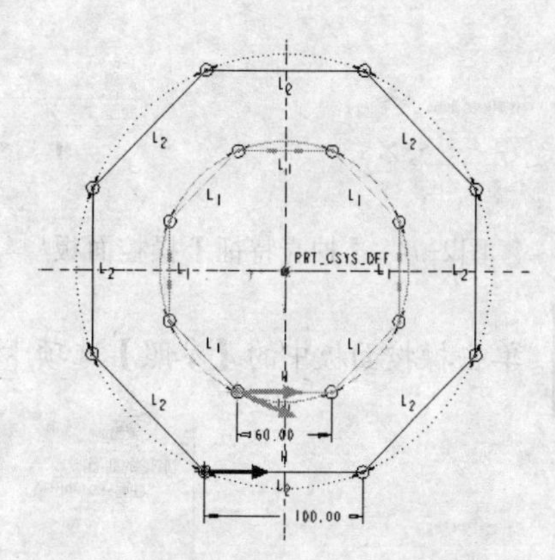

图2-69 绘制边长为100的八边形

（10）输入截面2的深度为“100”，如图2-70所示，单击【接受值】按钮，继续输入截面3的深度为“200”，如图2-71所示，单击【接受值】按钮。

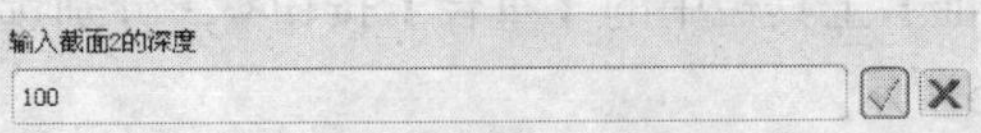

输入截面2的深度
100

图2-70 输入截面2的深度

输入截面3的深度
200

图2-71 输入截面3的深度

（11）在如图2-72所示的【伸出项：混合，平行，规则截面】对话框中单击【确定】按钮。创建的特征如图2-73所示。

提示 在【伸出项：混合，平行，规则截面】对话框中可以对混合特征的各个元素进行重定义。

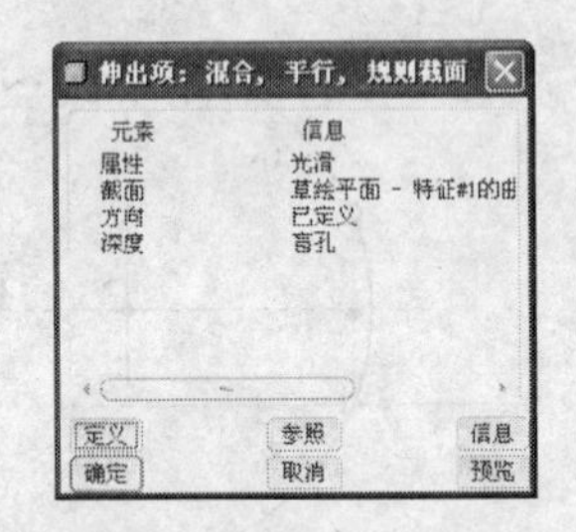

图2-72 【伸出项：混合，平行，规则平面】对话框

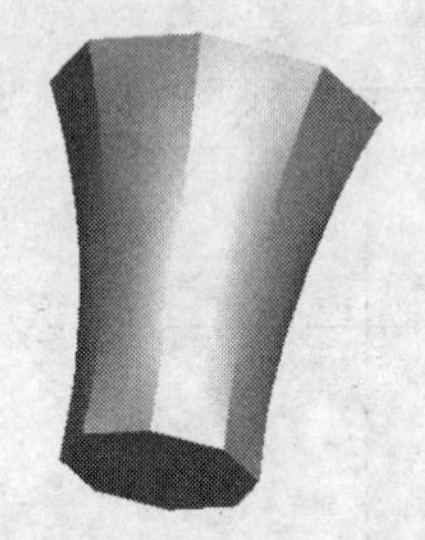

图2-73 创建的伸出项特征

2.4.2 生成壳体

（1）选择【插入】|【抽壳】菜单命令或单击【工程特征】工具栏中的【抽壳】按钮，打开如图2-74所示的【抽壳特征】操控面板。

（2）在【抽壳特征】操控面板中的【厚度】文本框中输入瓶体的厚度为“5”，【参照】和【选项】选项卡中的参数均按照默认设置。在绘图区选择瓶口的上表面，如图2-75所示。

图2-74 【抽壳特征】操控面板

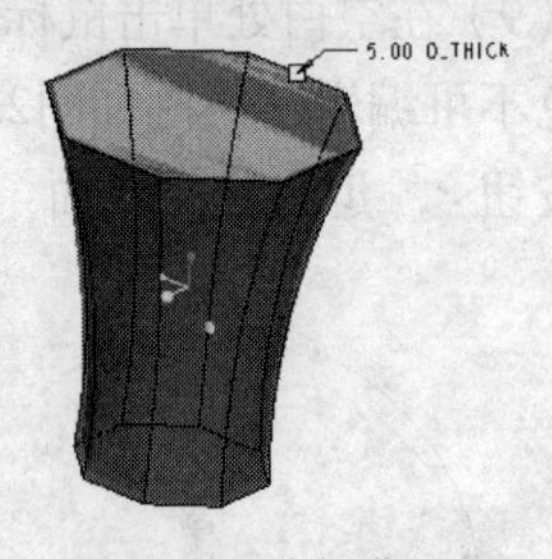

图2-75 选择曲面

提示 单击操控面板中的【参照】选项卡，即可显示其中所包含的内容，如图2-76所示。

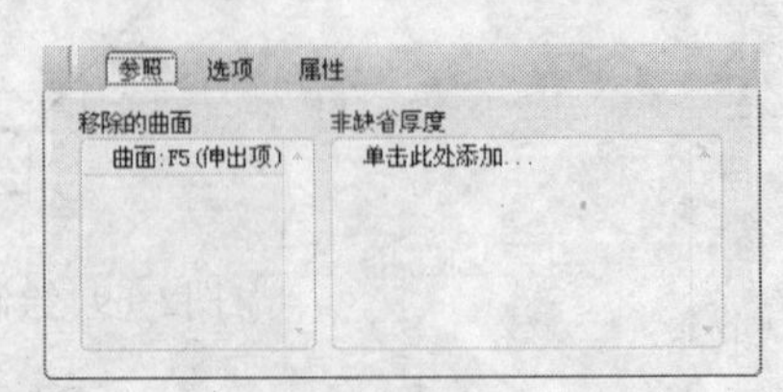

图2-76 【参照】选项卡

在【参照】选项卡中有【移除的曲面】和【非缺省厚度】两个选项组。

· 移除的曲面：显示用户创建壳特征时从实体上选择的要删除的曲面。若用户没有选择任何曲面，则系统默认创建一个内部中空的封闭壳。激活该列表框后，用户可以从实体表面选择一个或多个移除曲面。选择多个曲面的方法是按住Ctrl键配合视角调整来选取移除曲面。

· 非缺省厚度：在创建壳特征时系统默认的厚度值是均匀的，用户可以为此处选取的每个曲面指定单独的厚度值，剩余的曲面将统一使用默认厚度。

（3）单击【特征预览】按钮预览抽壳特征的结果，无误后单击【应用并保存】按钮，生成的壳体如图2-77所示。

提示 操控面板中的【更改厚度方向】按钮的作用是调整壳厚度方向，默认情况下，将在模型实体上保留指定厚度的材料，如果单击该按钮，则会在相反方向添加指定厚度的材料，即按模型实体外形掏空实体，在外围添加指定厚度的材料。

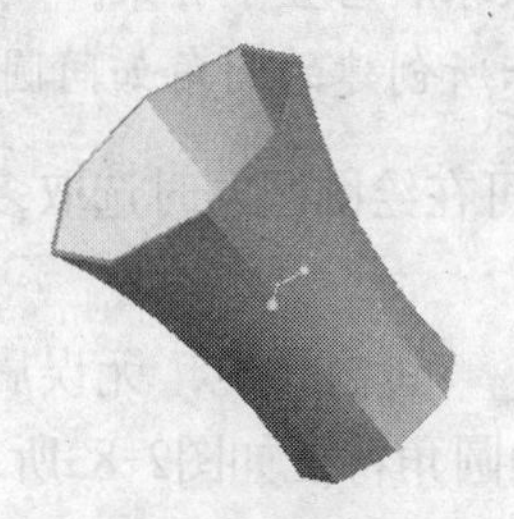

图2-77 创建的壳体特征

注意 当零件特征需要倒圆角或拔模特征时，应先建立倒圆角或拔模特征，再创建薄壳特征，否则将导致壳厚度不均匀。

在创建壳特征时，被移除的曲面与其他曲面相切时必须有相同的厚度，否则会导致薄壳特征创建失败。

2.5 实例：轴设计（倒角和圆角）

本实例的内容是为已有的轴零件创建圆角和倒角特征。完成后的模型如图2-78所示。

2.5.1 生成圆角

（1）启动Pro/ENGINEER，打开名称为“zhou01.prt”的零件图，如图2-79所示。

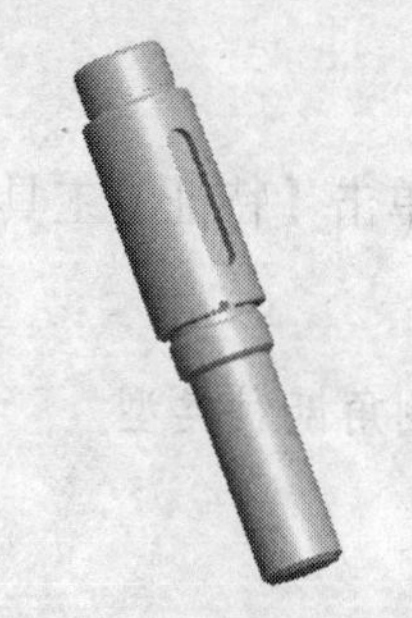

图2-78 完成后的图形

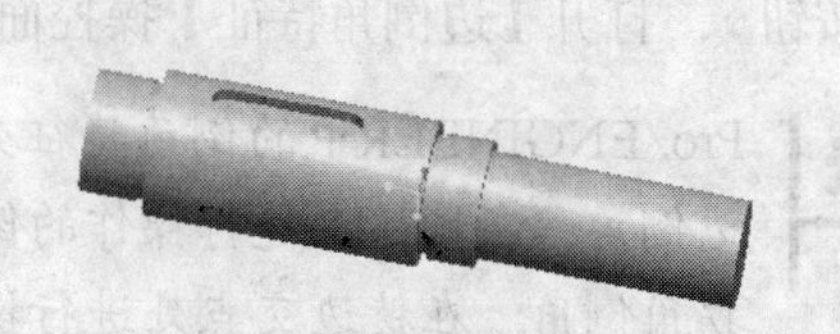

图2-79 打开的零件图

（2）选择【插入】|【倒圆角】菜单命令或单击绘图区域右侧【工程特征】工具栏中的【倒圆角】按钮，打开【倒圆角特征】操控面板，如图2-80所示。

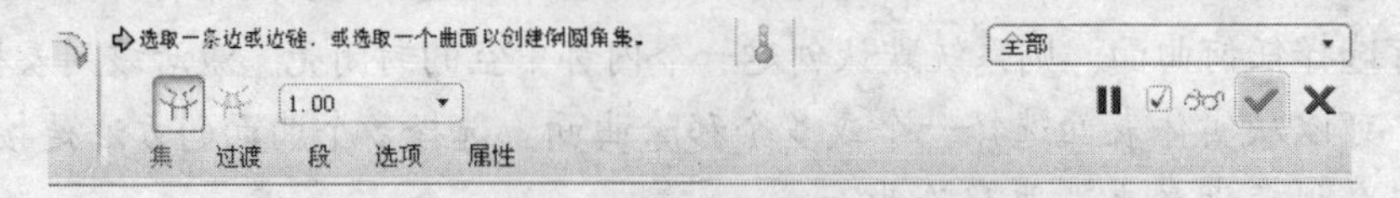

图2-80 【倒圆角特征】操控面板

（3）单击【切换至集模式】按钮，单击【集】标签，切换到【集】选项卡，设置圆角截面形状为【圆球】，选择圆角创建方式为【滚球】，在【圆角半径】文本框中输入倒圆角的半径“1”。

提示

按钮用于选择设置模式生成圆角特征，为Pro/ENGINEER的默认方式。

按钮用于选择过渡模式生成圆角特征。【集】选项卡如图2-81所示。

圆角截面形状：可分为圆形、圆锥、C2连续、D1×D2圆锥、D1×D2 C2。

圆角创建方式：可分为滚球和垂直于骨架。

选择【滚球】选项，表示所创建的圆角如同圆球滚过两个面间的效果。

（4）因为半径值相同，所以可在绘图区同时选取多个要倒圆角的边（如图2-82中选择4个对象）。

（5）单击【特征预览】按钮进行预览，无误后单击【应用并保存】按钮，关闭【倒圆角特征】操控面板，生成的圆角特征如图2-83所示。

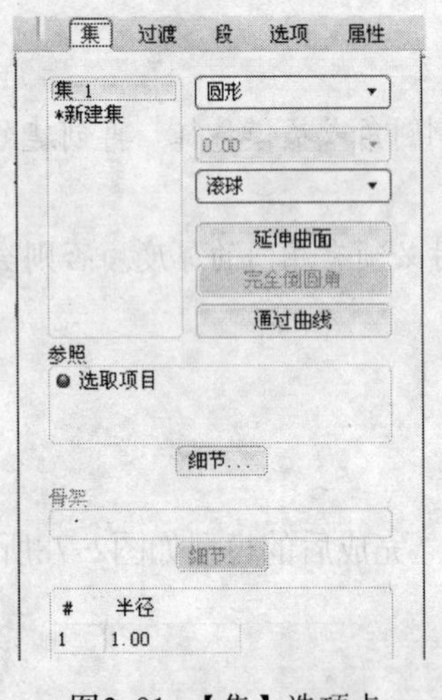

图2-81 【集】选项卡

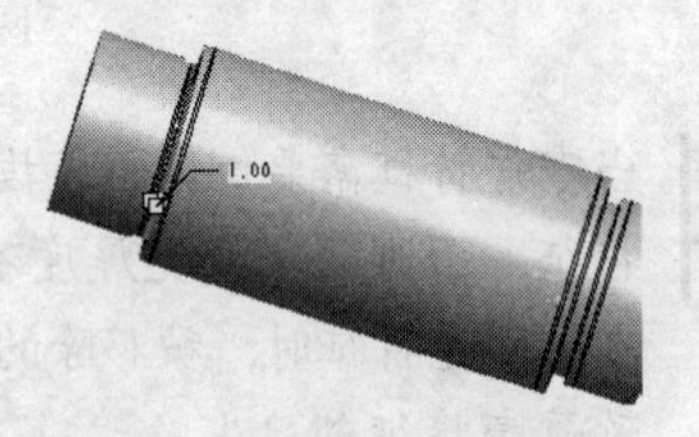

图2-82 选择要倒圆角的边

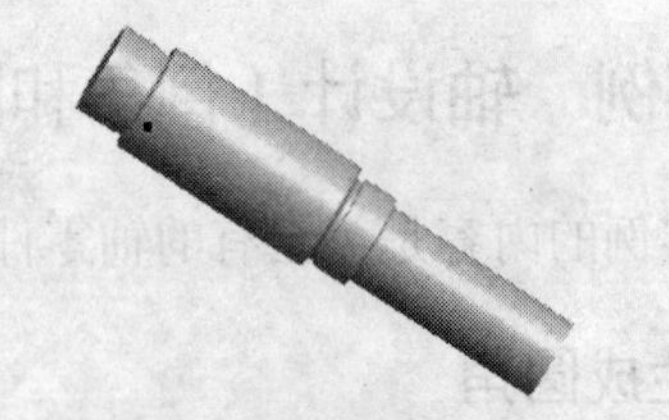

图2-83 倒圆角后的效果

2.5.2 生成倒角

（1）选择【插入】|【倒角】|【边倒角】菜单命令或单击【特征】工具栏中的【边倒角】按钮，打开【边倒角特征】操控面板，如图2-84所示。

提示

Pro/ENGINEER中的倒角特征分为边倒角和拐角倒角两种类型。

边倒角：在棱边上进行操作的倒角特征。

拐角倒角：在棱边交点处进行操作的倒角特征。

图2-84 【边倒角特征】操控面板

（2）单击【切换至集模式】按钮，在【倒角类型】列表框中选择倒角类型为“D×D”，在文本框中输入D的值为“1.5”，在绘图区选择要进行倒角的两条边，如图2-85所示。

提示

按钮用于选择设置模式生成倒角特征，为Pro/ENGINEER的默认方式。

按钮用于选择过渡模式生成倒角特征。

D×D表示倒角边与相邻曲面的距离均为D，随后要输入D的值。Pro/ENGINEER默认选取此选项。

（3）单击【应用并保存】按钮，生成的倒角特征如图2-86所示。

（4）用同样的方法对另一条边进行倒角操作，设置D的值为“1”。

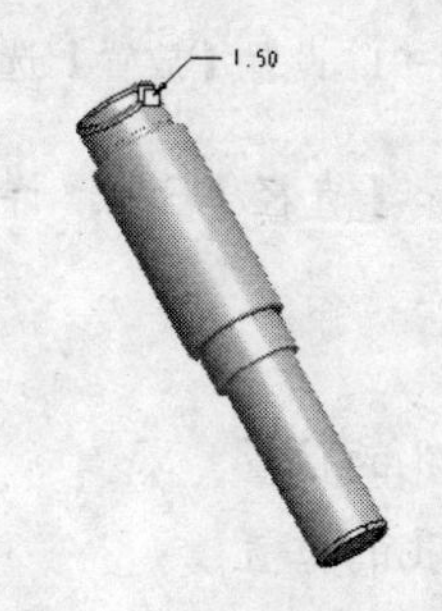

图2-85 选择要倒角的边

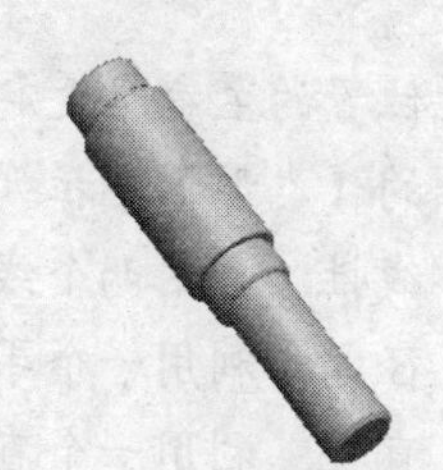

图2-86 生成的倒角特征

2.6 实例：底座设计（筋特征和孔特征）

本实例是在已有的零件模型中添加孔特征和筋特征，重点是孔的定位和筋特征生成的方向，完成后的底座如图2-87所示。

2.6.1 生成孔特征

（1）启动Pro/ENGINEER，打开如图2-88所示的名称为“dizuo01.prt”的零件图。

图2-87 完成后的零件图

图2-88 打开的零件图

（2）选择【插入】|【孔】菜单命令或单击【特征】工具栏中的【孔】按钮，打开如图2-89所示的【孔特征】操控面板。

（3）单击【创建简单孔】按钮，选择如图2-90所示的面为孔的放置面，单击【放置】标签，切换到【放置】选项卡，单击【偏移参照】收集器，在绘图区选择基准面“TOP”，按住Ctrl键，再选择基准面“RIGHT”，分别输入偏移距离“0”和“70”，如图2-91所示。

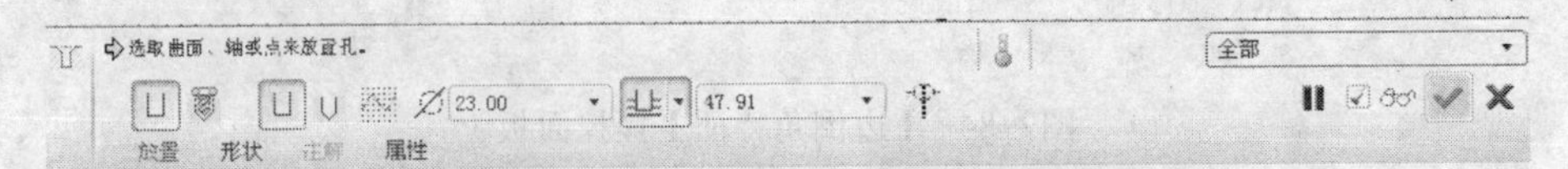

图2-89 【孔特征】操控面板

提示 【创建简单孔】按钮用于生成直孔，是系统默认方式。

图2-90 选择孔的放置面

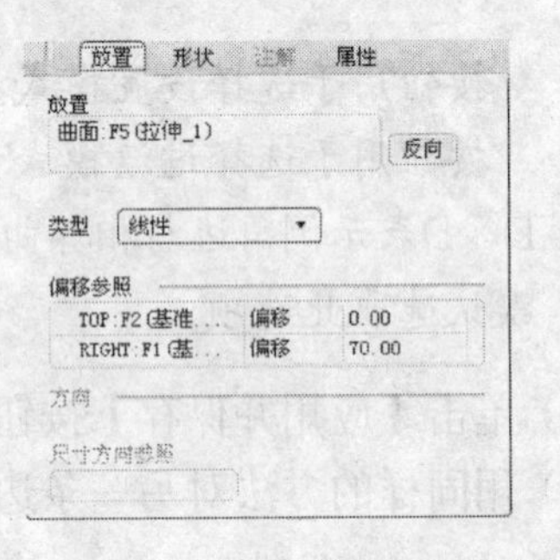

图2-91 设置【放置】选项卡

提示 孔位置的主参照设定方法有【线性】、【径向】和【直径】3种，详见图2-92所示的【类型】下拉列表。

· 线性：利用两个线性尺寸定位孔的位置。
· 径向：利用一个半径尺寸和一个角度尺寸定位孔的位置。
· 直径：利用一个直径尺寸和一个角度尺寸定位孔的位置。

（4）在【钻孔直径值】文本框中输入孔直径为“25”，将孔深度设置为【从放置参照以指定的深度值钻孔】，在【钻孔深度值】文本框中输入“2”，其他按照默认设置。单击【应用并保存】按钮。创建的孔特征如图2-93所示。

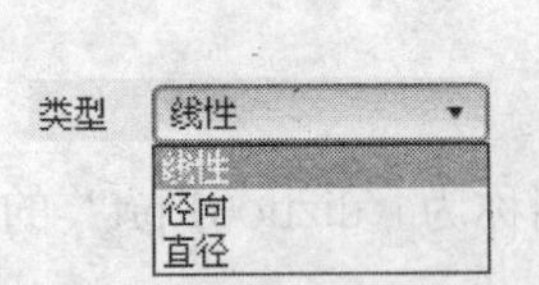

图2-92 【类型】下拉列表

图2-93 创建的孔特征

（5）选择【插入】|【孔】菜单命令或单击【特征】工具栏中的【孔】按钮，打开【孔特征】操控面板。选择如图2-94所示的孔的端面作为放置面，单击【放置】标签，切换到【放置】选项卡，单击【偏移参照】收集器，按住Ctrl键，在绘图区选择基准面“TOP”和基准面“RIGHT”，分别设置偏移距离为“0”和“70”，注意孔的中心与上步创建的孔中心重合，必要时可输入负值，设置孔直径为“15”，孔深度设置为【钻孔至与所有曲面相交】，其他按照默认设置，单击【应用并保存】按钮。创建的孔特征如图2-95所示。

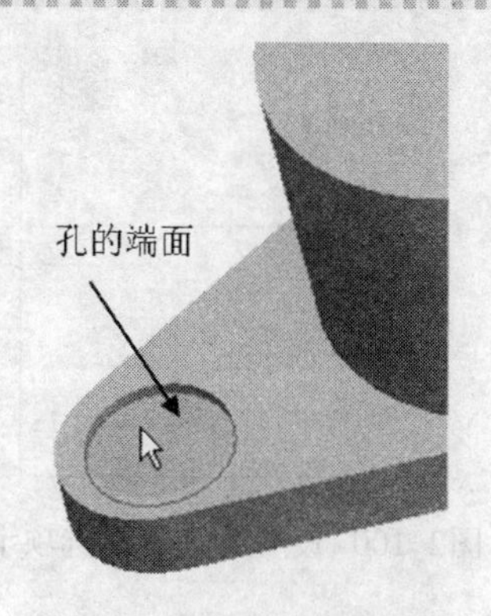

图2-94 选择孔的放置面

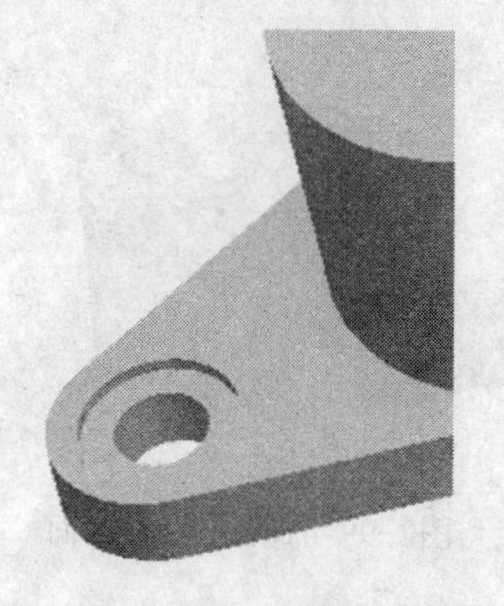

图2-95 创建的孔特征

提示 第一个孔的端面为第二个孔的放置面，二者的偏移参照及距离偏移参照的参数相同，所以两个孔的中心重合。

（6）在模型树中选择特征“孔1”和“孔2”，单击【特征】工具栏中的【镜像】按钮，打开【镜像特征】操控面板，在绘图区选择基准面“RIGHT”，如图2-96所示。单击【应用并保存】按钮，创建的镜像特征如图2-97所示。

图2-96 【镜像特征】操控面板

图2-97 创建的镜像特征

（7）选择【插入】|【孔】菜单命令或单击【特征】工具栏中的【孔】按钮，用步骤（1）~步骤（2）的方法分别以圆柱体的端面和创建的孔曲面作为放置面，创建两个同心的孔，二者的【偏移参照】均为基准面“TOP”和“RIGHT”，且偏移距离全部为“0”，效果如图2-98所示。较大的孔直径为“55”，将孔深度设置为【从放置参照以指定的深度值钻孔】，设置钻孔的深度值为“45”。较小的孔直径为“32”，孔深度为【钻孔至与所有曲面相交】。

（8）选择【插入】|【孔】菜单命令或单击【特征】工具栏中的【孔】按钮，打开【孔特征】操控面板。选择如图2-99所示的扫描曲面作为放置面，单击【放置】选项卡中的【偏移参照】收集器，按住Ctrl键，在绘图区选择基准面“FRONT”和基准面“RIGHT”，设置偏移距离分别为“37”和“0”，如图2-100所示。

（9）设置孔的直径为“30”，孔深度设置为【钻孔至选定的点、曲线、平面或曲面】，在绘图区选择如图2-101所示的曲面，单击【应用并保存】按钮，创建的孔特征如图2-102所示。

图2-98 创建的两个孔特征

图2-99 选择孔的放置面

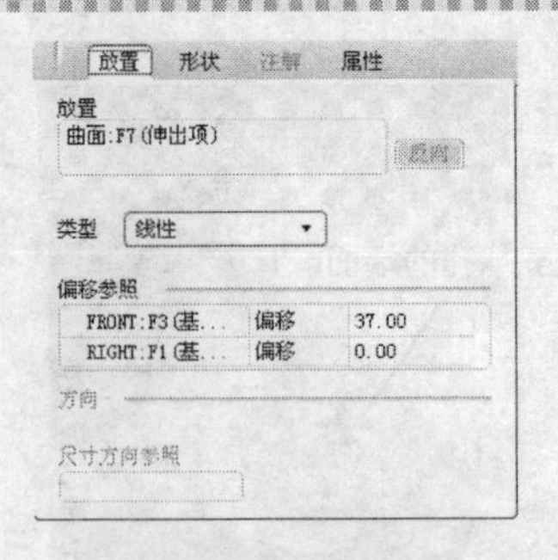

图2-100 设置【放置】选项卡

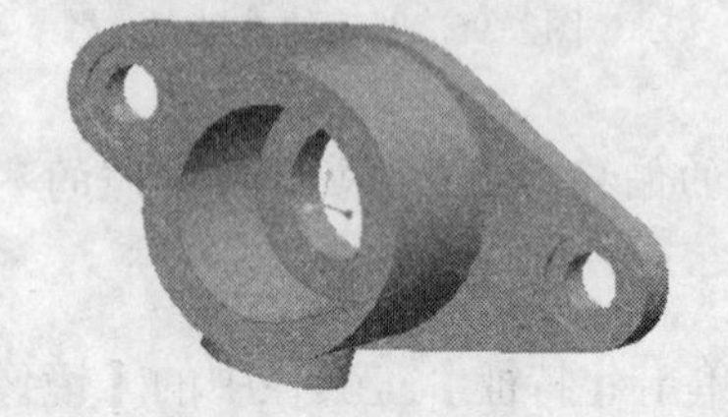

图2-101 选择曲面

图2-102 创建的孔特征

2.6.2 生成筋特征

（1）选择【插入】|【筋】|【轮廓筋】菜单命令或单击绘图区域右侧【特征】工具栏中的【轮廓筋】按钮，打开如图2-103所示的【轮廓筋特征】操控面板。

图2-103 【轮廓筋特征】操控面板

（2）单击【参照】标签，切换到【参照】选项卡，如图2-104所示，单击【定义】按钮，打开如图2-105所示的【草绘】对话框，在特征工作窗口选择“TOP”基准面，设置【方向】为【左】，其他按照默认设置，单击【草绘】按钮。

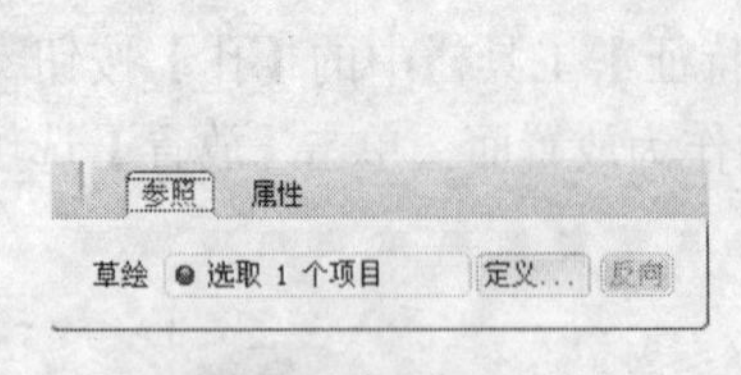

图2-104 【参照】选项卡

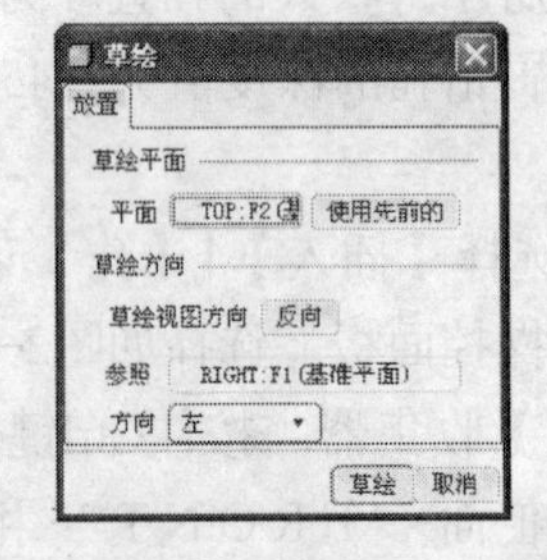

图2-105 设置【草绘】对话框

（3）选择【草绘】|【参照】菜单命令，打开【参照】对话框。选择两条边为参照，如图2-106所示，单击【关闭】按钮。

（4）绘制如图2-107所示的直线。单击【完成】按钮，退出草绘界面，返回到特征工作窗口。

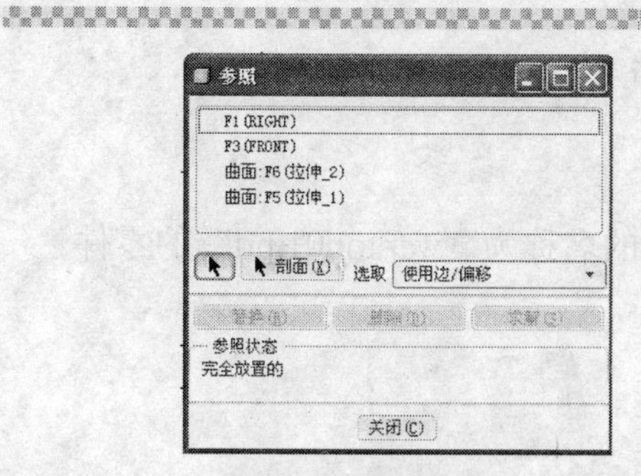

图2-106 选择草绘参照边后的对话框

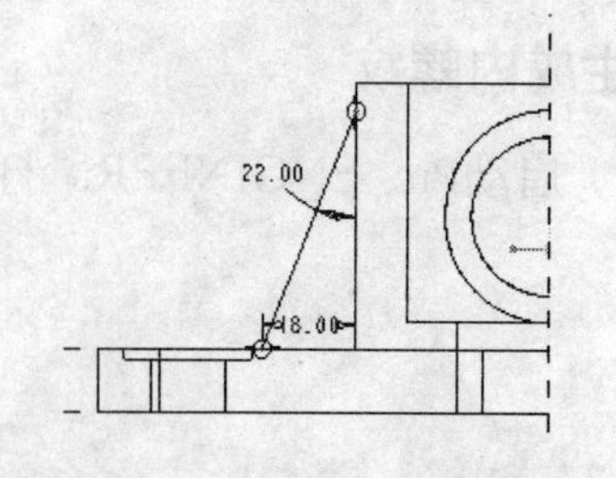

图2-107 绘制草图

提示 筋特征侧截面的草绘线条无需闭合。
筋特征侧截面草绘线条的两端应与筋所连接的实体边线对齐。

（5）在【轮廓筋特征】操控面板中的【筋厚度值】文本框中输入“5”，如图2-108所示，注意创建的筋特征关于基准面“TOP”对称，可单击【更改两个侧面之间的厚度选项】按钮来改变筋的加厚方向，无误后单击【应用并保存】按钮，创建的筋特征如图2-109所示。

提示 绘制完成筋特征截面后，在零件实体上会出现筋特征生成方向箭头及筋特征图形。如果没有看到筋特征图形，可单击箭头改变筋生成方向，或将鼠标指针移到箭头附近，箭头变亮后按住鼠标右键，选择快捷菜单中的【反向】选项，以改变筋生成方向。

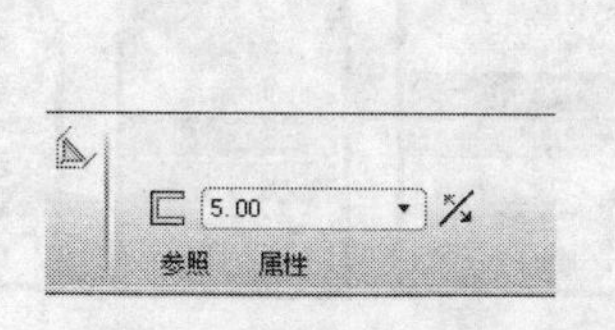

图2-108 设置【轨迹筋特征】操控面板

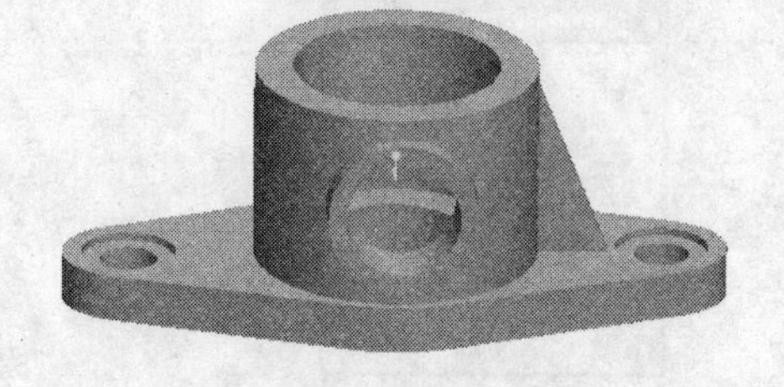

图2-109 创建的筋特征

（6）用同样的方法在零件的另一侧创建筋特征，其效果如图2-110所示。

图2-110 在另一侧创建筋特征

2.7 实例：内外丝90°弯头设计（内外螺纹）

螺旋扫描是沿着旋转面上的轨迹扫描，以产生螺旋特征。可以创建弹簧、螺纹连接件，如螺钉、螺母丝杠、蜗杆等机械零件。下面的实例将讲解螺纹特征的创建方法。

本实例的主要内容是弯头零件上内外螺纹的创建，重点是螺旋轨迹线的绘制、节距的设置以及扫描截面的创建。完成后的零件如图2-111所示。

2.7.1 生成内螺纹

（1）启动Pro/ENGINEER，打开如图2-112所示的名称为“wantou01.prt”的零件。

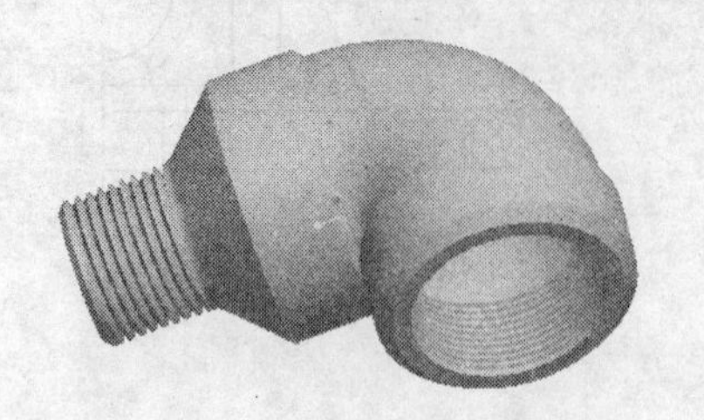

图2-111 完成后的零件图

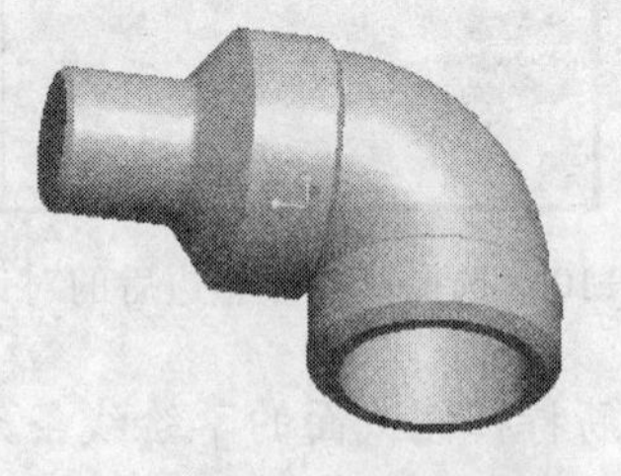

图2-112 打开的零件图

（2）选择【插入】|【螺旋扫描】|【切口】菜单命令，打开如图2-113所示的【伸出项：螺旋扫描】对话框。在【属性】菜单管理器中选择如图2-114所示的选项，再选择【完成】。选择【设置平面】菜单管理器中的【平面】选项，在绘图区选择基准平面“DTM1”，在【方向】菜单管理器中选择【确定】，再选择【草绘视图】菜单管理器中的【缺省】，如图2-114所示。

提示 此处选择“缺省”选项，系统自动为草绘视图指定参考方向，直接进入螺旋轨迹草绘视图。

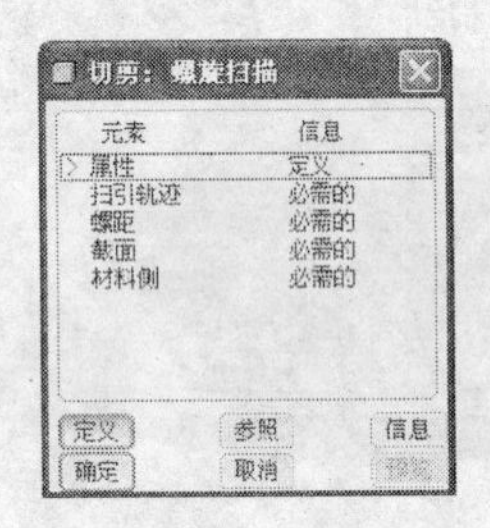

图2-113 【伸出项：螺旋扫描】对话框

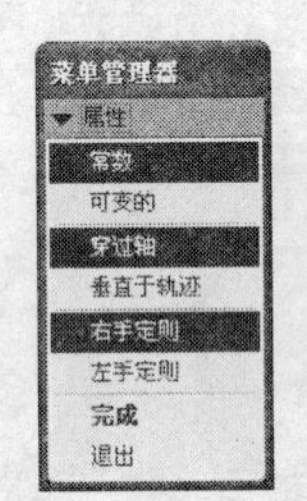

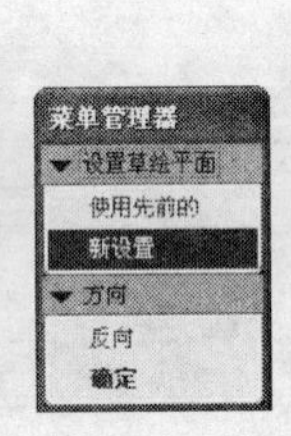

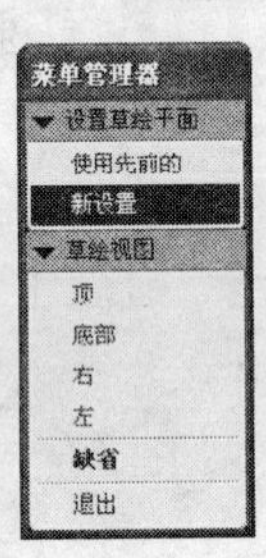

图2-114 设置各菜单管理器

提示 常数是指螺旋扫描特征的螺距是常数。
穿过轴是指螺旋扫描特征的剖面所在的平面通过螺旋轴线。
右手定则是指特征的螺旋方向为右旋。

（3）选择【草绘】|【参照】菜单命令，打开【参照】对话框。选择坐标系和如图2-115所示的顶点为参照，单击【关闭】按钮。

（4）绘制如图2-116所示的长度为12的直线，在其下方绘制中心线，中心线距离参照点的垂直距离为“13.5”，单击【完成】按钮✓。

注意 中心线将作为螺旋扫描特征生成的旋转轴线，必须绘制，否则系统将报错。
螺旋扫描轨迹线必须是开放的，不允许封闭。
螺旋扫描轨迹线不可以与作为旋转轴的中心线垂直。

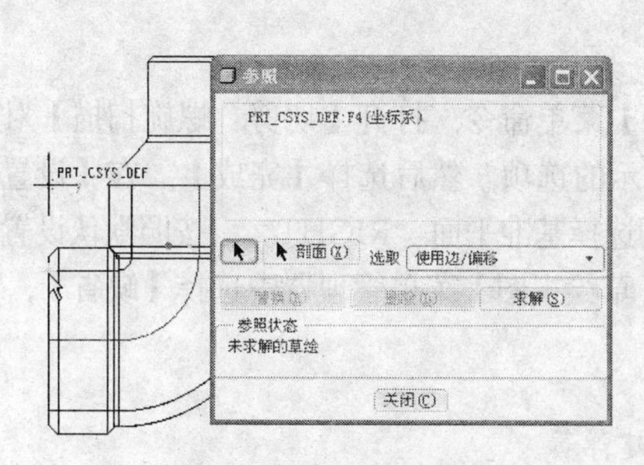

图2-115 选择草绘参照点

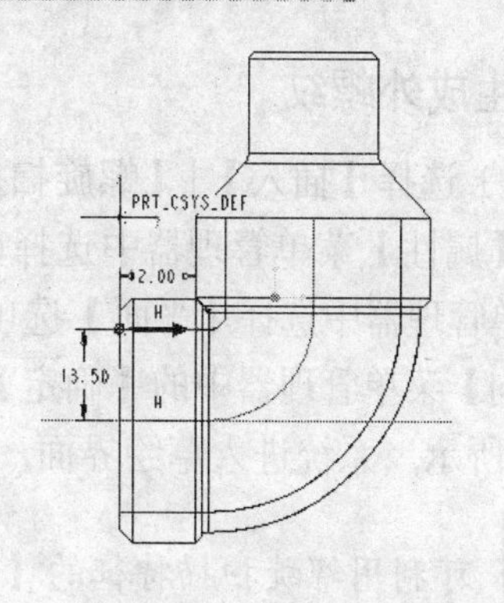

图2-116 绘制直线

（5）输入节距值为“1.2”，如图2-117所示，单击【接受值】按钮，系统自动进入截面草绘界面。

图2-117 输入节距值

（6）绘制如图2-118所示的截面，单击【完成】按钮。若箭头方向与图2-119中的相同，在打开的如图2-120所示的【方向】菜单管理器中选择【确定】选项。

提示 扫描轨迹的起点显示两条正交中心线，以便绘制剖面。

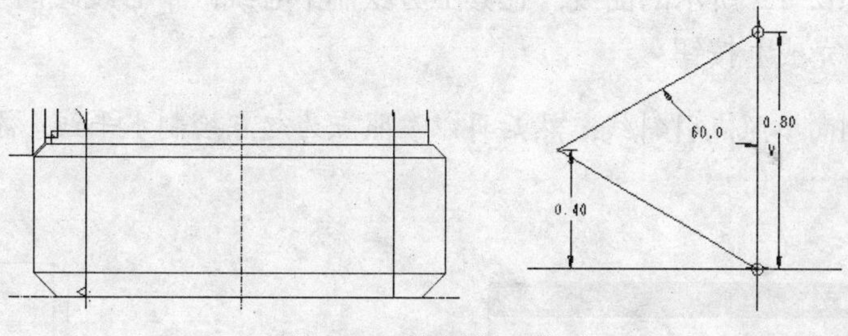

图2-118 绘制截面草图

注意 螺旋扫描的剖面必须是封闭的。

（7）在如图2-121所示的【切剪：螺旋扫描】对话框中单击【确定】按钮，效果如图2-122所示。

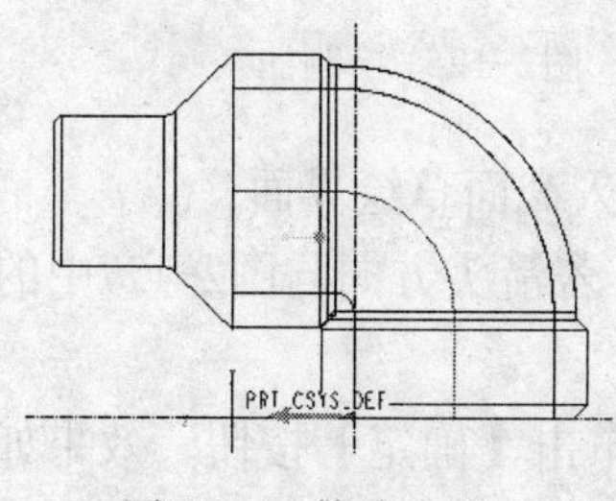

图2-119 箭头方向

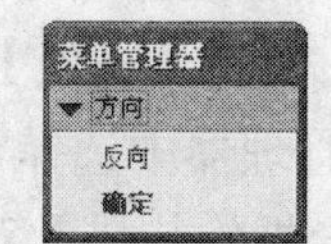

图2-120 【方向】菜单管理器

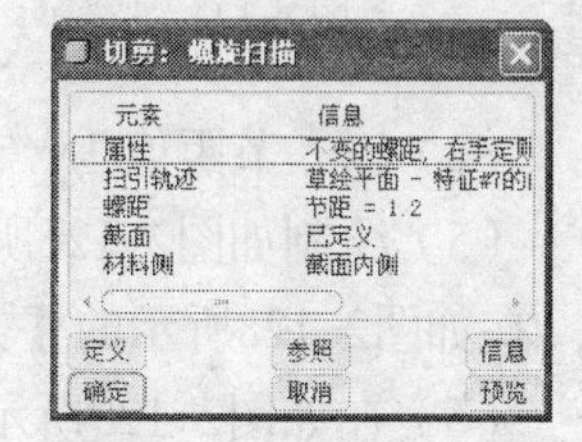

图2-121 【切剪：螺旋扫描】对话框

2.7.2 生成外螺纹

（1）选择【插入】|【螺旋扫描】|【切口】菜单命令，打开【切剪：螺旋扫描】对话框。在【属性】菜单管理器中选择如图2-123所示的选项，然后选择【完成】。在【设置平面】菜单管理器中选择【平面】选项，在绘图区选择基准平面“RIGHT”，按照默认设置选择【方向】菜单管理器中的【确定】选项，在【草绘视图】菜单管理器中选择【缺省】，如图2-123所示，系统进入草绘界面。

提示 可利用螺旋扫描特征的【伸出项】创建弹簧。

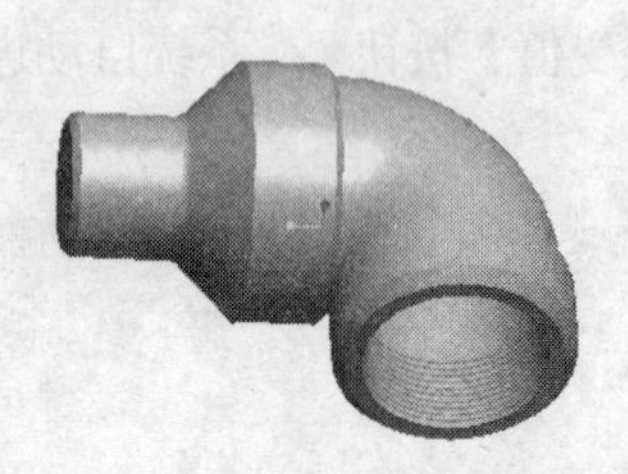

图2-122 创建的螺纹特征

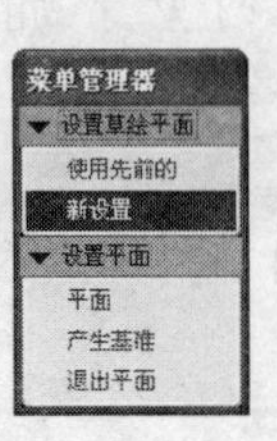

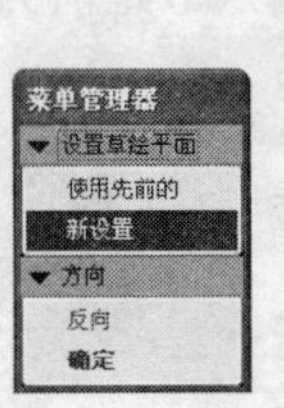

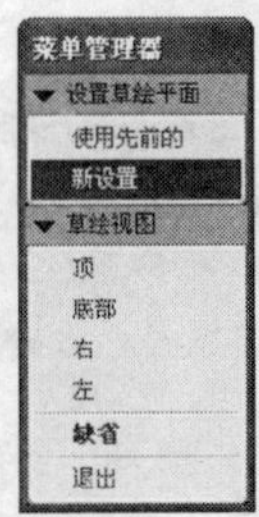

图2-123 设置各菜单管理器

（2）选择【草绘】|【参照】菜单命令，打开【参照】对话框。选择坐标系和如图2-124所示的两个点为参照。单击【关闭】按钮。

（3）绘制如图2-125所示的曲线，在其上方绘制中心线，中心线距离参照点的垂直距离为“10”，单击【完成】按钮✓。

注意 先由外侧向参照点引斜线，然后再以参照点为起点绘制水平线，添加圆角，最后修改尺寸。

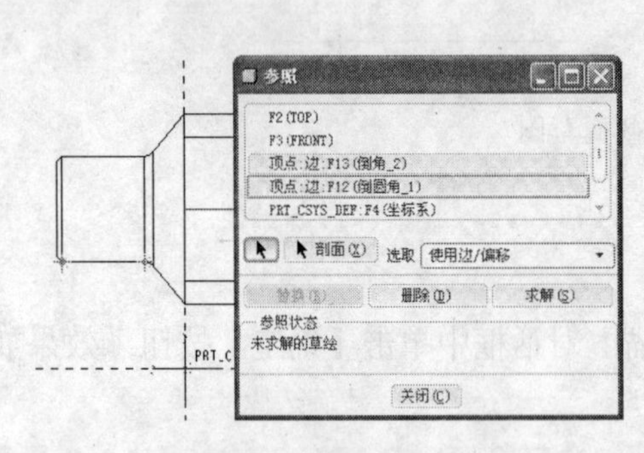

图2-124 选择两个参照点

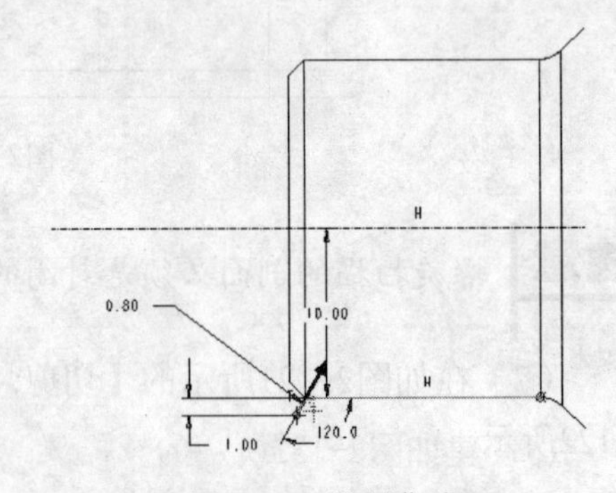

图2-125 绘制曲线

（4）输入节距值为“1.6”，单击【接受值】按钮☑，进入截面草绘界面。

（5）绘制如图2-126所示的截面，单击【完成】按钮✓。若箭头方向与图2-127中的相同，在如图2-128所示的【方向】菜单管理器中选择【确定】。

（6）在如图2-129所示的【切剪：螺旋扫描】对话框中单击【确定】按钮，效果如图2-130所示。

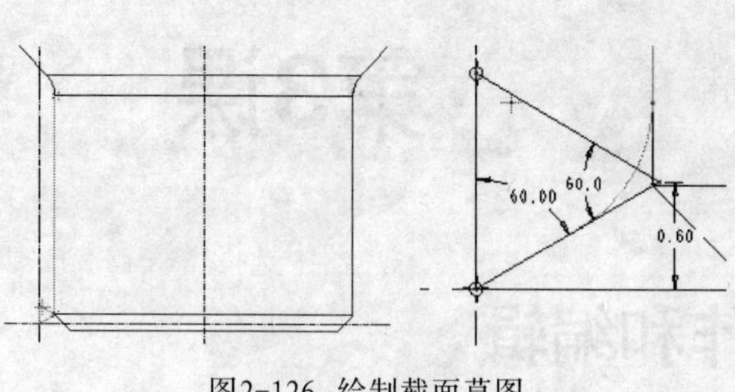

图2-126 绘制截面草图

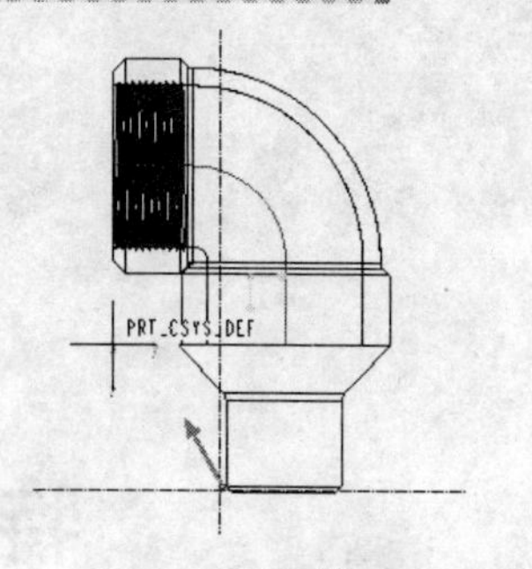

图2-127 箭头方向

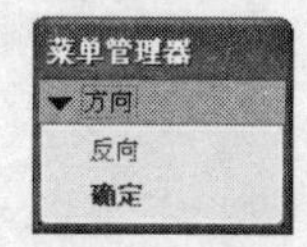

图2-128 【方向】菜单管理器

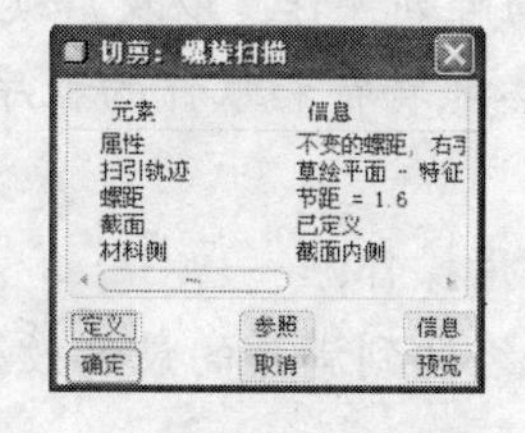

图2-129 【切剪：螺旋扫描】对话框

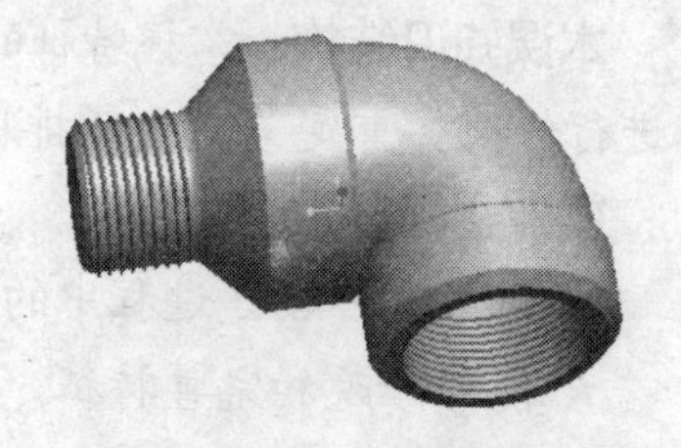

图2-130 创建的螺纹特征

提示 利用螺旋扫描特征创建的螺纹有一个小缺陷，即螺纹收尾处生硬结束，与基体结合不好，如图2-131 所示。其中的一种解决方法是修改扫描轨迹线，在绘制外螺纹时对扫描轨迹进行改进，使外螺纹的收尾处显得比较自然，如图2-132所示。

图2-131 螺纹结尾处生硬

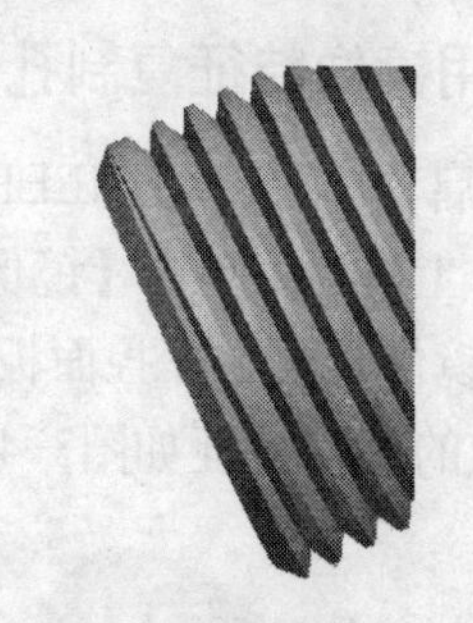

图2-132 收尾较自然

课后练习

1. 创建如图2-133所示的螺栓。
2. 用混合特征创建如图2-134所示的五角星。

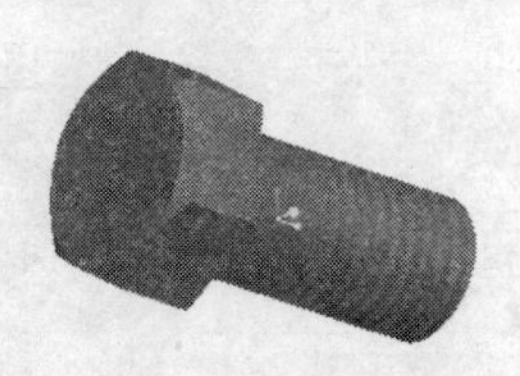

图2-133 螺栓

图2-134 五角星

第3课

特征操作和编辑

本课知识结构: 掌握特征的复制与阵列操作，以及后续处理中的一些常用操作，如对特征进行修改、重定义、重新排序以及参照特征和零件的程序设计等操作。

就业达标要求:

★ 掌握零件创建过程中的一些常用操作;

★ 能够修改和完善特征，使其最终达到满意的设计效果。

本课建议学时: 2学时

3.1 实例：轴套零件设计（特征复制和阵列）

特征的复制和阵列操作可简化零件的设计过程，节约时间，下面以实例的形式讲解特征复制和阵列的方法，完成后的零件图如图3-1所示。

3.1.1 使用镜像特征复制孔特征

（1）启动Pro/ENGINEER，打开如图3-2所示的零件图。在模型树中选择拉伸2特征，在【特征】工具栏中单击【镜像】按钮，或选择【编辑】|【镜像】菜单命令，打开如图3-3所示的【镜像特征】操控面板，在绘图区选择基准面“RIGHT”，单击【应用并保存】按钮✓，生成的镜像特征如图3-4所示。

图3-1 完成后的零件图

图3-2 零件图

图3-3 【镜像特征】操控面板

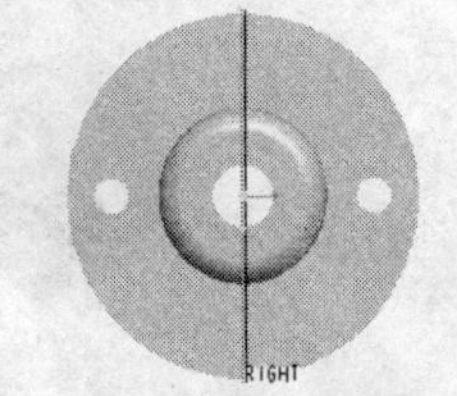

图3-4 生成的镜像特征

提示 应用镜像工具时必须先选取特征，镜像工具才可用，否则镜像工具为灰色不可用。选取特征时可以在工作区单击选取，也可以在模型树单击选取。

（2）也可选择【编辑】|【特征操作】菜单命令，系统弹出如图3-5所示的【特征】菜单管理器，选择【复制】选项，在【复制特征】菜单管理器中依次选择【镜像】、【选取】、【独立】、【完成】选项，然后进行镜像操作。

提示 使用镜像方式进行特征复制时，镜像所产生的特征与原特征关于所选定的参考完全对称；如果选取的参考不同，则镜像的结果也不同。

3.1.2 使用复制特征复制孔特征

（1）选择【编辑】|【特征操作】菜单命令，系统弹出如图3-5所示的【特征】菜单管理器，选择【复制】选项。

（2）在如图3-6所示的【复制特征】菜单管理器中依次选择【移动】、【选取】、【独立】、【完成】选项，在【选取特征】菜单管理器中选择【选取】选项，如图3-7所示，在绘图区选择拉伸2特征，然后选择【完成】选项。

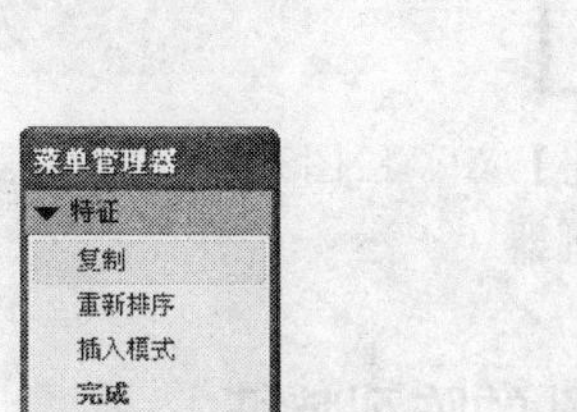

图3-5　【特征】菜单管理器

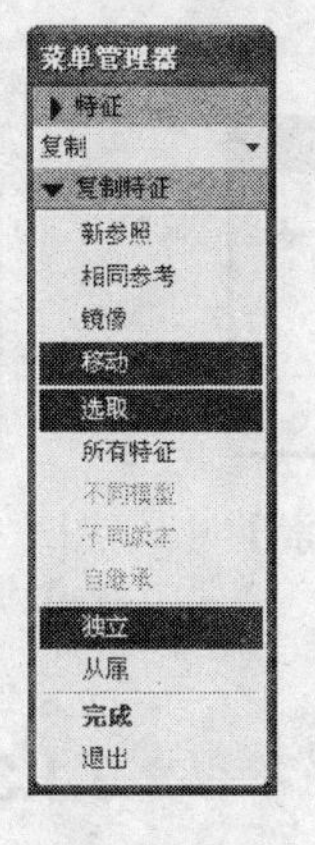

图3-6　设置【复制特征】菜单管理器

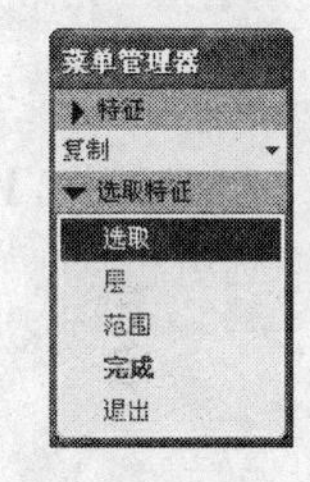

图3-7　选择【选取】选项

（3）出现如图3-8所示的【移动特征】菜单管理器，在其中选择【平移】选项，弹出【一般选取方向】菜单管理器，选择【平面】选项，如图3-9所示。

（4）在模型树中选择基准面“RIGHT”后，弹出如图3-10所示的【方向】菜单管理器，若方向与图3-11中相反则选择【反向】选项，然后选择【确定】选项。

（5）在提示栏中输入偏移距离“115”，如图3-12所示。单击【接受值】按钮☑。

（6）在【移动特征】菜单管理器中选择【完成移动】选项，如图3-13所示，在【组可变尺寸】菜单管理器中选择【退出】，如图3-14所示。在如图3-15所示的【组元素】对话框中单击【确定】按钮，在如图3-16所示的【特征】菜单管理器中选择【完成】选项，生成的复制特征如图3-17所示。

图3-8 【移动特征】菜单管理器

图3-9 选择【平面】选项

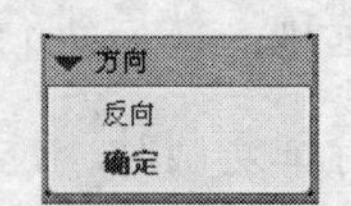

图3-10 【方向】菜单管理器

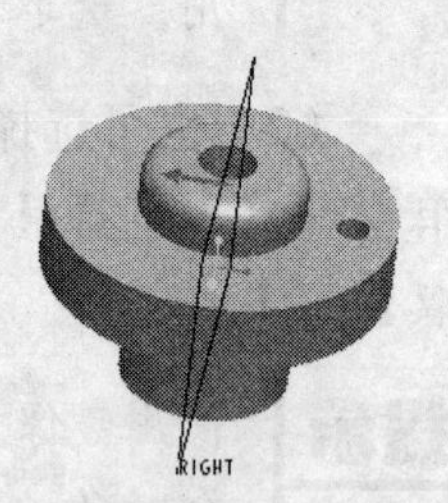

图3-11 箭头方向

图3-12 输入偏移距离

图3-13 选择【完成移动】选项

图3-14 选择【退出】选项

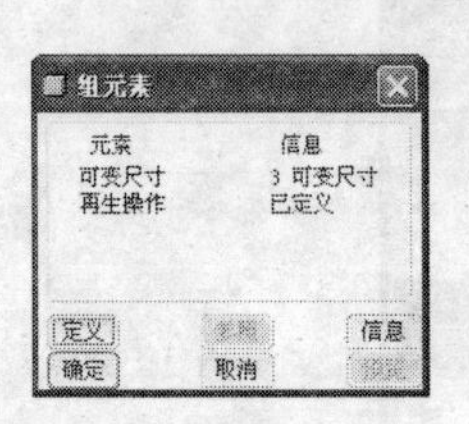

图3-15 【组元素】对话框

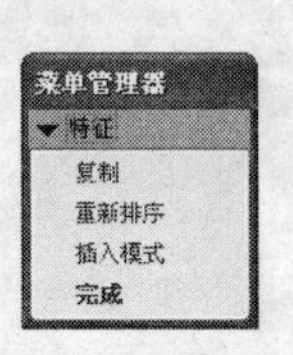

图3-16 【特征】菜单管理器

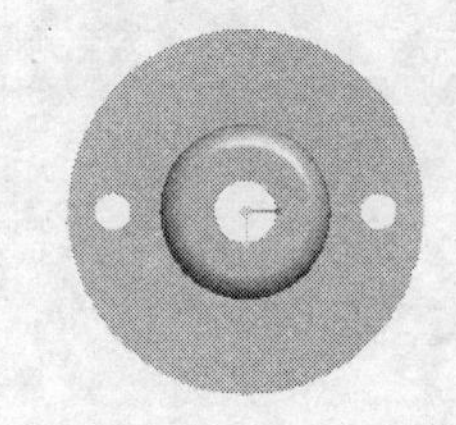

图3-17 生成的复制特征

图3-18 选择基准轴“A1”

3.1.3 生成孔的阵列特征

（1）在绘图区选择拉伸2特征，单击【编辑特征】工具栏中的【阵列】按钮，或选择【编辑】|【阵列】菜单命令，打开【阵列特征】操控面板，在【阵列方式】下拉列表框中选择【轴】，在绘图区选择轴A1，如图3-18所示，输入阵列成员个数为“6”，设置成员间的角度为“60”，如图3-19所示。

图3-19 设置【阵列特征】操控面板

（2）单击【应用并保存】按钮，生成的阵列特征如图3-20所示。

提示

【阵列方式】下拉列表框中的几种阵列方式如图3-21所示。

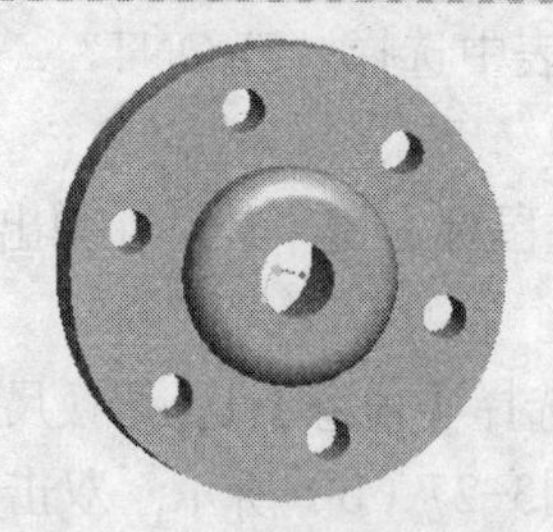

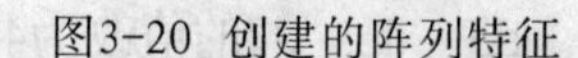

图3-20 创建的阵列特征

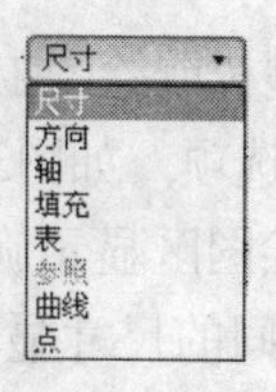

图3-21 【阵列方式】下拉列表框

共有8种不同的阵列类型，各类型说明如下。

尺寸：选择原始特征参考尺寸当做特征阵列驱动尺寸，并明确在参考尺寸方向的特征阵列数量。尺寸方式的阵列又分为线性尺寸驱动和角度尺寸驱动两种，线性尺寸驱动可以生成矩形阵列，角度尺寸驱动可以生成环形阵列。在以线性尺寸为驱动尺寸时，又有单方向阵列和双方向阵列之分。

方向：通过选取平面、平整面、直边、坐标系或轴指定方向，可使用动句柄设置阵列增长的方向和增量来创建阵列。方向阵列可以单向也可以双向。

轴：通过选取基准轴来定义阵列中心，可拖动句柄设置阵列的角增量和径向增量以创建径向阵列。也可以将阵列拖动成螺旋形。

填充：将子特征添加到草绘区域来完成特征阵列。

表：通过使用阵列表，并明确每个子特征的尺寸值来完成特征的阵列。

参照：通过参考已有的阵列特征来创建一个阵列。

曲线：通过指定阵列成员的数目或阵列成员之间的距离来沿着草绘曲线创建阵列。选择不同方式的特征阵列，【阵列特征】操控面板的显示内容有所不同。

点：通过选择草绘基准点来创建阵列特征，并且阵列特征将应用到点特征的所有位置。

用户可在其中选择不同的阵列方式并进行相关操作。

3.2 实例：螺钉设计（修改和重定义特征）

下面通过具体的实例讲解修改和重定义特征的方法。本例主要讲解螺钉模型相应特征的修改和重定义的方法，完成后的模型如图3-22所示。

3.2.1 修改特征

（1）启动Pro/ENGINEER，打开如图3-23所示的零件图，文件名称为“03luoding01.prt”，在模型树中双击螺纹伸出项的特征，在其后的文本框中输入新名称“外螺纹”，如图3-24所示。

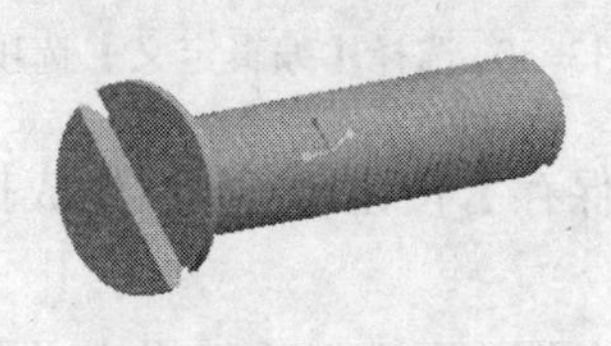

图3-22 完成后的模型

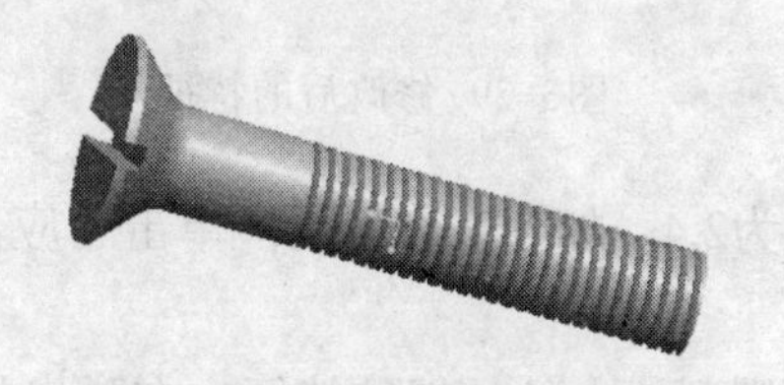

图3-23 螺钉零件图

外螺纹

图3-24 修改特征名称

（2）单击【已命名的视图列表】按钮，在下拉列表中选择“FRONT”，如图3-25所示。

（3）在模型树或绘图工作区中选择旋转1特征，按住鼠标右键不放，在弹出的快捷菜单中选择【编辑】选项，如图3-26所示。

（4）此时绘图区显示旋转1特征的所有尺寸参数，选择【信息】|【切换尺寸】菜单命令，可以切换不同的尺寸显示方式。如图3-27（a）和图3-27（b）所示。双击要修改的尺寸，然后输入新的尺寸值，如图3-28所示，分别将d3、d4、d5、d6、d7的值改为4、45、2、8、4。单击【编辑】工具栏中的【再生】按钮，修改后的特征如图3-29所示。

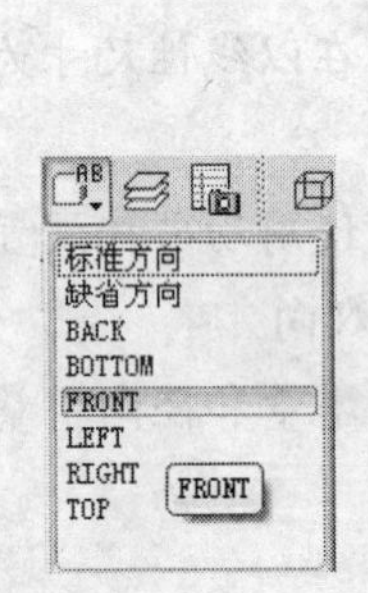

图3-25 选择“FRONT”

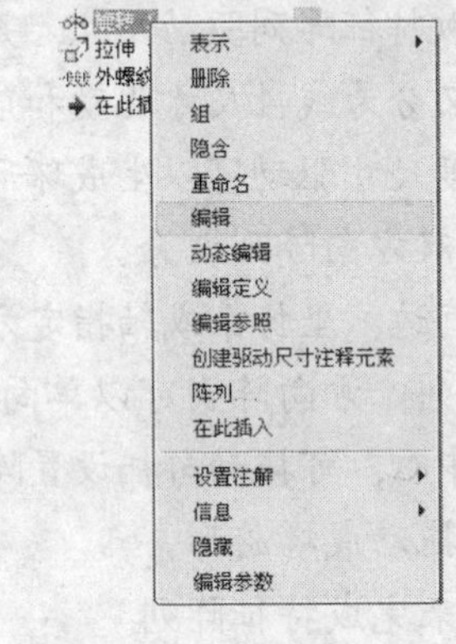

图3-26 选择【编辑】选项

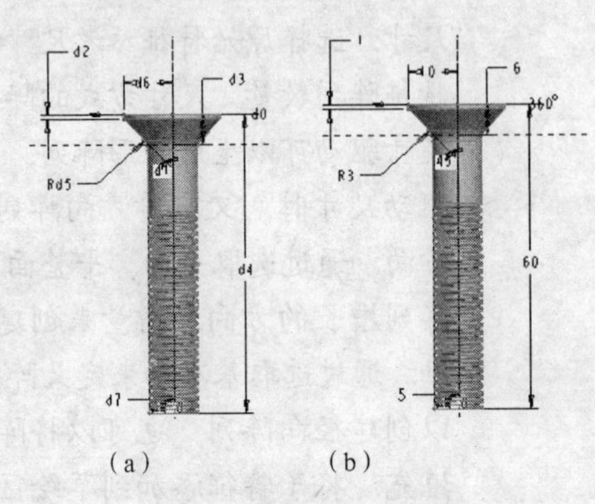

图3-27 显示尺寸参数

提示 对特征进行【编辑】操作，也可以直接在图形工作区双击要编辑的特征，此时该特征的所有尺寸都会显示出来。对要修改的尺寸双击进行修改，然后单击主菜单栏中的【再生工具】再生工具按钮，重生成特征。这是简单特征修改常用的方法。

3.2.2 重定义特征

（1）在绘图区选择拉伸1特征，按住鼠标右键不放，在弹出的快捷菜单中选择【编辑定义】选项，如图3-30所示。系统打开【拉伸特征】操控面板。

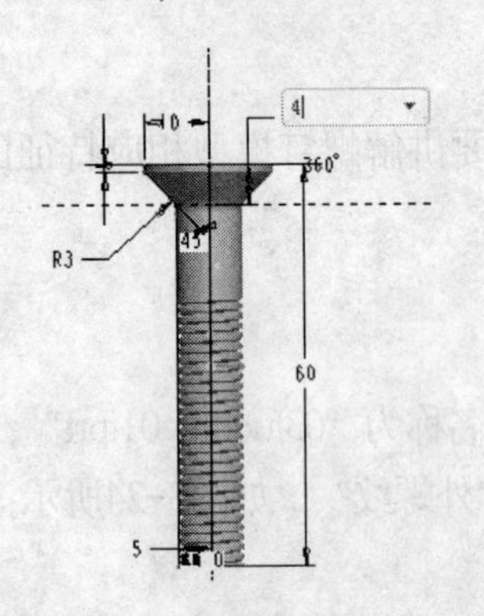

图3-28 修改尺寸数值

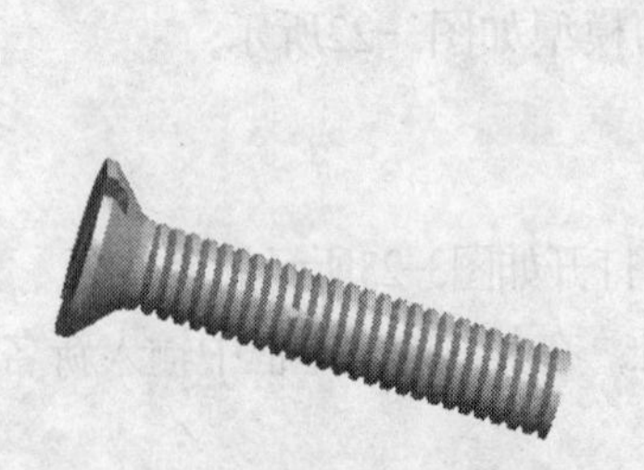

图3-29 修改后的特征

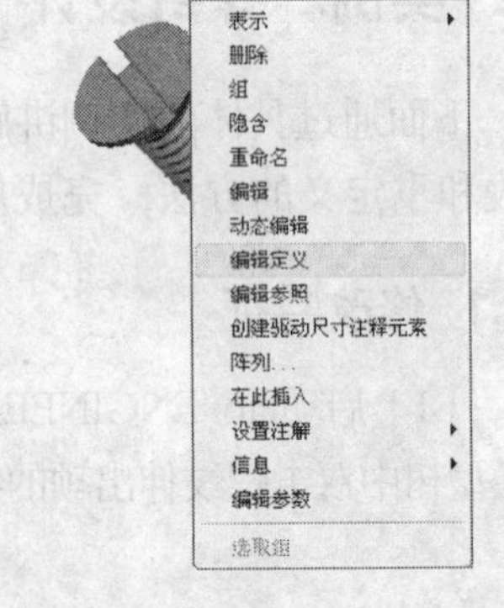

图3-30 选择【编辑定义】选项

（2）重新输入深度值为2.4，如图3-31所示，单击【应用并保存】按钮✓，重新生成拉伸特征。

（3）用鼠标右键单击模型树中的外螺纹特征，在弹出的快捷菜单中选择【编辑定义】

选项，在弹出的【切剪：螺旋扫描】对话框中选择【螺距】，如图3-32所示。单击【定义】按钮。

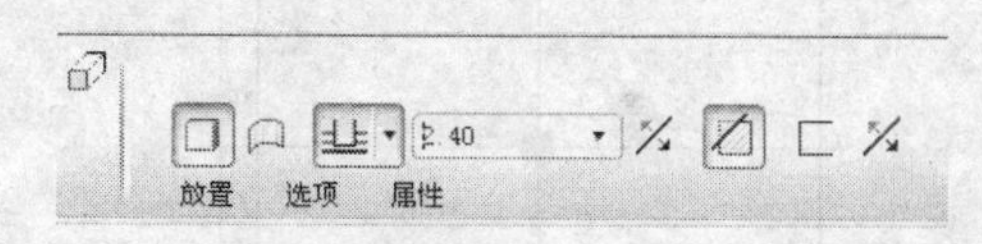

图3-31 重新输入深度值

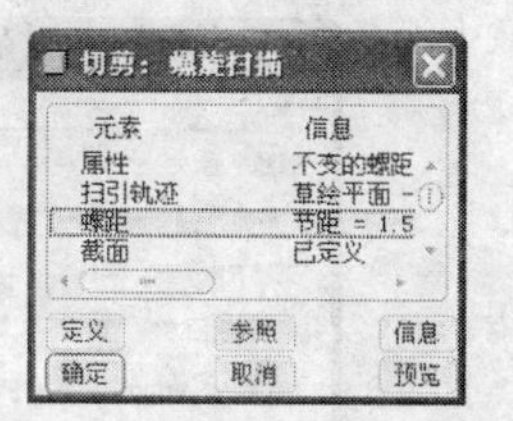

图3-32 选择【螺距】

（4）在提示栏中输入节距值为1.2，如图3-33所示，单击【接受值】按钮，返回对话框。

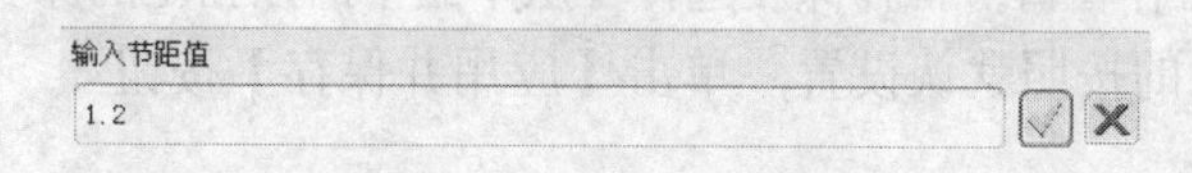

图3-33 输入节距值

（5）选择对话框中的【截面】，单击【定义】按钮，进入草绘界面，绘制如图3-34所示的螺纹截面，单击【完成】按钮，退出草绘界面。

（6）单击【切剪：螺旋扫描】对话框中的【确定】按钮，生成的螺纹特征如图3-35所示。

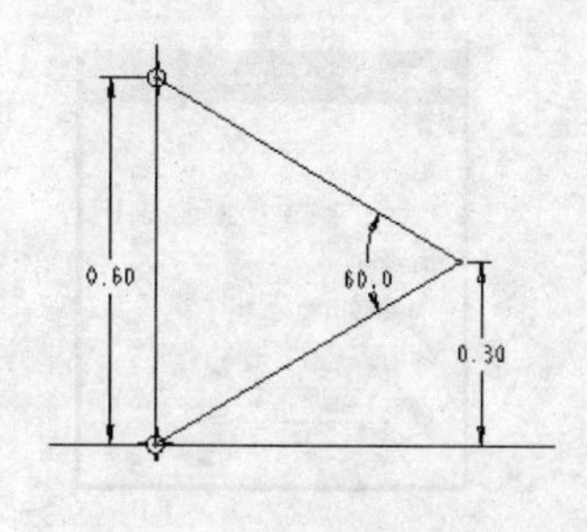

图3-34 绘制螺纹截面

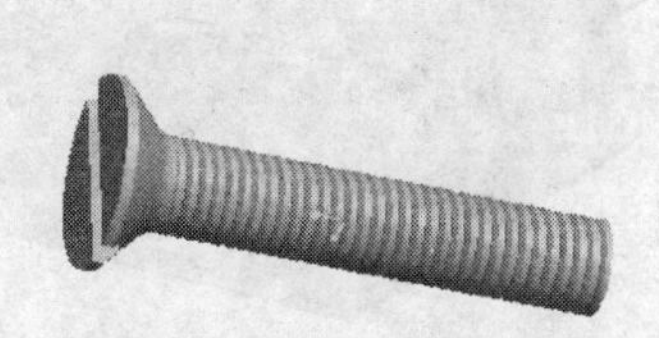

图3-35 生成的螺纹特征

3.3 实例：电源盒设计（特征的重新排序和参照）

下面的实例将应用到特征的重新排序和参照的方法。本例主要通过阐述设计电源盒的过程来讲解重定义特征参照和特征的重新排序方法，重点在于特征参照的重定义，完成后的模型如图3-36所示。

3.3.1 创建拉伸特征

（1）启动Pro/ENGINEER，新建一个文件，选择【插入】|【拉伸】菜单命令或单击【特征】工具栏中的【拉伸】按钮，打开【拉伸特征】操控面板，单击【拉伸为实体】按钮，单击【放置】选项卡中的【定义】按钮，打开【草绘】对话框，在绘图区选择基准

图3-36 完成后的电源盒模型

面“FRONT”，其他的按照默认设置，如图3-37所示。单击【草绘】按钮，进入草绘界面。

（2）绘制如图3-38所示的图形，单击【完成】按钮✓，退出草绘界面。

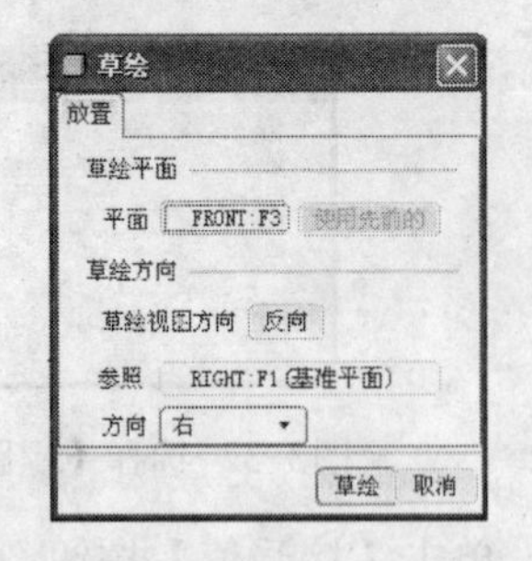

图3-37 设置【草绘】对话框

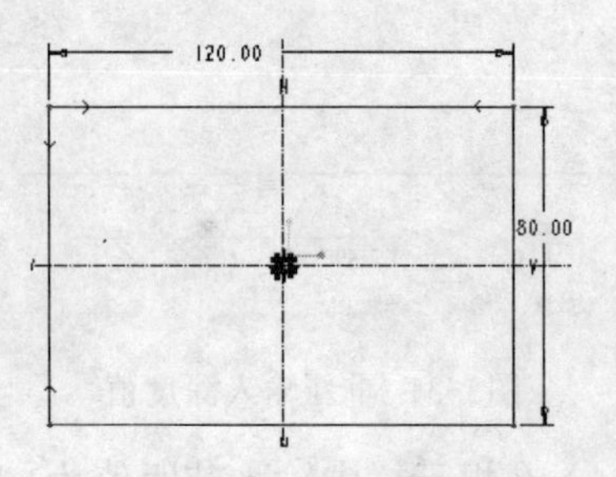

图3-38 绘制矩形

（3）返回特征工作窗口。拉伸深度选择【从草绘平面以指定的深度值拉伸】，输入深度值为“50”，其他的按照默认设置，单击【应用并保存】按钮✓。生成的拉伸特征如图3-39所示。

（4）单击【特征】工具栏中的【拉伸】按钮，打开【拉伸特征】操控面板。选择【拉伸为实体】□，在空白处单击鼠标右键，在弹出的快捷菜单中选择【定义内部草绘】选项，打开【草绘】对话框，选择如图3-39所示的面为草绘平面，其他的按照默认设置，如图3-40所示，单击【草绘】按钮。

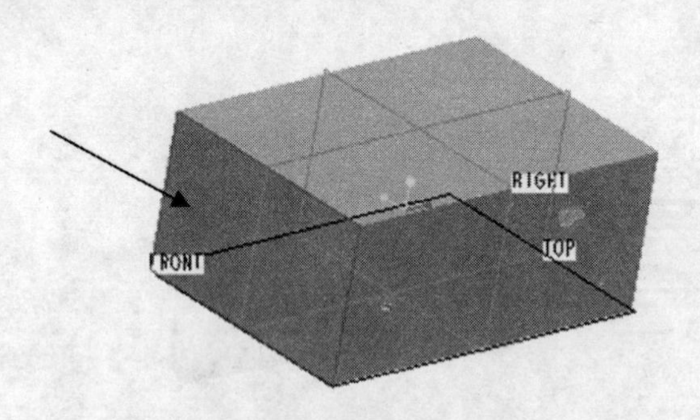

图3-39 生成的拉伸特征

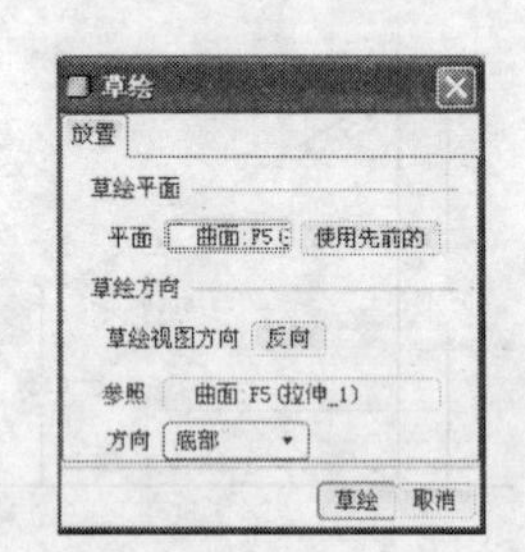

图3-40 设置【草绘】对话框

（5）以如图3-41所示的两条直线作为草绘的参照，绘制如图3-42所示的封闭图形，注意草图与基准面“FRONT”的位置关系，单击【完成】按钮✓，退出草绘界面，返回到特征工作窗口。

图3-41 选取草绘参照

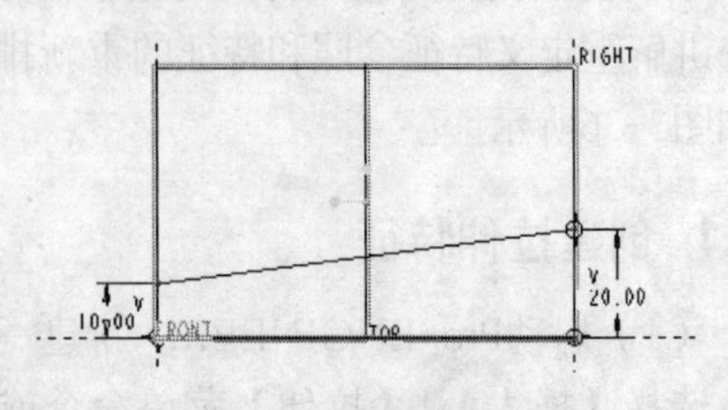

图3-42 绘制的草图

（6）在【拉伸特征】操控面板中，设置拉伸方向为指向平面外侧，拉伸深度选择【拉伸至与所有曲面相交】，单击【移除材料】按钮，注意图3-43中的拉伸方向，无误后单击【应用并保存】按钮✓。创建的拉伸特征如图3-44所示。注意基准面“FRONT”在得到的拉伸曲面的上方。

（7）单击【特征】工具栏中的【拉伸】按钮，打开【拉伸特征】操控面板。以图3-44中的侧面为草绘平面，其他按照默认设置，如图3-45所示。

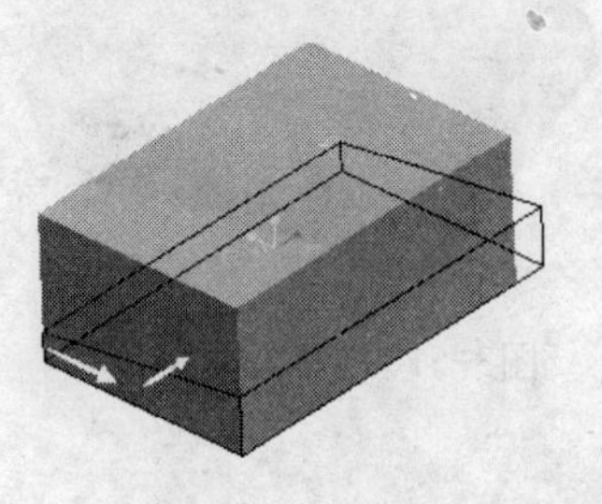

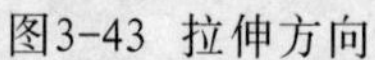

图3-43 拉伸方向

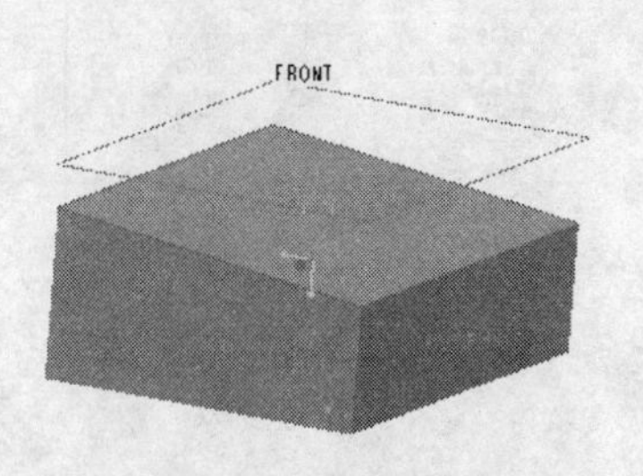

图3-44 创建的拉伸特征

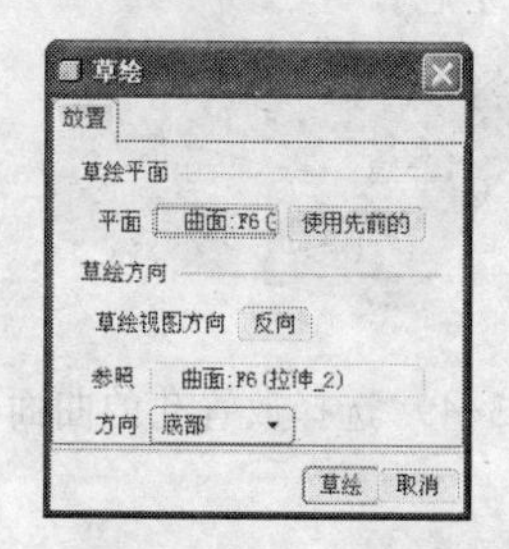

图3-45 设置【草绘】对话框

（8）进入草绘界面后以坐标系为参考，利用【偏移】按钮和【圆形】按钮，绘制如图3-46所示的草图，单击【完成】按钮，退出草绘界面，在【拉伸特征】操控面板中选择【拉伸为实体】，拉伸方向为指向平面外侧，拉伸深度选择【从草绘平面以指定的深度值拉伸】，输入拉伸深度为“3”，单击【应用并保存】按钮。创建的拉伸特征如图3-47所示。

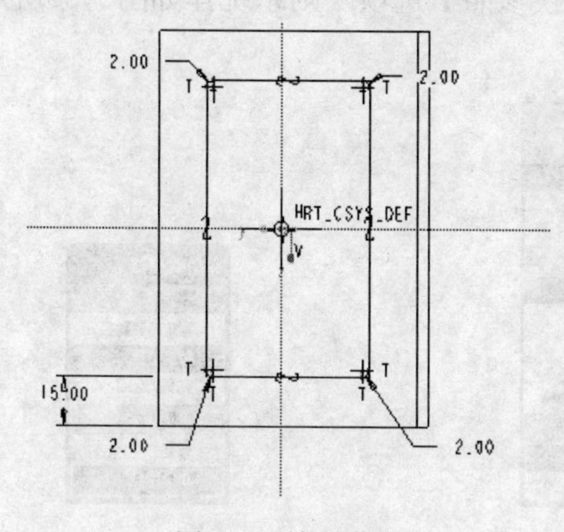

图3-46 绘制草图

图3-47 创建的拉伸特征

3.3.2 倒圆角并生成孔特征

（1）将零件的各个边倒圆角，具体的参数如图3-48所示。

（2）选择【插入】|【孔】菜单命令或单击【特征】工具栏中的【孔】按钮，打开【孔特征】操控面板。选择如图3-49所示的面为放置孔的面，单击【放置】选项卡中的【偏移参照】收集器，在绘图区选择基准面“RIGHT”，按住Ctrl键，再选择基准面“TOP”，输入偏移距离分别为“49”和“29”，设置孔直径为“8”，孔深度设置为【钻孔至于所有曲面相交】，其他按照默认设置，如图3-50所示。单击【应用并保存】按钮。创建的孔特征如图3-51所示。

图3-48 选择倒圆角边，设置参数

图3-49 选择放置孔的曲面

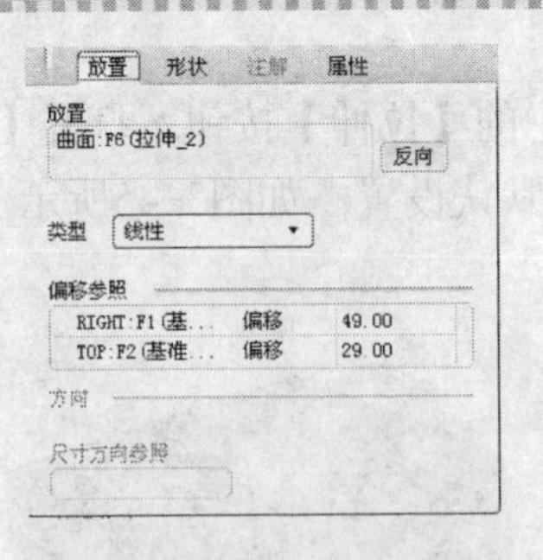

图3-50 设置【放置】选项卡中的参数

图3-51 创建的孔特征

3.3.3 重定义特征参照

（1）在模型树中选择“孔1”标签，选择【编辑】|【参照】菜单命令，系统弹出如图3-52所示的【确认】对话框和如图3-53所示的【重定参照】菜单管理器。单击对话框中的【否】按钮，展开如图3-54所示的【重定参照】菜单管理器。

（2）在【重定参照】菜单管理器中选择【替换参照】选项，则系统弹如图3-55所示的【选取类型】菜单管理器。

图3-52 【确认】对话框

图3-53 【重定参照】菜单管理器

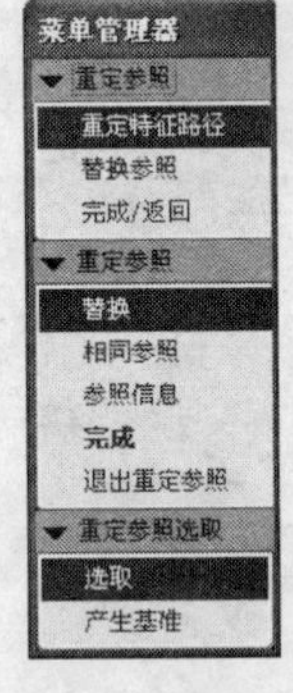

图3-54 展开【重定参照】菜单管理器

图3-55 【选取类型】菜单管理器

（3）按照默认设置选择【单个图元】选项，系统提示“选取要替换的参照（曲面、边、曲线等）”，在绘图区选择如图3-56所示的平面，当系统提示“选取替代曲面”时，选择基准面“FRONT”，在【参考重定参照】菜单管理器中选择【选取特征】选项，如图3-57所示，在如图3-58所示的【选取特征】菜单管理器中选择【选取】选项。

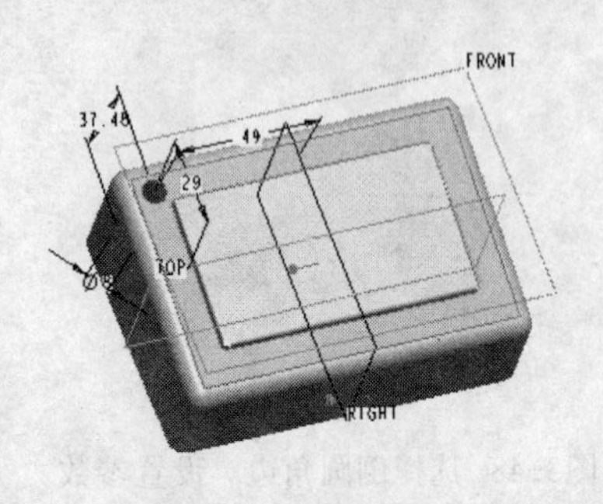

图3-56 选取平面

图3-57 选择【选取特征】选项

图3-58 【选取特征】菜单管理器

（4）在绘图区选择“孔1”特征，特征重定参考成功。

（5）选择“孔1”特征，单击鼠标右键，在快捷菜单中选择【编辑定义】选项，如图3-59所示，打开【孔特征】操控面板，切换到【放置】标签，可以看到，孔特征的参照面已经更改为如图3-60所示的曲面。

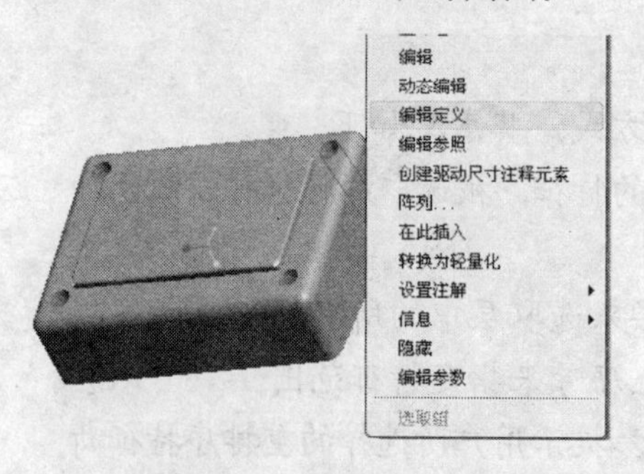

图3-59 选择【编辑定义】选项

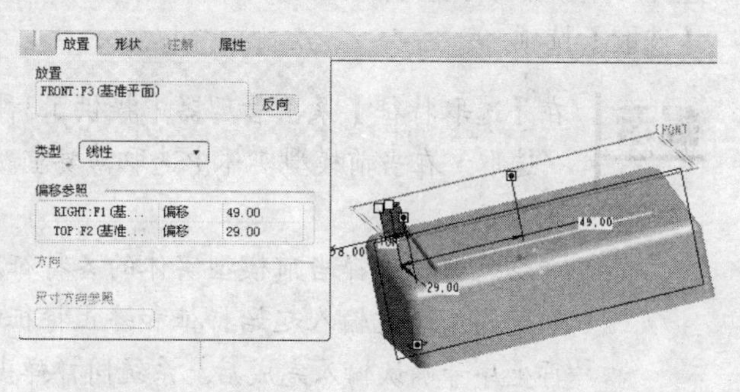

图3-60 孔特征的参照面更改为“FRONT”

（6）多次运用【镜像】命令，复制孔特征，使其均匀分布在零件的四角，效果如图3-61所示。

图3-61 多次镜像孔特征

3.3.4 生成壳体

（1）单击【工程特征】工具栏中的【抽壳】按钮，打开【抽壳特征】操控面板。

（2）在【抽壳特征】操控面板中输入厚度为“2”，按住Ctrl键，在绘图区选择零件的底面和上方的表面，如图3-62所示，单击【更改厚度方向】按钮，单击【应用并保存】按钮✔，生成的壳体如图3-63所示。

图3-62 选择零件表面

图3-63 创建的壳特征

3.3.5 使用菜单命令重新排序

（1）选择【编辑】|【特征操作】菜单命令，在如图3-64所示的【特征】菜单管理器中选择【重新排序】选项，打开如图3-65所示的【选取特征】菜单管理器，按照默认设置选择【选取】选项。

提示 在【选取特征】菜单管理器中提供了3种选择方式，其意义如下。

·选取：在当前模型实体中选取需要重新排序的特征，被选取的特征将以红色加亮显示。

·层：通过选择当前模型实体的各特征所在层来选取层中的所有特征。

·范围：通过输入起始特征和终止特征的再生序号来指定特征范围。

再生序号确认输入完成后，系统同样弹出提示，提示用户所选择的重排序特征新插入点的可能有效范围（以再生序号显示），如果选择合适，则自动再生新特征，否则报错。

（2）在模型树中选择“壳1”特征，单击【选取】对话框中的【确定】按钮，选择【选取特征】菜单管理器中的【完成】选项，在如图3-66所示的【重新排序】菜单管理器中选择【之前】选项，然后在模型树中选择“孔1”特征，选择【特征】菜单管理器中的【完成】选项，完成特征重新排序，结果如图3-67所示。

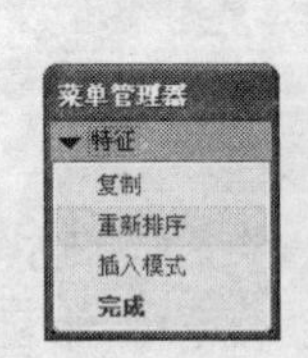

图3-64 【特征】菜单管理器

图3-65 【选取特征】菜单管理器

图3-66 【重新排序】菜单管理器

图3-67 特征重新排序后的效果

3.3.6 使用模型树快捷方式重新排序

（1）在模型树上选择“壳1”特征。

（2）拖动“壳1”特征，模型树上会出现一个黑色的移动标记，将壳特征放在“倒圆角2”特征的上方，如图3-68所示。重新排序后的效果如图3-69所示。

提示 在Pro/ENGINEER系统中，实体特征是按照生成顺序在已有的特征上逐渐加入新的特征，它允许在已建立的多个特征中重新排列各个特征的生成顺序。但不同的添加顺序会产生不同的效果，从而增加设计的灵活性。

注意 在对实体上的特征进行重新排序时，应注意特征之间的父子关系，生成顺序的调整仅能在同级别的子特征之间进行，而父特征不能移到子特征之后，同样子特征也不能移到父特征之前。

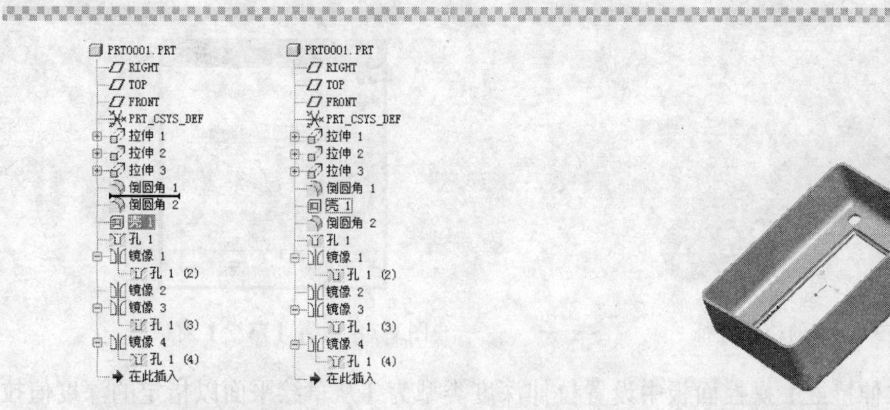

图3-68 重新排序

图3-69 重新排序后的效果

3.4 实例：空调遥控器板设计（零件程序设计）

下面通过具体的实例讲解零件程序设计的方法。本例首先创建有固定尺寸的遥控器外壳模型，然后进行零件的程序设计，注意系统自动命名的尺寸如“d0”、“d1”等与数值尺寸的对应关系，完成后的模型如图3-70所示。

3.4.1 创建遥控器壳体部分

（1）启动Pro/ENGINEER，新建一个文件，选择【插入】|【拉伸】菜单命令或单击【特征】工具栏中的【拉伸】按钮，打开【拉伸特征】操控面板，单击【拉伸为实体】按钮，单击【放置】选项卡中的【定义】按钮，打开【草绘】对话框，在绘图区选择基准面“RIGHT”，其他的按照默认设置，如图3-71所示。单击【草绘】按钮，进入草绘界面。

（2）绘制如图3-72所示的图形，单击【完成】按钮，退出草绘界面，返回特征工作窗口。

图3-70 完成后的模型图

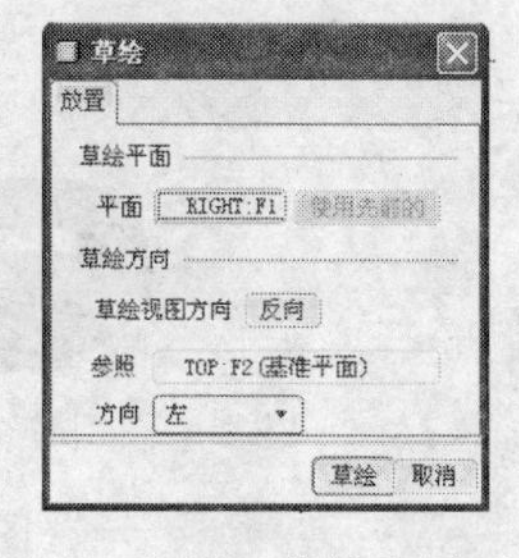

图3-71 设置【草绘】对话框

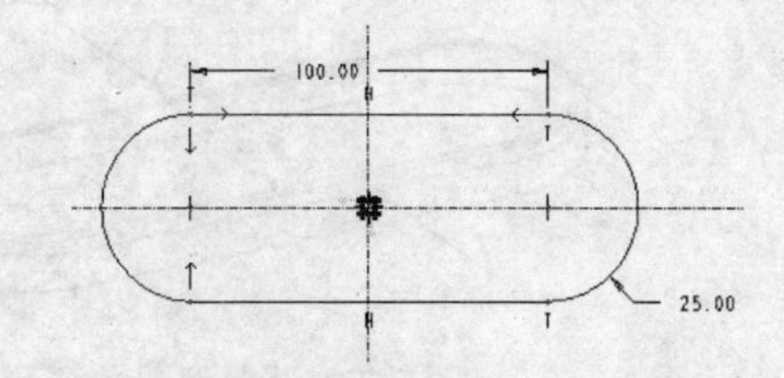

图3-72 绘制图形

（3）选择拉伸深度类型为【从草绘平面以指定的深度值拉伸】，输入深度值为“10”，其他的按照默认设置，单击【应用并保存】按钮。生成的拉伸特征如图3-73所示。

（4）单击【特征】工具栏中的【拉伸】按钮，打开【拉伸特征】操控面板，单击【拉伸为实体】按钮。在空白处单击鼠标右键，在弹出的快捷菜单中选择【定义内部草绘】选项，打开【草绘】对话框，选择如图3-73所示的面为草绘平面，其他按默认设置，如图3-74所示，单击【草绘】按钮。

（5）绘制如图3-75所示的草图。单击【完成】按钮，退出草绘界面，返回到特征工作窗口。

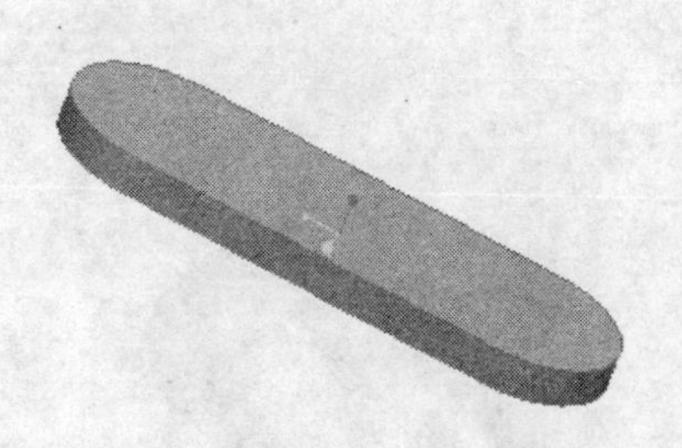

图3-73 创建的拉伸特征

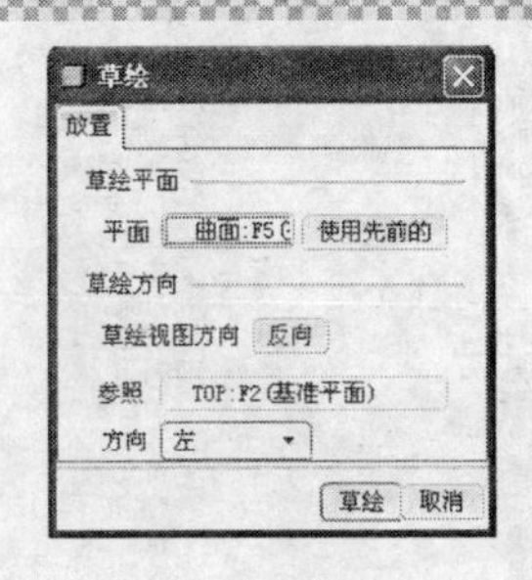

图3-74 设置【草绘】对话框

（6）在【拉伸特征】操控面板中设置拉伸深度类型为【从草绘平面以指定的深度值拉伸】，拉伸方向为指向平面外侧，输入拉伸深度为“1”，单击【应用并保存】按钮。创建的拉伸特征如图3-76所示。

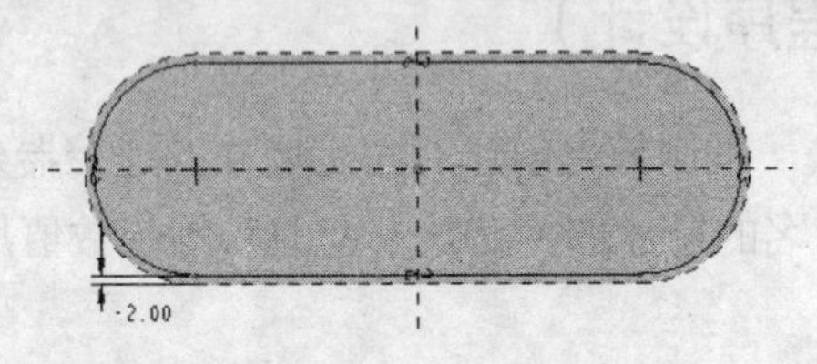

图3-75 绘制的草图

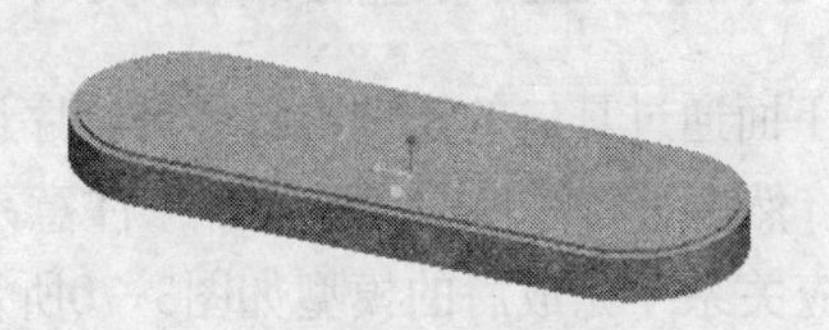

图3-76 创建的拉伸特征

（7）选择【插入】|【倒圆角】菜单命令或单击绘图区域右侧【特征】工具栏中的【倒圆角】按钮，打开【倒圆角特征】操控面板。选择倒圆角的边和设置参数，如图3-77所示，单击【应用并保存】按钮。将有圆角特征的一面设为正面。

（8）选择【插入】|【抽壳】菜单命令或单击绘图工作区右侧【特征】工具栏中的【抽壳】按钮，打开【抽壳特征】操控面板。移除的面（如图3-78所示）与倒圆角的面相反，输入壳厚度为“1.5”，单击【应用并保存】按钮，关闭【抽壳特征】操控面板。创建的壳体特征如图3-79所示。

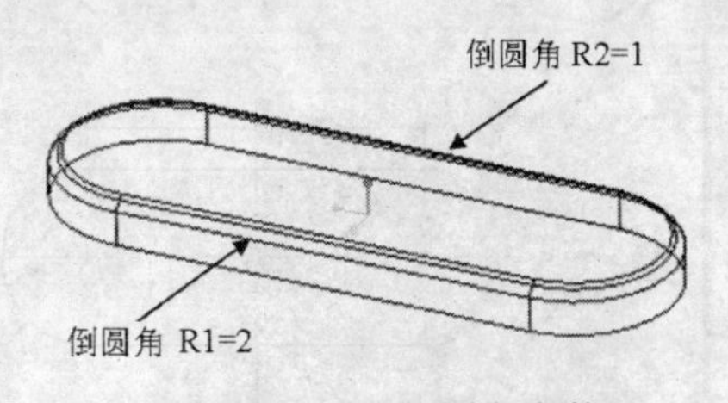

图3-77 设置倒圆角参数

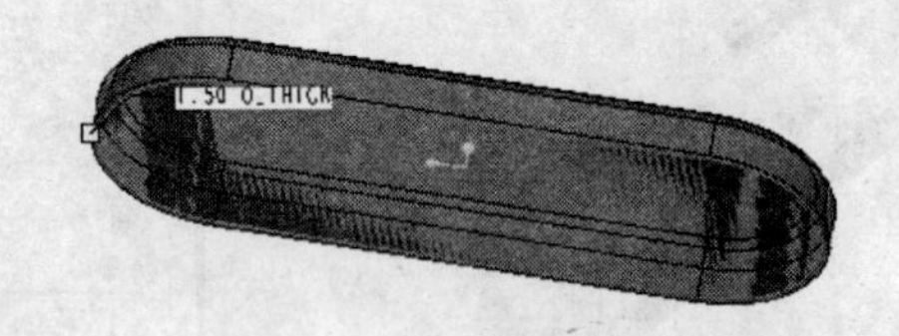

图3-78 选择要移除的面

（9）选择【插入】|【拉伸】菜单命令或单击【特征】工具栏中的【拉伸】按钮，打开【拉伸特征】操控面板，单击【拉伸为实体】按钮，单击【放置】选项卡中的【定义】按钮，打开【草绘】对话框，在绘图区选择壳体的正面，其他的按照默认设置，如图3-80所示，单击【草绘】按钮，进入草绘界面。

（10）绘制如图3-81所示的图形，矩形的长和宽分别为38与28，单击【完成】按钮，退出草绘界面，返回特征工作窗口。

（11）选择拉伸深度类型为【从草绘平面以指定的深度值拉伸】，输入深度值为“1.5”，再单击【移除材料】按钮，方向应指向壳体内部，否则应单击【将拉伸的深度方向更改为草绘的另一侧】按钮，其他的按照默认设置，单击【应用并保存】按钮。生成的拉伸特征如图3-82所示。

图3-79 创建的壳特征

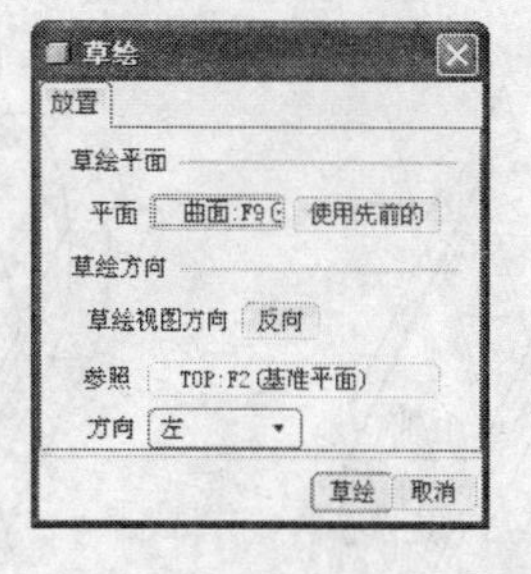

图3-80 设置【草绘】对话框

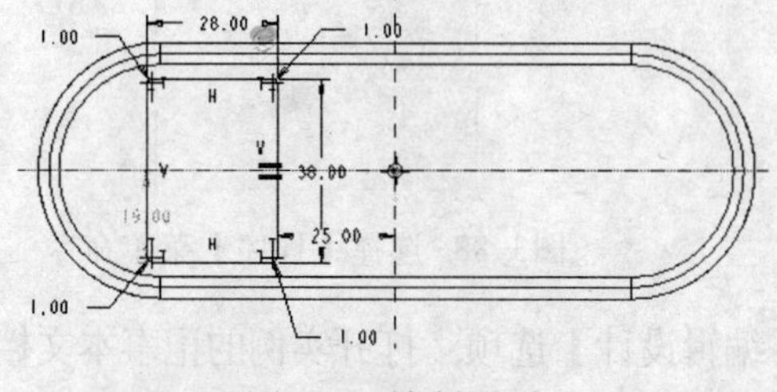

图3-81 绘制图形

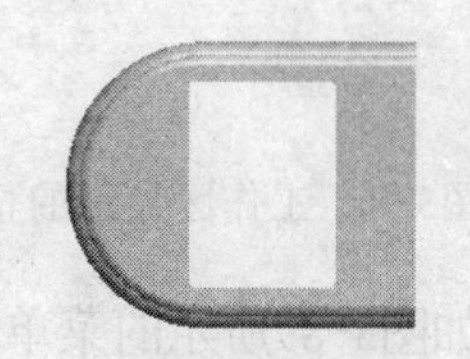

图3-82 创建的拉伸特征

（12）用同样的拉伸方法在壳体的正面拉伸出功能键所在的缺口，草图如图3-83所示，生成的拉伸特征如图3-84所示。

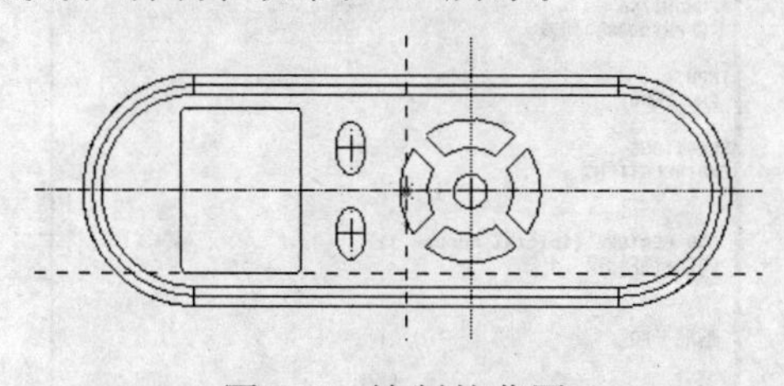

图3-83 绘制的草图

图3-84 创建的拉伸特征

（13）利用【拉伸】命令和【阵列】命令，创建底部按钮所在的缺口，如图3-85所示。

3.4.2 壳体程序设计

（1）在模型树中选择拉伸1～拉伸3特征，单击鼠标右键，在弹出的如图3-86所示的快捷菜单中选择【编辑】选项。绘图区显示的情况如图3-87（a）所示，注意显示的尺寸。选择【信息】|【切换尺寸】菜单命令，绘图区显示的情况如图3-87（b）所示，注意显示d0、d1和d2与图7-87（a）显示的尺寸对应关系。

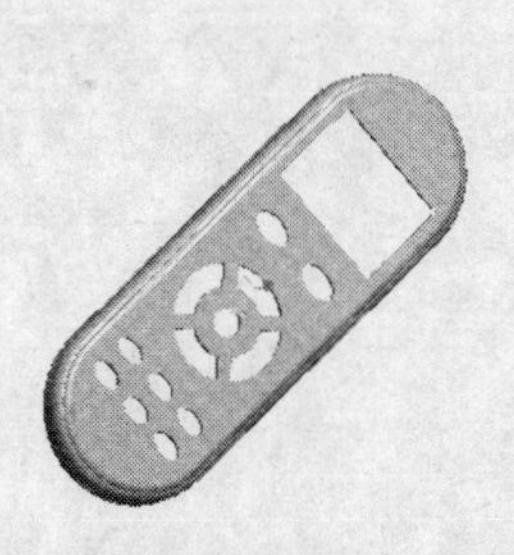

图3-85 创建底部按钮所在的缺口

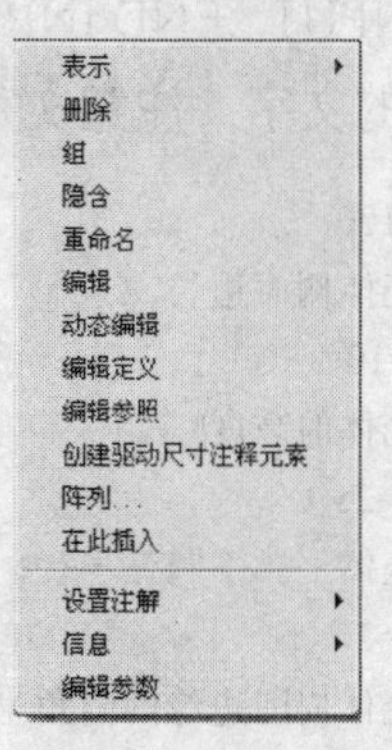

图3-86 快捷菜单

（2）选择【工具】|【程序】菜单命令，如图3-88所示。

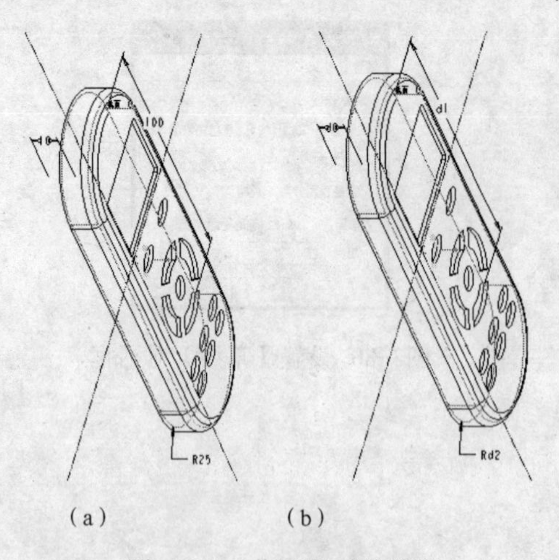

图3-87 工作区显示的情况

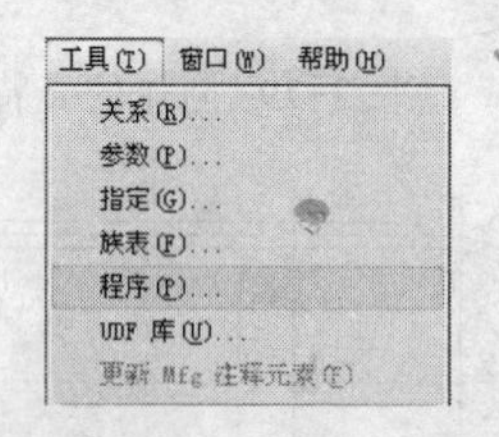

图3-88 选择【程序】菜单命令

（3）在如图3-89所示的菜单管理器中选择【编辑设计】选项，打开实例的记事本文档，如图3-90所示。

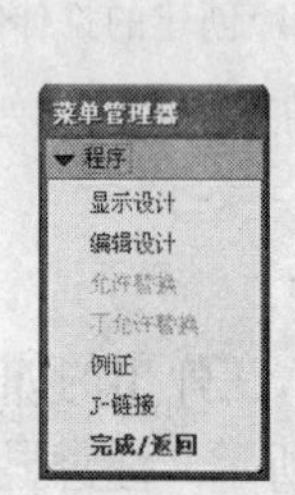

图3-89 选择【编辑设计】选项

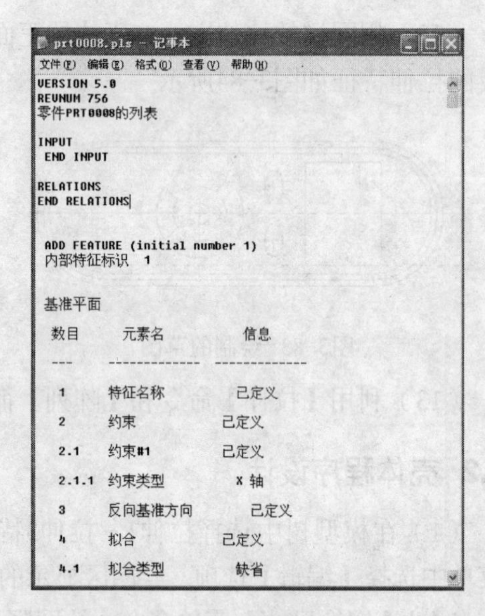

图3-90 实例的记事本文档

（4）“INPUT...END INPUT”语句主要设置零件的参数。在“INPUT...END INPUT”中间插入如下的文字。注意文字说明部分要加上引号。

```
l=100
"壳体侧面边长"
h=10
"壳体的高度"
r1=25
"壳体上、下圆弧半径"
r2=2
"壳体周围边缘的圆角半径"
w1=28
```

"显示屏宽度"

l1=38

"显示屏长度"

l2=25

"显示屏距壳体中心的距离"

r3=1

"屏幕4角边缘的圆角半径"

t=1.5

"零件的厚度"

（5）“RELATIONS...END RELATIONS”语句是编辑零件的关系。在记事本的“RELATIONS...END RELATIONS”中间插入如下的文字。注意文字说明部分要加上引号。下面的数据是根据本实例前面的设计步骤产生的，可以在记事本文件中找到特征名和对应参数。

d0=h

d1=l

d2=r1

d3=(2/3)*t

d4=(4/3)*t

d5=r2

d6=(1/2)*r2

d7=t

d8=t

d9=r3

d10=r3

d11= r3

d12= r3

d13= w1

d14=l1

d15=(1/2)*l1

d16=l2

（6）在记事本中选择【文件】|【保存】菜单命令，关闭记事本。

（7）在打开的如图3-91所示的【确认】对话框中单击 是(Y) 按钮。在如图3-92所示的【得到输入】菜单管理器中选择【当前值】，再选择【完成/返回】。

图3-91 【确认】对话框

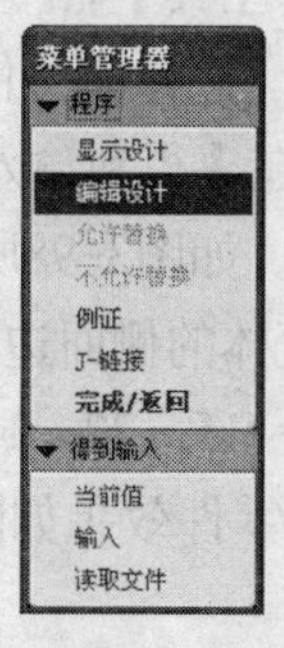

图3-92 【得到输入】菜单管理器

（8）选择【工具】|【程序】菜单命令，在菜单管理器中选择【编辑设计】。打开实例的记事本文档，查看“INPUT...END INPUT”语句，如图3-93所示。查看“RELATIONS...END

RELATIONS”语句，如图3-94所示。

```
INPUT
 L NUMBER
 "壳体侧面边长"
 H NUMBER
 "壳体的高度"
 R1 NUMBER
 "壳体上，下圆弧半径"
 R2 NUMBER
 "壳体周围边缘的圆角半径"
 W1 NUMBER
 "显示屏宽度"
 L1 NUMBER
 "显示屏长度"
 L2 NUMBER
 "显示屏距壳体中心的距离"
 R3 NUMBER
 "屏幕4角边缘的圆角半径"
 T NUMBER
 "零件的厚度"
END INPUT
```

图3-93 查看“INPUT...END INPUT”语句

```
RELATIONS
D0=H
D1=L
D2=R1
D3=(2/3)*T
D4=(4/3)*T
D5=R2
D6=(1/2)*R2
D7=T
D8=T
D9=R3
D10=R3
D11= R3
D12= R3
D13= W1
D14=L1
D15=(1/2)*L1
D16=L2
END RELATIONS
```

图3-94 查看“RELATIONS...END RELATIONS”语句

（9）选择【工具】|【参数】菜单命令，打开【参数】对话框，如图3-95所示。

（10）选择【工具】|【关系】菜单命令，打开【关系】对话框，如图3-96所示。

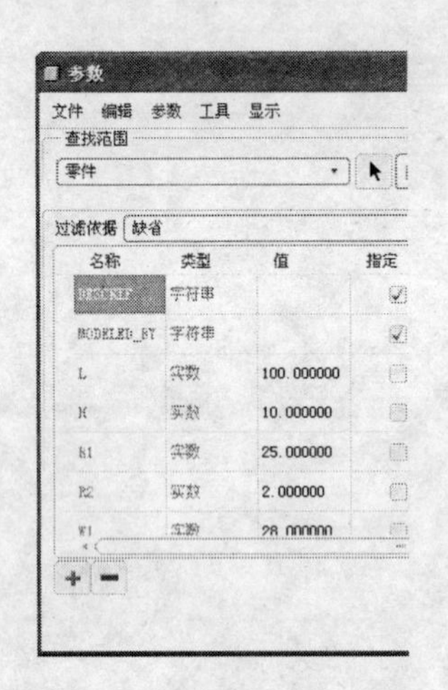

图3-95 【参数】对话框

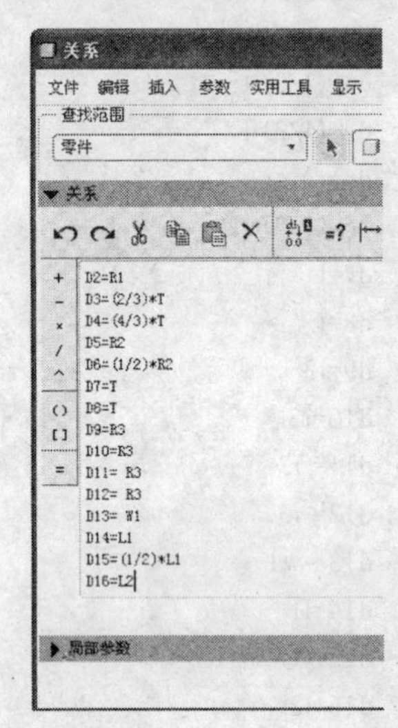

图3-96 【关系】对话框

3.4.3 编辑特征

（1）选择【工具】|【程序】菜单命令，在【程序】菜单管理器中选择【编辑设计】，打开记事本文档，选择【文件】|【保存】菜单命令，再关闭记事本，在【确认】对话框中单击【是(Y)】按钮。在【得到输入】菜单管理器中选择【输入】，如图3-97所示。在菜单管理器中选择【全选】，如图3-98所示，再选择【完成选取】。

（2）输入壳体的侧面边长为“90”，如图3-99所示。单击【接受值】按钮☑，继续按顺序输入如下数字“15、22、1.5、25、35、20、1.5、1”，分别单击【接受值】按钮☑或者按下Enter键，最终零件效果如图3-100所示。

图3-99 输入零件的长度

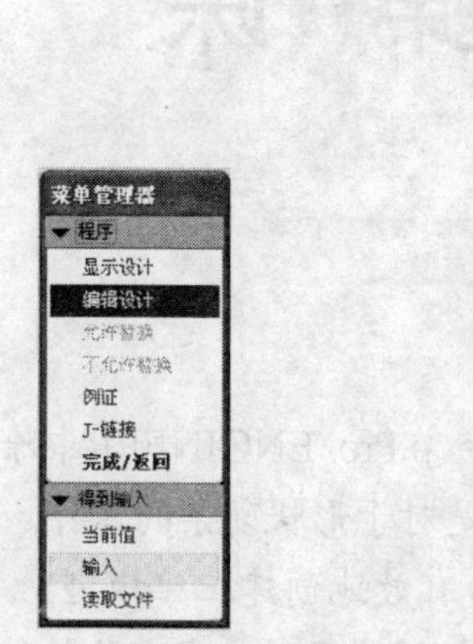

图3-97 选择【输入】选项

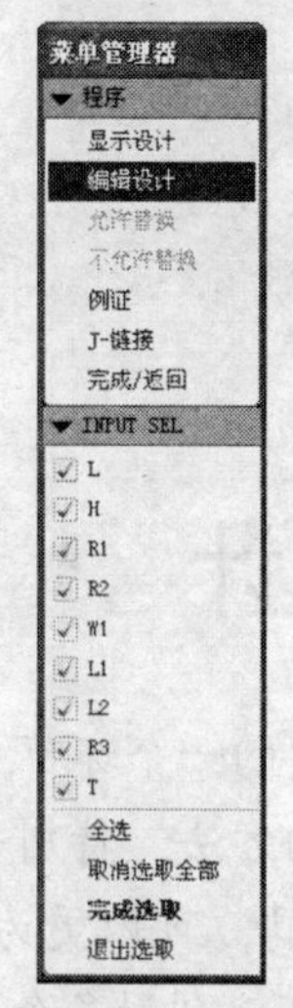

图3-98 选择【全选】后的结果

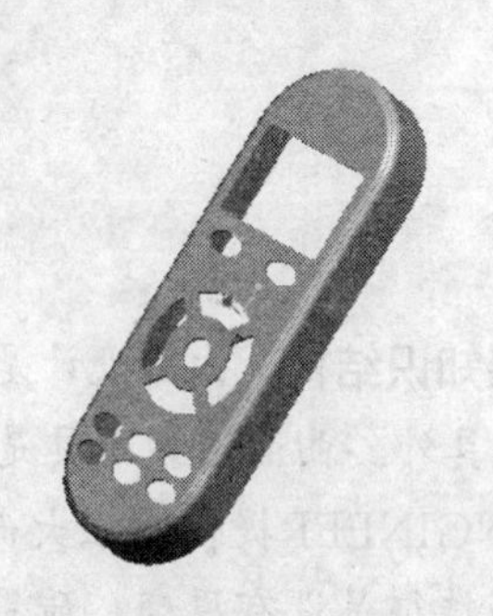

图3-100 编辑程序后的手机壳模型

课后练习

1. 使用特征复制操作制作如图3-101所示的零件效果。
2. 使用零件程序设计制作如图3-102所示的零件效果。

图3-101 零件练习1

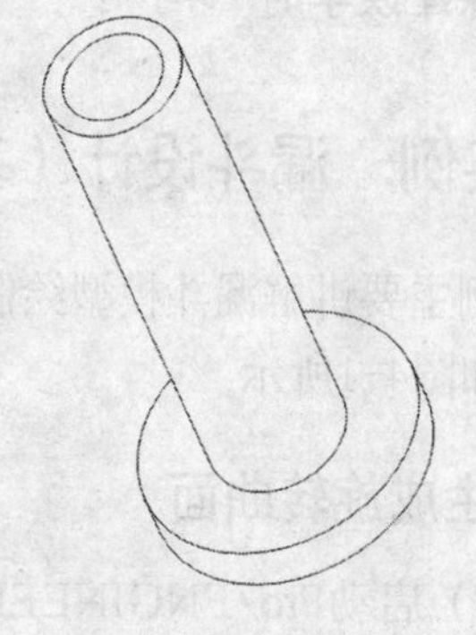

图3-102 零件练习2

第4课

曲面设计

本课知识结构：曲面设计是三维建模中非常重要的一个环节。在Pro/ENGINEER中除实体造型工具外，曲面造型工具是另外一种非常有效的方法，特别是对于形状复杂的零件，利用Pro/ENGINEER提供的强大而灵活的曲面造型工具，可以更为有效地创建三维模型。

曲面特征是没有厚度、质量的，但具有边界，可以利用多个封闭曲面来生成实体特征。这是建立曲面特征的最终目的。

掌握基本曲面及复杂曲面的创建方法，并对其进行编辑操作。

就业达标要求：

★ 会创建简单曲面。

★ 熟悉各种复杂曲面如混合曲面、扫描混合曲面及自由曲面等的创建。

★ 会使用曲面的各种编辑方法，以使创建的曲面符合设计意图。

本课建议学时：4学时

4.1 实例：漏斗设计（基本曲面）

本例主要讲解漏斗模型绘制过程中拉伸曲面、旋转曲面、扫描曲面的创建方法。完成后的模型如图4-1所示。

4.1.1 生成旋转曲面

（1）启动Pro/ENGINEER，新建一个文件，选择【插入】|【旋转】菜单命令或单击【特征】工具栏中的【旋转】按钮，打开【旋转特征】操控面板，单击【作为曲面旋转】按钮，单击【放置】选项卡中的【定义】按钮，打开【草绘】对话框，在绘图区选择基准面“FRONT”，其他的按照默认设置，如图4-2所示，单击【草绘】按钮，进入草绘界面。

图4-1 漏斗模型图

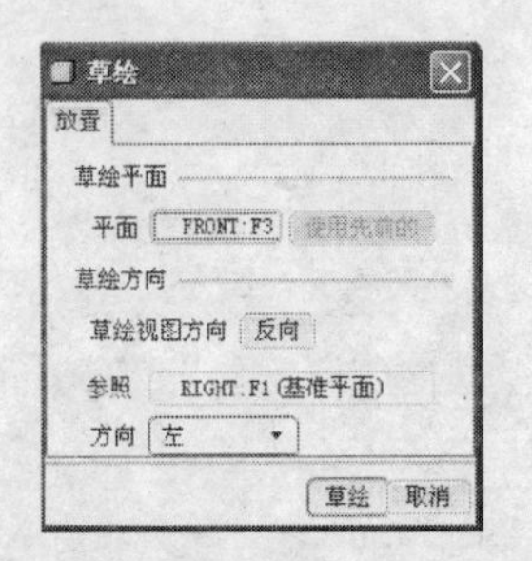

图4-2 设置【草绘】对话框

（2）绘制如图4-3所示的不封闭图形，注意绘制并选取中心线，单击【草绘器工具】工具栏中的【完成】按钮，退出草绘界面。

注意 创建旋转曲面必须有一条轴线，可以在草绘中绘制中心线作为旋转轴，也可以选定任意一条边线作为旋转轴。
当草图中的中心线有多条时，系统选取第一条绘制的中心线作为旋转轴，旋转截面只能在旋转轴的一侧。

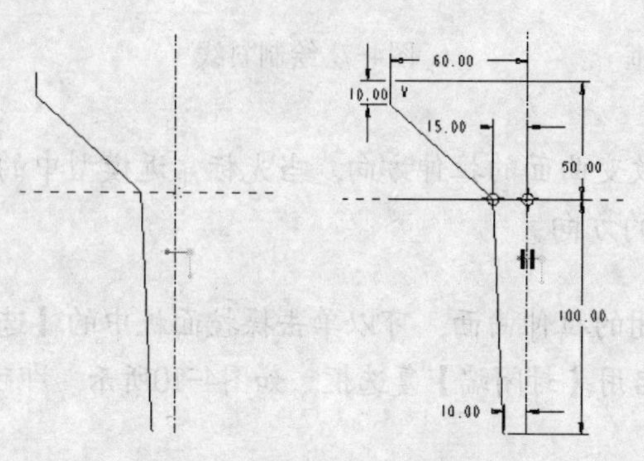

图4-3 绘制的不封闭图形

（3）返回特征工作窗口，拉伸深度类型选择【从草绘平面以指定的角度值旋转】，输入旋转角度为“360”，单击【应用并保存】按钮。生成的旋转特征如图4-4所示。

提示 也可以在模型中用鼠标拖动图柄来改变角度，如图4-5所示。或者在模型中双击尺寸值，在文本框中输入角度。

图4-4 创建的旋转特征

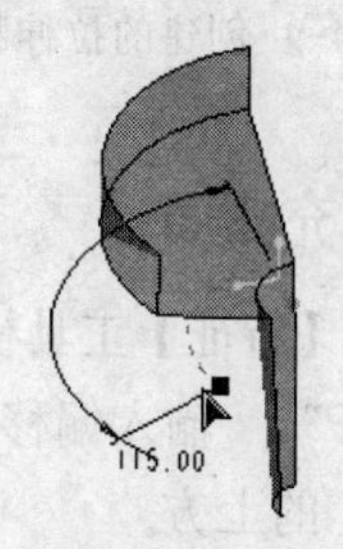

图4-5 拖动图柄，改变角度

4.1.2 创建拉伸特征

（1）单击【特征】工具栏中的【草绘】按钮，以基准面“RIGHT”为草绘平面，其他的按照默认设置，如图4-6所示，单击对话框中的【草绘】按钮，绘制如图4-7所示的斜线，单击【完成】按钮，退出草绘界面。此时草绘的斜线处于被选择状态。

（2）选择【插入】|【拉伸】菜单命令或单击【特征】工具栏中的【拉伸】按钮，打开【拉伸特征】操控面板，单击【拉伸为曲面】按钮，单击【在各个方向上以指定深度值的一半拉伸草绘平面的两侧】按钮，单击【移除材料】按钮，在绘图区选择与斜线相交的曲面，注意箭头方向应指向材料外侧，如图4-8所示。若指向材料内侧则单击【更改将在面组的一侧、另一侧或两侧间删除的侧面】按钮，无误后单击【应用并保存】按钮。生成的拉伸特征如图4-9所示。

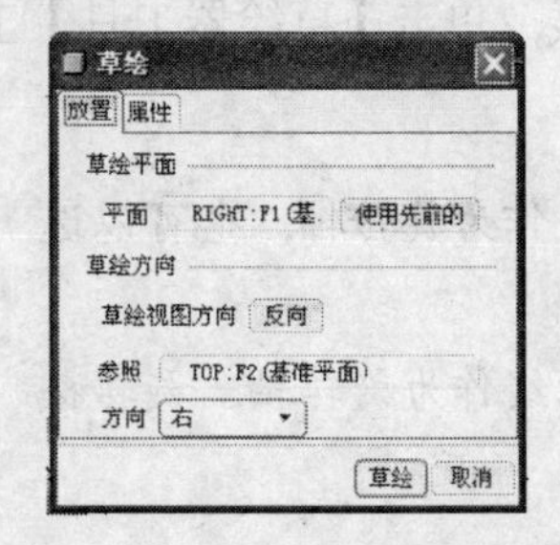

图4-6 设置【草绘】对话框

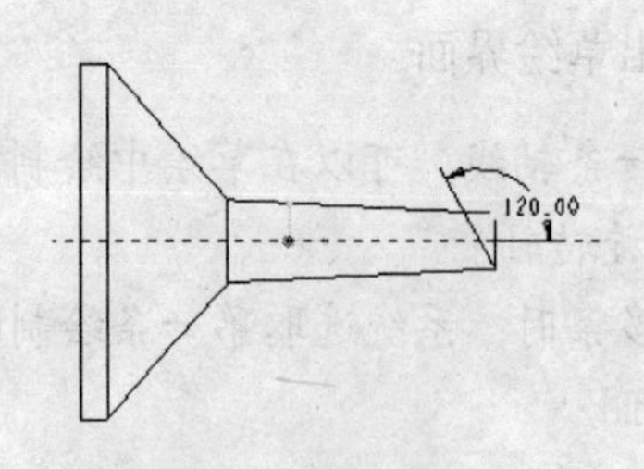

图4-7 绘制斜线

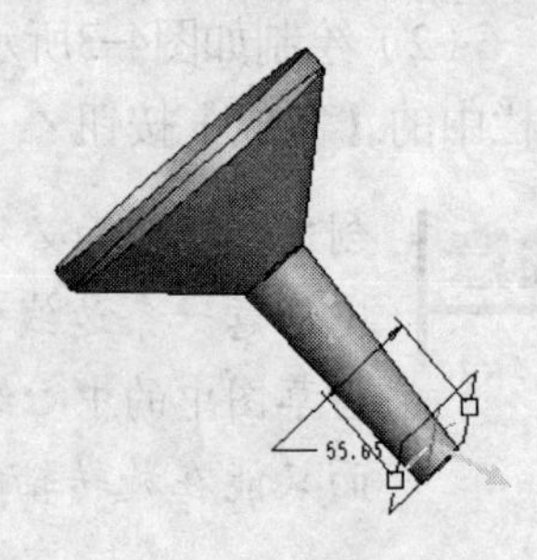

图4-8 箭头方向

提示 可以在模型中改变曲面的拉伸方向，当光标靠近模型中的箭头时，单击鼠标左键即可改变拉伸的方向。

提示 如果想绘制封闭的拉伸曲面，可以单击操控面板中的【选项】标签，切换到【选项】选项卡，启用【封闭端】复选框，如图4-10所示，即可生成封闭的拉伸曲面。

图4-9 创建的拉伸特征

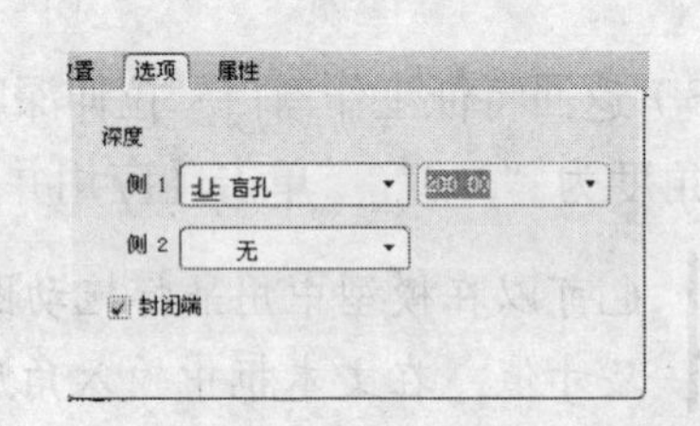

图4-10 启用【封闭端】复选框

4.1.3 创建填充曲面

（1）单击【特征】工具栏中的【平面】按钮，打开【基准平面】对话框，在绘图区选择基准面“TOP”，输入偏移距离“50”，创建如图4-11所示的基准面“DTM1”，注意它在平面“TOP”的上方。

（2）单击【特征】工具栏中的【草绘】按钮，打开【草绘】对话框，选择基准面“DTM1”为草绘平面，其他按照默认设置，如图4-12所示，单击对话框中的【草绘】按钮，进入草绘界面。

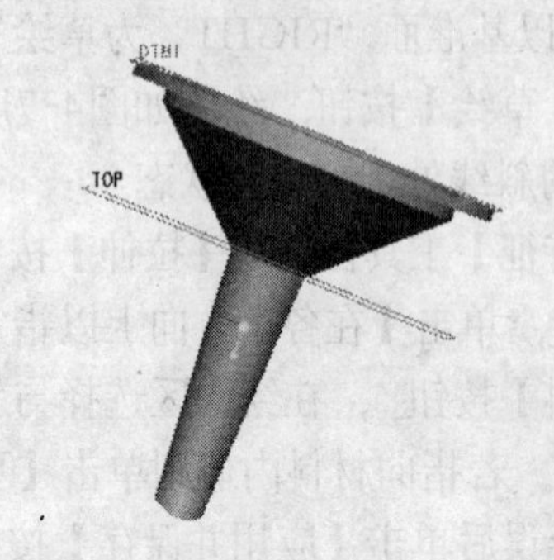

图4-11 创建的基准面“DTM1”

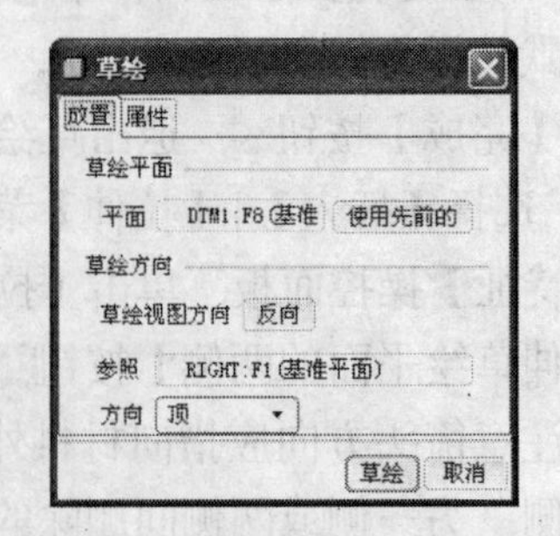

图4-12 设置【草绘】对话框

（3）绘制如图4-13所示的图形，单击【完成】按钮，退出草绘界面。

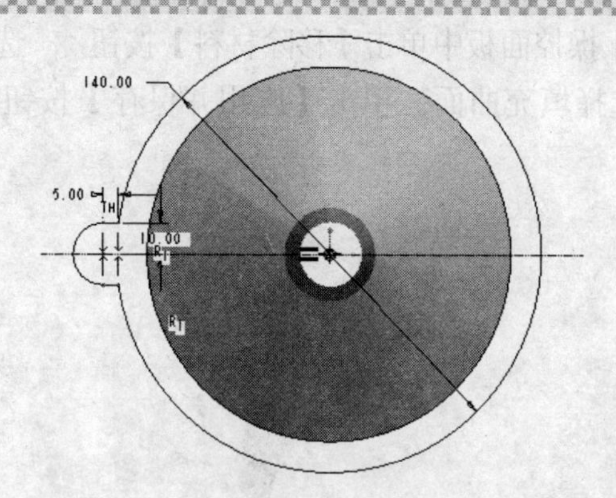

图4-13　绘制的图形

注意　用【填充】命令创建平整曲面时，填充特征的截面草图必须是封闭的。

（4）选择【编辑】|【填充】菜单命令，打开如图4-14所示的【填充】操控面板，在绘图区选择上一步绘制的草图，单击【应用并保存】按钮✓。生成的填充曲面如图4-15所示。

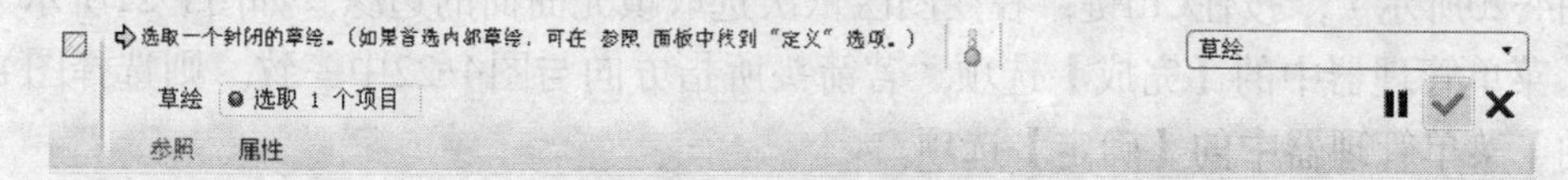

图4-14　【填充】操控面板

图4-15　创建的填充曲面

4.1.4 拉伸出孔特征

（1）选择【插入】|【拉伸】菜单命令或单击【特征】工具栏中的【拉伸】按钮，打开【拉伸特征】操控面板，单击【拉伸为曲面】按钮，在绘图区选择填充曲面为草绘平面，其他的按照默认设置，如图4-16所示。绘制如图4-17所示的圆，单击【完成】按钮✓，退出草绘界面，返回特征工作窗口。

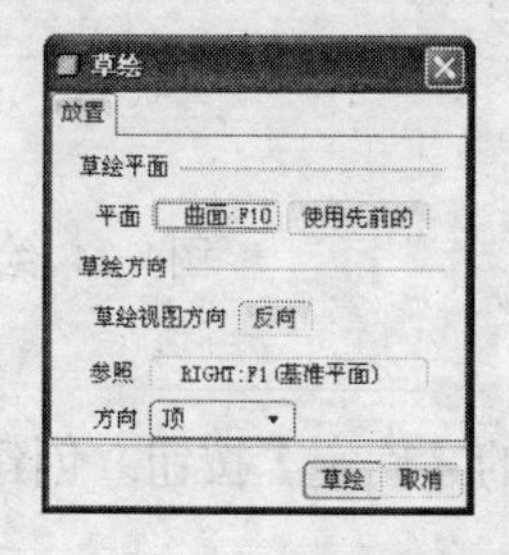

图4-16　设置【草绘】对话框

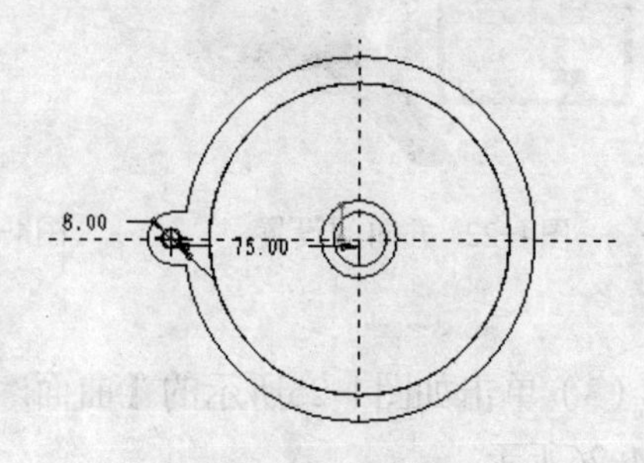

图4-17　绘制圆

（2）在【拉伸特征】操控面板中单击【移除材料】按钮，选择【拉伸至于所有曲面相交】，然后在绘图区选择填充曲面，单击【应用并保存】按钮，生成的拉伸特征如图4-18所示。

图4-18 生成的拉伸特征

4.1.5 创建扫描曲面特征

（1）选择【插入】|【扫描】|【曲面】菜单命令，在【扫描轨迹】菜单管理器中选择【选取轨迹】选项（如图4-19所示），在【链】菜单管理器中选择【依次】、【选取】选项（如图4-20所示），按住Ctrl键，在绘图区依次选取填充曲面的边缘，如图4-21所示。选择【链】菜单管理器中的【完成】选项，若箭头所指方向与图4-22中一致，则选择图4-22中【方向】菜单管理器中的【确定】选项。

图4-19 选择【选取轨迹】选项

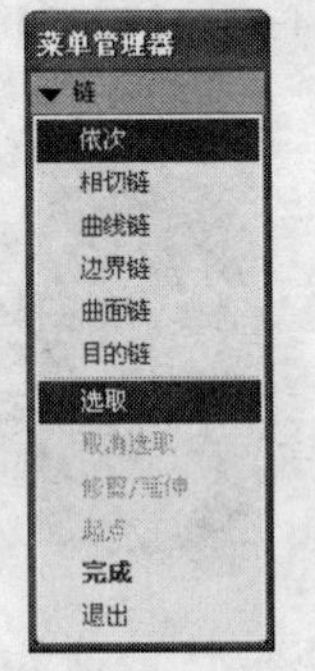

图4-20 设置【链】菜单管理器

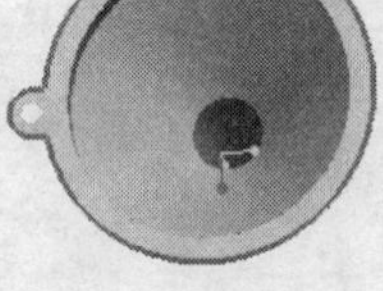

图4-21 选择曲面边缘

（2）在【曲面连接】菜单管理器中选择【连接】、【完成】选项，如图4-23所示。进入草绘界面，绘制如图4-24所示的曲线，单击【完成】按钮，退出草绘界面，返回特征工作窗口。

图4-22 方向的设置

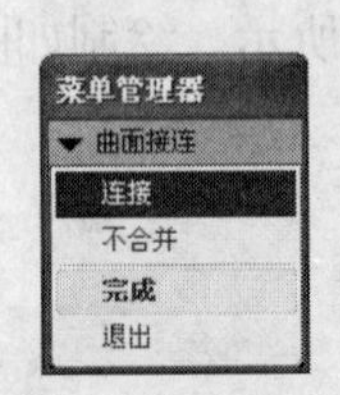

图4-23 选择【连接】|【完成】选项

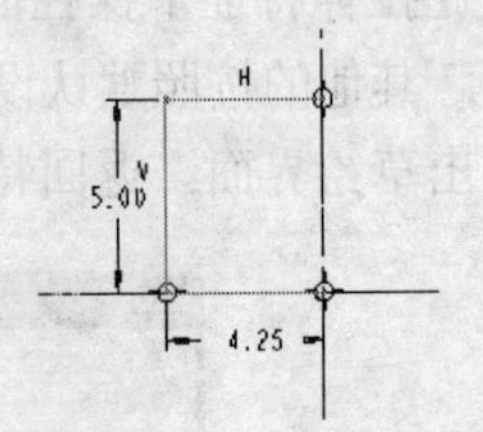

图4-24 绘制的曲线

（3）单击如图4-25所示的【曲面：扫描】对话框中的【确定】按钮，创建的扫描曲面如图4-26所示。

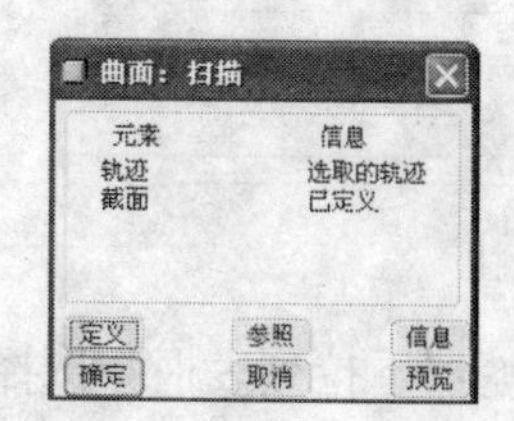

图4-25 【曲面：扫描】对话框

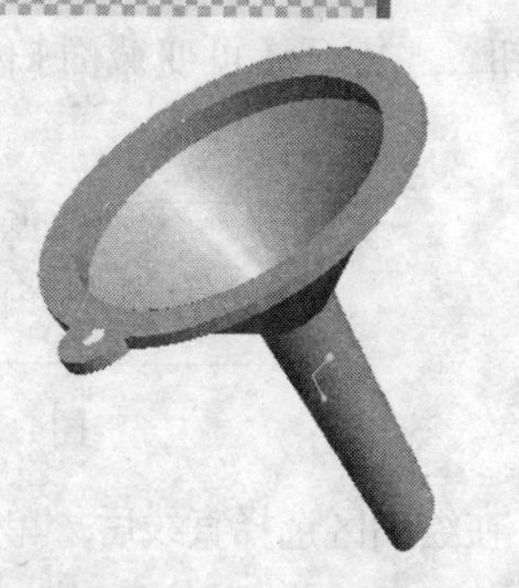

图4-26 创建的扫描曲面

4.2 实例：油壶设计

上一节讲解了基本曲面的创建，简单曲面生成的手段有限，变化很少，本节介绍复杂曲面的创建，将是曲面创建的补充和提高，下面将为读者讲解复杂曲面的创建方法。

本例介绍油壶模型的绘制方法，包括可变截面扫描曲面、边界混合曲面和扫描混合曲面等复杂曲面和混合曲面的创建。完成后的油壶如图4-27所示。

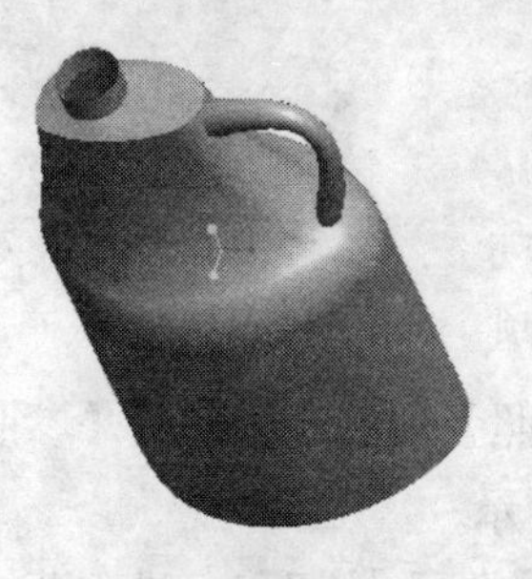

图4-27 油壶模型

4.2.1 隐藏特征

（1）启动Pro/ENGINEER，打开名称为“youhu01”的文件，如图4-28所示。

（2）按住Ctrl键，在模型树中选择【草绘2】和【草绘3】特征，单击鼠标右键，在快捷菜单中选择【隐藏】选项，如图4-29所示。

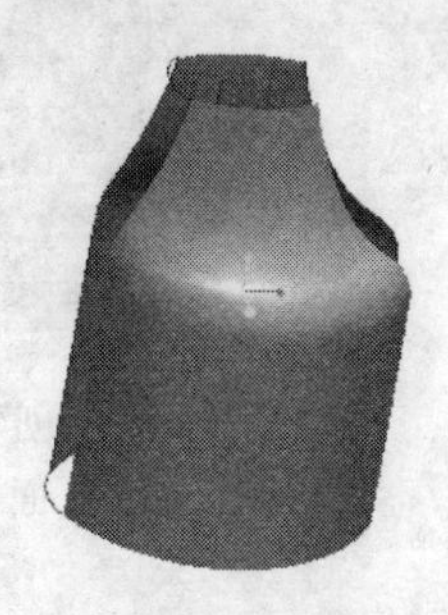

图4-28 零件图

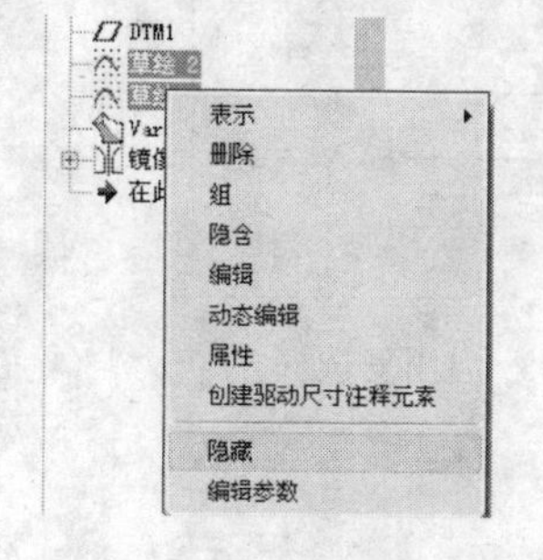

图4-29 选择【隐藏】选项

4.2.2 创建侧面的可变截面扫描曲面

（1）选择【插入】|【可变截面扫描】菜单命令或单击【特征】工具栏中的【可变截面

扫描】按钮，打开【可变截面扫描特征】操控面板，单击【扫描为曲面】按钮，如图4-30所示。

图4-30 单击【扫描为曲面】按钮

（2）在绘图区选择直线后，单击操控面板右上角的过滤器下拉列表框，选择【目的链】选项，如图4-31所示，按住Ctrl键，依次选取图4-32中的曲线1和曲线2。

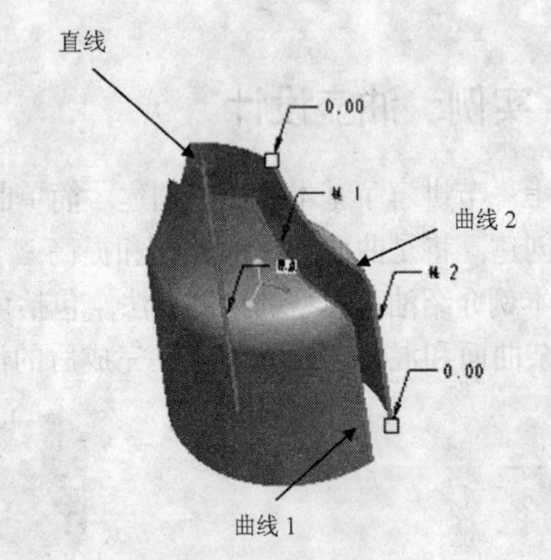

全部
全部
曲线
目的基准曲线
边
目的链

图4-31 选择【目的链】选项

图4-32 选取曲线

（3）单击操控面板中的【参照】标签，切换到【参照】选项卡，启用【链1】和【链2】中【T】下的复选框，如图4-33所示。

（4）单击【创建或编辑扫描剖面】按钮，进入草绘界面后绘制如图4-34所示的弧线，然后单击【完成】按钮，退出草绘界面。

（5）单击操控面板中的【应用并保存】按钮，生成的可变截面扫描曲面如图4-35所示。

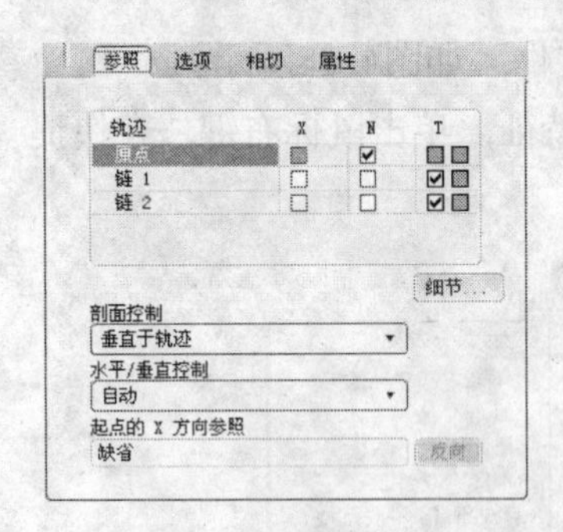

图4-33 启用复选框

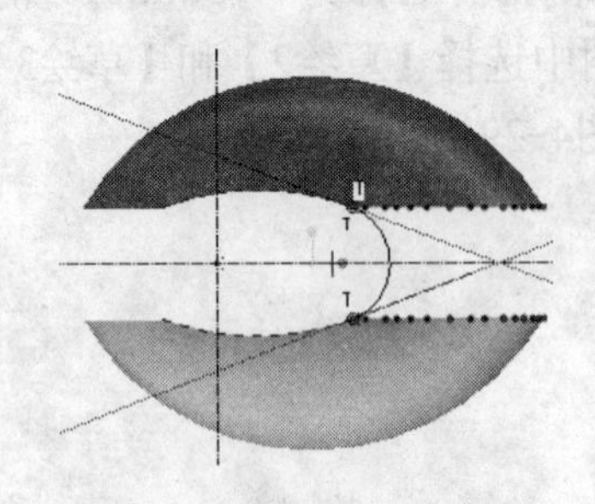

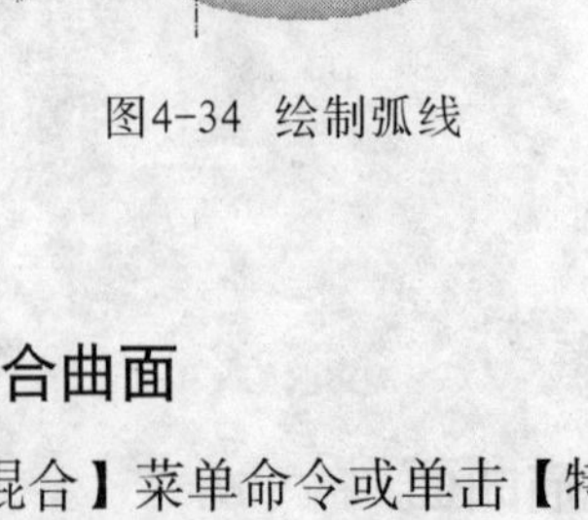

图4-34 绘制弧线

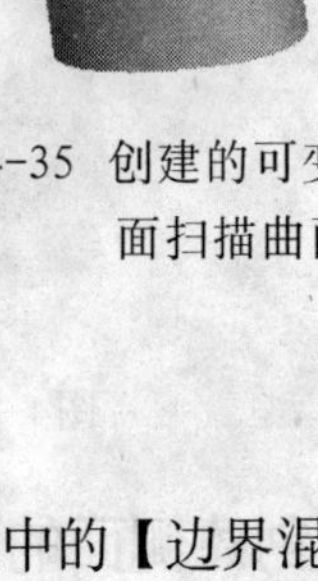

图4-35 创建的可变截面扫描曲面

4.2.3 在另一侧面创建边界混合曲面

（1）选择【插入】|【边界混合】菜单命令或单击【特征】工具栏中的【边界混合】按钮，打开如图4-36所示的【边界混合特征】操控面板。

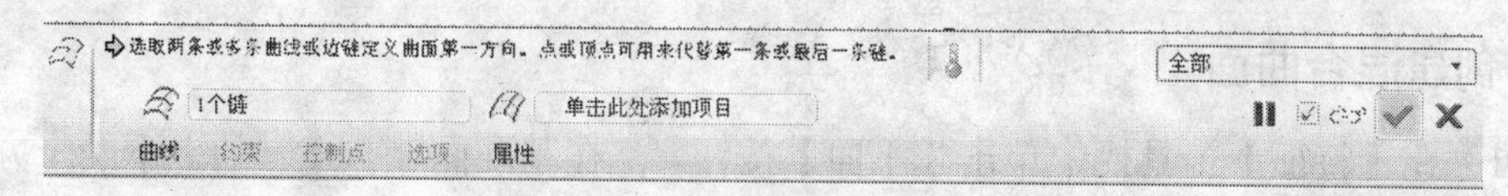

图4-36 【边界混合特征】操控面板

提示 操控面板中有5个命令选项。

· 曲线：选择在一个方向上混合时所需要的曲线，而且可以控制选取顺序。

· 约束：指边界曲线的约束条件，包括自由、切线、曲率和垂直。

· 控制点：为精确控制曲线形状，可以在曲线上添加控制点。

· 选项：选取曲线来控制混合曲面的形状和逼近方向。

· 属性：边界混合曲面的命名。

（2）按住Ctrl键，在绘图区选择如图4-37所示的两条曲线。

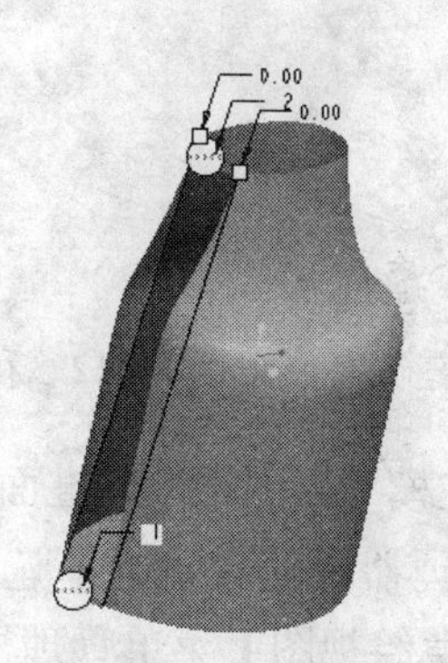

图4-37 选择曲线

（3）单击【第二方向链收集器】 选取项目 ，在操控面板右上角的过滤器下拉列表框中选择【目的链】选项，在绘图区选取如图4-38所示的曲线。

（4）单击【约束】标签，切换到【约束】选项卡，设置方向2中两条链的【条件】为【相切】，如图4-39所示，取消启用【添加内部边相切】复选框，单击【边界混合特征】操控面板中的【应用并保存】按钮☑，生成的混合曲面如图4-40所示。

注意 创建边界混合曲面时选取参照图元的规则如下：

曲线、模型边、基准点、曲线或边的端点可作为参照图元使用。

在每个方向上，都必须按连接的顺序选择参照图元。

对于在两个方向上定义的混合曲面来说，其外部边界必须形成一个封闭的环，这意味着外部边界必须相交。

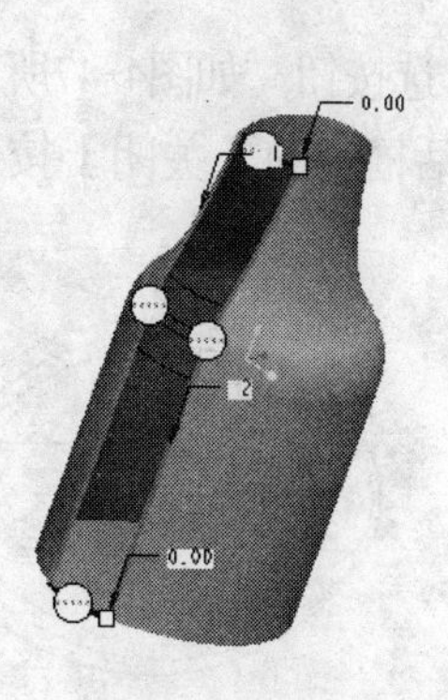

图4-38 选择曲线

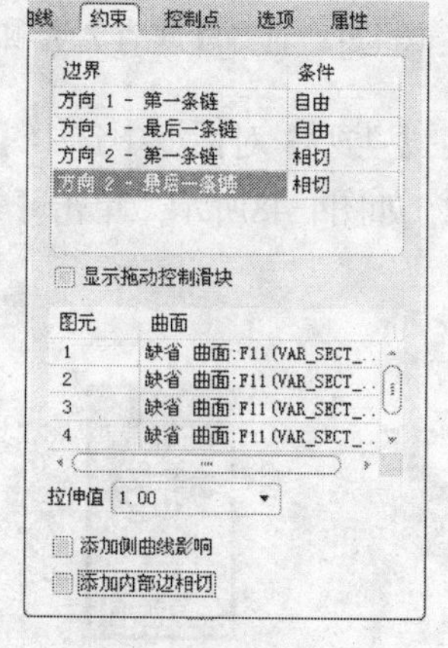

图4-39 设置链的【条件】为【相切】

图4-40 生成的混合曲面

4.2.4 创建混合曲面

（1）在【特征】工具栏中单击【平面】按钮，在基准面“TOP”的上下两个方向创建与“TOP”间距均为130的平面“DTM2”和“DTM3”，如图4-41所示。

（2）选择【插入】|【混合】|【曲面】菜单命令，打开【混合选项】菜单管理器，在其中选择【平行】、【规则截面】、【草绘截面】、【完成】选项，在打开的【属性】菜单管理器中选择【直】、【开放端】、【完成】选项，选择【设置草绘平面】中的【新设置】选项。然后选择【设置平面】菜单管理器中的【平面】选项，如图4-42所示。

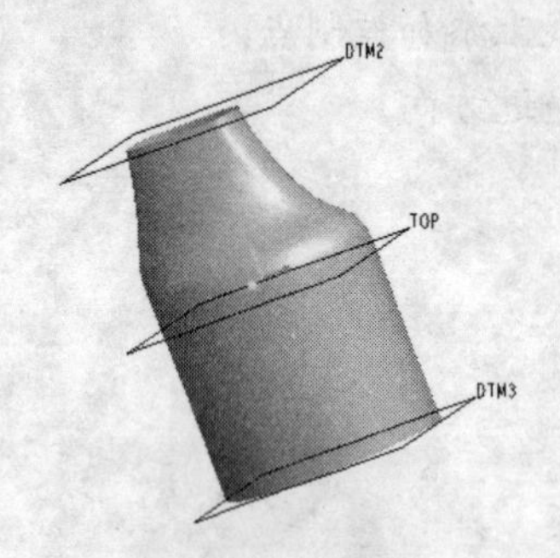

图4-41 创建的基准面“DTM2”和“DTM3”

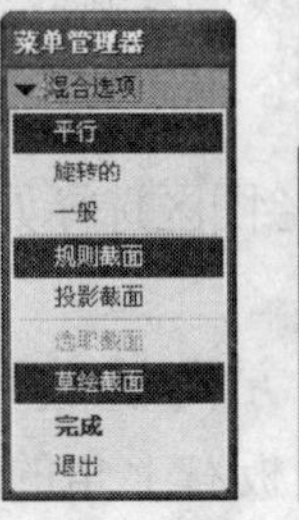

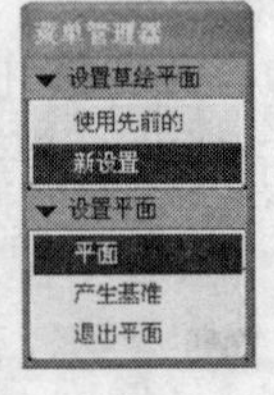

图4-42 设置各菜单管理器

（3）在模型树中选取基准面“DTM2”，当箭头所指方向与图4-43中的一致时选择【方向】菜单管理器中的【确定】选项，否则应该选择【反向】、【确定】选项，如图4-43所示。选择【草绘视图】菜单管理器中的【缺省】选项，如图4-44所示，系统进入草绘界面。

（4）在【已命名的视图列表】中选择TOP选项，如图4-45所示，结果如图4-46所示。

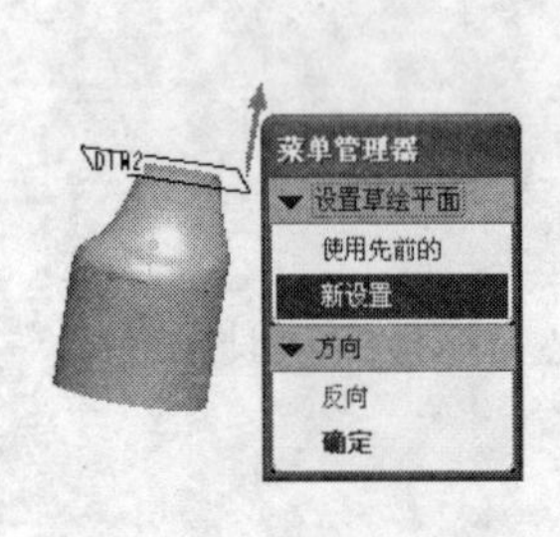

图4-43 设置方向

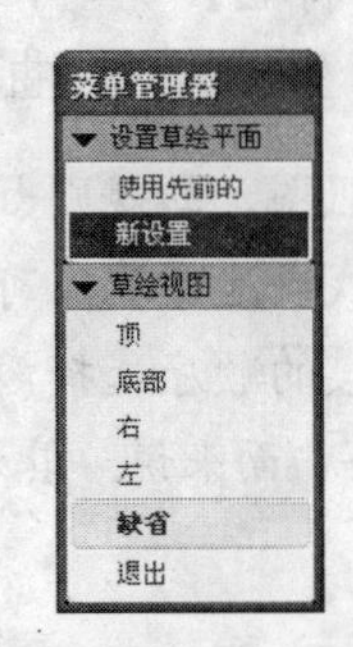

图4-44 选择【缺省】选项

图4-45 选择TOP视图

（5）单击【使用】按钮，在【类型】对话框中选中【单一】单选按钮，如图4-47所示，然后在绘图区选取顶部的一圈边线，如图4-48所示。单击【类型】对话框中的【关闭】按钮。

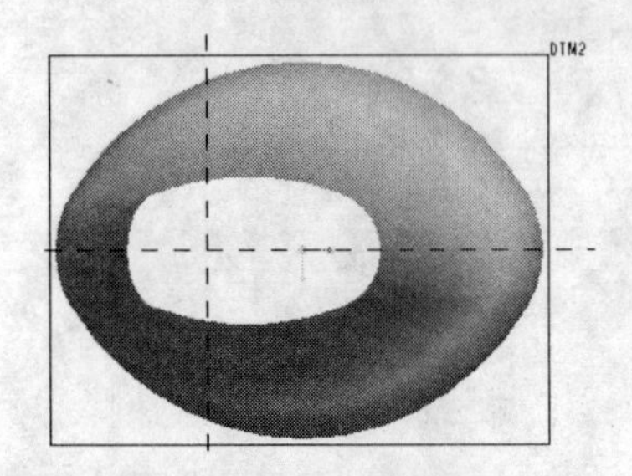

图4-46 TOP视图

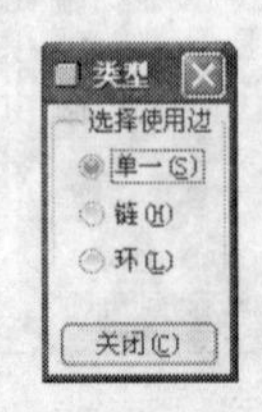

图4-47 选中【单一】单选按钮

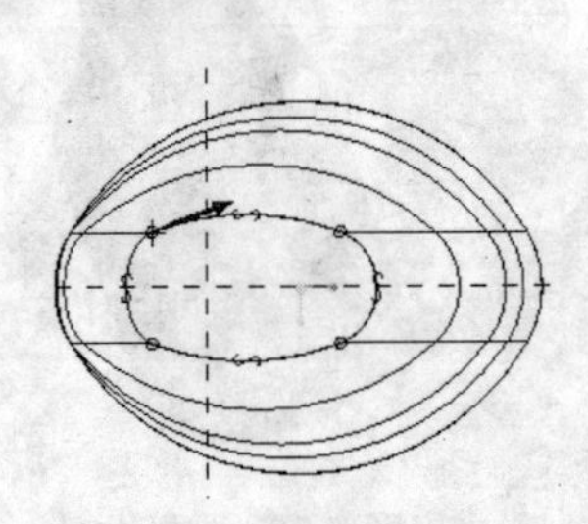

图4-48 选取顶部边线

（6）用鼠标右键单击绘制的边线，在快捷菜单中选择【切换截面】选项，如图4-49所示，绘制直径为35的圆，单击【分割】按钮，在圆上多次单击鼠标左键，以将其分割成4段，如图4-50所示。

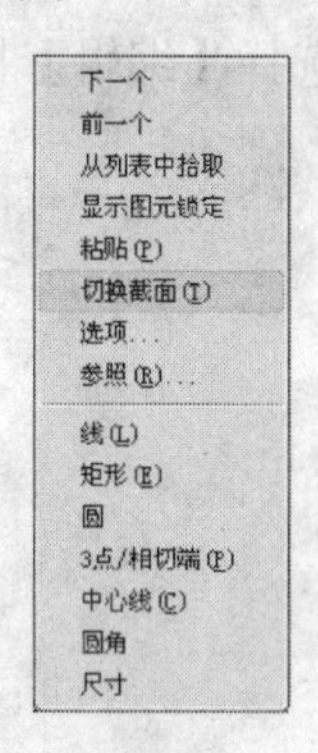

图4-49　选择【切换截面】选项

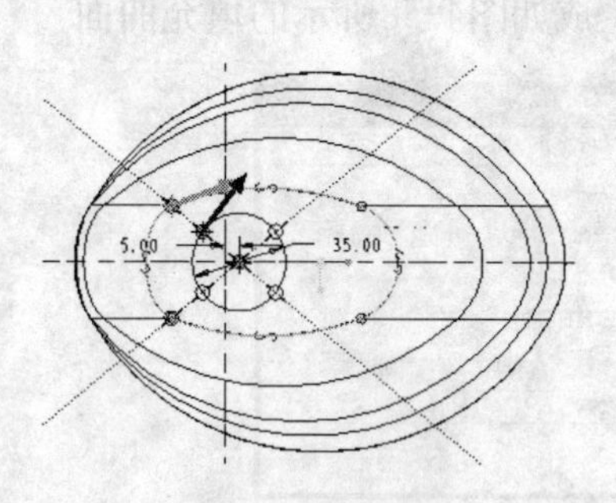

图4-50　分割圆

提示　在使用混合命令绘制曲面时，每个截面都必须有相同数量的曲线线段，若曲线线段数量不同，可以用混合顶点命令或【分割】工具来增加线段数量。

（7）用同样的方法绘制与上一个圆重合的圆形截面，并将其分割。单击【完成】按钮，选择【深度】菜单管理器中的【盲孔】、【完成】选项，如图4-51所示。在提示栏中输入截面2和截面3的深度，分别为1（如图4-52所示）和15。

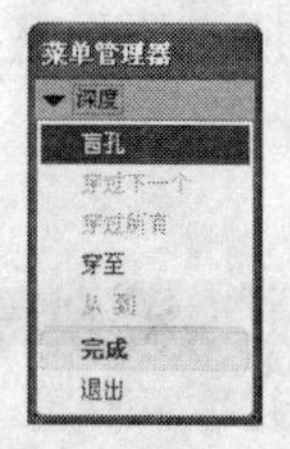

图4-51　设置【深度】菜单管理器

图4-52　设置截面2的深度

（8）单击如图4-53所示的【曲面：混合，平行，规则截面】对话框中的【确定】按钮，生成的混合曲面特征如图4-54所示。

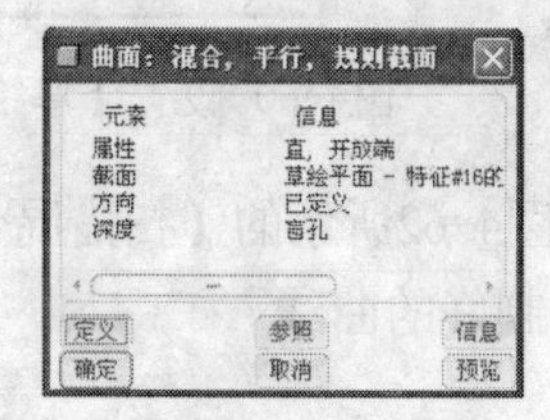

图4-53　【曲面：混合，平行，规则截面】对话框

图4-54　生成的混合曲面特征

4.2.5　创建填充曲面

（1）单击【特征】工具栏中的【草绘】按钮，打开【草绘】对话框，在绘图区选择基准面“DTM3”作为草绘平面，其他的按照默认设置，如图4-55所示，单击对话框中的【草绘】按钮，进入草绘界面。

（2）按住鼠标中键，拖动鼠标，使零件的底部朝上，单击【使用】按钮，在【类型】对话框中选中【单一】单选按钮，选取底面上所有的曲线，如图4-56所示，关闭【类型】对话框，单击【完成】按钮，退出草绘界面。

（3）在绘图区选取上一步绘制的曲线，如图4-57所示。选择【编辑】|【填充】菜单命令，生成如图4-58所示的填充曲面。

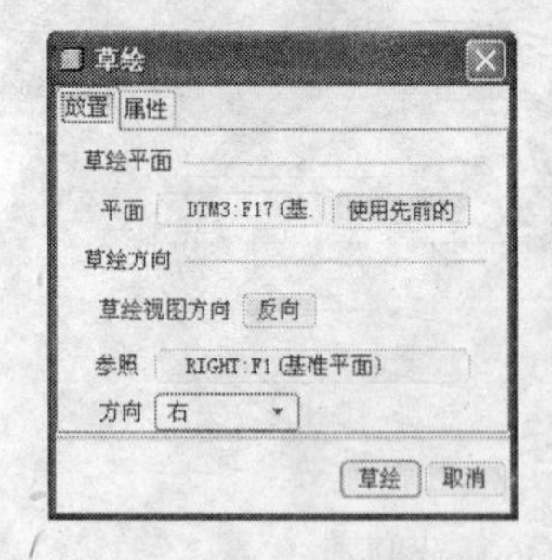

图4-55 设置【草绘】对话框

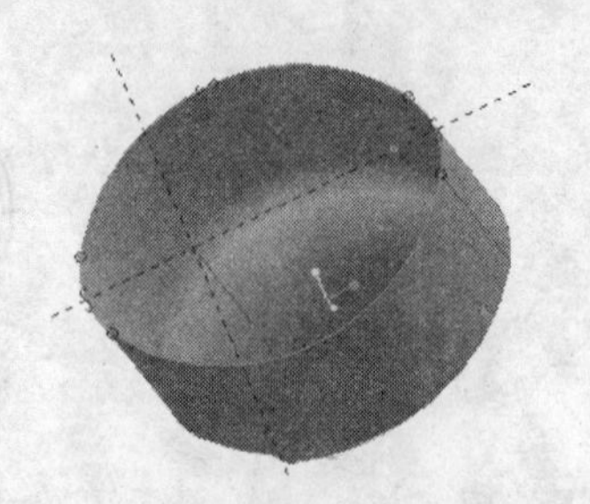
图4-56 选取底面上所有的曲线

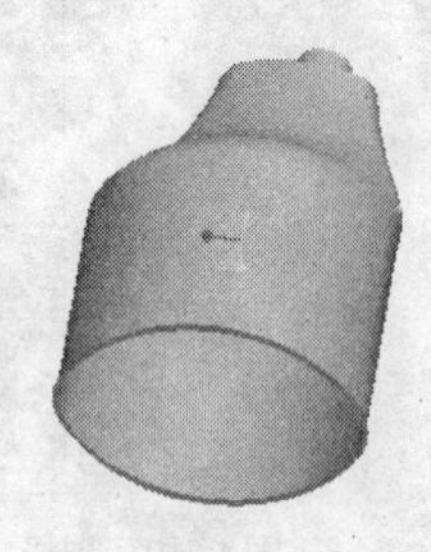
图4-57 选取曲线

4.2.6 合并曲面

创建合并曲面，将所有曲面合并后的效果如图4-59所示。

4.2.7 生成扫描混合曲面特征

（1）单击【特征】工具栏中的【草绘】按钮，选择基准面“FRONT”为草绘平面，其他的按照默认设置，如图4-60所示。进入草绘界面后绘制如图4-61所示的曲线。单击【完成】按钮，退出草绘界面。

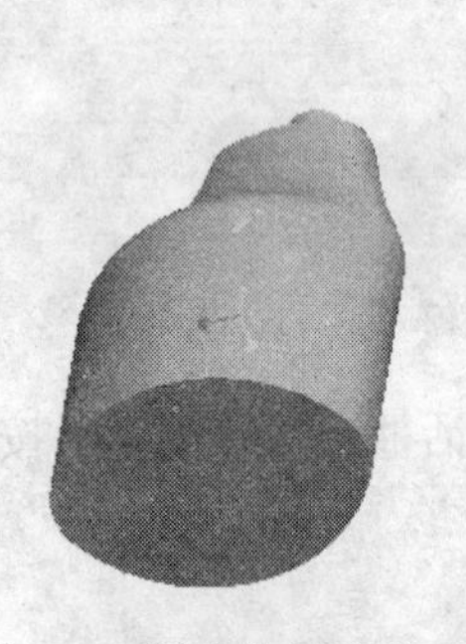
图4-58 创建的填充曲面

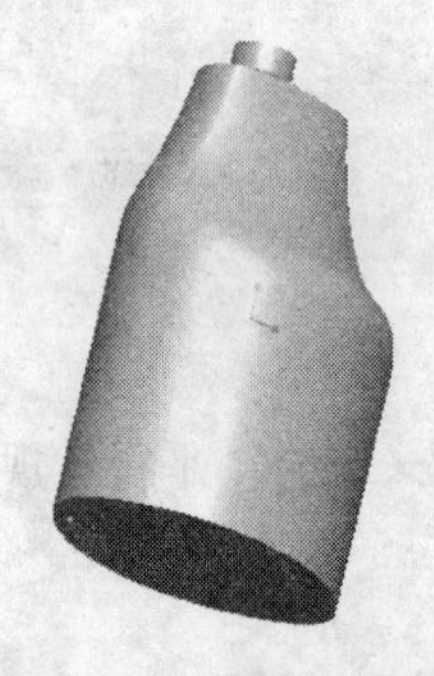
图4-59 合并所有的曲面

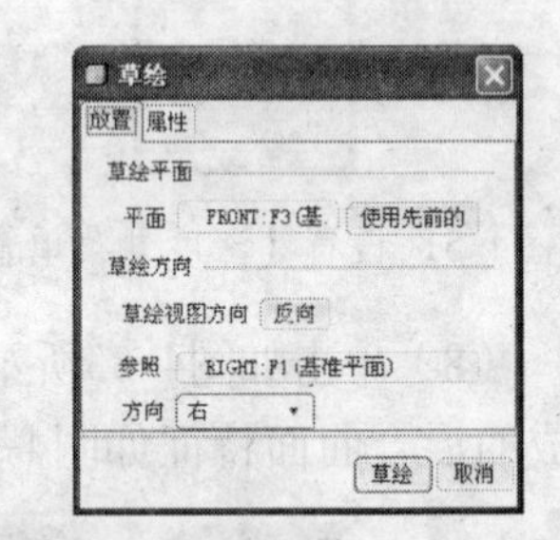

图4-60 设置【草绘】对话框

（2）选择【插入】|【扫描混合】菜单命令，打开如图4-62所示的【扫描混合特征】操控面板，单击【创建曲面】按钮，在绘图区选取刚刚绘制好的曲线。

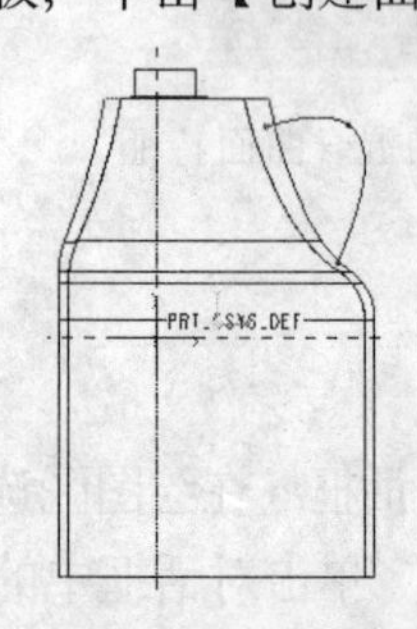
图4-61 绘制曲线

图4-62 【扫描混合特征】操控面板

（3）单击【截面】标签，切换到【截面】选项卡，在绘图区选取突出显示的点，如图4-63所示，单击【草绘】按钮，进入草绘界面。

（4）在绘图区绘制如图4-64所示的圆。单击【完成】按钮✓，退出草绘界面。

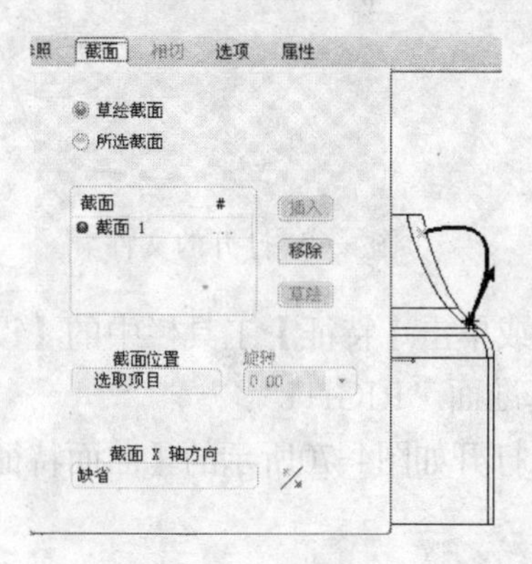

图4-63 选取点

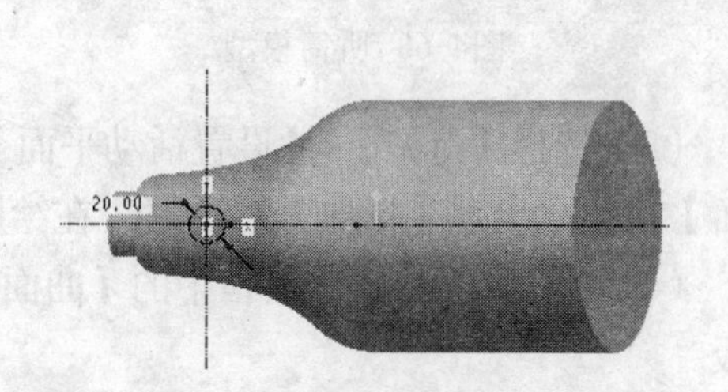

图4-64 绘制圆

（5）在【截面】选项卡的截面收集器中单击鼠标右键，在弹出的快捷菜单中选择【添加】选项，如图4-65所示。选择如图4-63中的另一个点，单击【草绘】按钮，进入草绘界面后绘制如图4-66所示的椭圆，然后单击【完成】按钮✓，退出草绘界面。

注意 在使用扫描混合工具时，所有的剖面必须与轨迹线相交。

（6）单击操控面板中的【应用并保存】按钮☑，生成如图4-67所示的混合扫描曲面。

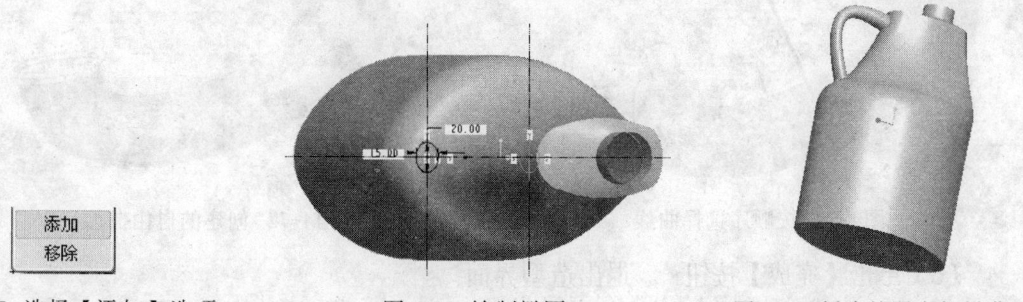

图4-65 选择【添加】选项

图4-66 绘制椭圆

图4-67 创建的混合扫描曲面

4.3 实例：电话听筒设计（自由曲面）

本例主要讲解电话听筒中自由曲面的创建，其中穿插自由曲线的绘制，重点在于自由曲面中主曲线和自由曲线的选择方法，希望读者认真体会。绘制好的听筒模型如图4-68所示。

4.3.1 创建自由曲面

（1）启动Pro/ENGINEER，打开名称为“tingtong01.prt”的文件，如图4-69所示。

（2）单击【特征】工具栏中的【造型】按钮或选择【插入】|【造型】菜单命令，进入造型界面。

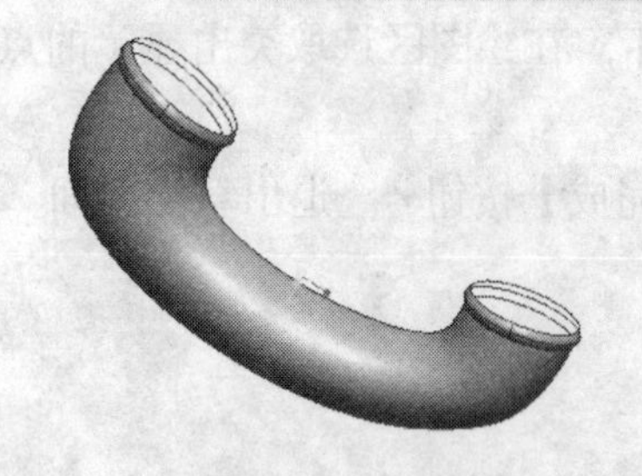

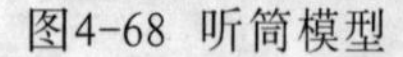

图4-68 听筒模型

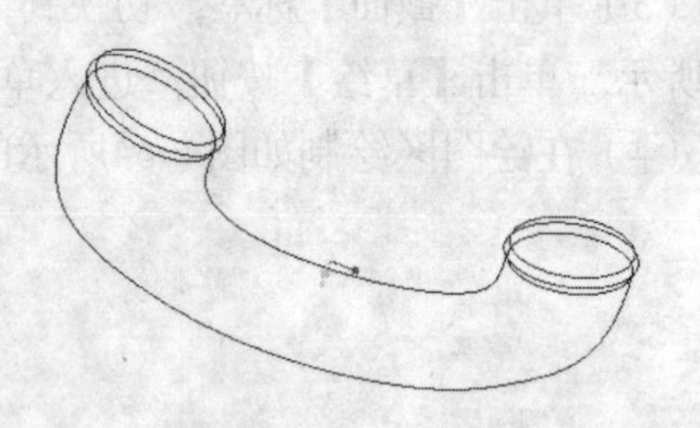

图4-69 打开的文件

（3）选择【造型】|【设置活动平面】菜单命令或单击【特征】工具栏中的【设置活动平面】按钮，出现【选取】对话框，在绘图区选择基准面“RIGHT”。

（4）单击【特征】工具栏中的【曲面】按钮，打开如图4-70所示的【曲面特征】操控面板。

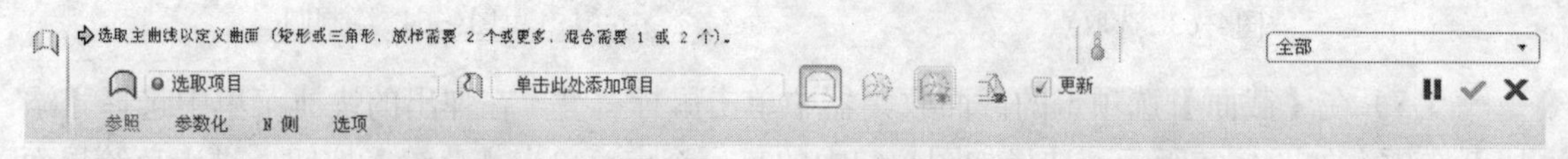

图4-70 【曲面特征】操控面板

（5）单击主曲线收集器，按住Ctrl键，在绘图区按照图4-71中所示的顺序选择曲线，然后单击【应用并保存】按钮，创建的曲面如图4-72所示。

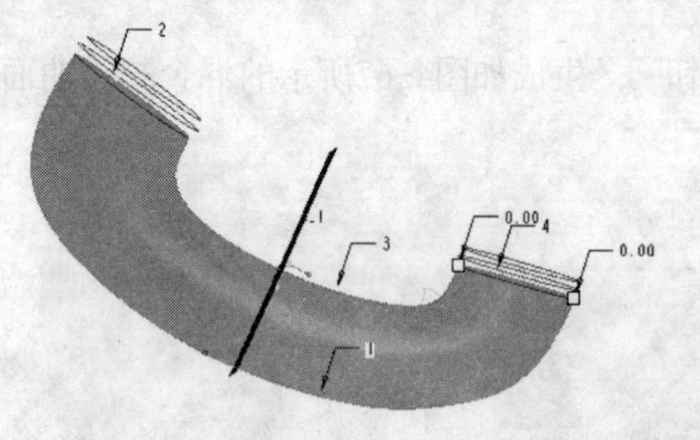

图4-71 按顺序选择曲线

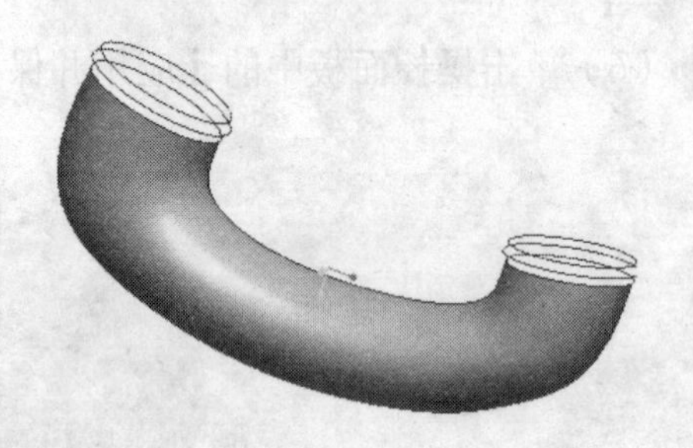

图4-72 创建的自由曲面

（6）单击【完成】按钮，退出造型界面。

4.3.2 创建自由曲线

（1）单击【已命名的视图列表】按钮后面的，在如图4-73所示的下拉列表中选择“TOP”。

（2）单击【特征】工具栏中的【造型】按钮，进入造型界面，单击【特征】工具栏中的【设置活动平面】按钮，在模型树中选择平面“TOP”。在空白处单击鼠标右键，在快捷菜单中选择【活动平面方向】选项，如图4-74所示。

（3）单击【特征】工具栏中的【曲线】按钮，打开如图4-75所示的【曲线特征】操控面板，单击【创建平面曲线】按钮，按住Shift键，单击如图4-76所示的三个点，绘制曲线，然后单击【应用并保存】按钮，创建的平面自由曲线如图4-77所示。

图4-73 下拉列表

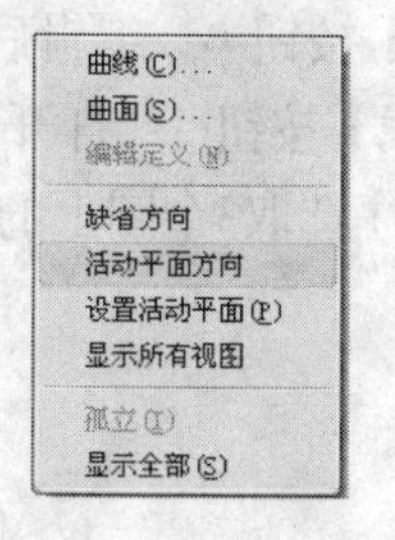

图4-74 选择【活动平面方向】选项

图4-75 【曲线特征】操控面板

提示 选取对象时，按住Shift键可实现捕捉功能。

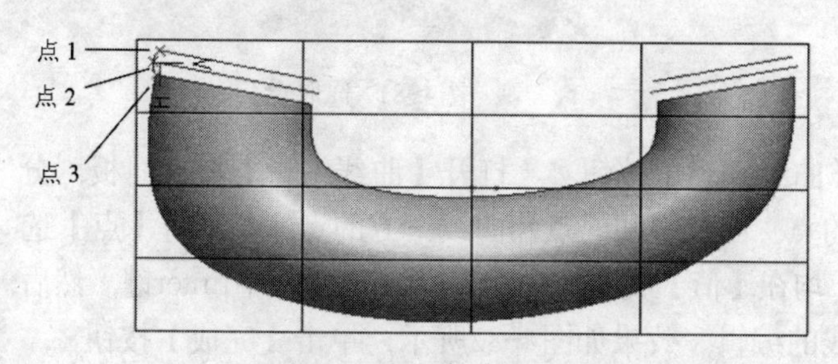

图4-76 单击三个点

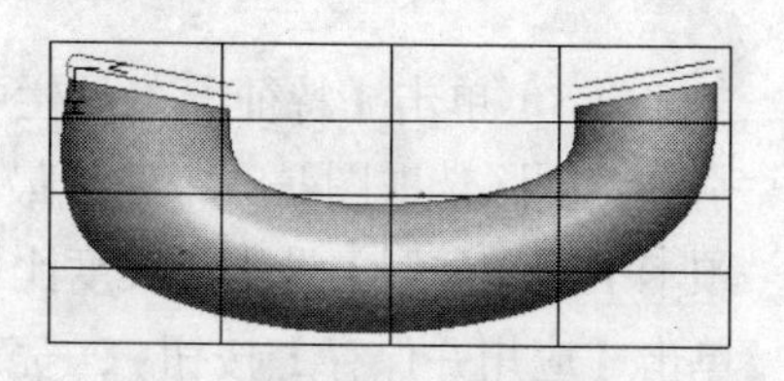
图4-77 创建的平面自由曲线

（4）双击创建的曲线，打开【曲线编辑】操控面板，单击【点】标签，切换到【点】选项卡，在绘图区选取图4-76中的点1，在【软点】选项组的【类型】下拉列表框中选择【长度比例】选项，在【值】文本框中输入“1”，如图4-78所示。然后按下Enter键，再选取图4-76中点2，【类型】选择【长度比例】选项，设置【值】为“1”，按下Enter键。最后单击【应用并保存】按钮✓。

（5）单击【特征】工具栏中的【曲线】按钮~，创建如图4-79所示的平面曲线，然后单击【应用并保存】按钮✓，完成曲线的创建。

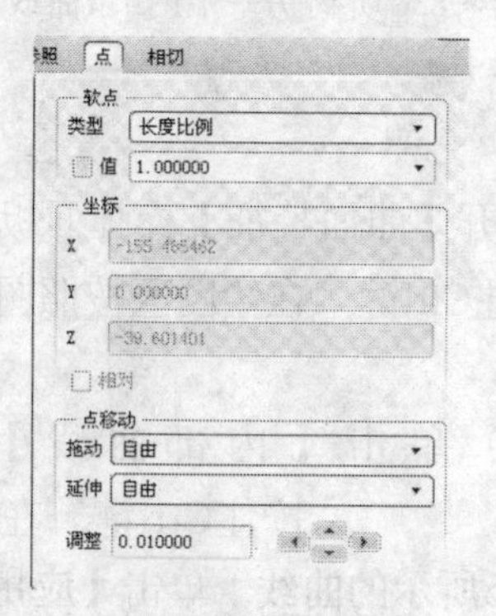

图4-78 设置【点】选项卡

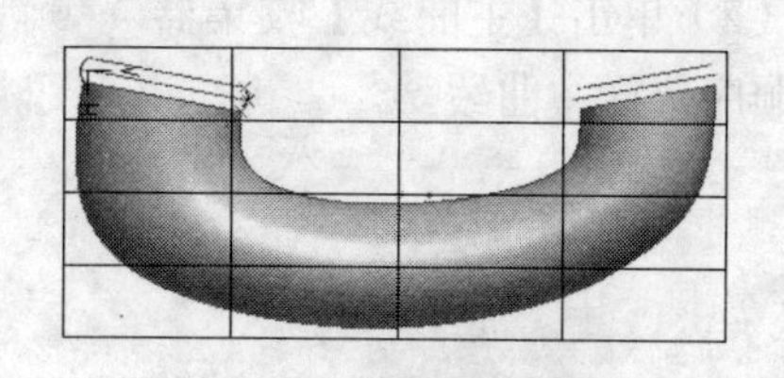
图4-79 创建平面曲线

（6）单击【特征】工具栏中的【曲线编辑】按钮，打开【曲线编辑】操控面板，选择图4-79中最上方的端点，设置【软点】选项卡中的【类型】为【长度比例】，在【值】文本框中输入“0”，按下Enter键。选取图4-79上中间的点，同样是选择【长度比例】选项，设置【值】为“0”。单击【应用并保存】按钮✓，编辑后的曲线如图4-80所示。

（7）单击【特征】工具栏中的【曲线】按钮~，打开【曲线特征】操控面板，单击【创建自由曲线】按钮~，按住Shift键，按顺序选取3个圆上的3个点，如图4-81所示，然后单击【应用并保存】按钮✓，即绘制好曲线。

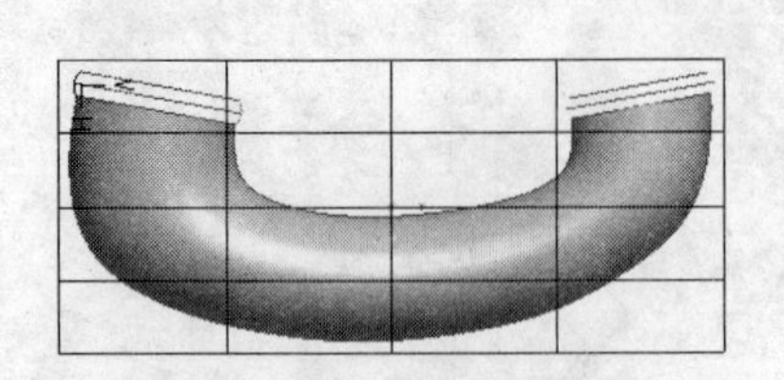

图4-80 编辑后的曲线

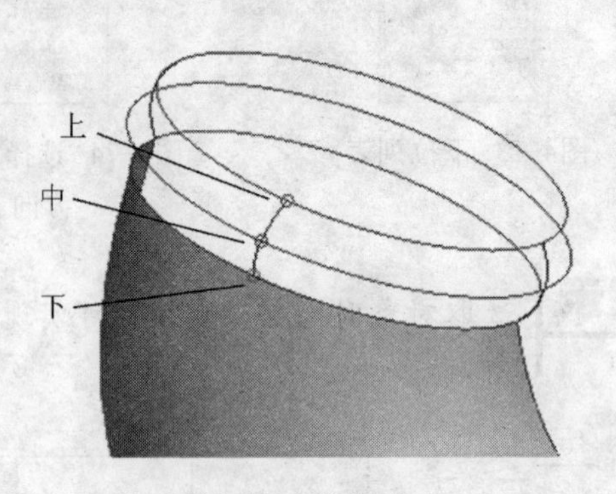

图4-81 选取点

（8）单击【特征】工具栏中的【曲线编辑】按钮，打开【曲线编辑】操控面板，分别在绘图区选取图4-81中曲线最上方的点、曲线中间的点和曲线下方的点，全部将【点】选项卡中的【类型】设为【长度比例】，均在【值】文本框中输入“0.5”，按下Enter键，然后单击【应用并保存】按钮✓，完成曲线的编辑，效果如图4-82所示。单击【完成】按钮✓，退出造型界面。

（9）用同样的方法及相同的参数设置，绘制听筒另一端的3条曲线，结果如图4-83所示。

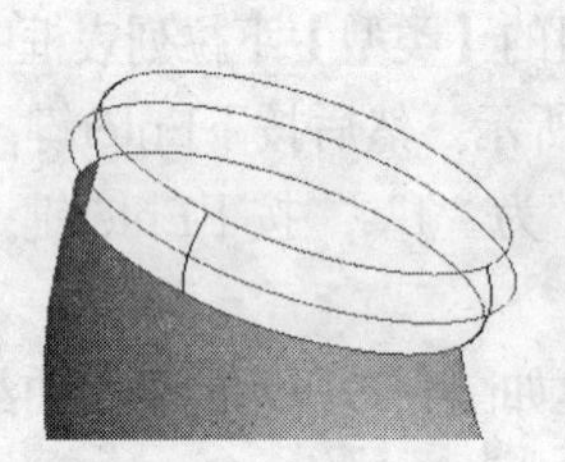

图4-82 编辑后的曲线

图4-83 听筒另一端的3条曲线

4.3.3 创建自由曲面

（1）单击【特征】工具栏中的【曲面】按钮，打开【曲面特征】操控面板。

（2）单击【主曲线】收集器 选取项目 ，按住Ctrl键，在绘图区按照图4-84中所示的顺序选择主曲线。

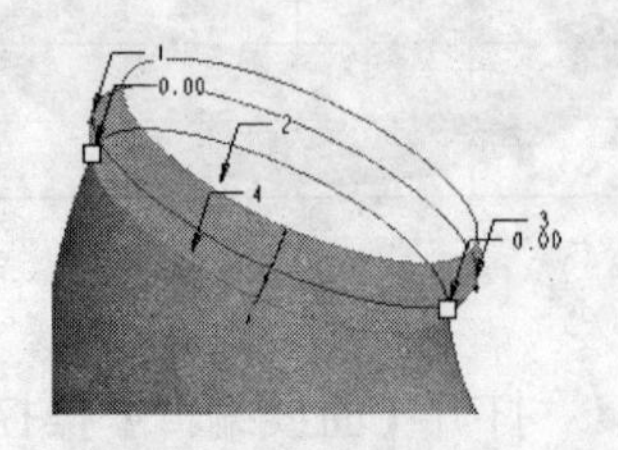

图4-84 选择主曲线

（3）单击【内部曲线】收集器 单击此处添加项目 ，按住Ctrl键，在绘图区选择如图4-85所示的曲线，单击【应用并保存】按钮✓，创建的曲面如图4-86所示。

（4）单击【完成】按钮✓，退出造型界面。

（5）单击【特征】工具栏中的【造型】按钮，进入造型界面，然后用步骤（1）~步骤（4）的方法创建听筒另一端的自由曲面，其效果如图4-87所示。

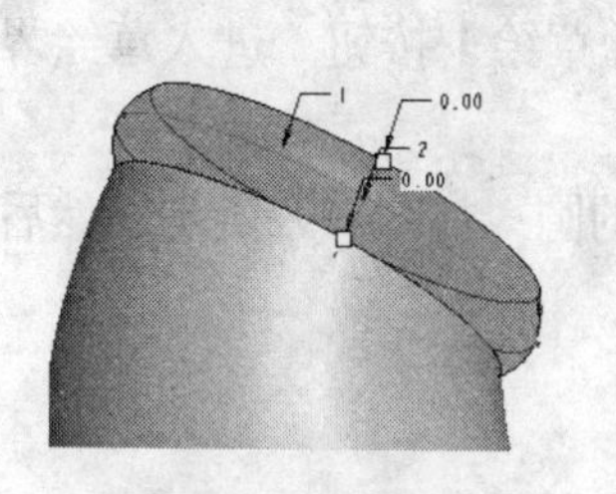

图4-85　选择曲线

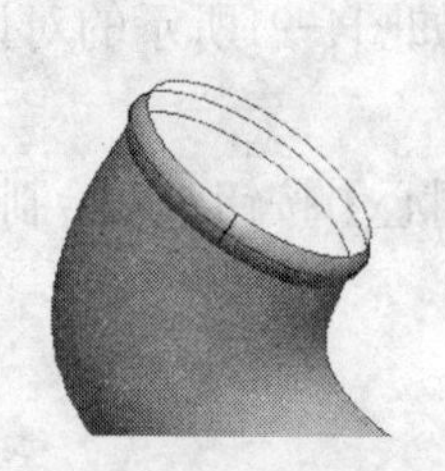

图4-86　创建的曲面

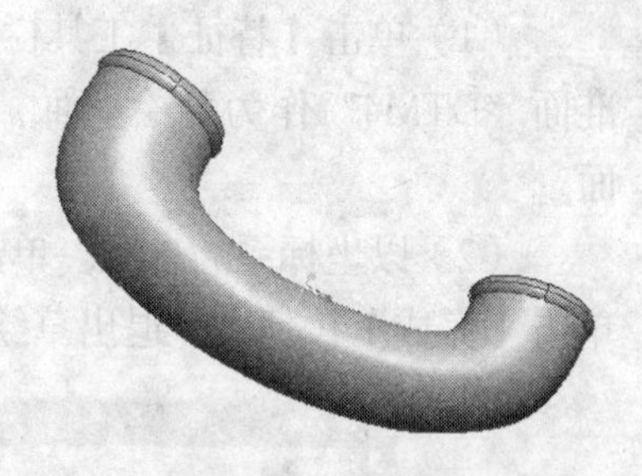

图4-87　听筒另一端的自由曲面

4.4　实例：电话听筒设计（二）

当创建好曲面后，一般都需要进行修改和编辑才能满足模型的要求，在曲面的创建过程中，恰当地使用修改和编辑工具，可以提高曲面建模的效率。下面讲解如何用曲面的编辑特征进一步完善话筒模型。

本例主要讲解利用曲面编辑特征如镜像、填充曲面、偏移曲面、合并曲面等来进一步完成听筒模型。最终的效果如图4-88所示。

图4-88　编辑后的听筒模型

4.4.1　创建镜像曲面

（1）在模型中选取所有的曲面，单击【特征】工具栏中的【镜像】按钮或选择【编辑】|【镜像】菜单命令，打开如图4-89所示的【镜像特征】操控面板。

（2）在模型树中选择基准面“TOP”作为镜像平面，单击操控面板中的【应用并保存】按钮，生成的镜像特征如图4-90所示。

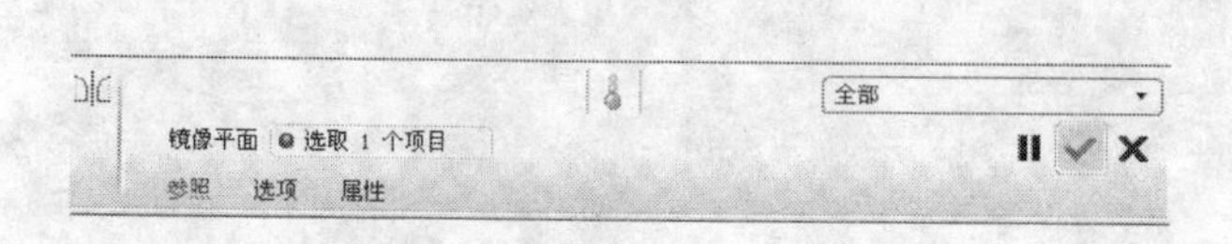

图4-89　【镜像特征】操控面板

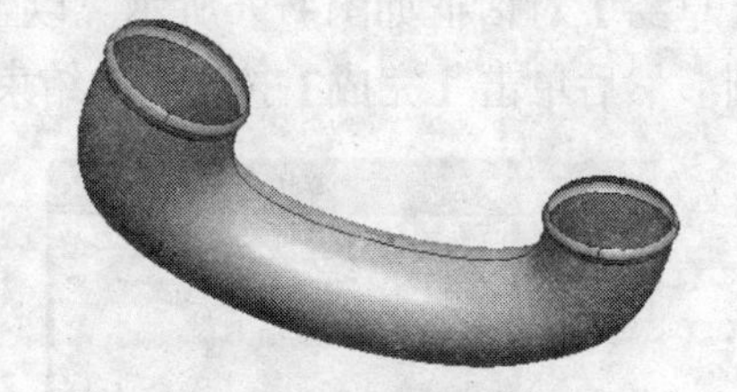

图4-90　创建的镜像特征

4.4.2 创建填充曲面

（1）单击【特征】工具栏中的【草绘】按钮，打开【草绘】对话框，在绘图区选择基准面“DTM4”作为草绘平面，单击如图4-91所示的对话框中的【草绘】按钮，进入草绘界面。

（2）以坐标系为参照，单击【同心】按钮◎，绘制直径为80的圆，如图4-92所示，然后单击【完成】按钮✓，退出草绘界面。

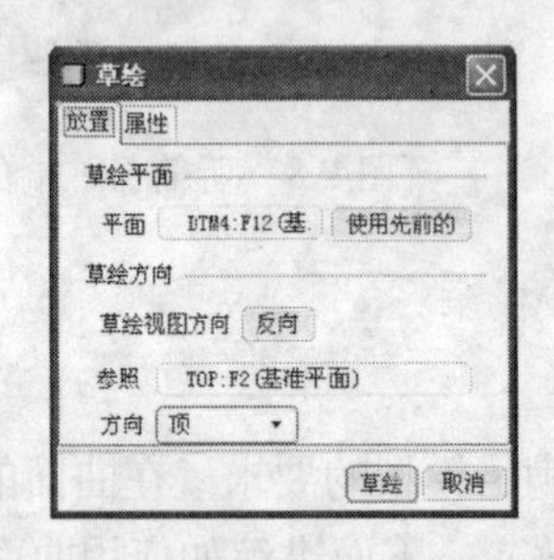

图4-91 设置【草绘】对话框

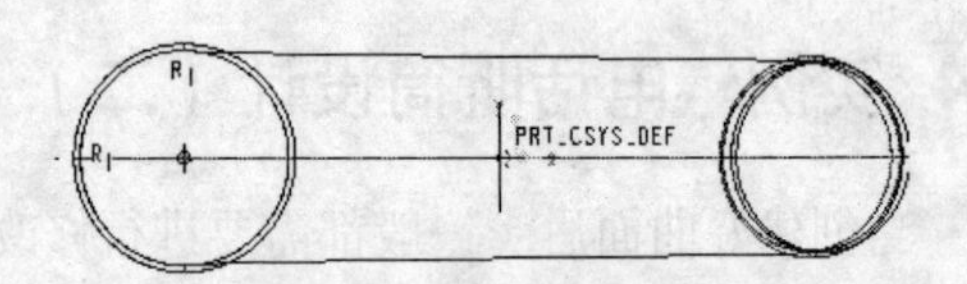

图4-92 绘制圆

（3）选取绘制的图形，选择【编辑】|【填充】菜单命令，生成的填充曲面如图4-93所示。

（4）用同样的方法以“DTM6”为草绘平面，【草绘】对话框如图4-94所示，在听筒的另一端生成填充曲面，如图4-95所示。

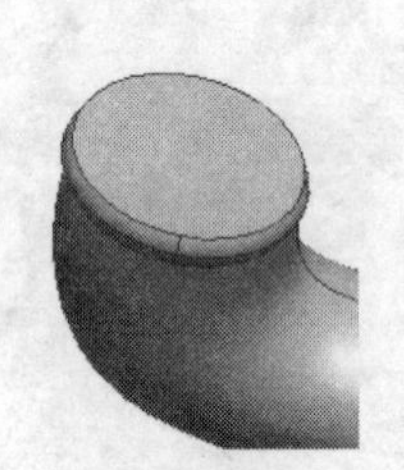

图4-93 生成的填充曲面

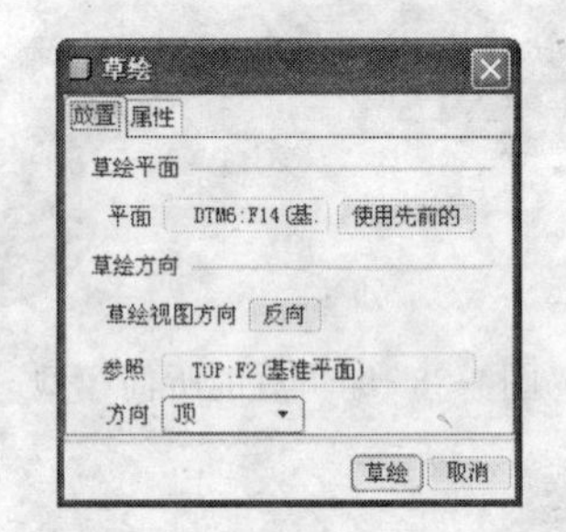

图4-94 设置【草绘】对话框

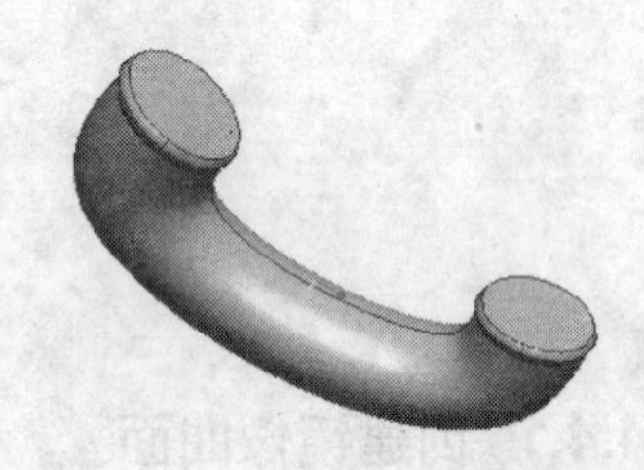

图4-95 另一端的填充曲面

4.4.3 创建偏移曲面

（1）单击【特征】工具栏中的【草绘】按钮，以创建的第一个填充曲面为草绘平面，【草绘】对话框如图4-96所示。以坐标系为草绘的参照，绘制如图4-97所示的直径为76的圆，然后单击【完成】按钮✓，结束草绘。

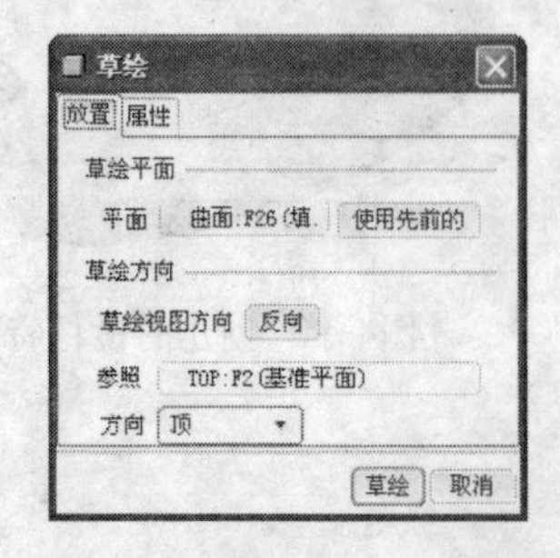

图4-96 设置【草绘】对话框

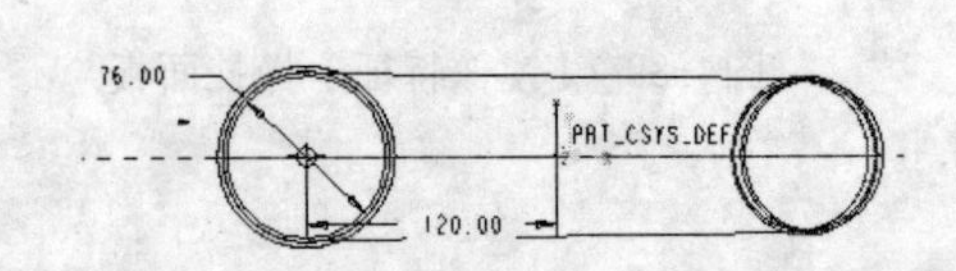

图4-97 绘制圆

（2）用同样的方法以创建的第二个填充曲面为草绘平面，如图4-98所示。绘制如图4-99所示的直径为66的圆，然后退出草绘界面。

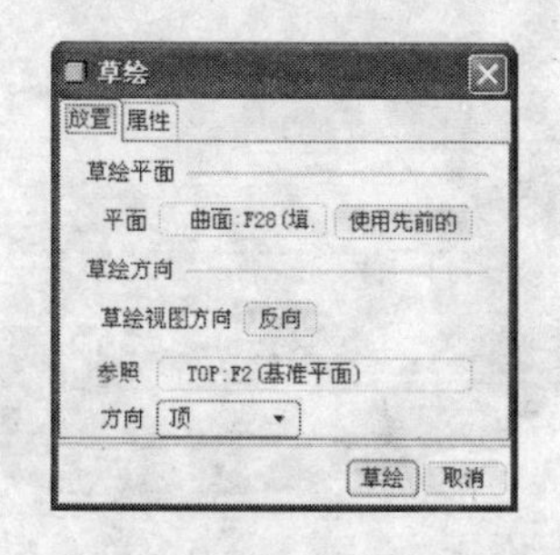

图4-98 设置【草绘】对话框

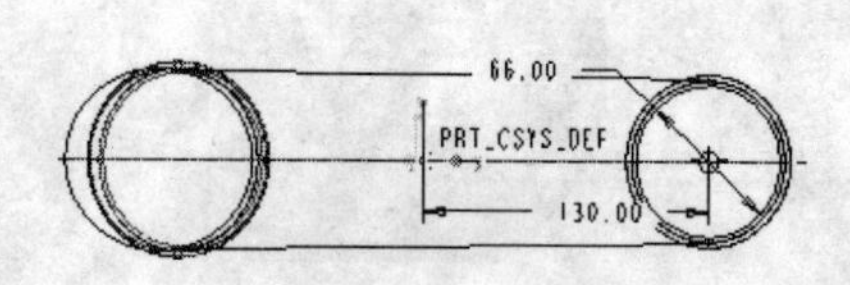

图4-99 绘制圆

（3）选择创建的第一个填充曲面，选择【编辑】|【偏移】菜单命令，打开【偏移特征】操控面板，单击【具有拔模特征】按钮，如图4-100所示。在绘图区选择直径为76的圆，单击【选项】标签，切换到【选项】选项卡，如图4-101所示，在下拉列表中选择【垂直于曲面】选项，再分别选择【曲面】和【相切】单选按钮。

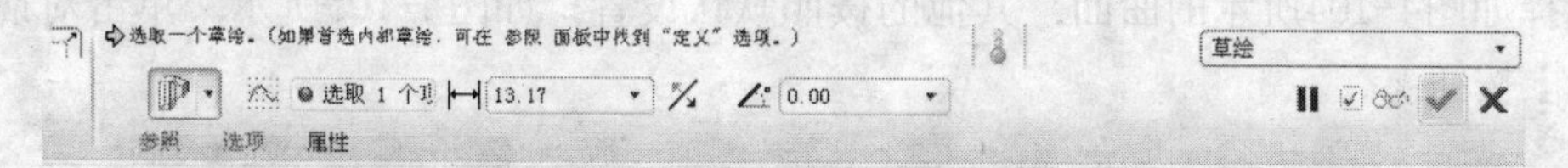

图4-100 单击【具有拔模特征】按钮

提示 标准偏移：是从一个实体的表面或者一个曲面创建偏移的曲面。

拔模偏移：是在曲面上创建带斜度侧面的区域偏移。拔模偏移特征可用于实体表面或特征。

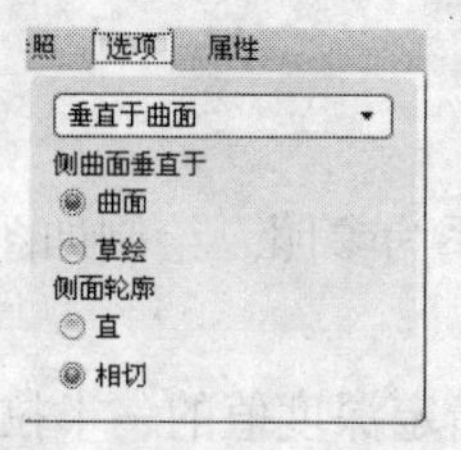

图4-101 设置【选项】选项卡

提示 【选项】选项卡中有3个选项，分别是垂直于曲面、自动拟合和控制拟合。下面分别进行介绍。

【垂直于曲面】：偏距方向垂直于原始曲面（默认项）。

【自动拟合】：系统自动将原始曲面进行缩放，并在需要时平移它们。不需要用户的其他输入。

【控制拟合】：在指定坐标系下将原始曲面进行缩放并沿指定轴移动，以创建“最佳拟合”偏距。要定义该元素，应选择一个坐标系，并通过在X轴、Y轴、Z轴选项之前放置选中标记，选择缩放的允许方向。

（4）在【偏移距离】文本框中输入“5”，在【拔模角度数值】文本框中输入“45”，注意若拔模方向指向模型外侧，则应单击【将偏移方向变更为其他侧】按钮 ，单击【应用并保存】按钮 ，生成的偏移特征如图4-102所示。

（5）用同样的方法偏移第二个填充曲面，设置偏移距离为3，拔模角度为45，拔模方向指向模型内侧，偏移后的效果如图4-103所示。

图4-102 生成的偏移特征

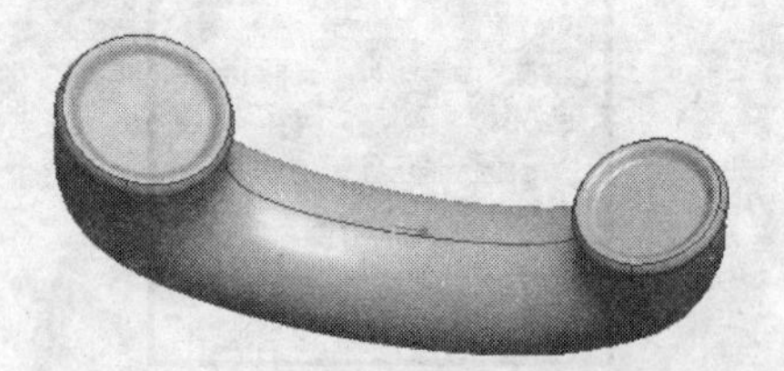

图4-103 另一端的偏移特征

4.4.4 创建拉伸曲面及阵列特征

（1）单击【特征】工具栏中的【拉伸】按钮 ，打开【拉伸特征】操控面板，单击【拉伸为曲面】按钮 ，单击【放置】选项卡中的【定义】按钮，打开【草绘】对话框，在绘图区中选择如图4-104所示的曲面，其他的按照默认设置，如图4-105所示，单击对话框中的【草绘】按钮。

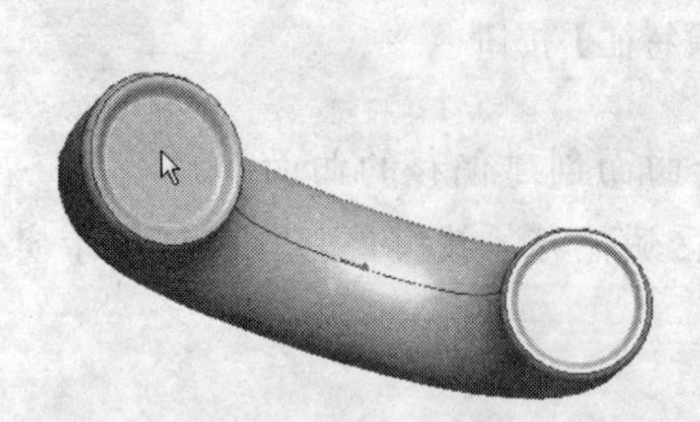

图4-104 选择曲面

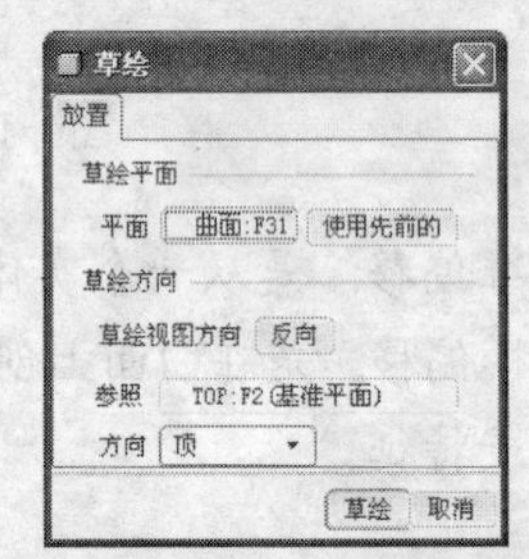

图4-105 设置【草绘】对话框

（2）进入草绘界面，以坐标系为参照，绘制如图4-106所示的圆，单击【完成】按钮 ，退出草绘界面。

（3）单击【在各个方向上以指定深度值的一半拉伸草绘平面的两侧】按钮 ，输入深度值为“10”，单击【移除材料】按钮 ，注意拉伸方向向下。若向上则单击【将材料的拉伸方向更改为草绘的另一侧】按钮 ，在绘图区选择如图4-104所示的曲面，单击【应用并保存】按钮 ，生成如图4-107所示的拉伸特征。

（4）在同一个曲面生成另一个拉伸特征，如图4-108所示。在草图中圆的直径为3，各项尺寸如图4-109所示。

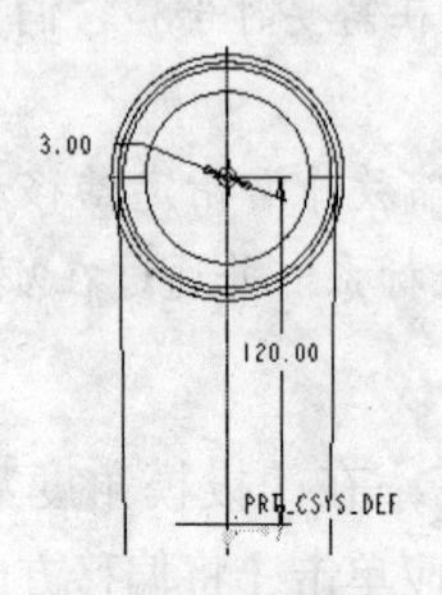

图4-106 绘制圆

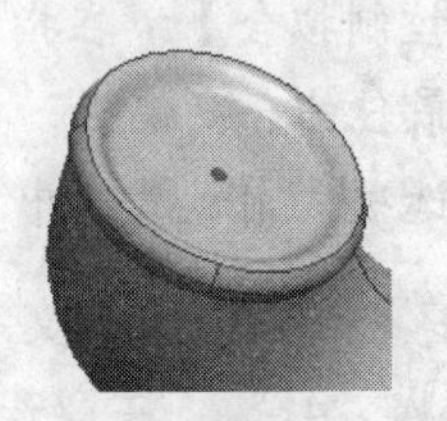

图4-107 创建的拉伸特征

（5）选取第（3）步创建的拉伸特征，单击【特征】工具栏中的【阵列】按钮或选择【编辑】|【阵列】菜单命令，打开【阵列特征】操控面板，选择阵列方式为【轴】，在绘图区选择如图4-110所示的基准轴“A2”，设置阵列成员数为“8”，输入阵列角度为“45”，单击【应用并保存】按钮✓，生成的阵列特征如图4-111所示。

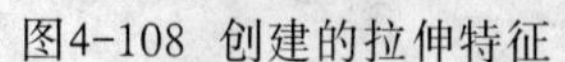
图4-108 创建的拉伸特征

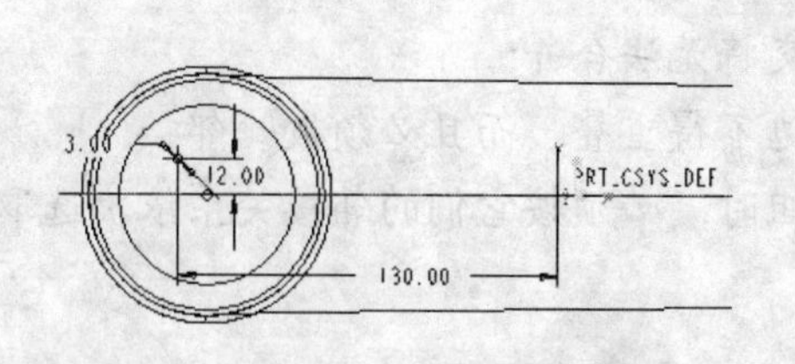

图4-109 绘制圆

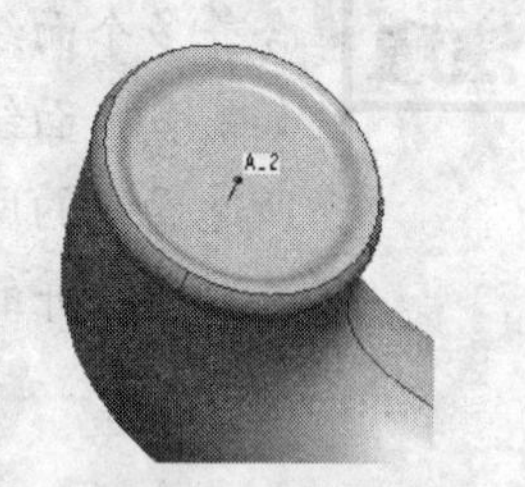

图4-110 选择基准轴“A2”

（6）用同样的方法创建听筒另一端的拉伸和阵列特征，如图4-112所示。

图4-111 生成的阵列特征

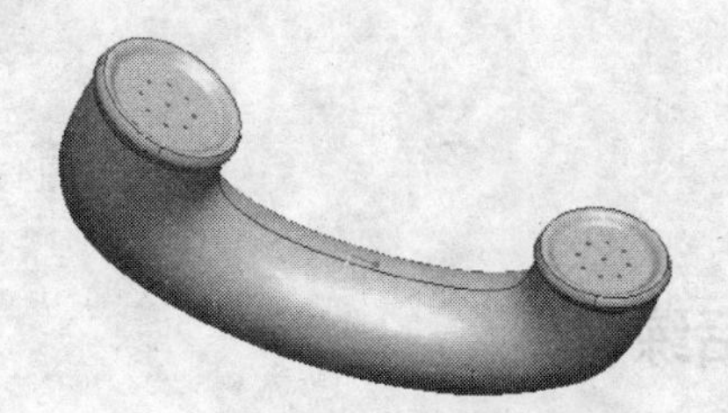
图4-112 另一端的拉伸和阵列特征

4.4.5 合并曲面

（1）在绘图区选择两个相邻的曲面，如图4-113所示，选择【编辑】|【合并】菜单命令或单击【特征】工具栏中的【合并】按钮，打开如图4-114所示的【合并特征】操控面板，单击【应用并保存】按钮✓，创建的合并特征如图4-115所示。

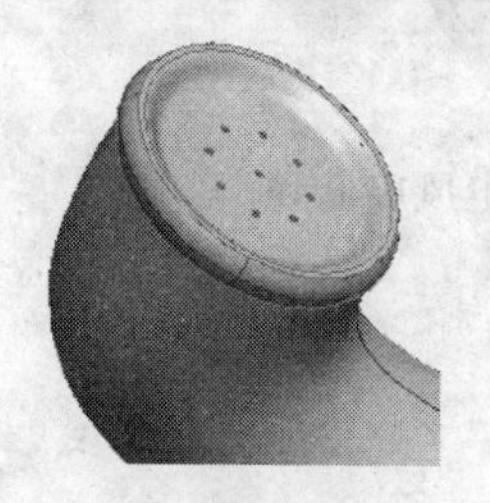
图4-113 选择相邻的两个面

图4-114【合并特征】操控面板

图4-115 创建的合并曲面

注意 合并面是一个新产生的面，原曲面未被替代或删除。

（2）用同样的方法合并所有的曲面，效果如图4-116所示。

注意 合并多个面组时的规则如下：
如果多个面组相交将无法合并；
所选面组的所有边不得重叠，而且必须彼此邻接；
选取要合并的面组时，必须按它们的邻接关系依次选取。

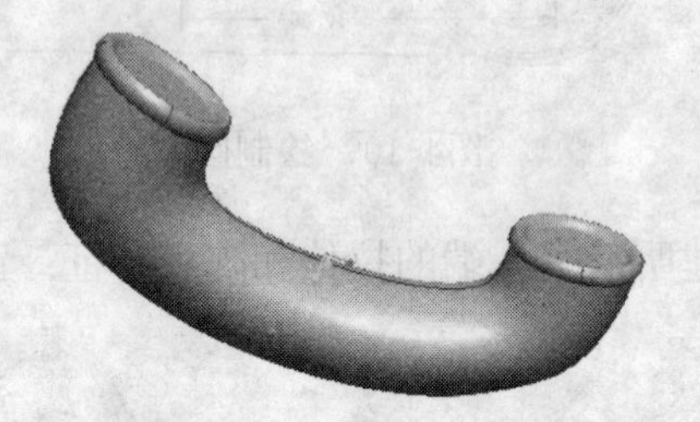

图4-116 合并所有曲面

课后练习

1. 创建如图4-117所示的足球模型。
2. 创建如图4-118所示的电风扇模型。

图4-117 足球模型

图4-118 电风扇模型

第5课

工程图设计

本课知识结构: 熟悉一般视图和投影视图的创建、尺寸标注和编辑的操作方法以及工程图中旋转视图、辅助视图、详细视图、参考立体视图的创建方法以及添加尺寸公差等内容。

就业达标要求:

★ 会创建零件的一般视图和投影视图。

★ 掌握旋转视图、辅助视图、详细视图等特殊视图的创建方法，以更好地表达设计思路。

★ 可以生成一张完整的、符合制图要求的工程图。熟悉打印工程图的方法。

本课建议学时: 3学时

5.1 实例：底座零件工程图设计（创建三视图、剖视图、尺寸标注）

创建三视图及剖视图和尺寸标注是工程图的基本内容，下面的实例将应用到这些内容。

本例主要内容是为已有的零件创建一般视图以及三视图、全剖视图和局部剖视图，然后标注并编辑尺寸，创建好的工程图如图5-1所示。

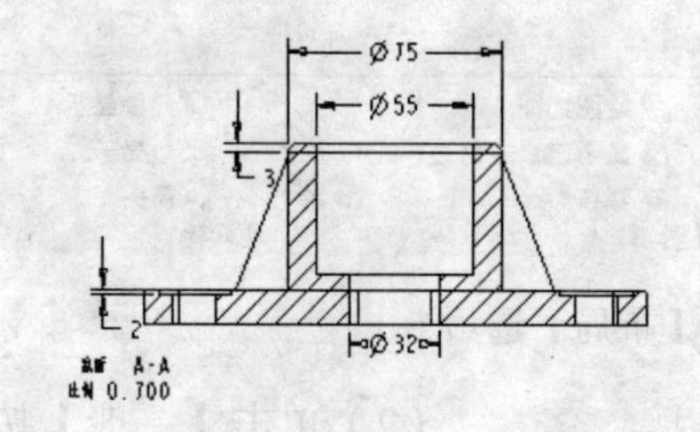

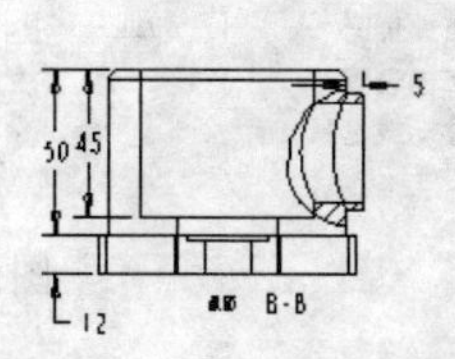

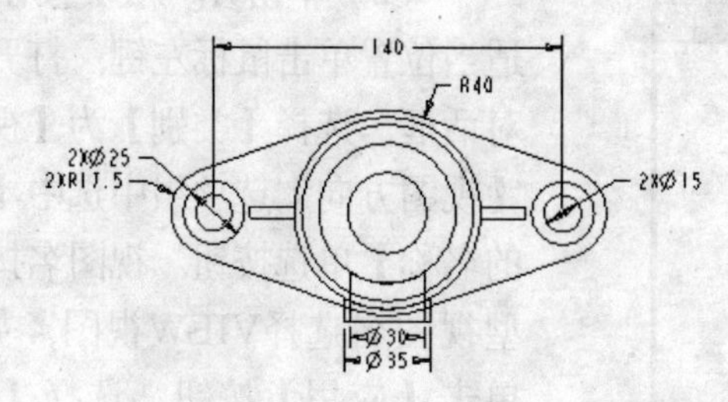

图5-1 工程图

5.1.1 创建绘图文件

（1）启动Pro/ENGINEER，调出如图5-2所示的名称为“dizuolj.prt”的零件图。

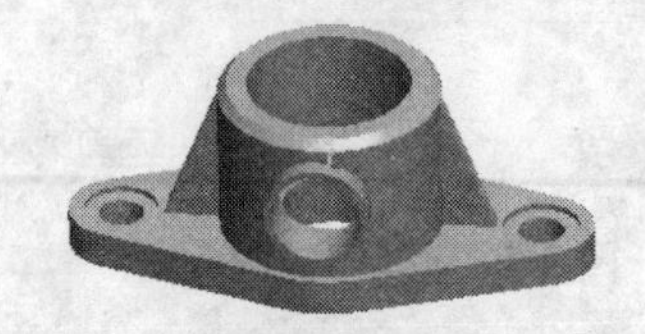

图5-2 零件图

（2）单击【新建】按钮，打开【新建】对话框，选择【类型】为【绘图】，在【名称】文本框中输入适当的名称，取消启用【使用缺省模板】复选框，如图5-3所示，单击【确定】按钮。打开【新建绘图】对话框，选择【缺省模型】为已经打开的文件模型，在【指定模板】选项组中选中【空】按钮，单击【方向】选项组中的【横向】按钮，在【大小】选项组中的【标准大小】下拉列表框中选择A3选项，如图5-4所示，单击【确定】按钮。在【打开表示】对话框中选择“JH”，如图5-5所示，单击【确定】按钮。

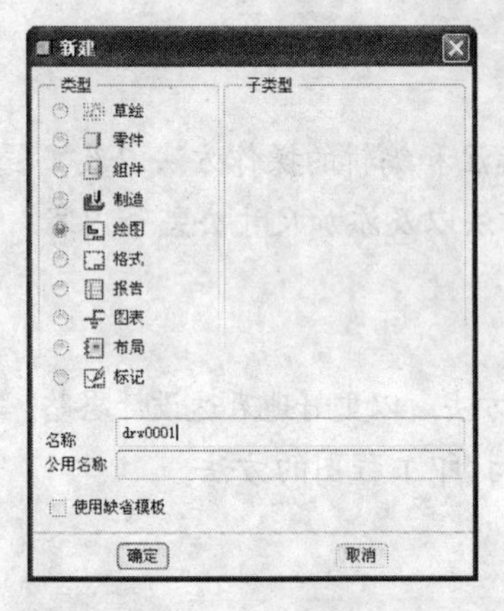

图5-3 设置【新建】对话框

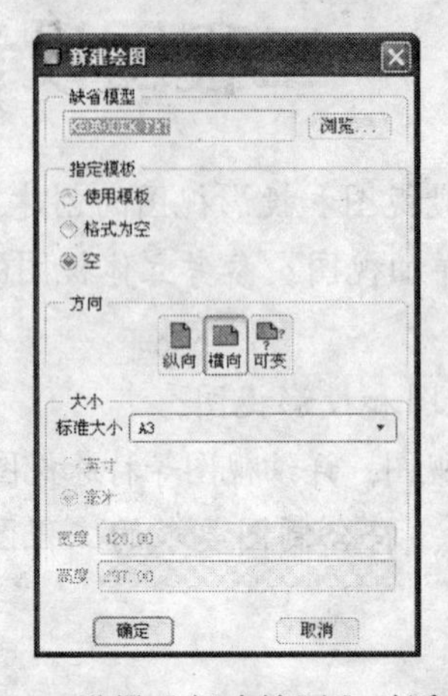

图5-4 设置【新建绘图】对话框

图5-5 选择JH

（3）进入Pro/ENGINEER 5.0的绘图模式。

5.1.2 创建一般视图和投影视图

（1）单击【布局】标签，切换到【布局】选项卡，如图5-6所示。

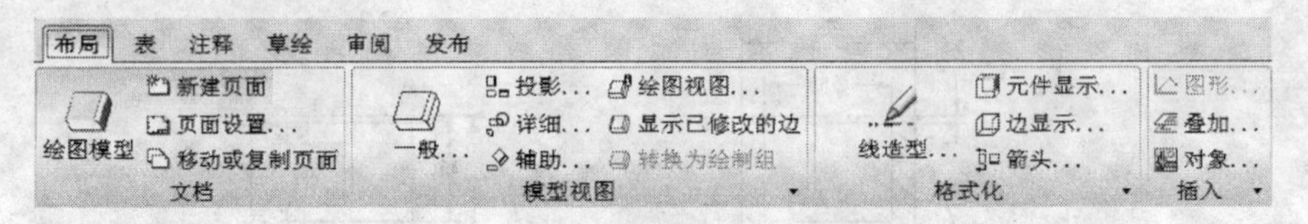

图5-6 【布局】选项卡

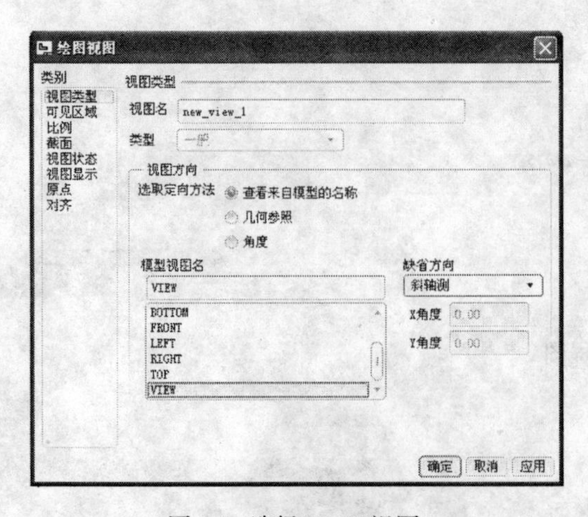

图5-7 选择VIEW视图

（2）单击【一般】按钮，在绘图区适当位置单击鼠标左键，打开【绘图视图】对话框。选择【类别】为【视图类型】，在【视图方向】选项组中选中【查看来自模型的名称】单选按钮，视图名按默认设置，模型视图名选择VIEW视图，如图5-7所示，单击【应用】按钮。选择【类别】为【比例】，输入比例为“0.7”，如图5-8所示，单击【确定】按钮，创建的一般视图如图5-9所示。

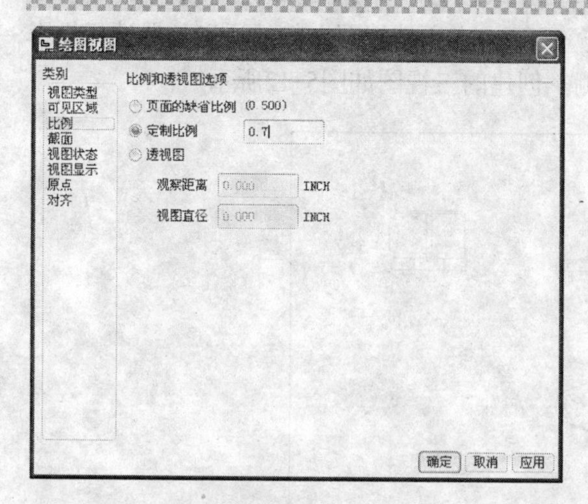

图5-8 输入比例为“0.7”

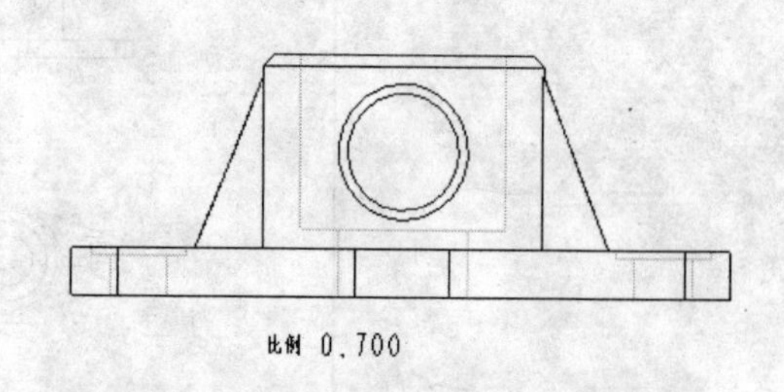

图5-9 设置视图类型和比例后的效果

提示 在【视图方向】选项组中可以选择不同的定向方法，其中包括下面几个选项。

【查看来自模型的名称】：在【模型视图名】列表框中列出了在模型中保存的各个定向视图名称；在【缺省方向】下拉列表框中可以选择设置方向的方式。

【几何参照】：使用来自绘图中预览模型的几何参照进行定向。系统给出两个参照选项，如图5-10所示。

【角度】：使用选定参照的角度或定制角度进行定向。

提示 在设置比例和透视图选项时，可选择下面3个选项。

【页面的缺省比例】：系统默认的比例一般为1，也就是与模型的实际尺寸相等。

【定制比例】：指自定义比例，输入的比例值大于1表示放大视图，输入的比例值小于1表示缩小视图。

【透视图】：在机械制图中很少用到，在此不做介绍。

（3）选择一般视图，单击【投影】按钮 投影...，在所选视图上方的适当位置选择投影视图中心点，然后拖动投影视图到视图的下方，俯视图效果如图5-11所示。

图5-10 【几何参照】的两个参照选项

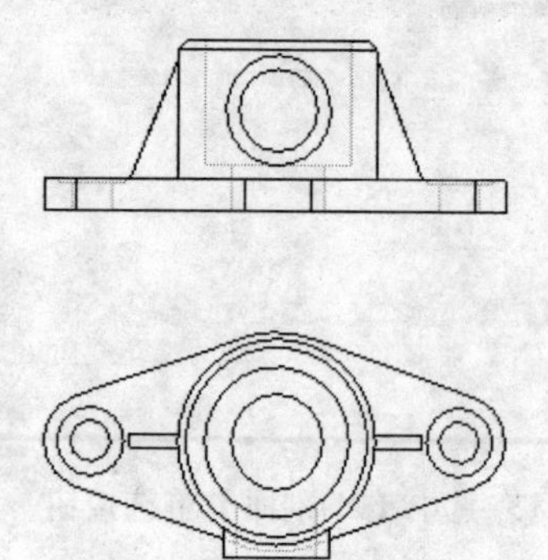

图5-11 生成俯视图

（4）选择一般视图，单击【投影】按钮，在所选视图左侧的适当位置选择投影视图中心点，然后拖动投影视图到视图的右侧，创建的三视图如图5-12所示。

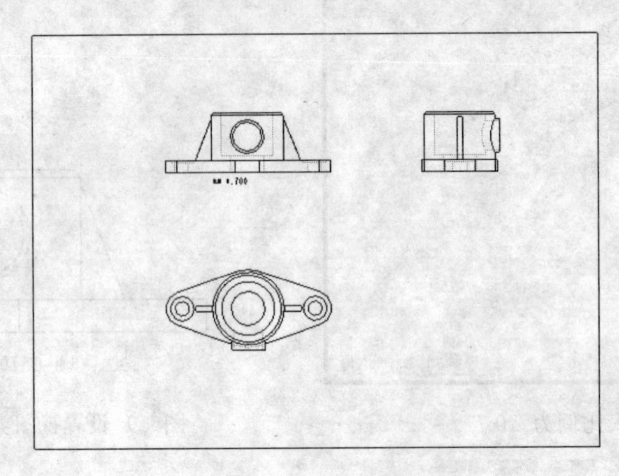

图5-12 创建的三视图

5.1.3 创建全剖视图

（1）单击【基准显示】工具栏中的【平面显示】按钮，显示基准平面。

（2）在绘图区双击一般视图，打开【绘图视图】对话框。

（3）单击【截面】类别，切换到【截面】选项卡，在【剖面选项】选项组中选中【2D剖面】单选按钮，如图5-13所示。

（4）单击【将横截面添加到视图】按钮，弹出【剖截面创建】菜单管理器，按照默认设置，如图5-14所示，单击【完成】按钮，在提示栏中输入剖面名称为“A”，如图5-15所示。单击【接受值】按钮，打开【设置平面】菜单管理器，如图5-16所示，按照默认设置，选择【完成】选项。在绘图区选择基准平面“TOP”，如图5-17所示，在如图5-18所示的【绘图视图】对话框中显示出基准平面，单击【确定】按钮。

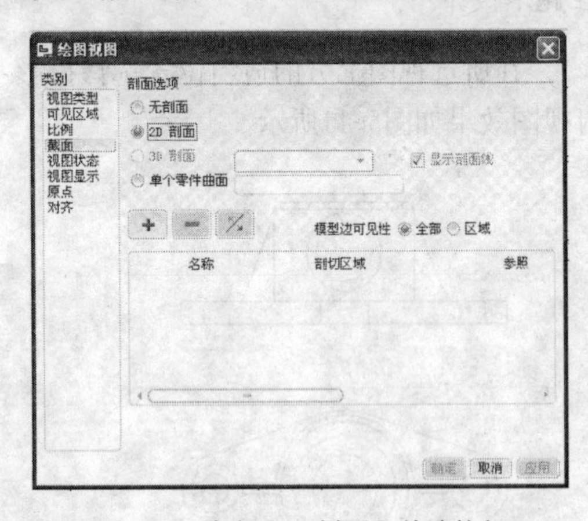

图5-13 选中【2D剖面】单选按钮

图5-14 【剖截面创建】菜单管理器

注意 选取剖截面以前应该在三维模型图中创建好作为剖截面的平面，或者选取已有的平面作为剖截面。

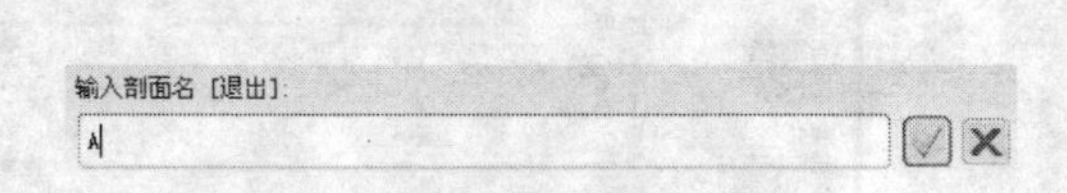

图5-15 输入剖面名称“A”

图5-16 【设置平面】菜单管理器

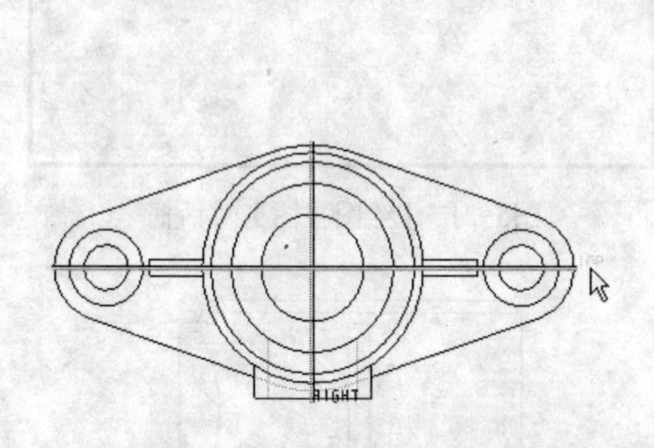

图5-17 选择基准平面“TOP”

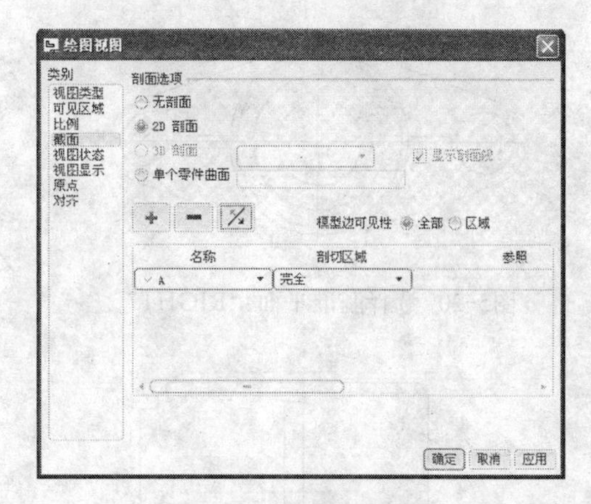

图5-18 显示基准平面

（5）隐藏基准平面后，效果如图5-19所示。

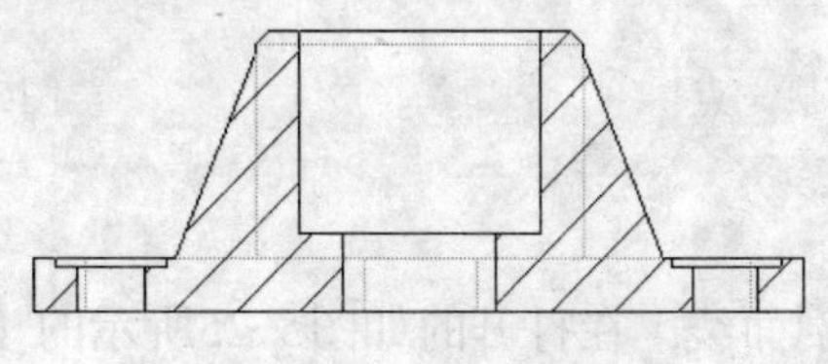

图5-19 创建的全剖视图

5.1.4 创建局部剖视图

（1）显示基准平面。

（2）在绘图区双击左视图，打开【绘图视图】对话框。

（3）单击【截面】类别，切换到【截面】选项卡，在【剖面选项】选项组中选中【2D剖面】单选按钮。

（4）单击【将横截面添加到视图】按钮，弹出【剖截面创建】菜单管理器，按照默认设置，单击【完成】按钮，在提示栏中输入剖面名称为“B”，单击【接受值】按钮，设置【设置平面】菜单管理器，直接选择【完成】选项。在绘图区选择基准平面“RIGHT”，如图5-20所示，【绘图视图】对话框如图5-21所示，单击【确定】按钮。

（5）在绘图区的如图5-22所示边上的某位置单击，出现几何上的参照点，在参照点附近绘制不相交的样条线，单击鼠标中键结束绘制样条，如图5-23所示。

注意 在绘制局部区域边界曲线时，不能使用【草绘器工具】工具栏中的【样条】按钮∿绘制样条草绘，而应直接在页面中单击【开始】绘制。如果使用【草绘器工具】工具栏中的工具按钮，则局部剖视图将被取消，只能绘制样条曲线图元。

（6）单击对话框中的【应用】按钮，再单击【关闭】按钮，效果如图5-24所示。

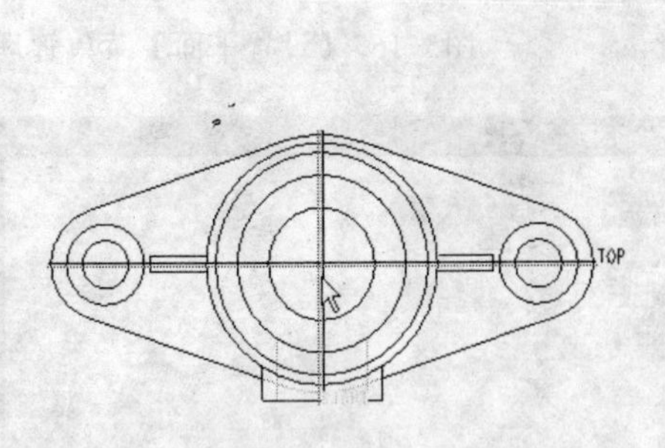

图5-20 选择基准平面 “RIGHT”

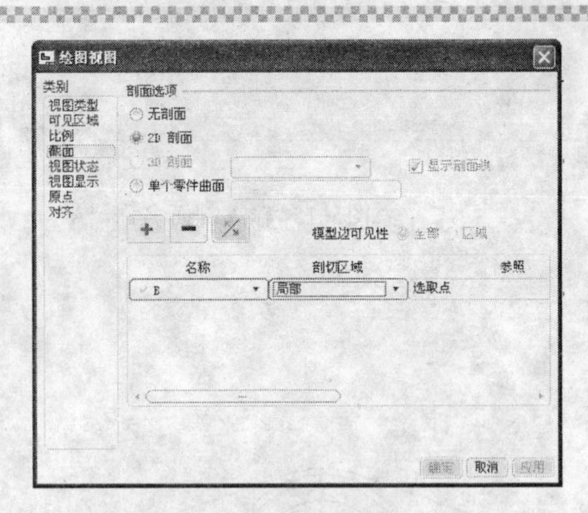

图5-21 【绘图视图】对话框

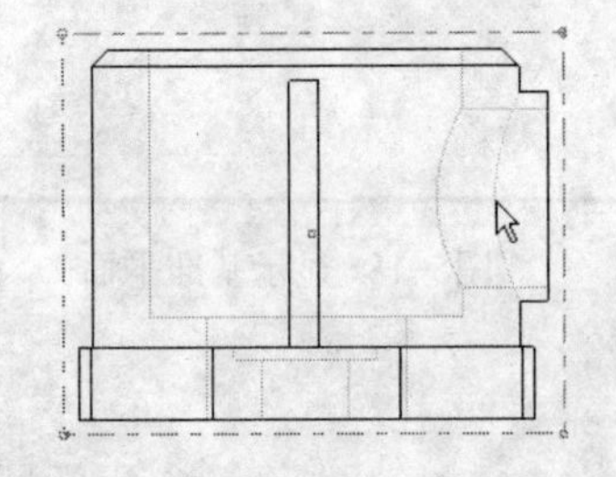

图5-22 单击边的某一点

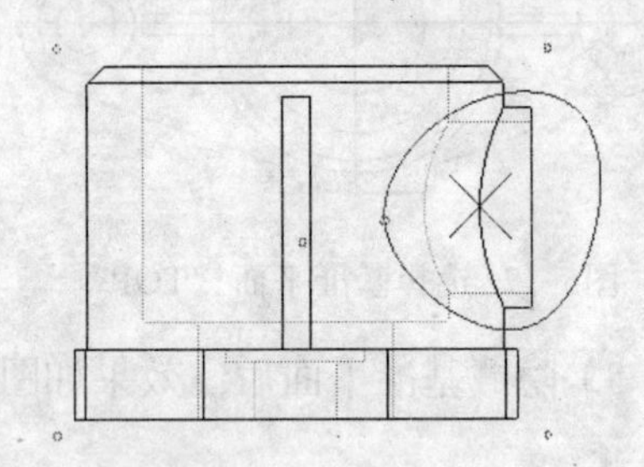

图5-23 绘制的样条

5.1.5 编辑投影视图

（1）双击一般视图的剖面线，在打开的如图5-25所示的【修改剖面线】菜单管理器中选择选项，在【修改模式】菜单管理器中选择【一半】，再选择【修改剖面线】菜单管理器中的【完成】选项。

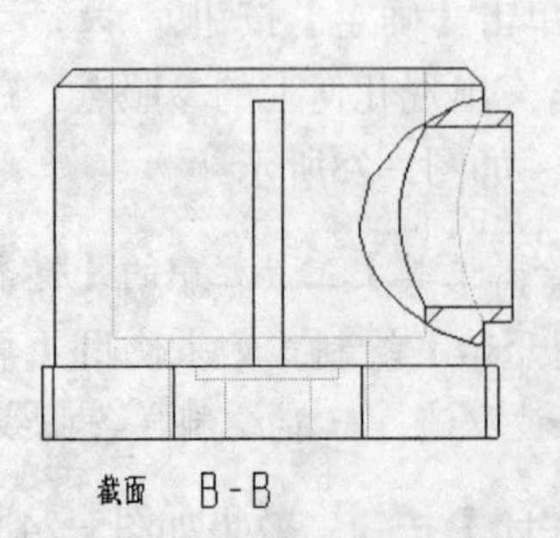

图5-24 创建的局部剖视图

图5-25 设置【修改剖面线】菜单管理器

注意

【单一】是指对单一阵列线应用剖面线间距更改。

【整体】是指如果剖面线有多个线阵列，那么对所有阵列线应用剖面线间距更改。多数情况下，只有一个阵列。因此，选择【单一】或【整体】的结果是一样的。

提示

使用下列选项之一定义间距。

一半：通过创建更多剖面线，将间距更改为当前间距的一半。

加倍：通过减少剖面线数目，将间距更改为当前间距的两倍。

值：输入一个间距值，系统根据间距值计算剖面线数目。

（2）用同样的方法修改左视图上剖面线的间距。

（3）单击【草绘】标签，切换到【草绘】选项卡，如图5-26所示。

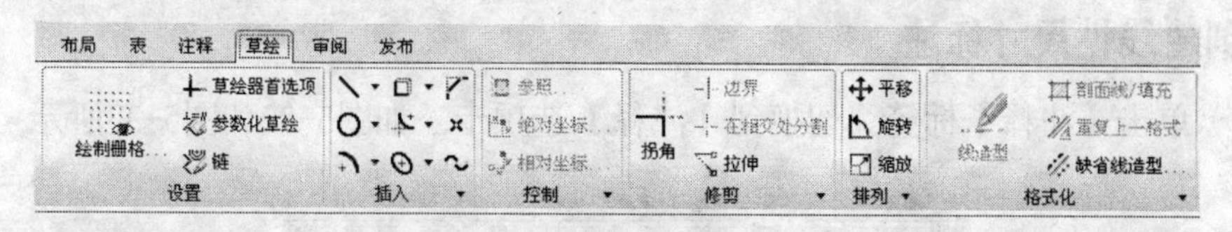

图5-26 【草绘】选项卡

（4）单击【插入】面板中的【使用】按钮，按住Ctrl键，选择如图5-27所示的6条边。

（5）单击【选取】对话框中的【确定】按钮，选择【编辑】|【相关】|【与视图关联】菜单命令，单击俯视图。再单击对话框中的【确定】按钮。同样对俯视图进行相同的【使用】操作，选择如图5-28所示的6条边。

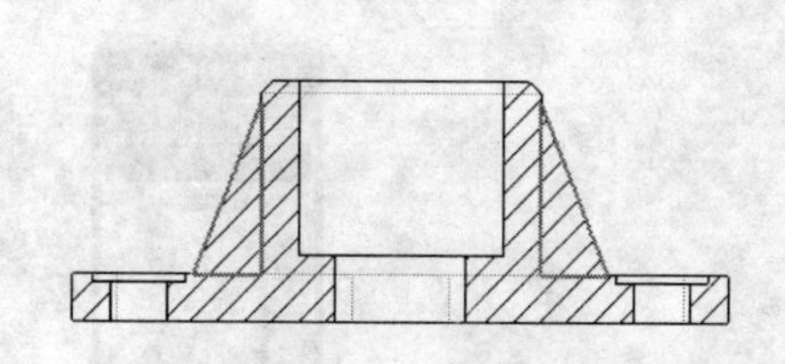

图5-27 选择边

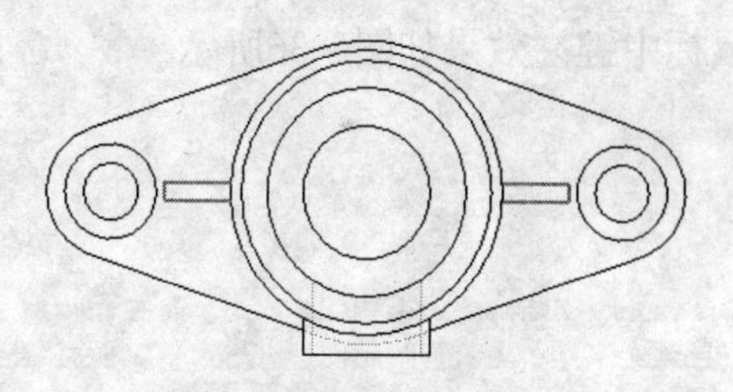

图5-28 选择边

（6）返回到零件模型，选择【窗口】|【激活】菜单命令，在【视图管理器】对话框的【简化表示】选项卡中选择“JH”，再单击【选项】按钮，在下拉菜单中选择【添加列】选项，如图5-29所示。

（7）在模型树中添加了“JH”表示列，将轮廓筋1、2的显示状态修改为【排除】，如图5-30所示。单击【编辑】工具栏中的【再生】按钮。

（8）打开绘图模型，效果如图5-31所示。

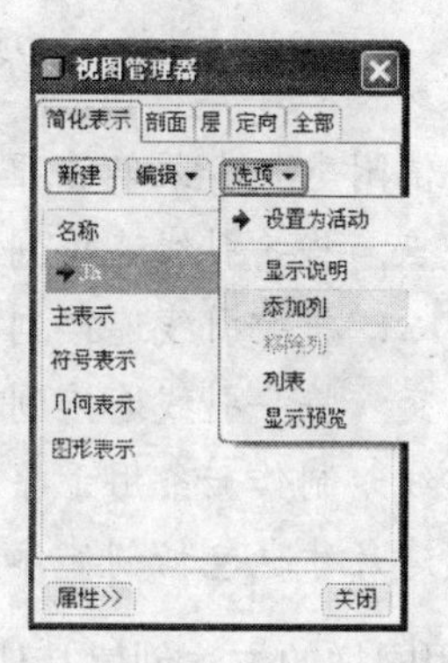

图5-29 选择【添加列】选项

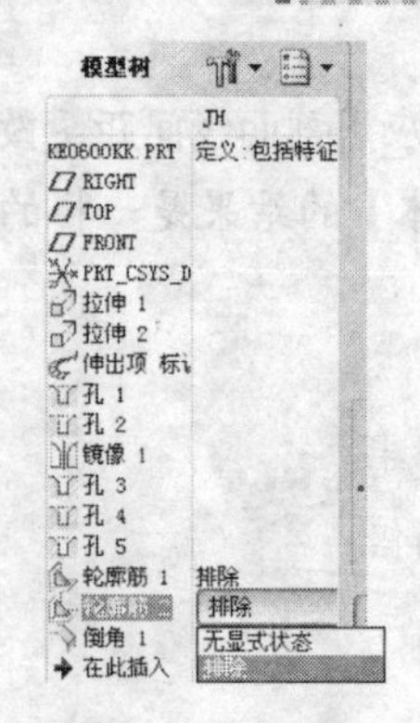

图5-30 排除轮廓筋

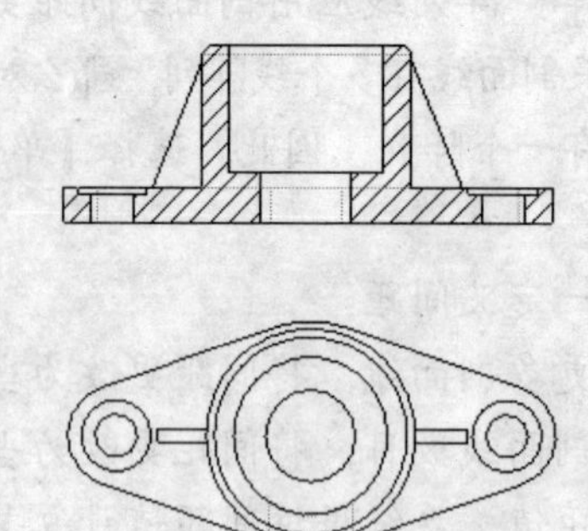

图5-31 排除轮廓筋后的效果

5.1.6 创建线性尺寸标注

（1）单击【注释】标签，切换到【注释】选项卡，如图5-32和图5-33所示。

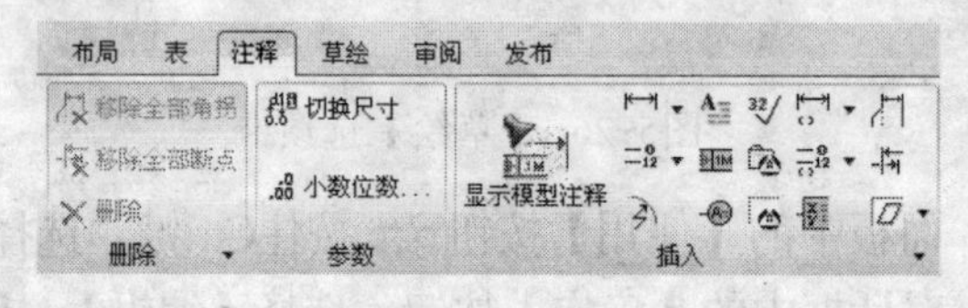

图5-32 【注释】选项卡（一）

（2）在工具栏中单击【尺寸—新参照】按钮，打开【依附类型】菜单管理器，选择【依附类型】为【图元上】，如图5-34所示，选择如图5-35所示的两个图元，在适当位置单击鼠标中键，效果如图5-36所示。

图5-33 【注释】选项卡（二）

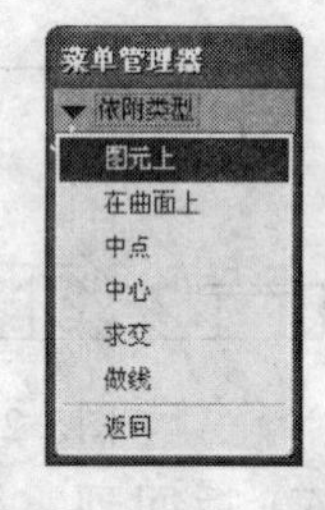

图5-34 选择【图元上】选项

提示

【依附类型】菜单管理器中部分选项的含义如下。

中点：将导引线连接到某个图元的中点上。

中心：将导引线连接到圆形图元的中心。

求交：将导引线连接到两个图元的交点上。

做线：制作一条用于导引线连接的线。

创建尺寸也包括创建参照尺寸。

（3）用同样的方法创建其他线性尺寸，效果如图5-37所示。

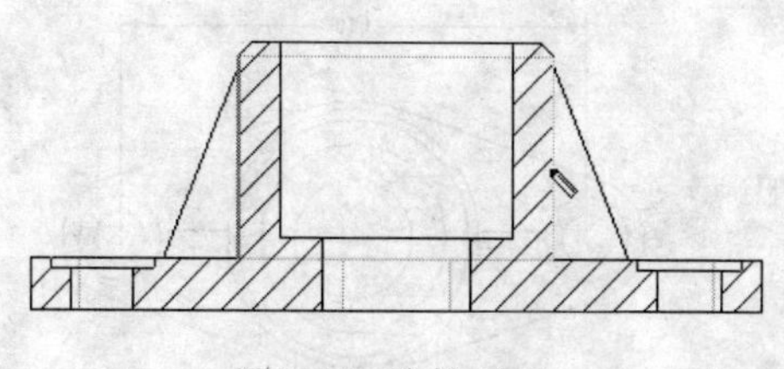

图5-35 选择图元

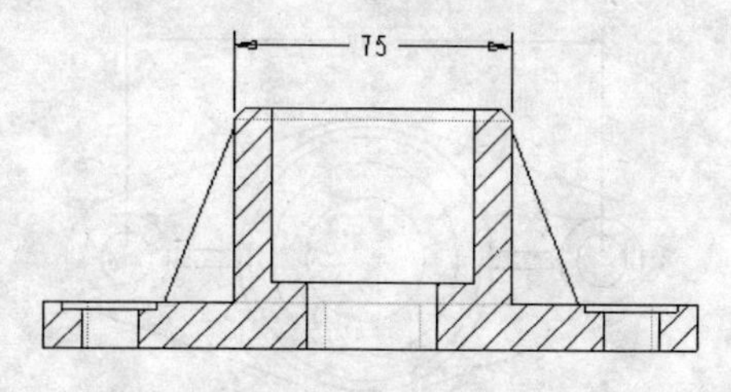

图5-36 创建线到线的尺寸

（4）在菜单管理器中选择【依附类型】为【中心】，选择如图5-38所示的两个圆心点，在适当位置单击鼠标中键，在弹出的如图5-39所示的【尺寸方向】菜单管理器中选择【水平】，效果如图5-40所示。

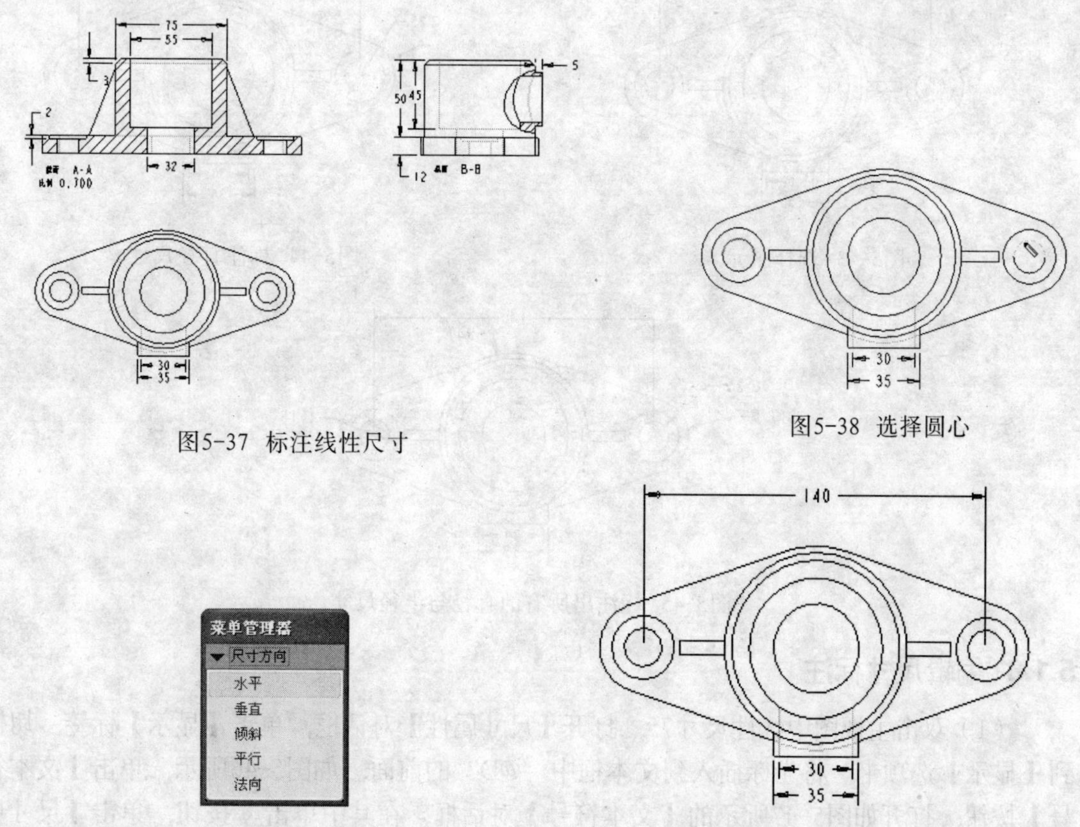

图5-37 标注线性尺寸

图5-38 选择圆心

图5-39 【尺寸方向】菜单管理器

图5-40 创建圆心到圆心的尺寸

5.1.7 创建直径和半径尺寸

（1）在工具栏中单击【尺寸—新参照】按钮，打开菜单管理器，选择【依附类型】为【图元上】，选择如图5-41所示的图元，在适当位置单击鼠标中键，标注半径的效果如图5-42所示。

（2）在工具栏中单击【尺寸—新参照】按钮，打开菜单管理器，选择【依附类型】为【图元上】，双击如图5-43所示的圆弧，在适当位置单击鼠标中键，标注直径的效果如图5-44所示。

（3）用第（1）步和第（2）步的方法标注其他直径和半径尺寸，效果如图5-45所示。

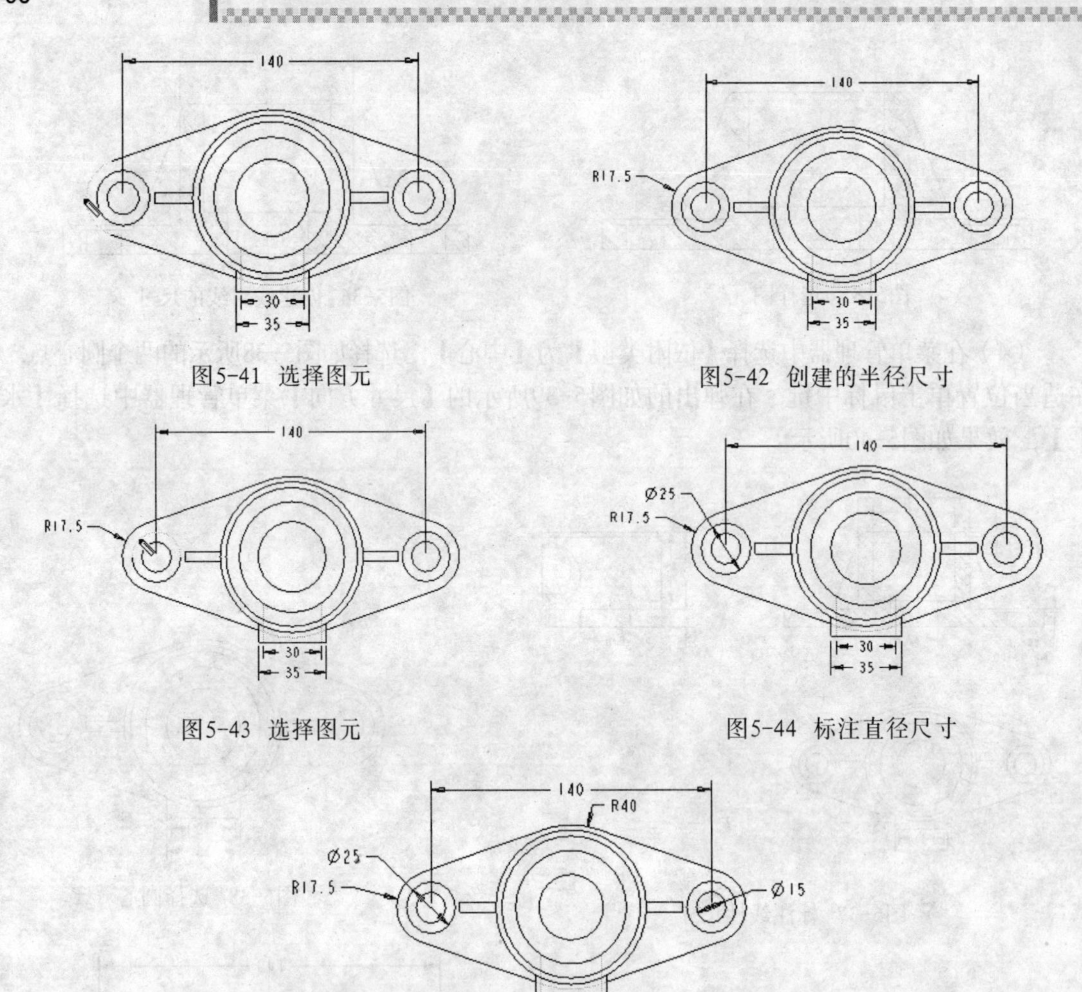

图5-41 选择图元

图5-42 创建的半径尺寸

图5-43 选择图元

图5-44 标注直径尺寸

图5-45 标注出所有的直径与半径尺寸

5.1.8 编辑尺寸标注

（1）双击主视图中线性尺寸75，打开【尺寸属性】对话框，单击【显示】标签，切换到【显示】选项卡。将光标插入到文本框中“@D”的前面，如图5-46所示，单击【文本符号】按钮，打开如图5-47所示的【文本符号】对话框，在其中单击 ⌀ 按钮，单击【尺寸属性】对话框中的【确定】按钮，线性尺寸即更改为直径尺寸，如图5-48所示。

提示 【显示】选项卡主要用于设置尺寸公差、尺寸格式及精度、尺寸类型、尺寸界线的显示。

【文本样式】选项卡主要用于设置尺寸文本的字体、字高等格式。

（2）双击主视图中线性为－25的标注，打开【尺寸属性】对话框。切换到【显示】选项卡，在【显示】选项组中的【前缀】文本框中输入“2X”，如图5-49所示，单击【确定】按钮，效果如图5-50所示。

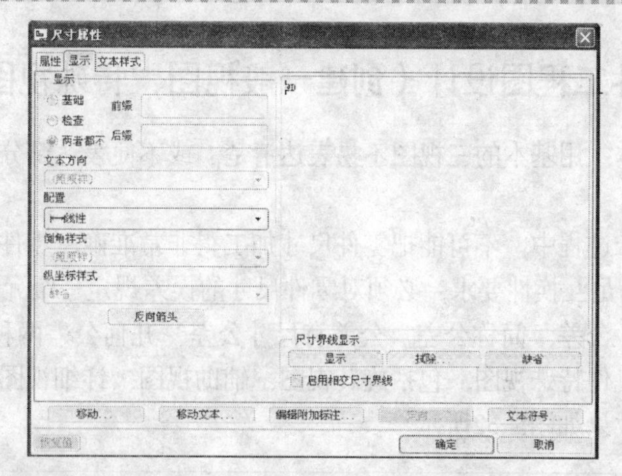

图5-46 在“@D”的前面插入光标

图5-47 【文本符号】对话框

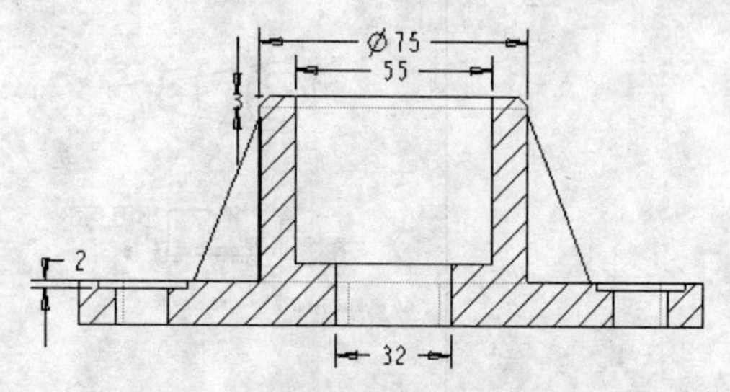

图5-48 线性尺寸更改为直径尺寸

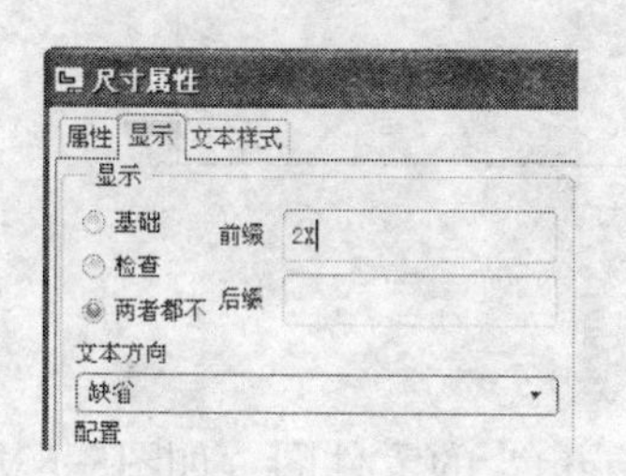

图5-49 在【前缀】文本框中输入“2X”

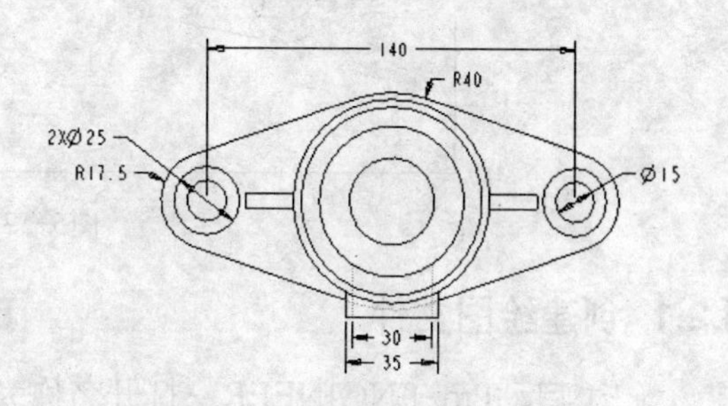

图5-50 在直径尺寸前加入前缀

（3）按照第（1）步和第（2）步的方法修改其他尺寸，如图5-51所示。

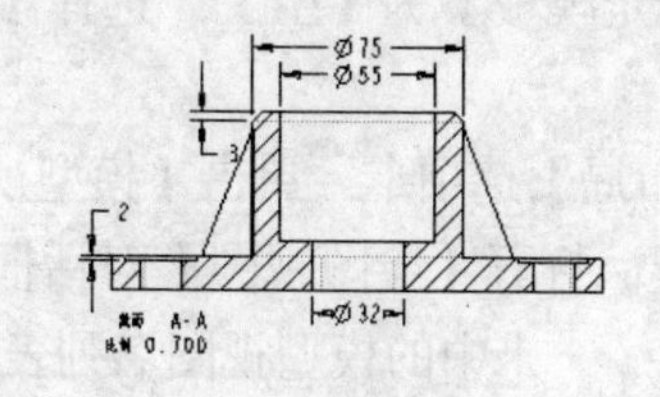

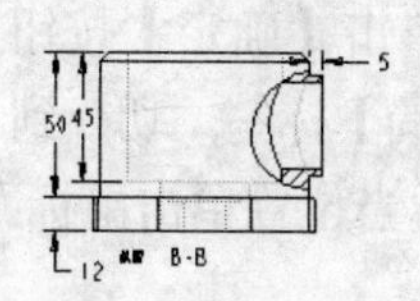

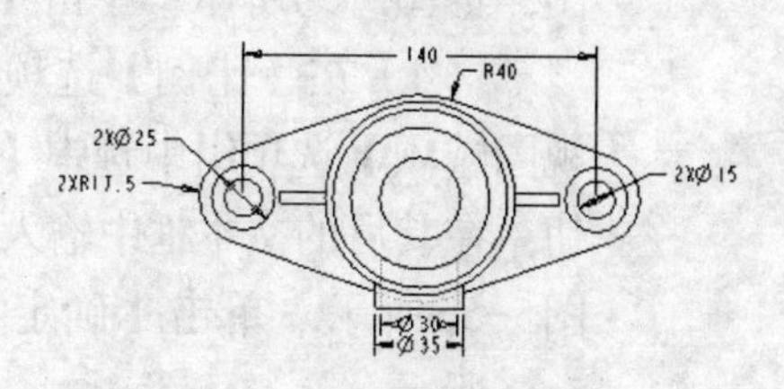

图5-51 修改其他尺寸

5.2 实例：零件工程图设计（创建一般视图、特殊视图、公差）

形状复杂的物体，用基本的三视图不易表达清楚，或不便表达部分结构，这时可以用特殊视图补充表达。

在零件实际生产过程中，不可能把零件尺寸加工得非常准确，零件的最终尺寸允许有一定的制造误差。为满足互换性要求，必须对零件尺寸的误差规定一个允许范围，零件尺寸的允许变动量就是尺寸公差，简称公差。公差有尺寸公差、几何公差两种。

本例主要讲解机件特殊视图，包括旋转视图、辅助视图、详细视图等，以及几何公差的创建。实例的最终效果如图5-52所示。

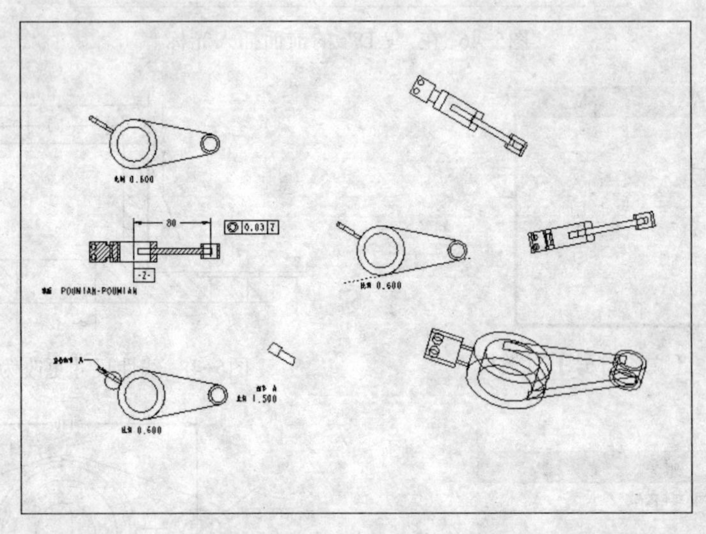

图5-52 实例图

5.2.1 创建绘图文件

（1）启动Pro/ENGINEER，打开名称为"lingjian.prt"的零件图，如图5-53所示。

（2）单击【新建】按钮，打开【新建】对话框，选择【类型】为【绘图】，在【名称】文本框中输入适当的名称，单击【确定】按钮。打开【新建绘图】对话框，选择【缺省模型】为已经打开的文件模型，选择【指定模板】为【空】，选择【方向】为【横向】，选择【大小】为A3，单击【确定】按钮。

（3）单击【布局】标签，切换到【布局】选项卡，单击【模型视图】面板中的【一般】按钮，在绘图区适当位置单击鼠标左键，打开【绘图视图】对话框。在【视图类型】选项卡中的模型视图名列表框中选择"FRONT"视图，如图5-54所示。单击【应用】按钮。

图5-53 零件图

（4）在【比例】选项卡中的【比例和透视图选项】选项组中选中【定制比例】单选按钮，在其后的文本框中输入比例为"0.6"，如图5-55所示，单击【确定】按钮，效果如图5-56所示。

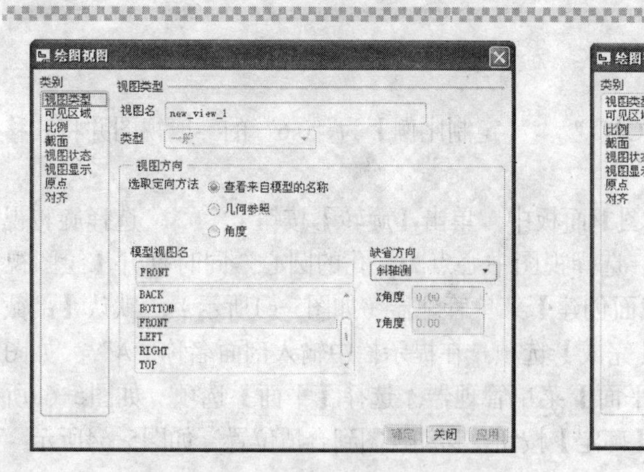

图5-54 设置并应用【视图类型】选项卡

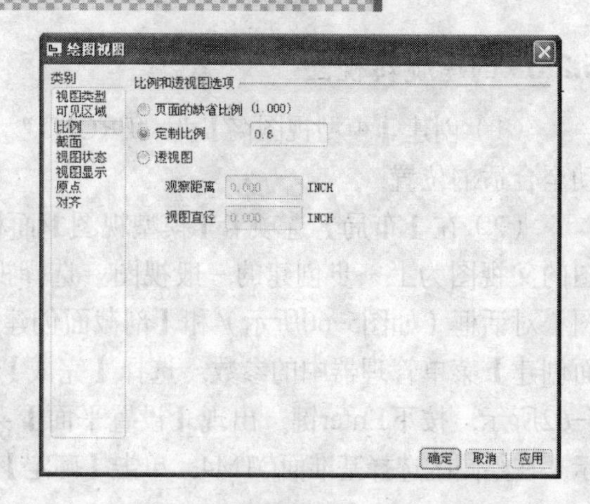

图5-55 设置【比例】为“0.6”

（5）单击【投影】按钮，在一般视图上方单击鼠标左键以生成投影视图，然后将其拖动至一般视图的下方，如图5-57所示。

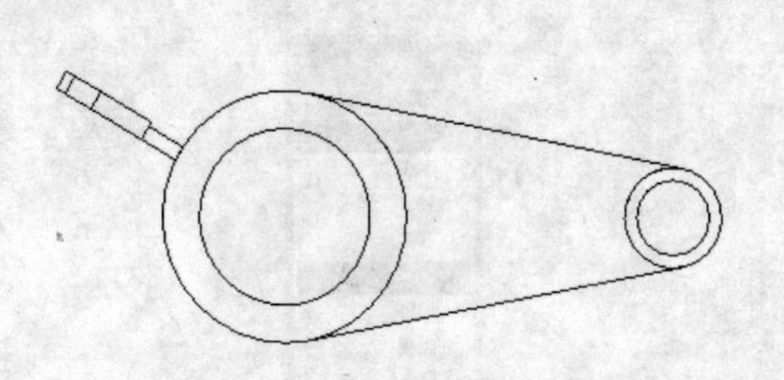

图5-56 修改视图类型和比例后的效果

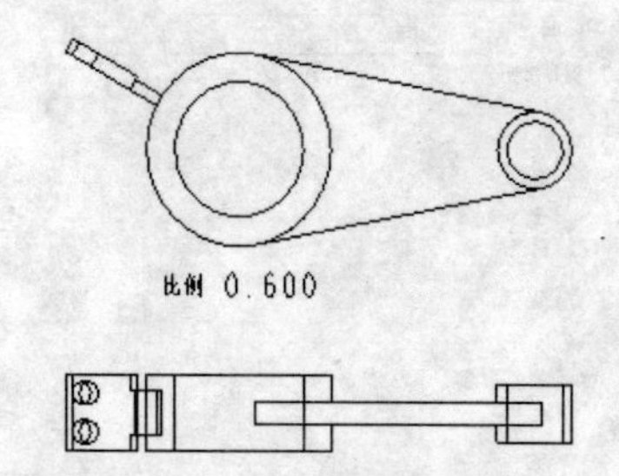

图5-57 生成投影视图

5.2.2 生成剖视图

双击投影视图，打开【绘图视图】对话框，在【截面】选项卡中的【剖面选项】选项组中选中【2D剖面】单选按钮，单击【将横截面添加到视图】按钮，选择名称为“POUMIAN”的截面，选择剖切区域为【完全】，如图5-58所示，单击【确定】按钮，效果如图5-59所示。

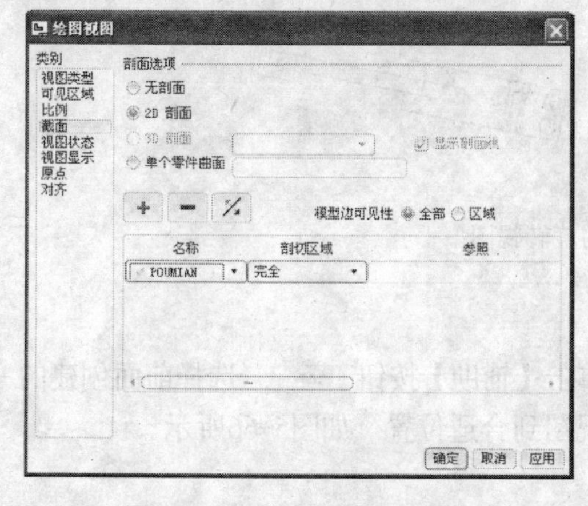

图5-58 设置【截面】选项卡

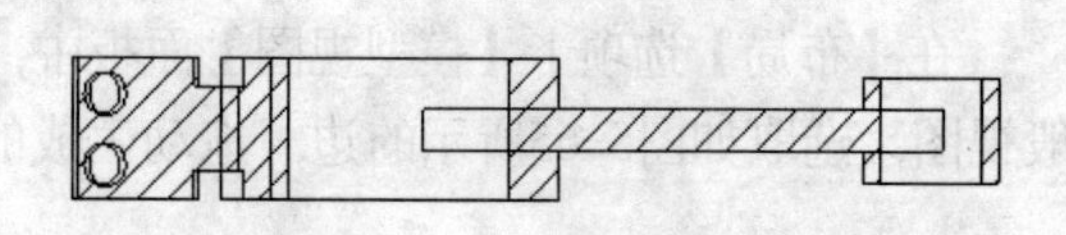

图5-59 生成剖面

5.2.3 创建旋转视图

（1）创建【模型视图名】为“FRONT”、【定制比例】为“0.6”的一般视图并将其移动至合适的位置。

（2）在【布局】选项卡【模型视图】面板中，单击【旋转】按钮旋转...，选择旋转视图的父视图为上一步创建的一般视图，选择视图中心点为大孔的圆心，同时打开【绘图视图】对话框（如图5-60所示）和【剖截面创建】菜单管理器（如图5-61所示），默认【剖截面创建】菜单管理器中的参数，选择【完成】选项，在提示栏中输入剖面名称“A”，如图5-62所示，按下Enter键。出现【设置平面】菜单管理器，选择【平面】选项，如图5-63所示。在绘图区选择基准面DTM4，单击【确定】按钮。移动视图到合适位置，如图5-64所示。

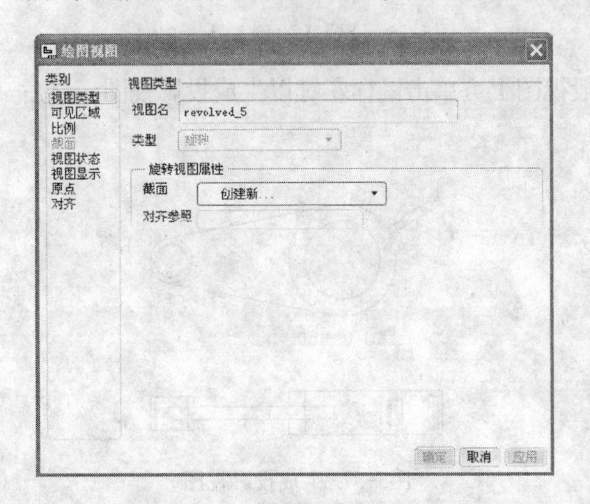

图5-60 【绘图视图】对话框

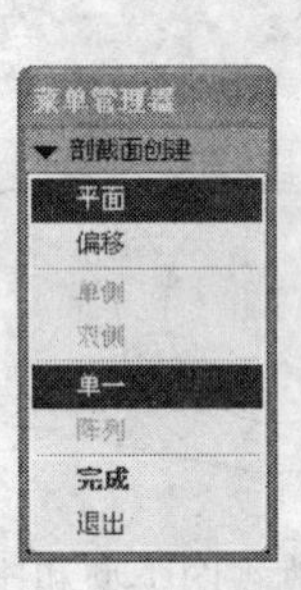

图5-61 【剖截面创建】菜单管理器

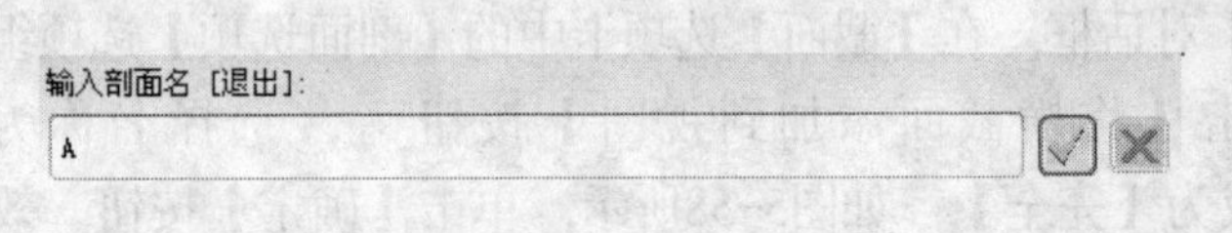

图5-62 输入剖面名称

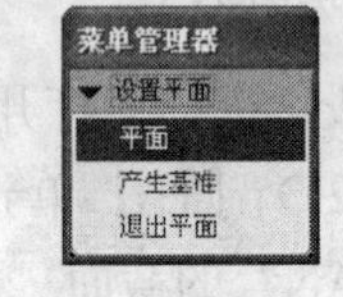

图5-63 选择【平面】选项

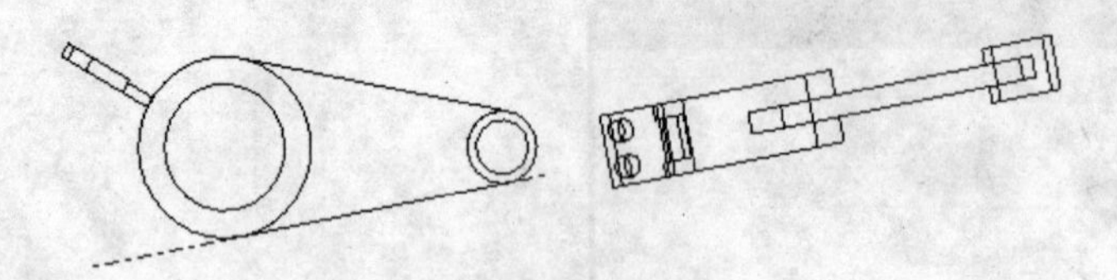

图5-64 创建的旋转视图

5.2.4 创建辅助视图

在【布局】选项卡【模型视图】面板中，单击【辅助】按钮辅助...，选择前面创建的一般视图，选取如图5-65所示的边，拖动生成的视图到合适位置，如图5-66所示。

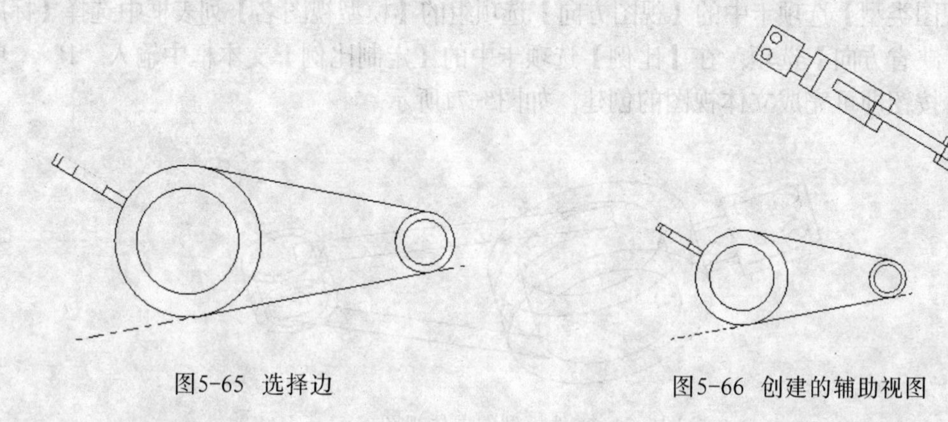

图5-65 选择边　　图5-66 创建的辅助视图

5.2.5 创建详细视图

（1）单击【一般】按钮，在绘图区适当位置单击鼠标左键，打开【绘图视图】对话框。切换到【视图类型】选项卡，视图名按默认设置，模型视图名选择“FRONT”视图。单击【应用】按钮。切换到【比例】选项卡，输入定制比例为“0.6”，单击【确定】按钮，效果如图5-67所示。

（2）在【模型视图】面板中单击【详细】按钮，定义视图参照点，如图5-68所示，绘制如图5-69所示的不相交的样条，选择视图中心点，移动视图到合适位置，效果如图5-70所示。

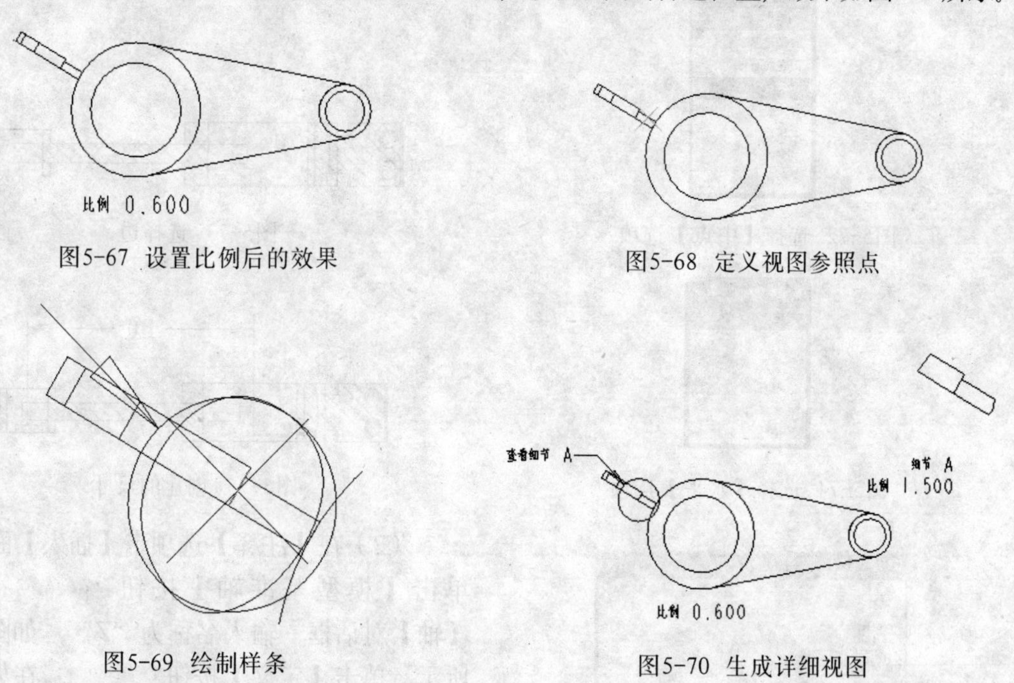

图5-67 设置比例后的效果　　图5-68 定义视图参照点

图5-69 绘制样条　　图5-70 生成详细视图

（3）双击详细视图，打开【绘图视图】对话框。选择【类别】为【比例】，输入定制比例为“1.5”，单击【确定】按钮。

5.2.6 创建参考立体视图

单击【布局】选项卡【模型视图】面板中的【一般】按钮。在绘图区适当位置单击鼠标左键，打开【绘图视图】对话框。

在【视图类型】选项卡中的【视图方向】选项组的【模型视图名】列表框中选择【标准方向】或【缺省方向】选项，在【比例】选项卡中的【定制比例】文本框中输入“1”。单击【确定】按钮即可完成立体视图的创建，如图5-71所示。

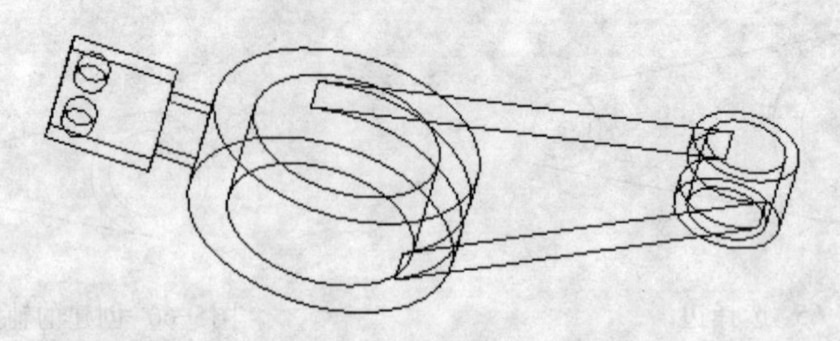

图5-71 零件模型的立体视图

5.2.7 创建形位公差和粗糙度

（1）单击【注释】选项卡【插入】面板中的【尺寸—新参照】按钮，在打开的【依附类型】菜单管理器中选择【中点】选项，如图5-72所示。在绘图区选择如图5-73所示的两条边，然后在图形的上方单击鼠标左键以放置尺寸，在【尺寸方向】菜单管理器中选择【水平】选项，如图5-74所示。单击【选取】对话框中的【确定】按钮，创建的尺寸如图5-75所示。

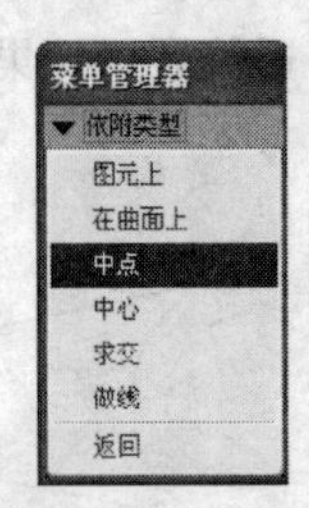

图5-72 选择【中点】选项

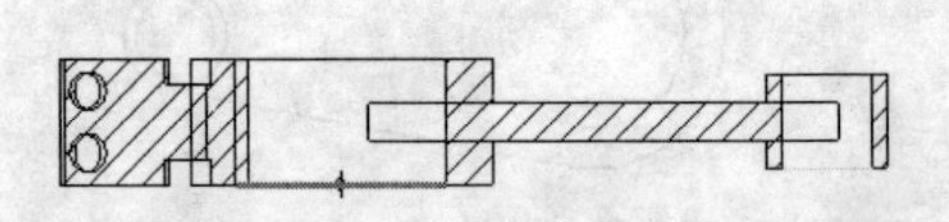

图5-73 选择边

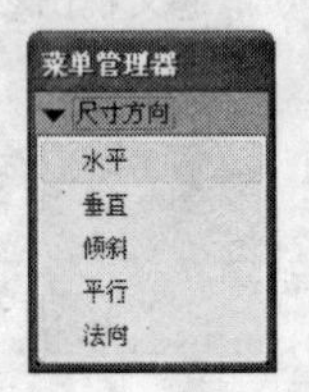

图5-74 选择【水平】选项

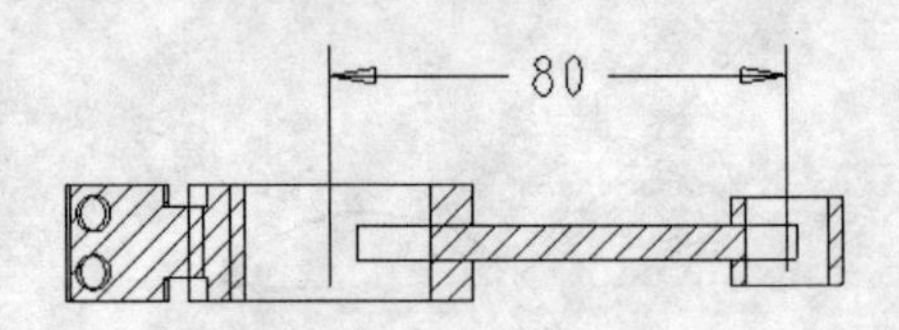

图5-75 创建的尺寸

（2）在【注释】选项卡【插入】面板中单击【模型基准轴】按钮，打开【轴】对话框。输入名称为“Z”，如图5-76所示。单击【定义】按钮，在如图5-77所示的菜单管理器中选择【过柱面】选项，选择如图5-78所示的曲面。在【轴】对话框中单击【设置】按钮，再单击【确定】按钮，效果如图5-79所示。

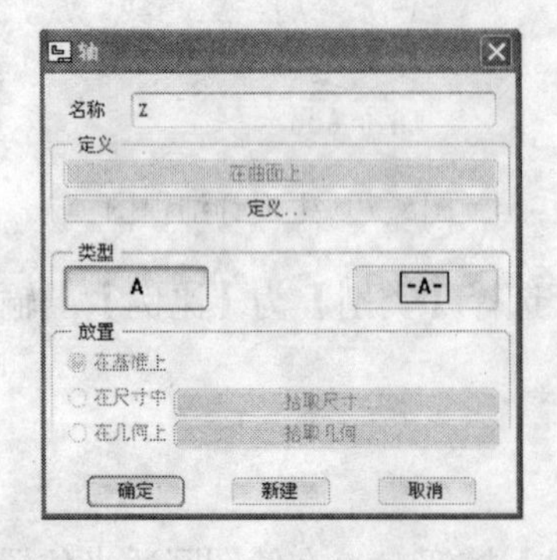

图5-76 输入名称“Z”

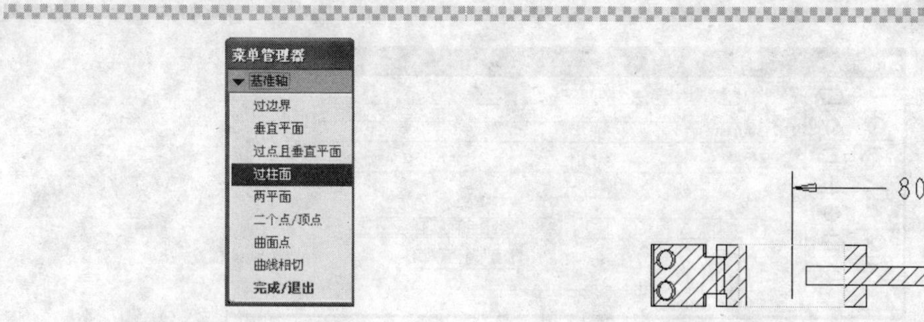

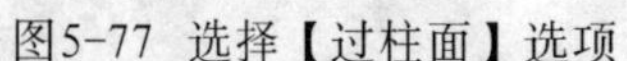
图5-77 选择【过柱面】选项

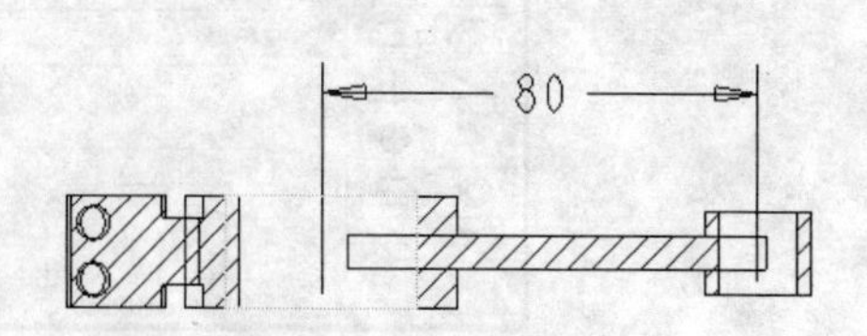

图5-78 选择柱面

（3）在【注释】选项卡【插入】面板中单击【几何公差】按钮，打开【几何公差】对话框，如图5-80所示。选择【同轴度】，在【模型参照】选项卡中的【参照】选项组中的【类型】中选择【轴】，单击【选取图元】按钮，选择基准Z所指的轴。在【基准参照】选项卡中，【首要】参照选择Z，如图5-81所示。在公差值中输入总公差为“0.03”，如图5-82所示。

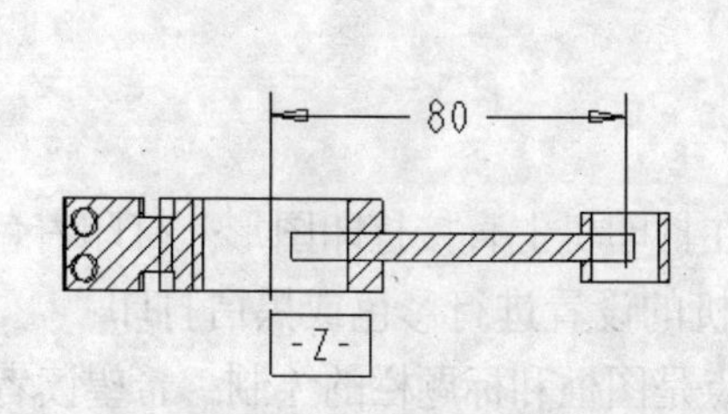

图5-79 创建形位公差（一）

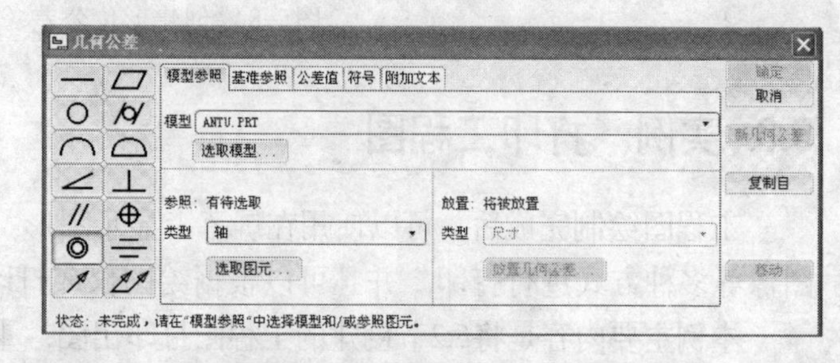

图5-80 【几何公差】对话框

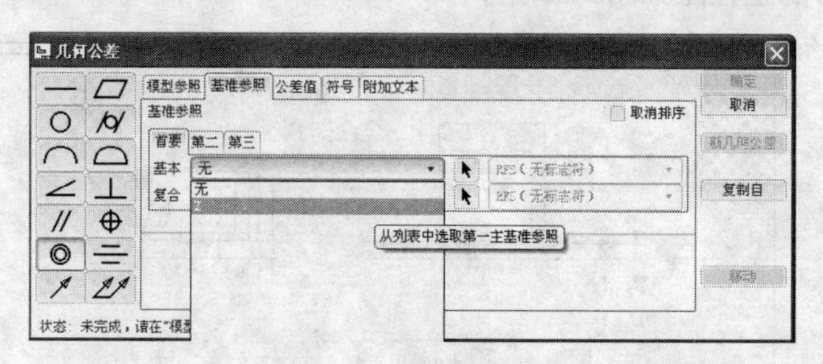

图5-81 选择Z参照

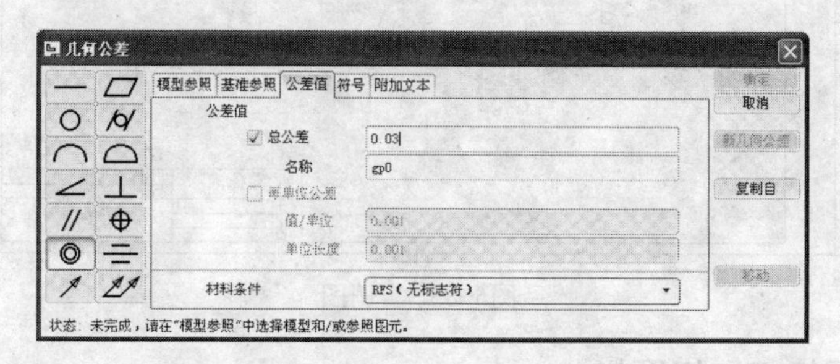

图5-82 设置【公差值】选项卡

（4）在【模型参照】选项卡中选择放置类型为【作为自由注解】，如图5-83所示。单击【放置几何公差】按钮，在合适位置选择放置点，效果如图5-84所示。单击【移动】按钮，对公差进行移动操作，单击【确定】按钮。

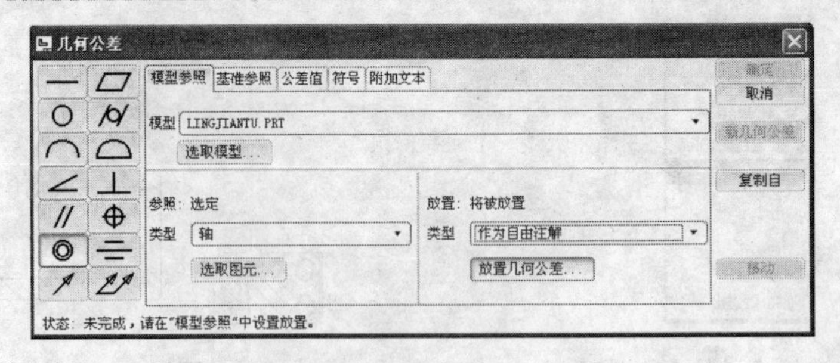

图5-83 选择放置类型为【作为自由注解】

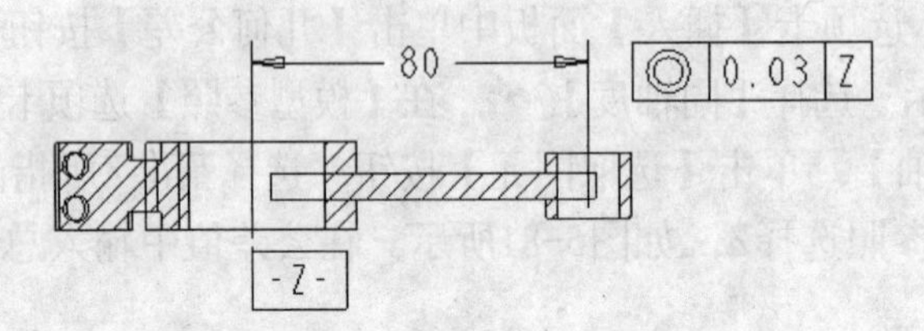

图5-84 创建形位公差（二）

5.3 实例：打印工程图

工程图绘制完成后，可以使用在屏幕上显示图形、在打印机上直接打印图形、打印着色图像等多种方式进行打印，并且可以根据绘图仪或打印机的设置进行彩色或黑白打印。

本例主要内容是将5.2节创建的工程图打印出图，重点是图框和标题栏的绘制，希望读者仔细体会。完成后的工程图如图5-85所示。

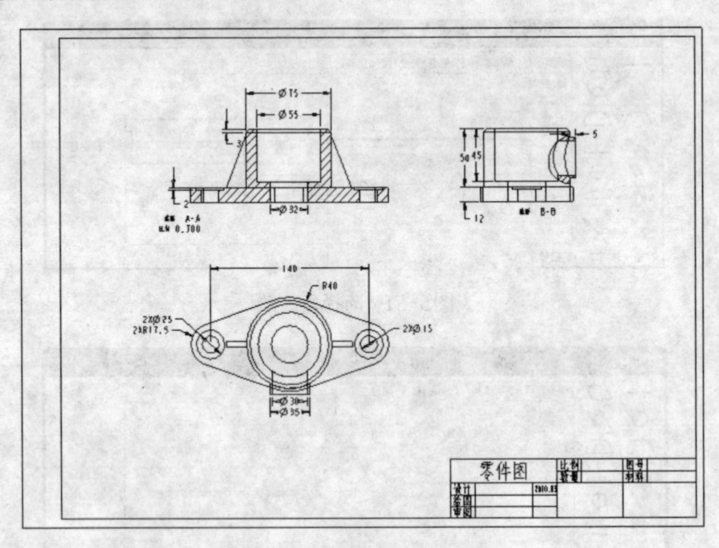

图5-85 实例图

5.3.1 创建A3图纸框和标题栏

（1）单击【新建】按钮，打开【新建】对话框，选择【类型】为【格式】，在【名称】文本框中输入适当的名称，如图5-86所示。单击【确定】按钮，打开【新格式】对话框，选择【指定模板】为【空】，选择【方向】为【横向】，选择【大小】为【A3】，如

图5-87所示，单击【确定】按钮。

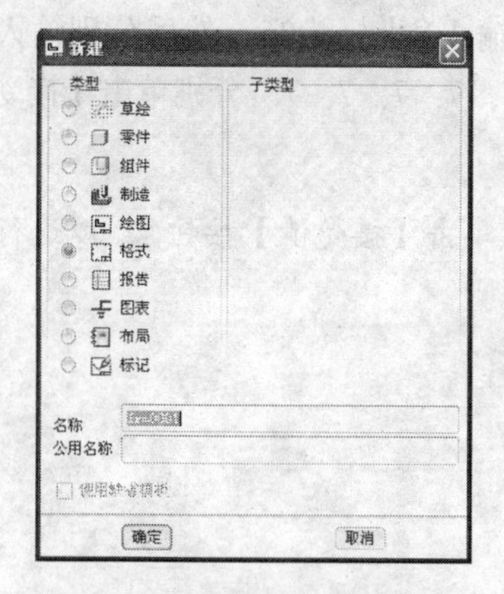

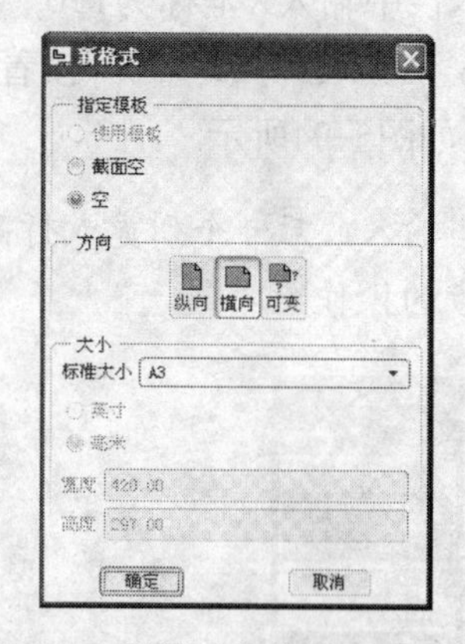

图5-86 设置【新建】对话框　　　　图5-87 设置【新格式】对话框

（2）单击【草绘】标签，切换到【草绘】选项卡，如图5-88所示。

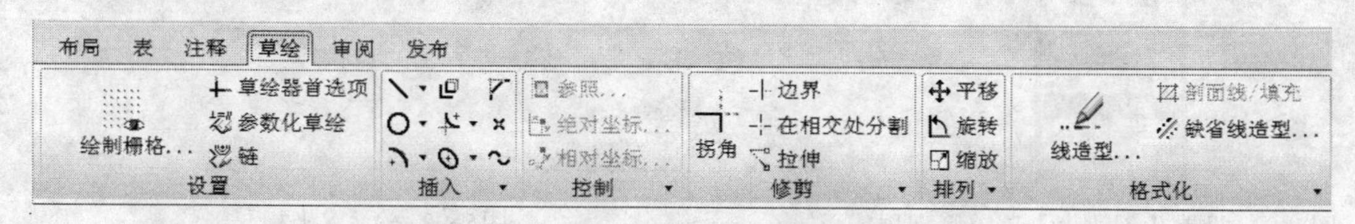

图5-88 【草绘】选项卡

（3）单击【插入】面板中的【偏移】按钮，将图形中的左侧边线向内偏移25，其他三条线向内偏移5。注意偏移方向指向图框的内侧，若指向外侧应输入负值。结果如图5-89所示。

（4）单击【修剪】面板中的【拐角】按钮，按住Ctrl键，分别选择图形中内部拐角的两条线，结果如图5-90所示。

图5-89 偏移边的结果　　　　图5-90 偏移内部拐角线的结果

（5）单击【表】标签，切换到【表】选项卡，如图5-91所示。

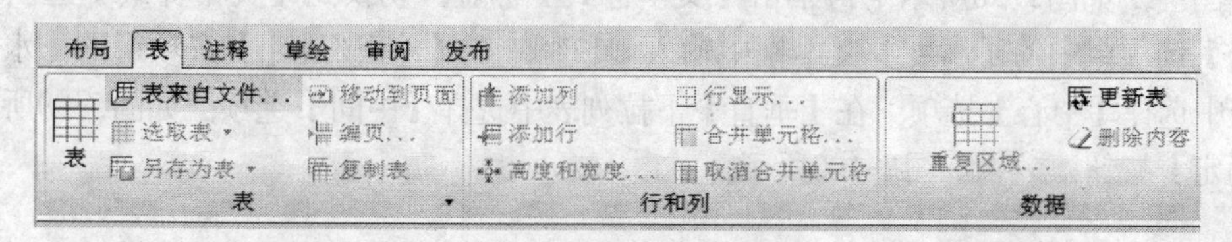

图5-91 【表】选项卡

（6）单击【表】按钮▦，打开【创建表】菜单管理器。按照如图5-92所示选择选项，接着在提示栏中输入X坐标为150，如图5-93所示。输入Y坐标为35，然后分别输入列宽为15、35、15、15、25、15、30，接着分别输入行高为7、7、7、7、7，分别单击【接受值】按钮☑，结果如图5-94所示。

注意 当输入最后一个列宽或行高之后，需要重复单击【接受值】按钮☑，以进行下一步的操作。

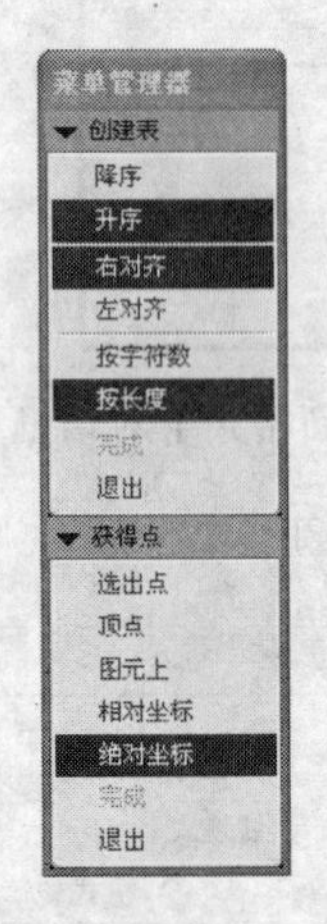

图5-92 设置【创建表】菜单管理器

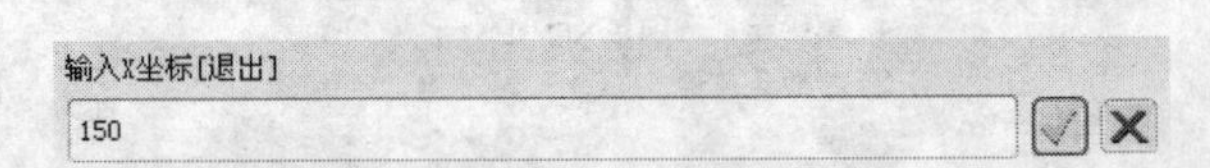

图5-93 输入X坐标

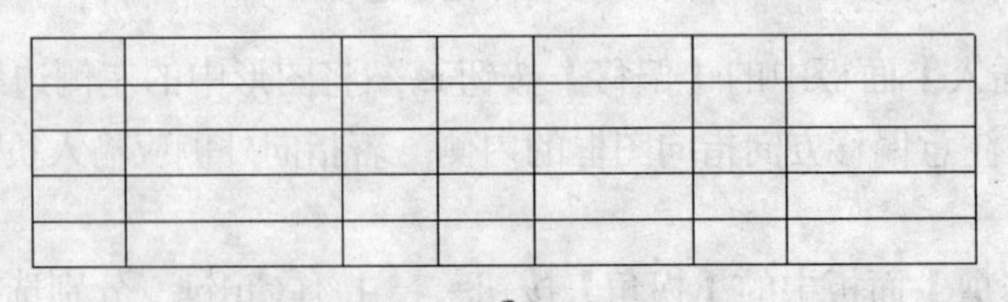

图5-94 创建的表格

（7）单击【合并单元格】按钮▥，打开【表合并】菜单管理器，选择如图5-95所示的【行&列】选项，在绘图区选择需要合并的单元格，结果如图5-96所示。

图5-95 选择【行&列】选项

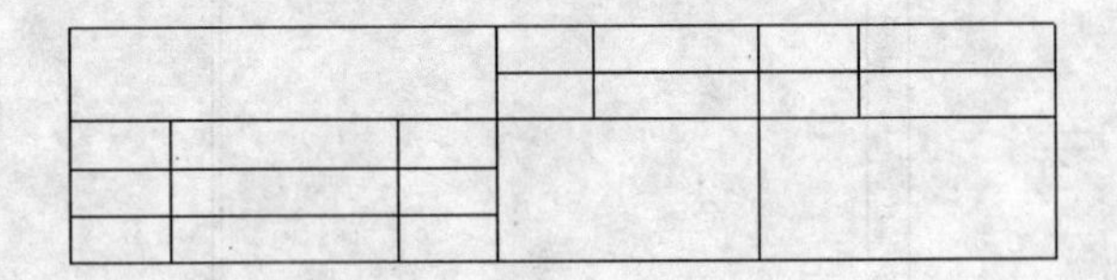

图5-96 合并单元格的结果

（8）用鼠标右键单击左上角的一个单元格，选择【属性】选项，如图5-97所示，或者直接双击该单元格，打开【注解属性】对话框。在【文本】选项卡中的文本框中输入文字“零件图”，如图5-98所示；再单击【文本样式】标签，切换到【文本样式】选项卡，在【字符】选项组中的【高度】文本框中输入“12”，在【注解/尺寸】选项组的【水平】下拉列表中选择【中心】选项，在【垂直】下拉列表中选择【中间】选项，如图5-99所示，单击【确定】按钮，效果如图5-100所示。

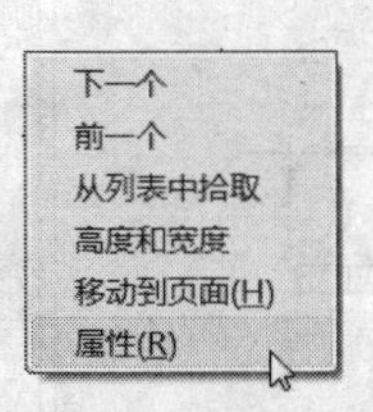

图5-97 选择【属性】选项

图5-98 输入文字 “图样代号”

图5-99 设置【文本样式】选项卡

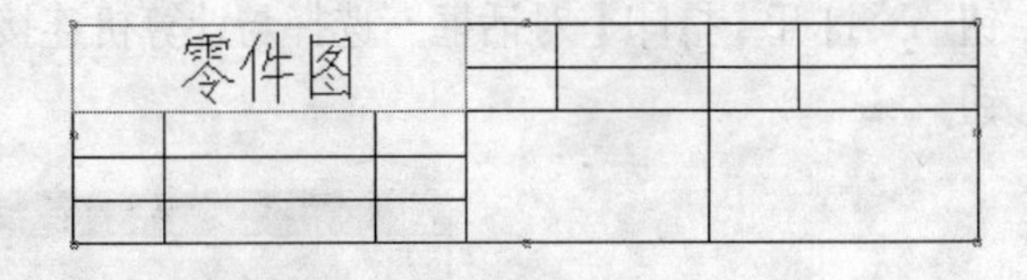

图5-100 在单元格中插入文字

（9）使用相同的方法，对其他单元格进行操作，设置高度均为“7”。然后选择表格，拖动鼠标，将表格移动至适当的位置。最终效果如图5-101所示。

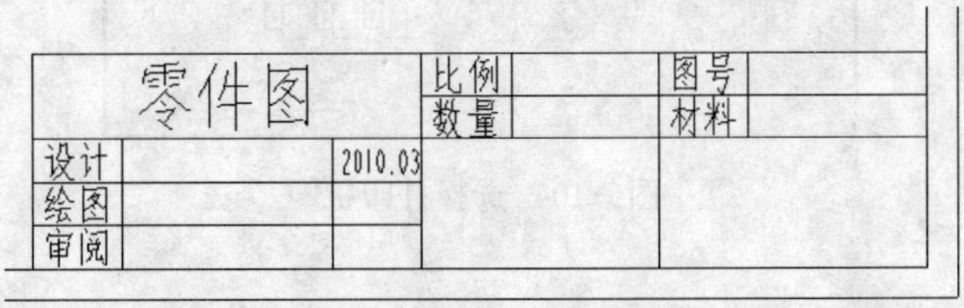

零件图			比例		图号	
			数量		材料	
设计		2010.03				
绘图						
审阅						

图5-101 在其他单元格中插入文字

（10）保存表格。

5.3.2 插入A3图框，打印出图

（1）打开5.2节创建的工程图，在【布局】选项卡中单击【页面设置】按钮，打开【页面设置】对话框，在【格式】下拉列表框中选择【浏览】选项，如图5-102所示。找到上步创建的A3图框，单击【确定】按钮，效果如图5-103所示。

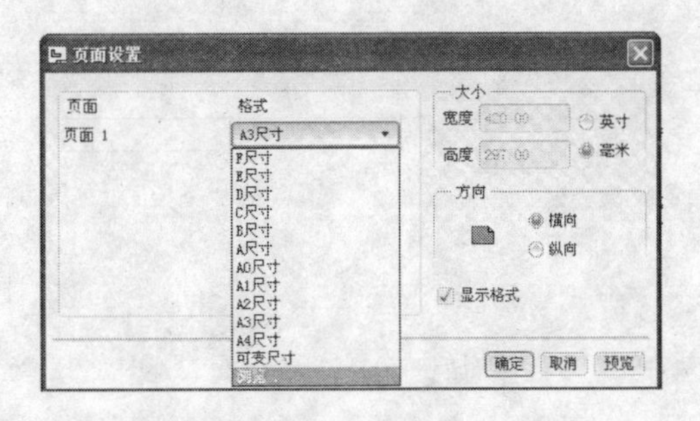

图5-102 选择【浏览】选项

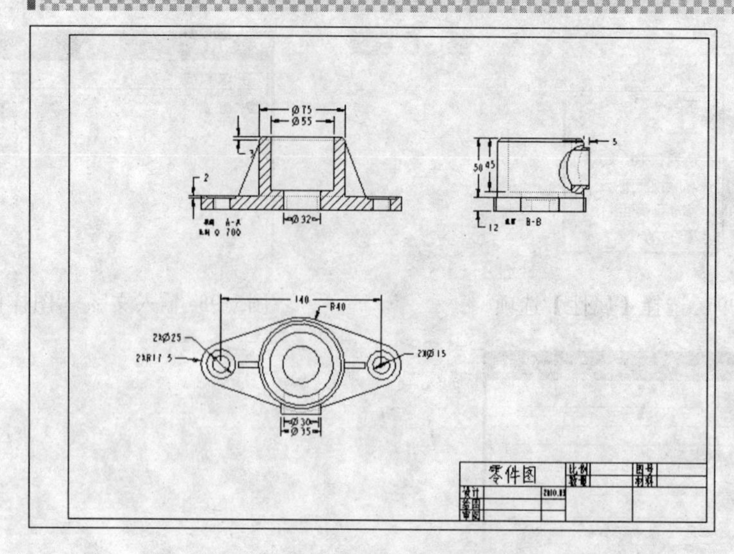

图5-103 插入创建的图框及标题栏后的效果

（2）单击【发布】标签，切换到【发布】选项卡，单击【发布】面板中的【打印】按钮，打开【打印】对话框。选择与计算机连接的打印机，如图5-104所示。单击【确定】按钮。

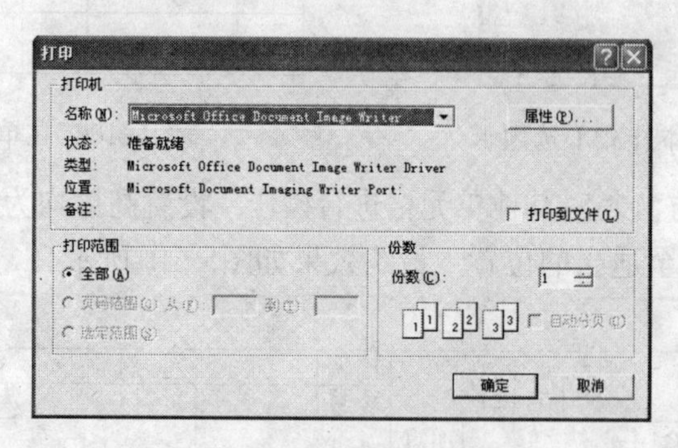

图5-104 选择打印机

课后练习

创建第3课课后练习中3-101所示零件的一般视图和三视图。

第6课

组件装配设计

本课知识结构： 掌握装配约束的方法和组件的调整、修改、复制以及配合体的设计等内容，能够在装配体中定义新的特征和零件，以使得装配元件与整个装配体更好地配合。重点学习自顶向下装配，包括骨架设计和布局设计的方法。

就业达标要求：

★ 掌握基本的装配设计方法。

★ 可以灵活地根据需要修改装配关系或者元件，以使组件装配更完美。

★ 遇到较复杂的装配体时，可以根据不同情况选择不同的装配方法，以简化装配的过程，提高效率。

本课建议学时： 2学时

6.1 实例：箱体装配（一）（装配约束、组件的调整）

在Pro/ENGINEER中，零件装配通过定义零件模型之间的装配关系来实现。零件之间的装配约束关系就是实际环境中零件之间的设计关系在虚拟环境中的映射。本例主要讲解装配约束的创建方法，辅以组件调整的相关内容。

本例以讲解简化的变速箱模型的装配过程及方法为主，使读者对装配基础相关内容有深入了解，以期运用到实践中。在装配过程中，默认的元件的位置可能有碍于组件的创建，所以调整组件的方法也是必不可少的。完成的实例如图6-1所示。

图6-1 实例图

6.1.1 新建组件文件

（1）在桌面上双击图标，启动Pro/ENGINEER 5.0。

（2）单击【新建】按钮，打开如图6-2所示的【新建】对话框，选择【类型】为【组件】，在【名称】文本框中输入适当的名称，取消启用【使用缺省模板】复选框，单击【确定】按钮。打开【新文件选项】对话框，选择【模板】为mmns_asm_design，如图6-3所示，单击【确定】按钮，进入组件创建界面。

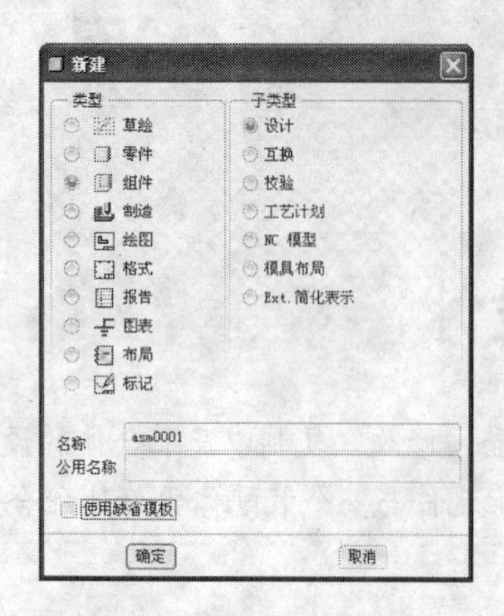

图6-2 【新建】对话框

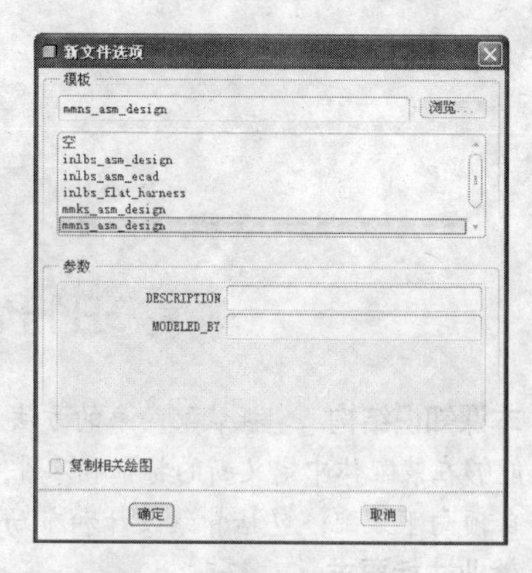

图6-3 选择【模板】为mmns_asm_design

6.1.2 创建装配体

（1）选择【插入】|【元件】|【装配】菜单命令或单击【特征】工具栏中的【装配】按钮，在如图6-4所示的【打开】对话框中，找到本实例零件存储路径的文件“shangpart.prt”，单击【打开】按钮。

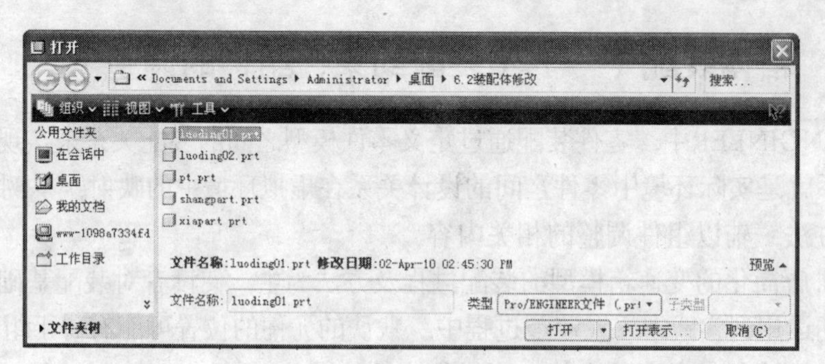

图6-4 【打开】对话框

（2）打开【装配】操控面板，在【约束】下拉列表中选择【缺省】（有时简写为设置【约束类型】为【缺省】约束），如图6-5所示。单击【应用并保存】按钮✓，创建的装配如图6-6所示。

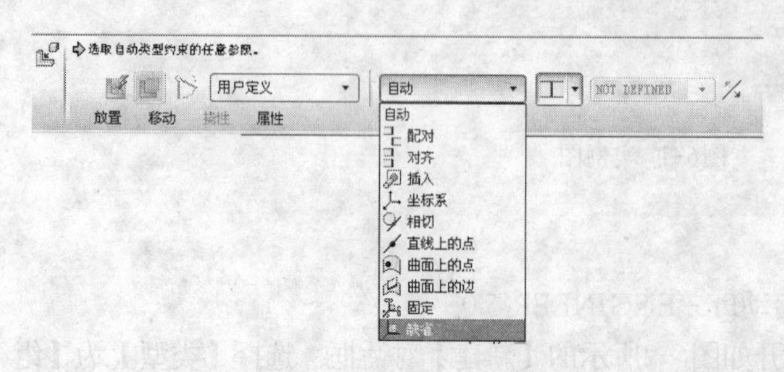

图6-5 选择【约束】类型为【缺省】

图6-6 创建的装配图

（3）选择【插入】|【元件】|【装配】菜单命令或单击【特征】工具栏中的【装配】按钮，打开【打开】对话框。找到本实例零件存储路径的文件“xiapart.prt”，单击【打开】按钮。

（4）在【装配】操控面板中单击【放置】标签，切换到【放置】选项卡，在右侧【约束类型】下拉列表框中选择【配对】选项（有时简写为设置【约束类型】为【配对】），如图6-7所示。分别选择如图6-8所示的两个零件的参照曲面，创建配对约束后的效果如图6-9所示。

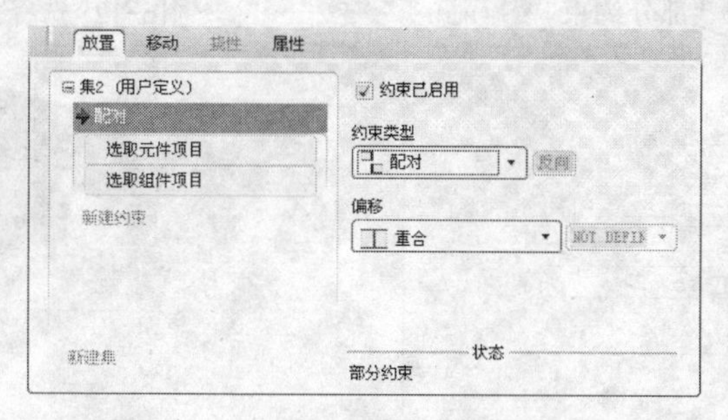

图6-7 设置【约束类型】为【配对】

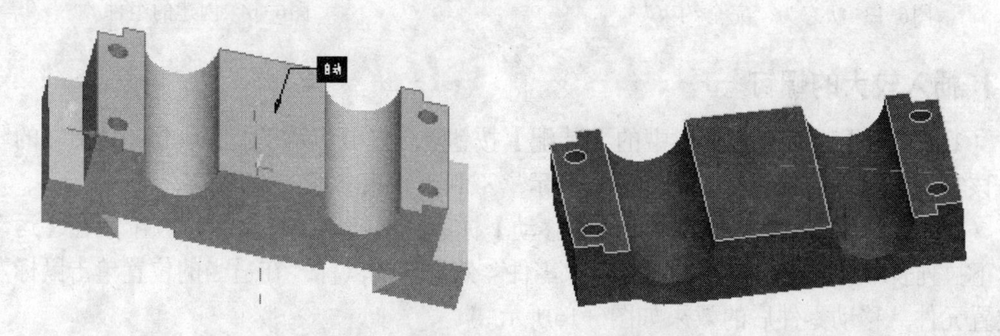

图6-8 选择两个零件的参照曲面

（5）单击【放置】选项卡中的新建约束按钮，在【约束类型】下拉列表中选择【对齐】选项（有时简写为新建【对齐】约束），选取两个零件的两个侧面，如图6-10所示，两个零件已经匹配在一起，但【放置】选项卡中下方仍显示“部分约束”，如图6-11所示，说明约束并没有创建完全。

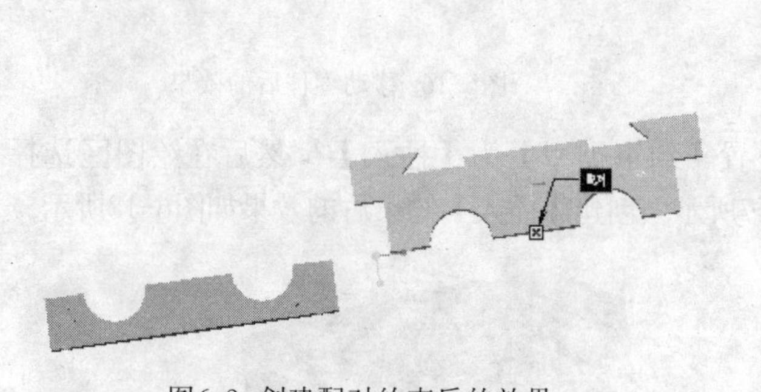

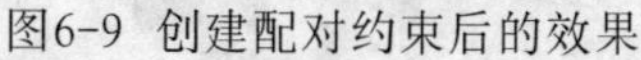

图6-9 创建配对约束后的效果

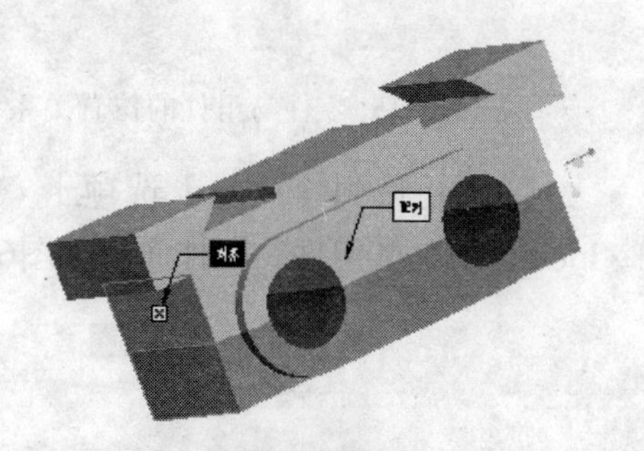

图6-10 分别选择两个零件的侧面

（6）新建【对齐】约束，在绘图区选择两部分零件的伸出项曲面，如图6-12所示。可以看到【放置】选项卡中显示“完全约束”状态，如图6-13所示。单击【应用并保存】按钮✓，创建的组件如图6-14所示。

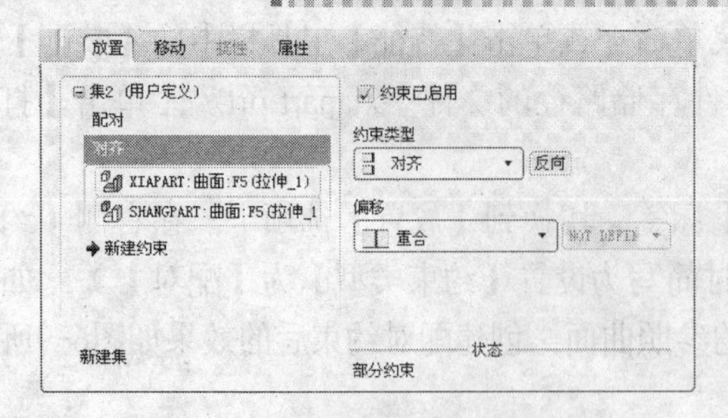

图6-11 状态为“部分约束”

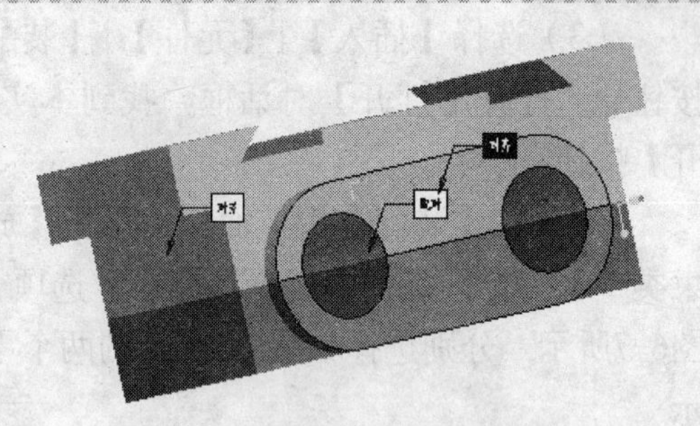

图6-12 选择零件的伸出项曲面

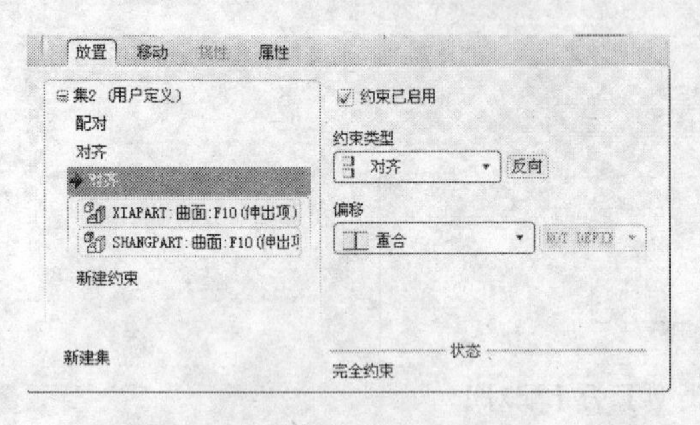

图6-13 状态为“完全约束”

图6-14 创建的组件

6.1.3 插入较大的螺钉

（1）单击【特征】工具栏中的【装配】按钮，打开名称为“luoding01.prt”的零件图，该零件与组件的位置关系如图6-15所示，不利于约束参照的选取。

（2）在【装配】操控面板中单击【移动】标签，切换到【移动】选项卡，在【运动类型】下拉列表中选择【平移】选项，选取零件，然后移动鼠标，在适当的位置单击鼠标左键以放置元件，移动零件后的效果如图6-16所示。

图6-15 零件与组件的位置关系

图6-16 移动零件后的效果

（3）切换到【放置】选项卡，设置【约束类型】为【插入】，然后在绘图区选择“luoding01”和组件的圆柱面，如图6-17所示，创建【插入】约束后的效果如图6-18所示。

图6-17 选择零件和组件的圆柱面

图6-18 创建【插入】约束后的效果

（4）新建【对齐】约束，在绘图区选择螺钉的端面及组件背面的伸出项曲面，如图6-19所示。

图6-19 选择螺钉和组件的参照曲面

（5）单击【应用并保存】按钮✔，创建的组件如图6-20所示。

图6-20 创建的组件

6.1.4 插入较小的螺钉

（1）选择【插入】|【元件】|【装配】菜单命令或单击【特征】工具栏中的【装配】按钮，打开名称为“luoding02”的零件图，在【装配】操控面板中的【放置】选项卡中设置【约束类型】为【配对】，在组件与零件上分别选择如图6-21所示的曲面。

（2）新建【插入】约束，分别选择二者的圆柱面，如图6-22所示，单击操控面板中的【应用并保存】按钮✔，创建的装配体如图6-23所示。

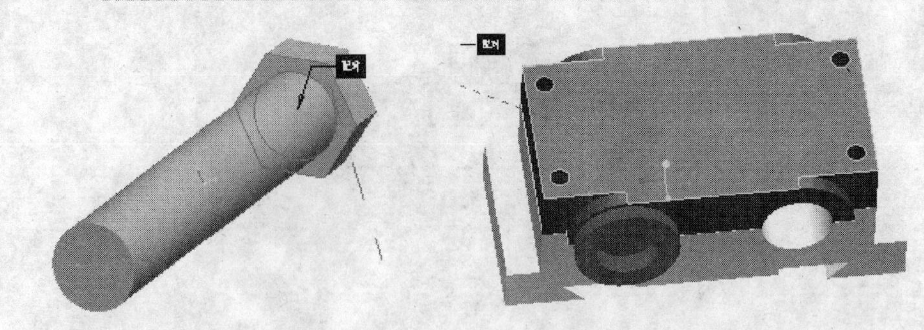

图6-21 选择零件与组件的曲面

图6-22 选择圆柱面

图6-23 创建的装配体

6.2 实例：箱体装配（二）（修改装配关系和元件的修改及复制）

对于组件，可以对其中元件的装配关系进行再修改，即重新进行装配约束，也可以在装配过程中修改元件的某些特征。另外，对于数量较多、有规律的相同元件群组，元件的复制操作可以极大减小工作量，从而提高设计效率。下面将针对这三个知识点进行实例的讲解。

本例主要讲解如何修改减速器装配体的装配关系，以及元件的倒角操作和两种复制元件的方法。实例效果如图6-24所示。

图6-24 实例效果图

6.2.1 装配的修改

（1）按住Ctrl键，在模型树中选择零件“LUODING01”和“LUODING02”，单击鼠标右键，在快捷菜单中选择【隐藏】选项，如图6-25所示。

（2）在模型树或视图中选择元件“XIAPART.PRT”，选择【编辑】|【定义】菜单命令，或选择元件后单击鼠标右键，在打开的快捷菜单中选择【编辑定义】选项，打开【装

配】操控面板，单击【放置】标签，切换到【放置】选项卡，选择【配对】约束后单击鼠标右键，在下拉列表中选择【删除】选项，如图6-26所示。

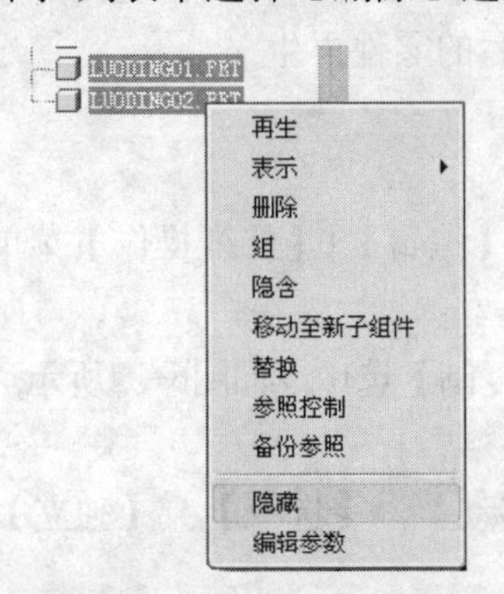

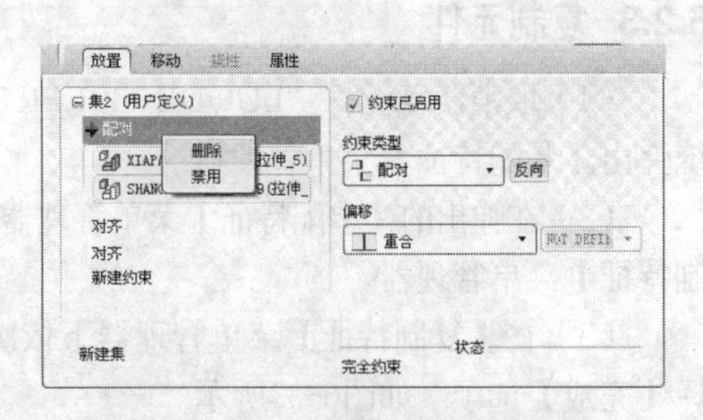

图6-25 选择【隐藏】选项

图6-26 选择【删除】选项

（3）单击➜新建约束按钮，在【约束类型】下拉列表框中选择【插入】选项，选取两个零件的圆柱面，如图6-27所示，可以看到约束【状态】为【完全约束】，单击操控面板中的【应用并保存】按钮✓，装配关系修改完毕。

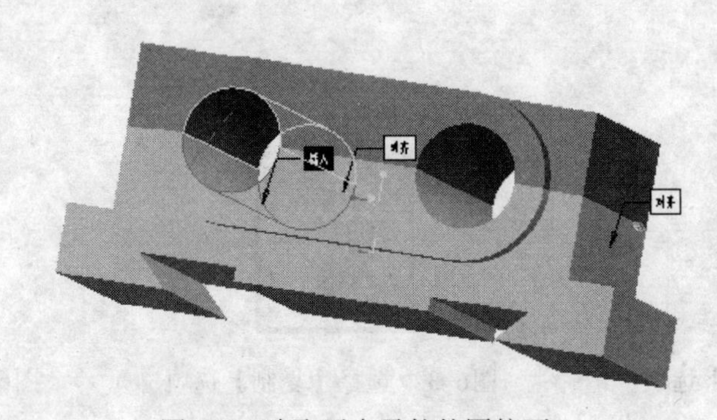

图6-27 选取两个零件的圆柱面

6.2.2 元件的修改

（1）在模型树中用鼠标右键单击零件“LUODING02.PRT”，在弹出的快捷菜单中选择【取消隐藏】选项。

（2）在模型树中选择零件“LUODING02.PRT”并单击鼠标右键，在弹出的快捷菜单中选择【打开】选项，如图6-28所示，进入元件的零件模式。

（3）选择螺钉的边线，单击【特征】工具栏中的【边倒角】按钮或选择【插入】|【倒角】|【边倒角】菜单命令，打开【边倒角特征】操控面板，设置倒角类型为【D×D】，输入D的值为“3”，如图6-29所示，单击【应用并保存】按钮✓，创建的倒角如图6-30所示。

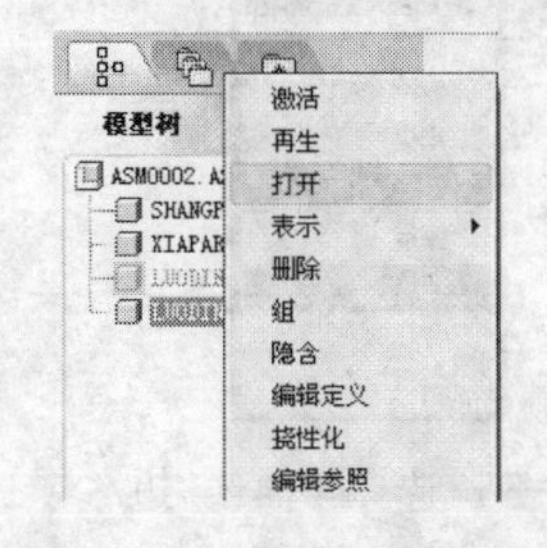

图6-28 选择【打开】选项

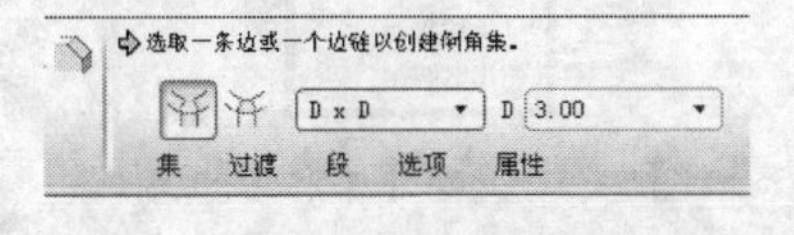

图6-29 【边倒角特征】操控面板

图6-30 创建的倒角特征

（4）关闭零件模式窗口，返回组件模式，选取单独修改后的零件“LUODING02”，选择【编辑】|【再生】菜单命令，或者在模型树中选择该元件并单击鼠标右键，在弹出的快捷菜单中选择【再生】选项，如图6-31所示，将修改后的零件再生。

6.2.3 复制元件

（1）取消隐藏元件“LUODING01.PRT”，选择【编辑】|【特征操作】菜单命令，系统弹出【装配特征】菜单管理器。

（2）在弹出的【装配特征】菜单管理器中选择【复制】选项，如图6-32所示，打开【复制特征】菜单管理器。

（3）在【复制特征】菜单管理器下依次选择【移动】、【选取】、【独立】选项后选择【完成】选项，如图6-33所示。

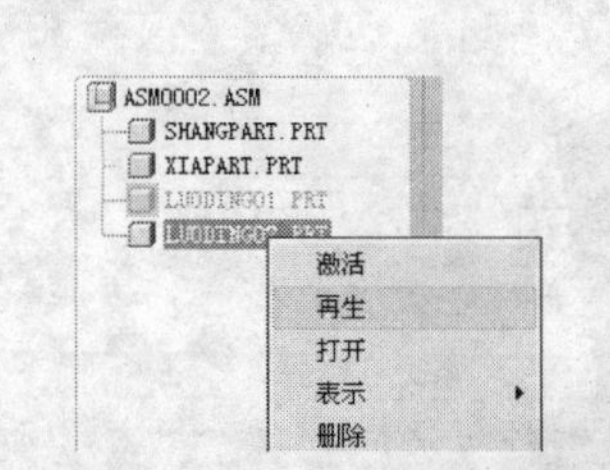

图6-31 选择【再生】选项

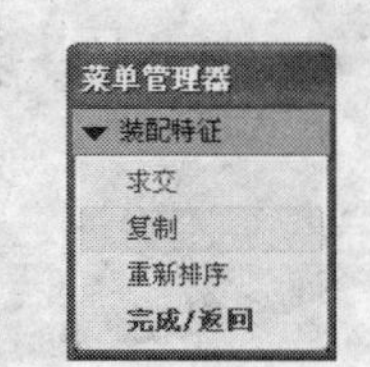

图6-32 选择【复制】选项

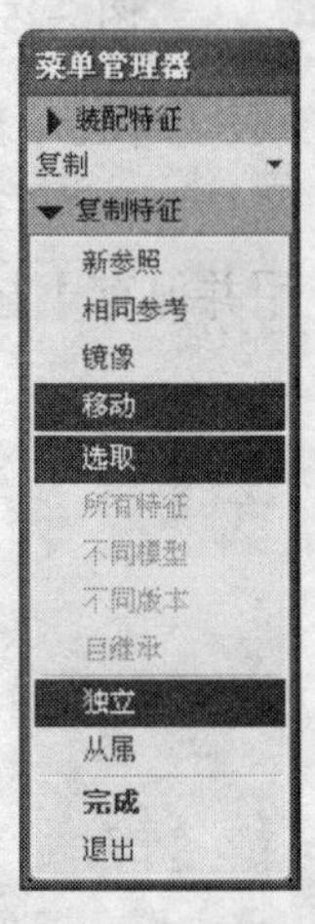

图6-33 设置【复制特征】菜单管理器

（4）系统弹出【选取特征】菜单管理器，按照默认设置选择【选取】选项，如图6-34所示，选取零件“LUODING01.PRT”后，选择【完成】选项。

（5）在【移动特征】菜单管理器中选择【平移】选项，如图6-35所示。在【一般选取方向】菜单管理器中选择【曲线/边/轴】选项，如图6-36所示，在图形窗口中选择零件LUODING01的横向边线，如图6-37所示，箭头的方向如图6-38所示，在【方向】菜单管理器中选择【确定】选项。

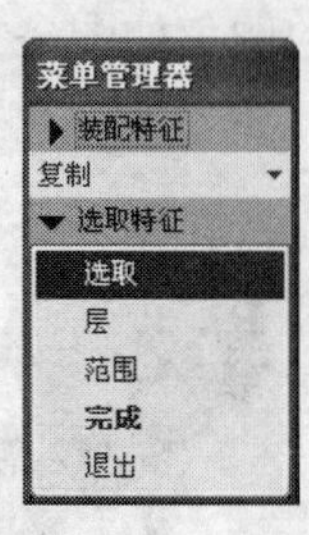

图6-34 【选取特征】菜单管理器

图6-35 选择【平移】选项

图6-36 选择【曲线/边/轴】选项

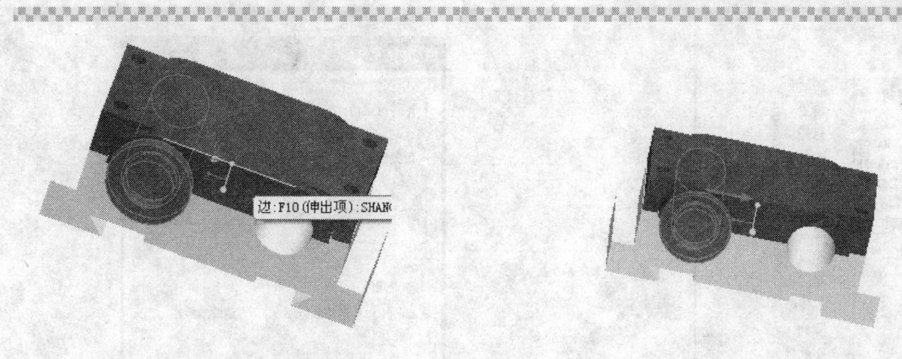

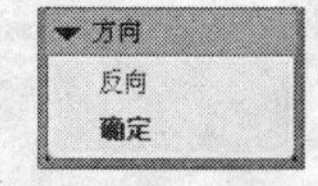

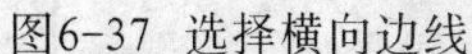

图6-37 选择横向边线　　　　图6-38 箭头方向

（6）在命令提示栏输入偏移距离为“180”，如图6-39所示，单击【接受值】按钮☑，选择【完成移动】选项，如图6-40所示。在如图6-41所示的【组元素】对话框中单击【确定】按钮。选择【装配特征】菜单管理器中的【完成/返回】选项。得到的第一个复制特征如图6-42所示。

图6-39 输入偏移距离

图6-40 选择【完成移动】选项

图6-41 【组元素】对话框

图6-42 复制特征

6.2.4 用【重复】命令复制元件

（1）在模型树中选择零件“LUODING02.PRT”并单击鼠标右键，在弹出的快捷菜单中选择【重复】选项，如图6-43所示。打开【重复元件】对话框。由于组件与螺钉进行配对约束的参照曲面相同，所以只需添加【插入】约束的参照。

（2）在【可变组件参照】列表中选择【插入】，如图6-44所示，单击【添加】按钮，在绘图区选择如图6-45所示的孔上的圆柱面，系统将自动添加零件到装配体，如图6-46所示。继续选择另外两个孔的圆柱面，然后单击对话框中的【确认】按钮，完成元件的复制操作。最终效果如图6-47所示。

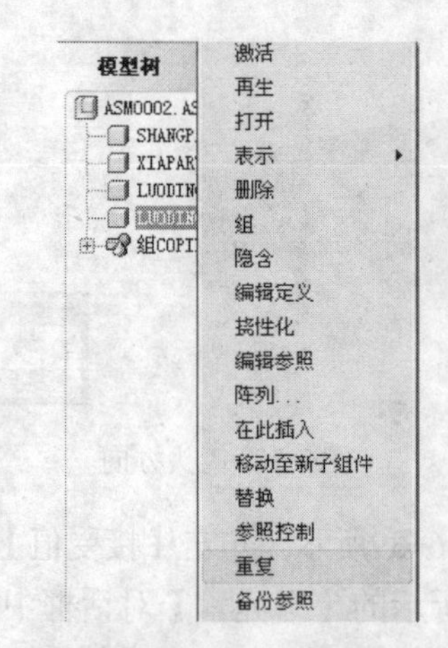

图6-43 选择【重复】选项

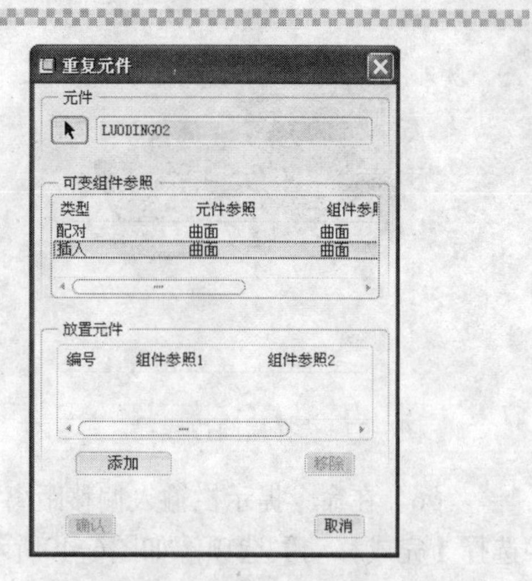

图6-44 在【可变组件参照】列表中选择【插入】

图6-45 选择圆柱面

图6-46 自动添加零件到装配体

图6-47 复制元件的最终效果

6.3 实例：手机外壳装配（装配高级设计）

本节讲解内容是装配设计的进阶部分，涉及到插入装配特征、零件实体的创建等内容。在装配中定义新零件丰富了定义新零件的方式，为用户的实际工作带来了便利。

本例在装配的基础内容上着重讲解特征及实体零件的创建方法，掌握本部分内容，将对装配体的设计工作大有裨益。完成的实例如图6-48所示。

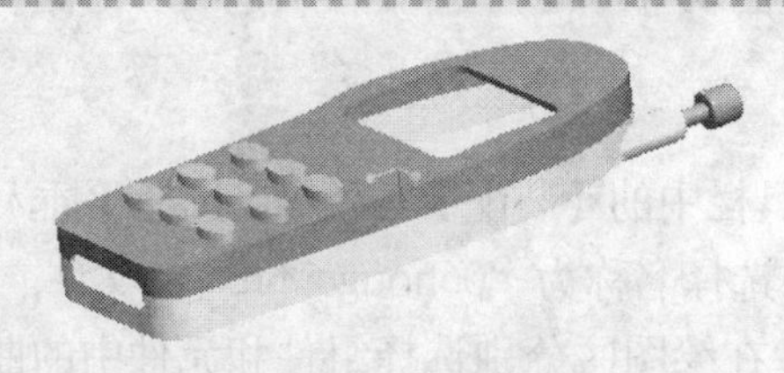

图6-48 实例图

6.3.1 基本装配（一）

（1）启动Pro/ENGINEER，新建组件文件。

（2）单击【特征】工具栏中的【装配】按钮或选择【插入】|【元件】|【装配】菜单命令，打开【打开】对话框，找到本实例零件存储路径的文件“06qiangai.prt”，单击【打开】按钮。

（3）打开【装配】操控面板，选择【约束类型】为【缺省】，单击【应用并保存】按钮✓，创建的装配如图6-49所示。

（4）单击【装配】按钮，在【打开】对话框中选择名称为“06anjian.prt”的零件，单击【打开】按钮，在【装配】操控面板的【放置】选项卡中选择【约束类型】为【配对】，然后分别选择两个元件的曲面，如图6-50所示。

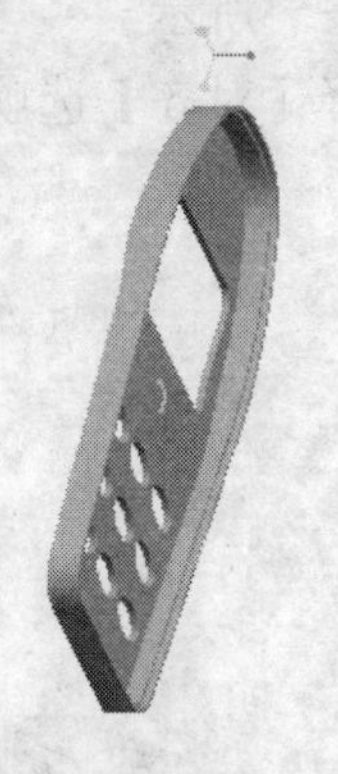

图6-49 装配图

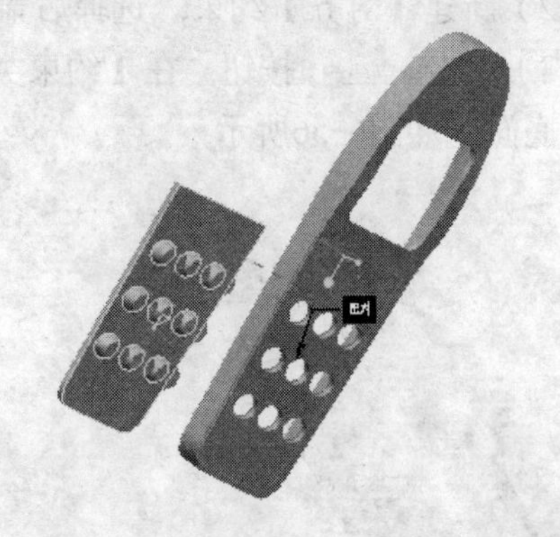

图6-50 分别选择两个元件的曲面

（5）新建【配对】约束，选择按键面板底部的立面及元件的曲面，如图6-51所示。

（6）再次新建【配对】约束，选择按键面板的侧面前盖的内侧面，如图6-52所示。

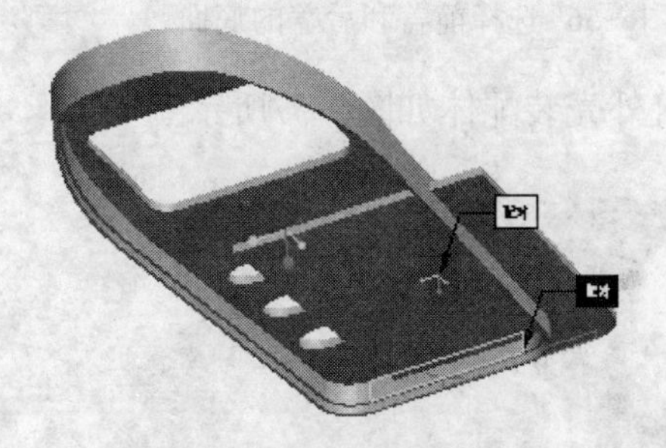

图6-51 选择按键面板及元件的配对曲面参照

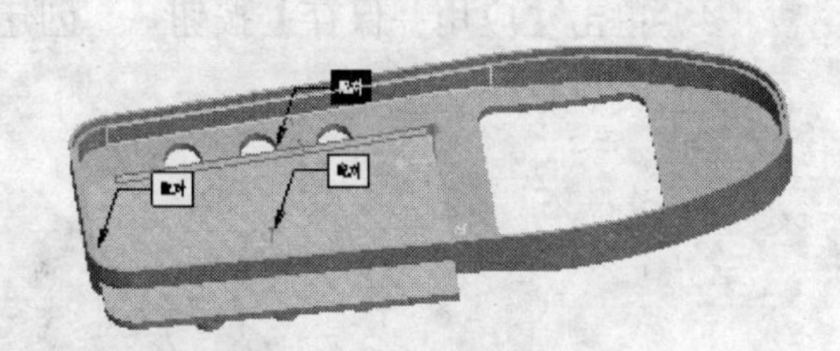

图6-52 选择按键面板及元件的另一组配对曲面参照

（7）单击【应用并保存】按钮✓，创建的按键面板和前盖组成的装配体如图6-53所示。

6.3.2 基本装配（二）

（1）单击【特征】工具栏中的【装配】按钮或选择【插入】|【元件】|【装配】菜单命令，在【打开】对话框中选择名称为“06hougai.prt”的文件，在【装配】操控面板中设置【约束类型】为【配对】，在绘图区分别选择组件和元件中的曲面，如图6-54所示。

图6-53 按键面板和前盖组成的装配体

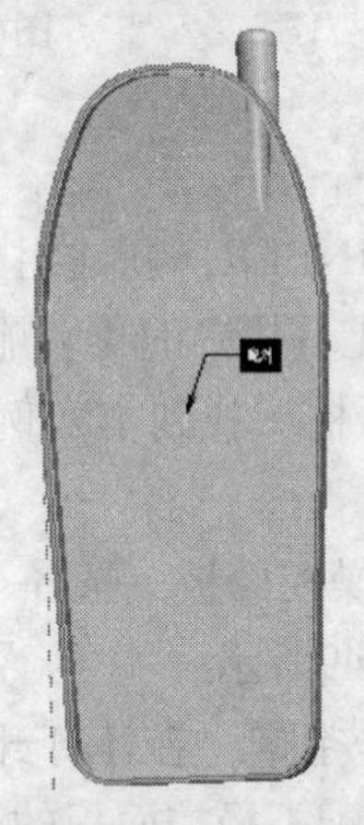
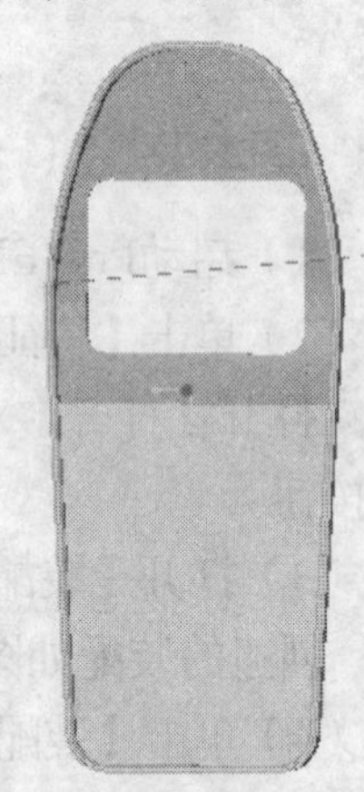

图6-54 选择组件和元件中的曲面

（2）新建【对齐】约束，选择后盖和前盖的侧面，如图6-55所示。

（3）单击➔新建约束按钮，在【约束类型】下拉列表框中选择【对齐】选项，选择前盖和后盖的底面，如图6-56所示。

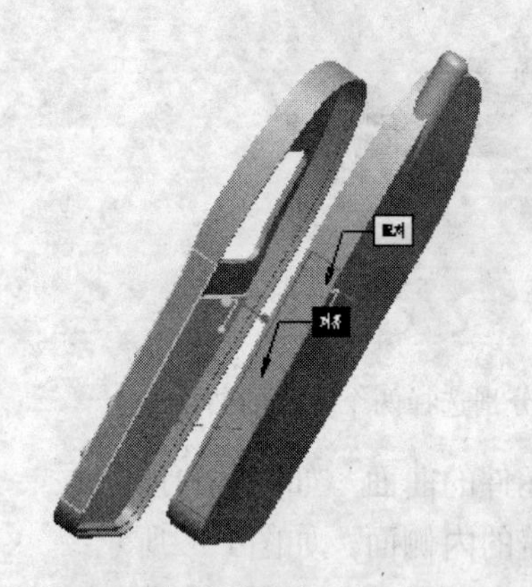

图6-55 选择后盖和前盖的侧面

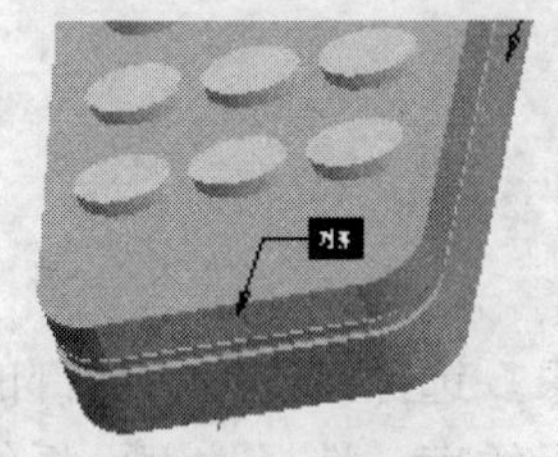
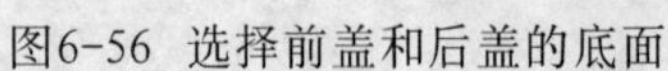

图6-56 选择前盖和后盖的底面

（4）单击【应用并保存】按钮，创建的手机外壳装配体如图6-57所示。

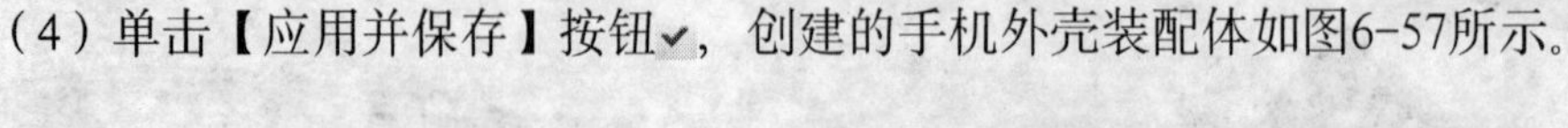

图6-57 创建的手机外壳装配体

6.3.3 插入拉伸特征

（1）选择【插入】|【拉伸】菜单命令或单击【特征】工具栏中的【拉伸】按钮，打开【拉伸特征】操控面板，单击【放置】标签，切换到【放置】选项卡，单击【定义】按钮，打开【草绘】对话框，在绘图区选择如图6-58所示的曲面，其他的按照默认设置，如图6-59所示，单击对话框中的【草绘】按钮，进入草绘界面。

图6-58 选择草绘曲面

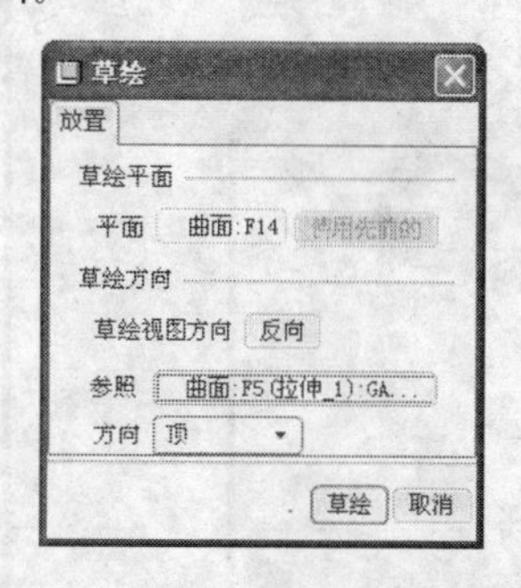

图6-59 设置【草绘】对话框

（2）选择【草绘】|【参照】菜单命令，选取如图6-60所示的两条水平线作为参照，绘制如图6-61所示的图形，单击【完成】按钮，退出草绘界面。

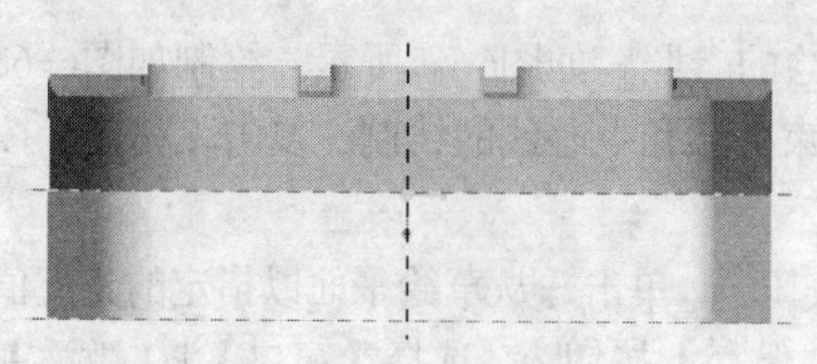

图6-60 选择草绘参照

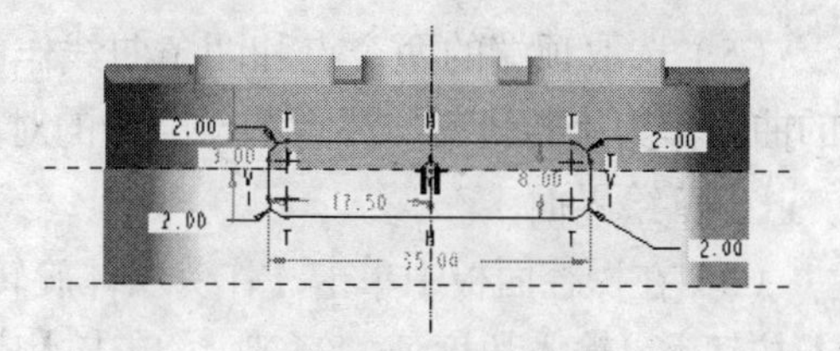

图6-61 绘制图形

（3）设置【拉伸】深度值为“2”，注意图6-62中箭头指向组件内部，若指向外侧则应单击【将拉伸的方向更改为草绘的另一侧】按钮，单击【应用并保存】按钮，为组件创建的拉伸特征如图6-63所示。

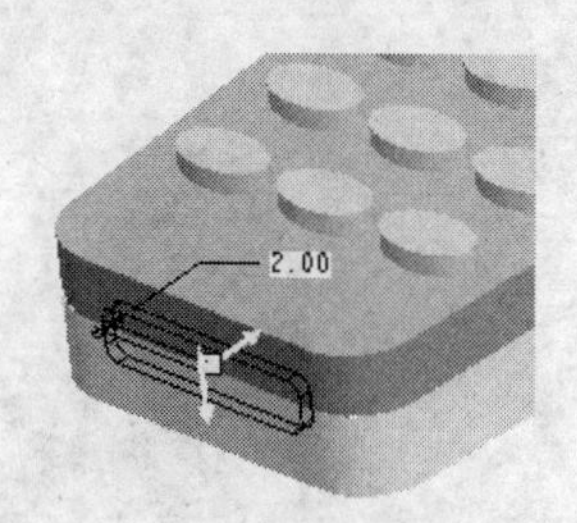

图6-62 箭头指向

图6-63 创建的拉伸特征

6.3.4 创建实体零件

（1）选择【插入】|【元件】|【创建】菜单命令或单击【工程特征】工具栏中的【创建】按钮，打开【元件创建】对话框，如图6-64所示。

（2）在【类型】选项组中选中【零件】单选按钮，然后在【子类型】选项组中选中【实体】单选按钮，单击【确定】按钮。

（3）打开【创建选项】对话框，在【创建方法】选项组中选中【创建特征】单选按钮，如图6-65所示，单击【确定】按钮，进入零件模式。

（4）单击【特征】工具栏中的【旋转】按钮，打开【旋转特征】操控面板，在【放置】选项卡中单击【定义】按钮，打开【草绘】对话框，选择创建的基准面“DTM1”作为草绘基准面，其他的按照默认设置，如图6-66所示，单击【草绘】按钮，进入草绘界面。

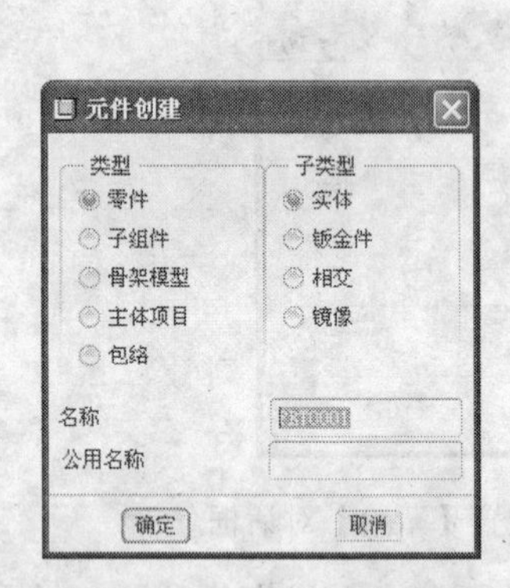

图6-64 【元件创建】对话框

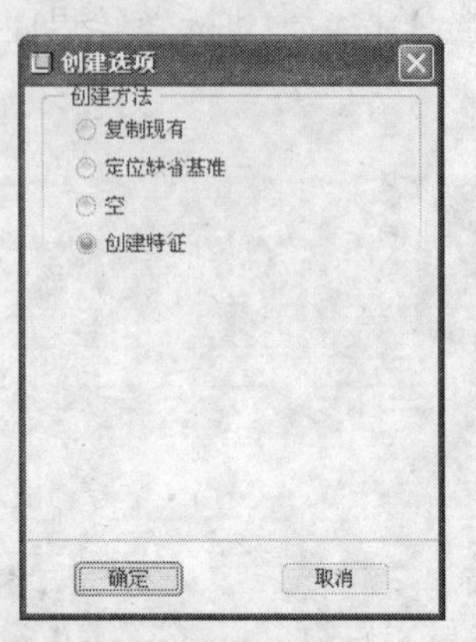

图6-65 选中【创建特征】单选按钮

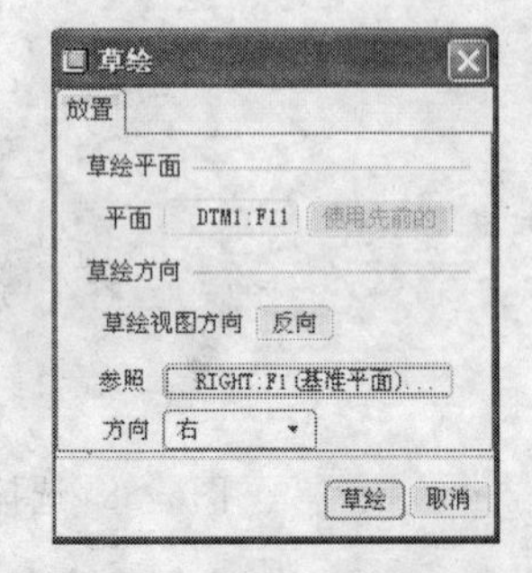

图6-66 设置【草绘】对话框

（5）选取顶端的两个点和两条曲线作为草绘的参照，如图6-67所示，绘制如图6-68所示的曲线作为旋转轨迹，注意图6-68中的对齐约束关系和中心线的绘制，单击【完成】按钮✓，退出草绘界面。

（6）在操控面板中单击【作为实体旋转】按钮，单击【从草绘平面以指定的角度值旋转】按钮，输入角度值“360”，单击【应用并保存】按钮，选择【窗口】|【激活】菜单命令，生成的旋转特征如图6-69所示。

图6-67 选择草绘参照

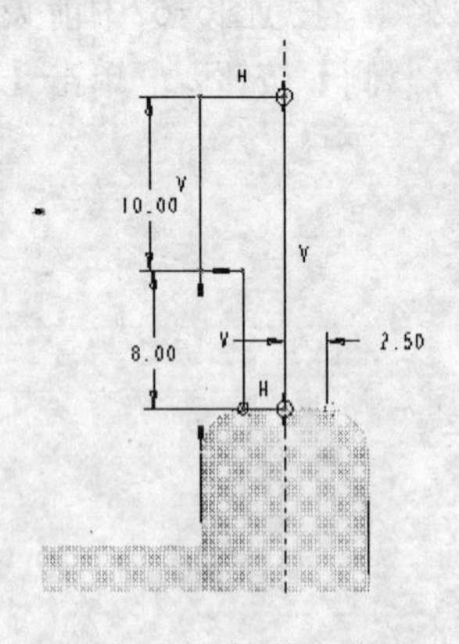

图6-68 绘制的曲线

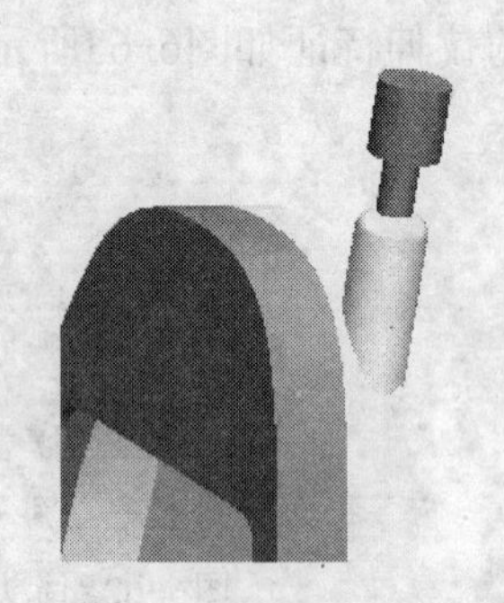

图6-69 生成的旋转特征

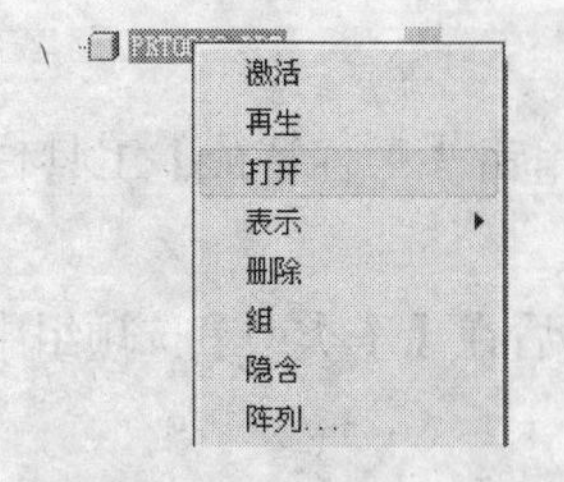

图6-70 选择【打开】选项

（7）在模型树中选择刚刚创建的零件，单击鼠标右键，在快捷菜单中选择【打开】选项，如图6-70所示，进入零件界面。

（8）单击【特征】工具栏中的【拔模】按钮，打开【拔模特征】操控面板，单击【参照】标签，切换到【参照】选项卡，如图

6-71所示。单击【拔模曲面】收集器，在绘图区选择如图6-72所示的圆柱面，单击【拔模枢轴】收集器，选取如图6-73所示的平面。

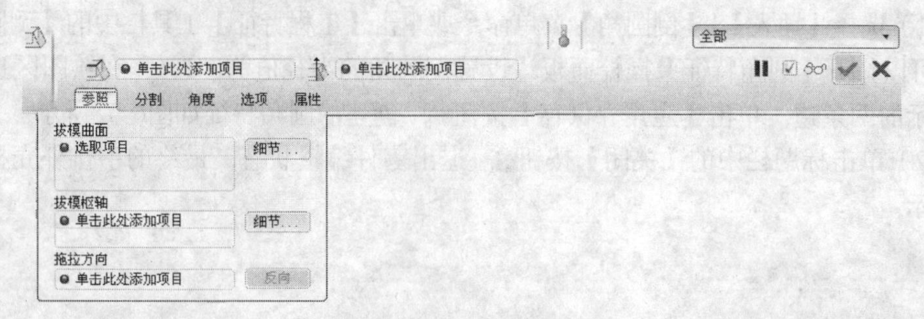

图6-71　【参照】选项卡

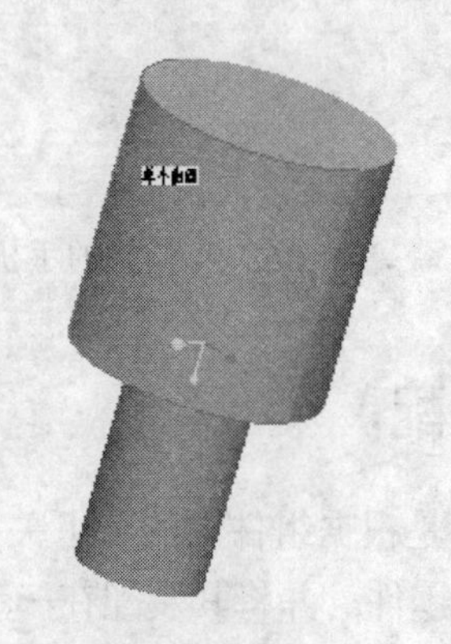

图6-72　选择圆柱面

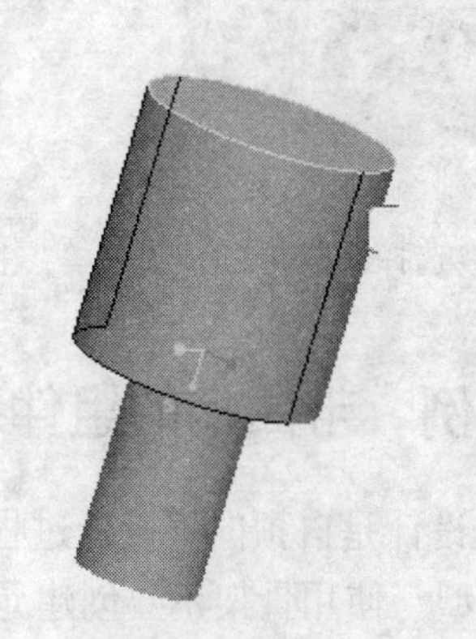

图6-73　选择平面

（9）在【角度1】文本框中输入角度值为“3”，如图6-74所示。注意角度方向与拖拉方向要与图6-75中的一致，否则要单击【反转角度以添加或去除材料】按钮⁄或单击【反转拖拉方向】按钮⁄来改变方向，单击【应用并保存】按钮☑，创建的拔模特征如图6-76所示。

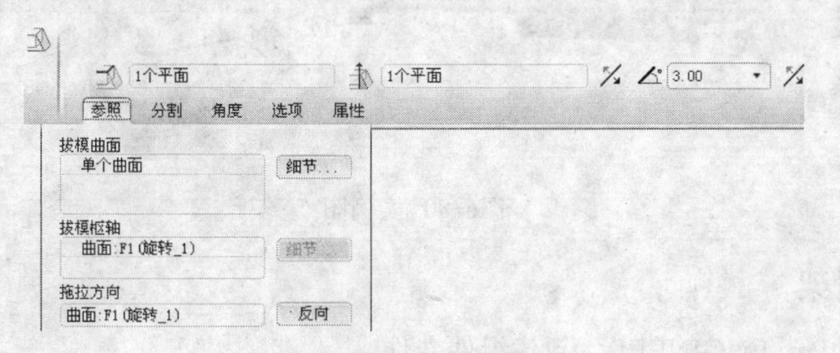

图6-74　输入角度值为“3”

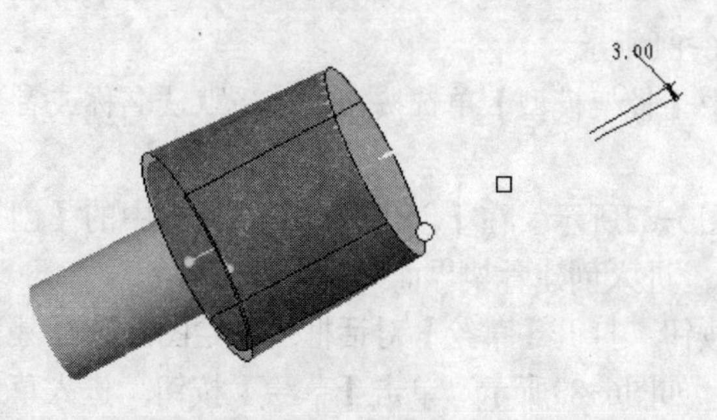

图6-75　拔模方向

图6-76　创建的拔模特征

6.3.5 创建圆角特征

（1）选择【插入】|【倒圆角】菜单命令或单击【工程特征】工具栏中的【倒圆角】按钮，可以打开【圆角特征】操控面板，设置倒圆角的半径值为“1”，在绘图区选择如图6-77所示的两条边，单击【应用并保存】按钮，创建的圆角特征如图6-78所示。

（2）单击标题栏中的【关闭】按钮，退出零件编辑状态。最终的手机外壳模型如图6-79所示。

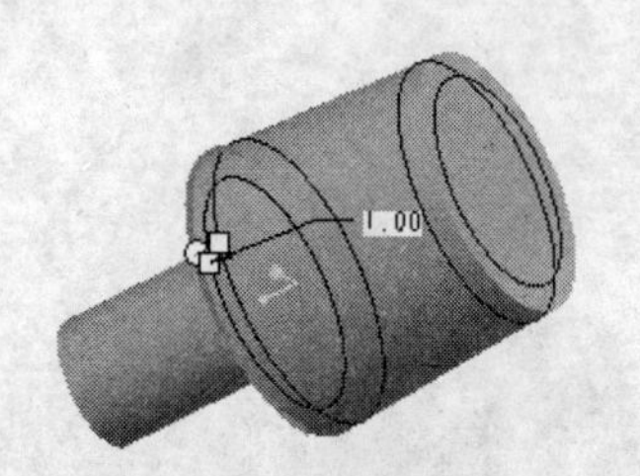

图6-77 选择倒圆角边

图6-78 创建的圆角特征

图6-79 最终的手机外壳模型

6.4 实例：带曲柄的组件装配（自顶向下装配）

骨架设计是自顶向下设计过程的重要部分。骨架模型是根据组件内的上下关系创建的特殊零件模型。使用骨架不必创建元件，只需参照骨架设计零件，并将其装配在一起，就可以作为设计规范。下面将讲解以骨架作为构架来创建装配体的实例。

本例的主要内容是创建骨架，然后以骨架为基础创建装配体，读者应注意骨架与元件的尺寸关系是相互对应的。完成的装配体如图6-80所示。

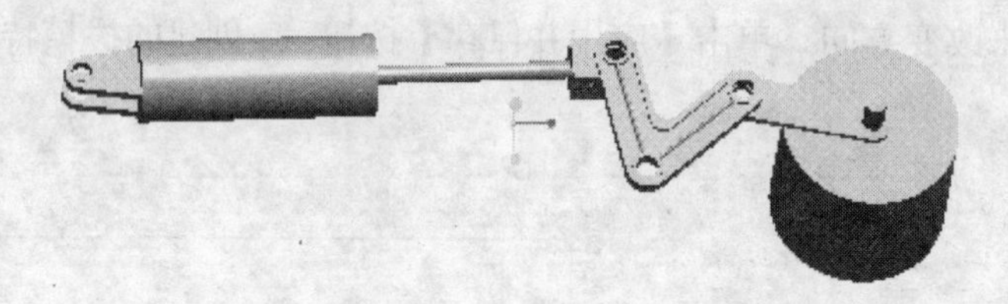

图6-80 实例图

6.4.1 创建骨架

（1）启动Pro/ENGINEER，新建组件文件。

（2）选择【插入】|【元件】|【创建】菜单命令或者单击【工程特征】工具栏中的【创建】按钮，打开【元件创建】对话框，如图6-81所示。

（3）在该对话框的【类型】选项组中选中【骨架模型】单选按钮，接受默认名称或者输入新的骨架模型名称，单击【确定】按钮。

（4）系统弹出【创建选项】对话框，如图6-82所示。在【创建选项】对话框中的【创建方法】选项组中选中【创建特征】单选按钮，进入创建骨架界面。

（5）单击【特征】工具栏中的【草绘】按钮，打开【草绘】对话框，在绘图区选择基准平面“ASM_TOP”，其他的按照默认设置，如图6-83所示，单击【草绘】按钮，进入草绘界面。

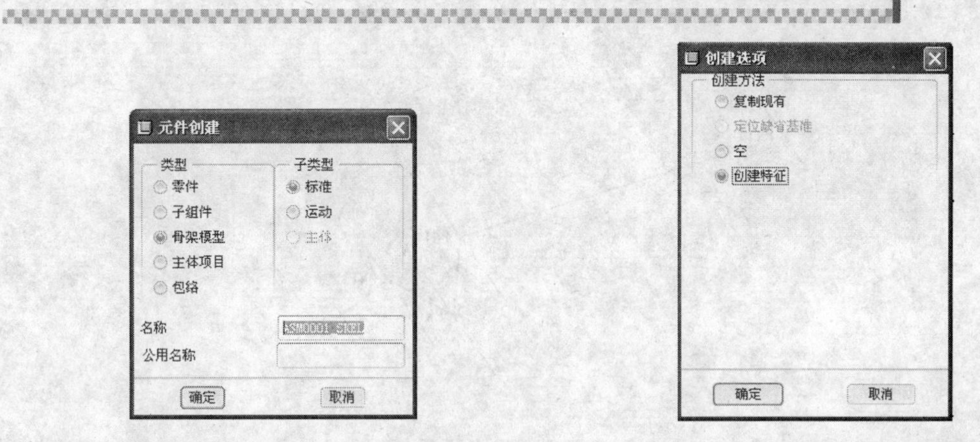

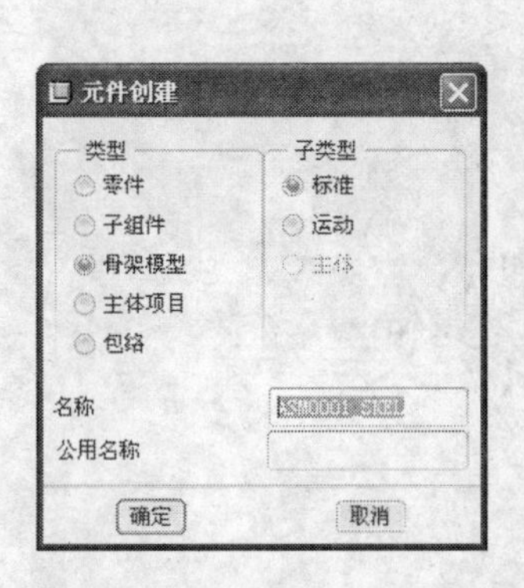

图6-81 【元件创建】对话框　　图6-82 【创建选项】对话框

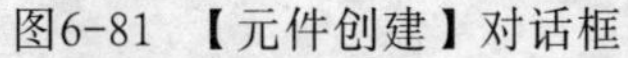

（6）绘制如图6-84所示的曲线，注意尺寸数值及对应关系。

（7）单击【完成】按钮✓，退出草绘界面。

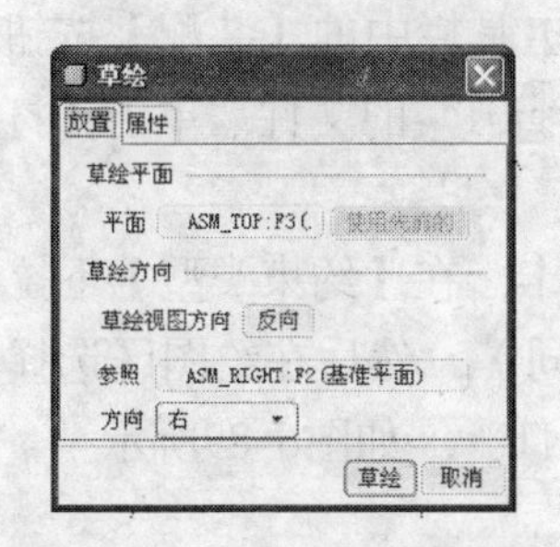

图6-83 设置【草绘】对话框

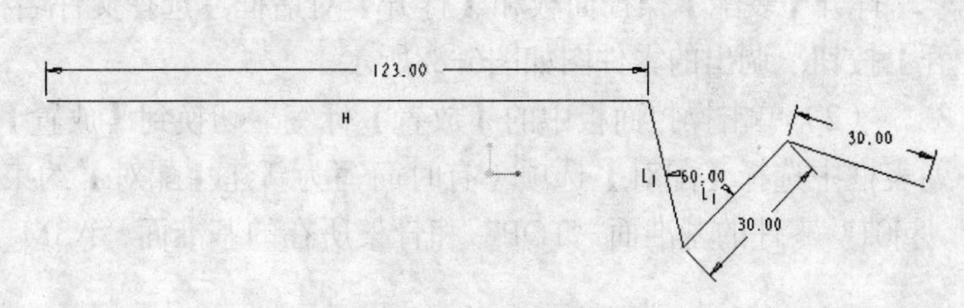

图6-84 绘制曲线

（8）单击【特征】工具栏中的【点】按钮，打开【基准点】对话框，在绘图区单击曲线上的最左侧的顶点，创建基准点“PNT0”，单击点列表中的新点按钮，选择曲线上的第二个顶点，创建基准点“PNT1”，【基准点】对话框如图6-85所示。按照这种方法创建其余的基准点，最终的效果如图6-86所示。

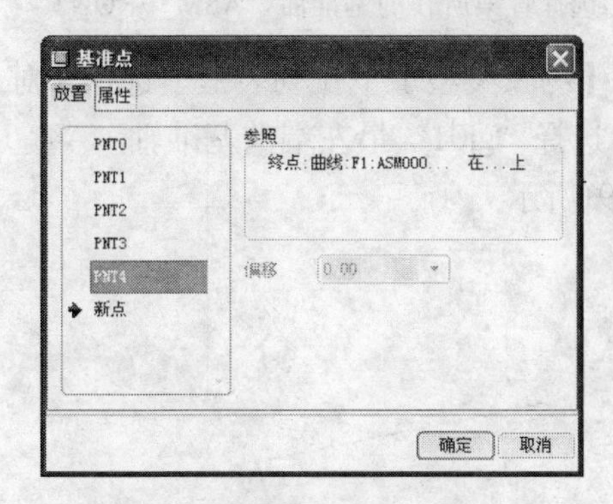

图6-85 【基准点】对话框

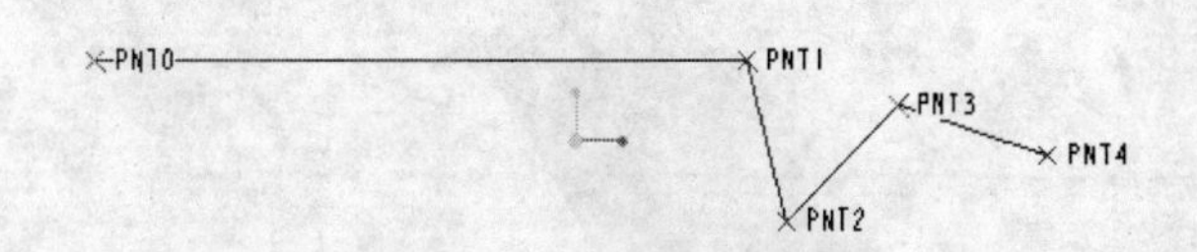

图6-86 创建的基准点

（9）单击【特征】工具栏中的【轴】按钮，打开【基准轴】对话框，按住Ctrl键，在绘图区选取点“PNT0”和曲线所在的基准面“ASM_FRONT”，创建垂直于基准平面并通过基准点的轴“A1”，单击对话框中的【确定】按钮。用同样的方法创建穿过基准点并垂直于平面的轴，从左至右名称分别为“A1”、“A2”、“A3”、“A4”和“A5”，如图6-87所示。

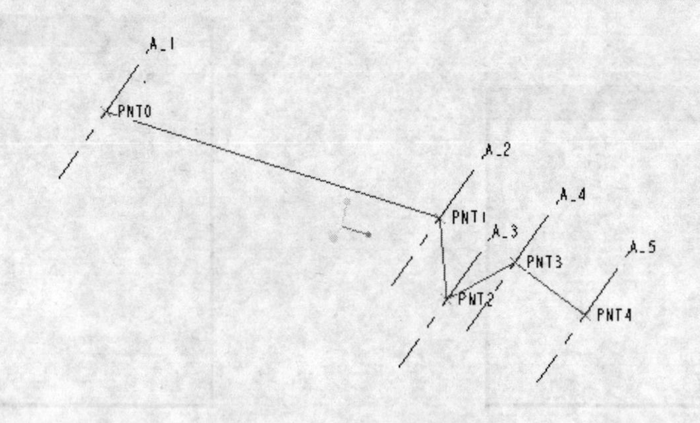

图6-87 创建的基准轴

6.4.2 创建装配体（一）

（1）选择【窗口】|【激活】菜单命令，单击【工程特征】工具栏中的【装配】按钮，打开【装配】操控面板和【打开】对话框，选择文件名称为“gj01”的文件，单击【打开】按钮，调出的零件图如图6-88所示。

（2）单击操控面板中的【放置】标签，切换到【放置】选项卡，在【约束类型】下拉列表框中选择【配对】选项（有时简写为新建【配对】约束，下同），然后在绘图区选择“gj01”零件的基准面“TOP”和骨架所在的基准面“ASM_FRONT”，如图6-89所示。

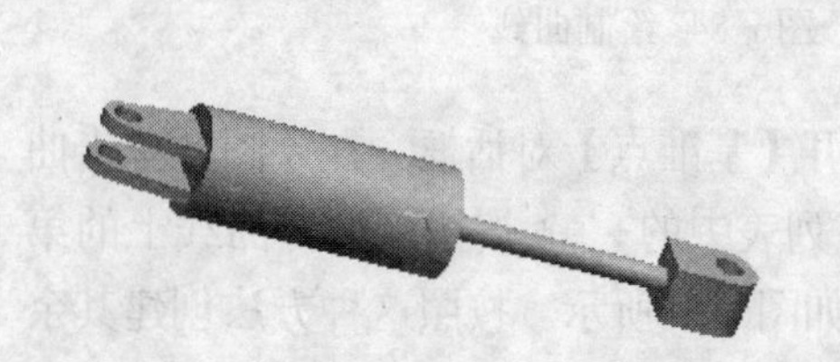

图6-88 调出的零件图

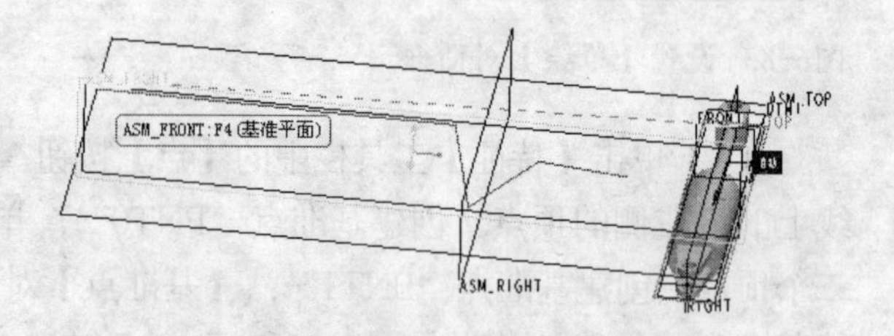

图6-89 选择骨架所在的基准面“ASM_FRONT”

（3）单击【放置】选项卡中的新建约束按钮，在【约束类型】下拉列表框中选择【对齐】选项（有时简写为新建【配对】约束，下同），选择“gj01”最左端的基准轴“A4”（如图6-90所示）和骨架中的基准轴“A1”，如图6-91所示。

图6-90 选择零件的基准轴“A4”

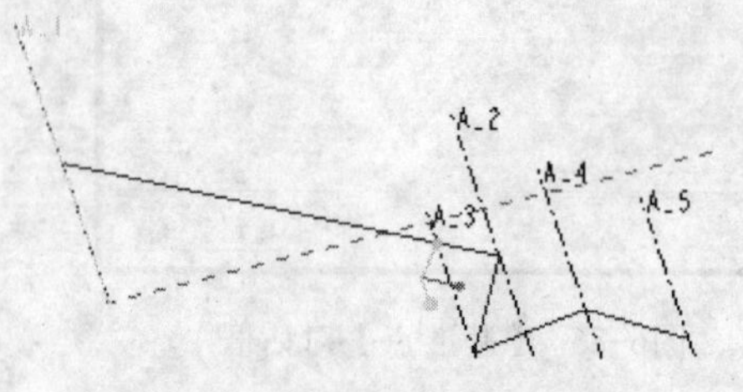

图6-91 选择骨架的基准轴“A1”

（4）单击新建约束按钮，用同样的方法，将“gj01”中最右端的基准轴“A3”（如图6-92所示）与骨架的基准轴“A2”对齐，单击【应用并保存】按钮，第一个零件放置完毕，效果如图6-93所示。

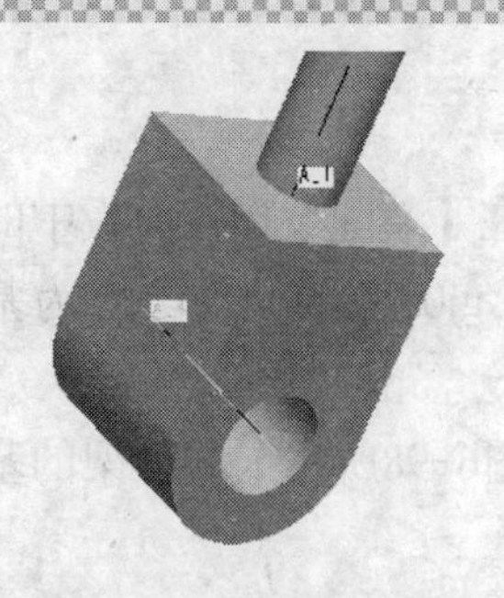
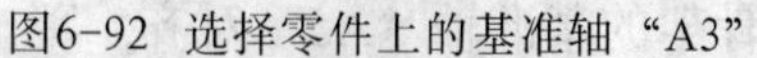

图6-92　选择零件上的基准轴“A3”

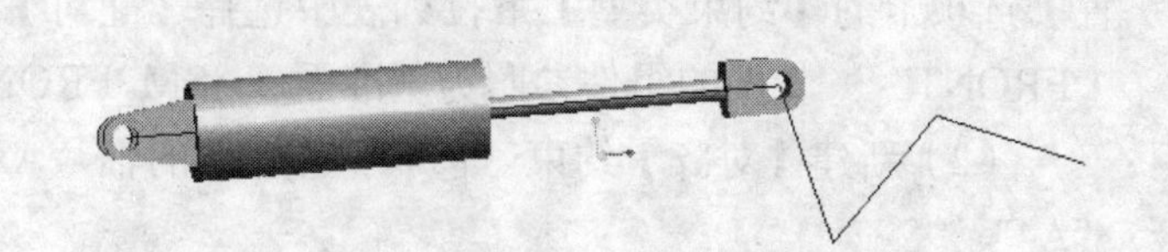

图6-93　放置的第一个零件

6.4.3 创建装配体（二）

（1）单击【装配】按钮，打开名称为“gj02”的零件，单击操控面板中的【放置】标签，切换到【放置】选项卡，在【约束类型】下拉列表框中选择【对齐】选项，然后在绘图区选择“gj02”零件的基准轴“A2”，如图6-94所示，再选择骨架上的基准轴“A2”。

（2）新建【对齐】约束，选择零件上的基准轴“A3”（如图6-95所示）和骨架上的基准轴“A3”。

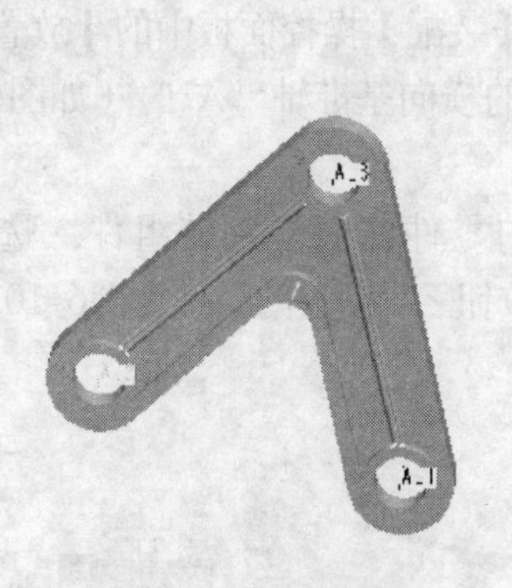

图6-94　选择“gj02”零件的基准轴“A2”

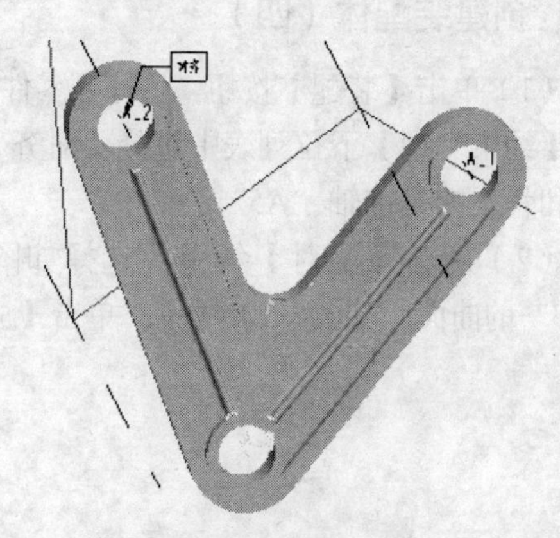

图6-95　选择零件上的基准轴“A3”

（3）新建【配对】约束，选取零件上的参照“TOP”和骨架参照“ASM_FRONT”，从图6-96中可以看出零件并没有在骨架上，单击【约束类型】选项组中的【反向】按钮，更改约束方向，【约束类型】自动更改为【对齐】，效果如图6-97所示，单击【应用并保存】按钮。

提示　此处也可直接三次应用【对齐】约束来创建组件。

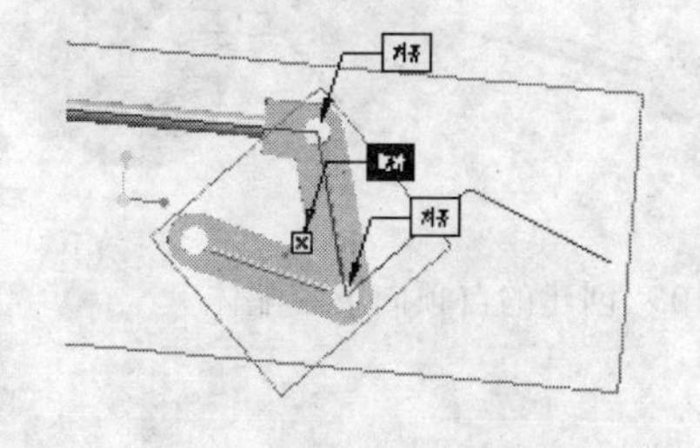

图6-96　创建约束后的效果

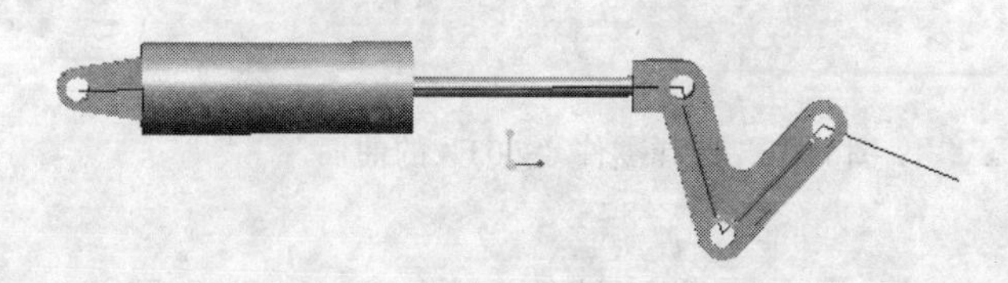

图6-97　单击【反向】按钮后的效果

6.4.4 创建装配体（三）

（1）单击【装配】按钮，打开名称为“gj03”的零件，在【装配】操控面板中的【放置】选项卡的【约束类型】下拉列表中选择【配对】，选取“gj03”的元件参照为基准面“FRONT”，骨架的组件参照为基准面“ASM_FRONT”。

（2）新建【对齐】约束，选取零件左侧的轴“A2”（如图6-98所示）和骨架的基准轴“A4”。

（3）新建【对齐】约束，将元件的基准轴“A1”和骨架的基准轴“A5”对齐，单击【应用并保存】按钮，效果如图6-99所示。

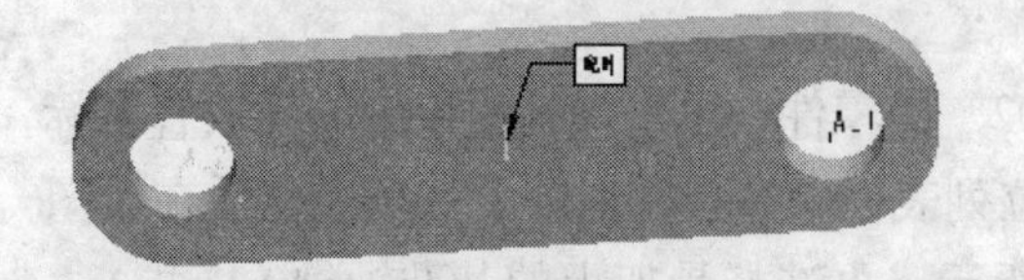

图6-98 选择零件左侧的轴“A2”

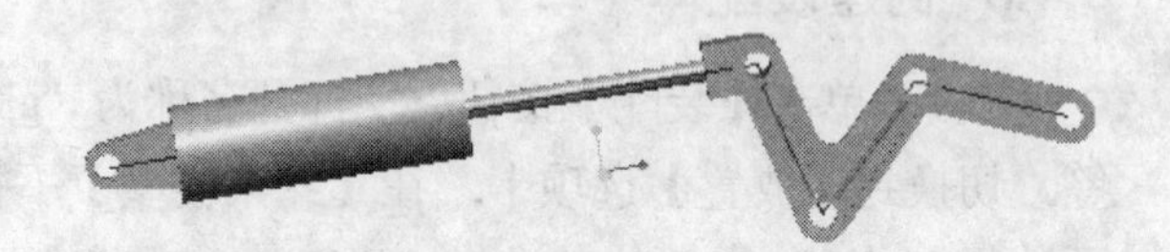

图6-99 创建的组件

6.4.5 创建装配体（四）

（1）单击【装配】按钮，打开零件“gj04”，在【装配】操控面板中的【放置】选项卡的【约束类型】下拉列表中选择【对齐】，选取零件的横向基准轴“A1”（如图6-100所示）和骨架的基准轴“A5”。

（2）新建【配对】约束，选择如图6-101所示的零件曲面，翻转组件，选择零件“gj03”的曲面，如图6-102所示，单击【应用并保存】按钮，创建的组件如图6-103所示。

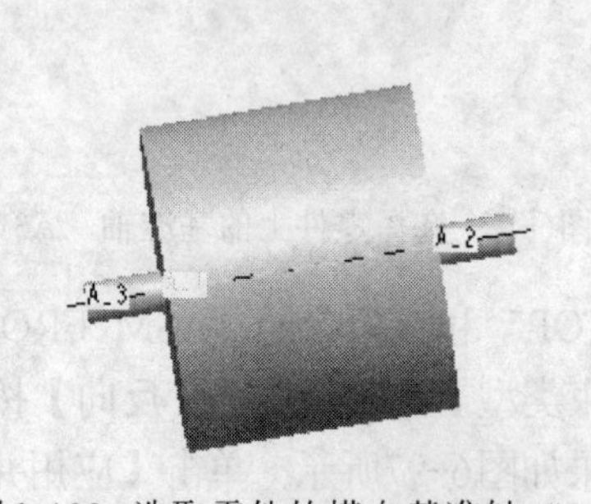

图6-100 选取零件的横向基准轴“A1”

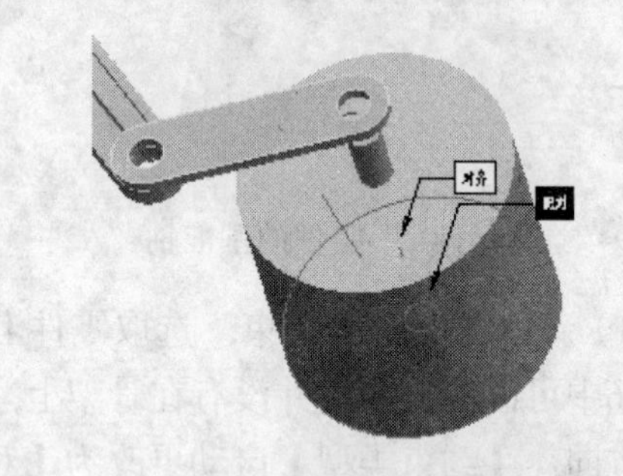

图6-101 选择零件的曲面

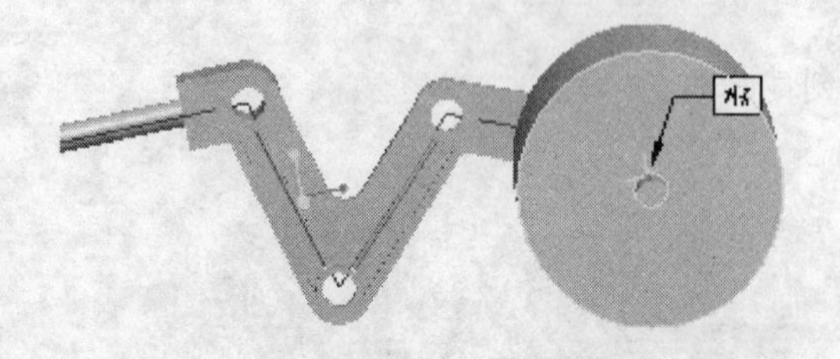

图6-102 选择零件“gj03”的曲面

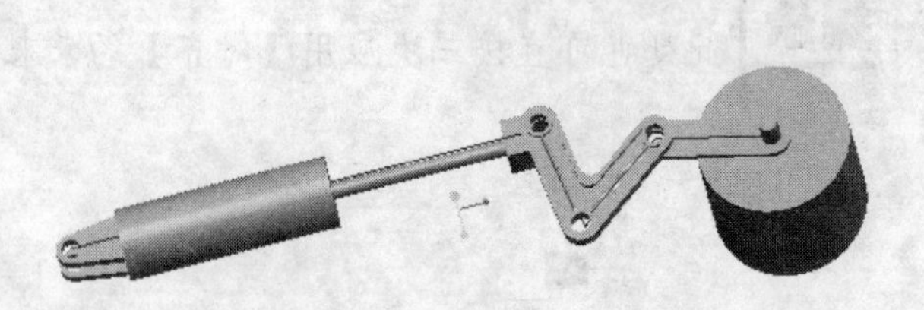

图6-103 创建的自顶向下装配体

课后练习

1. 用【重复】命令创建如图6-104所示的法兰盘的一部分。
2. 用骨架设计的方法装配如图6-105所示的自行车链条。

图6-104 创建的装配体

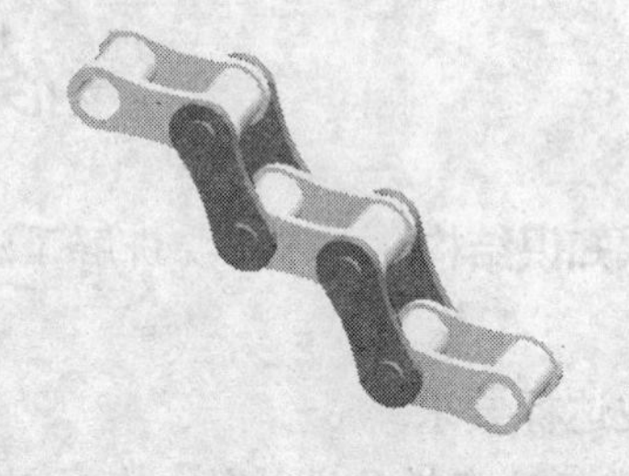

图6-105 自行车链条

第7课

模具设计

本课知识结构：本课主要讲解了注塑模具和压铸模具设计的方法，重点在于分型面的创建。

就业达标要求：

★ 掌握注塑模具设计的一般方法；

★ 掌握压铸模具设计的一般方法；

★ 了解多种创建分型面的方法。

本课建议学时：3学时

7.1 实例：零件模具设计（模具设计和分型）

本节将讲解模具设计实例，分型面的创建是其中的重点。实例效果如图7-1所示。

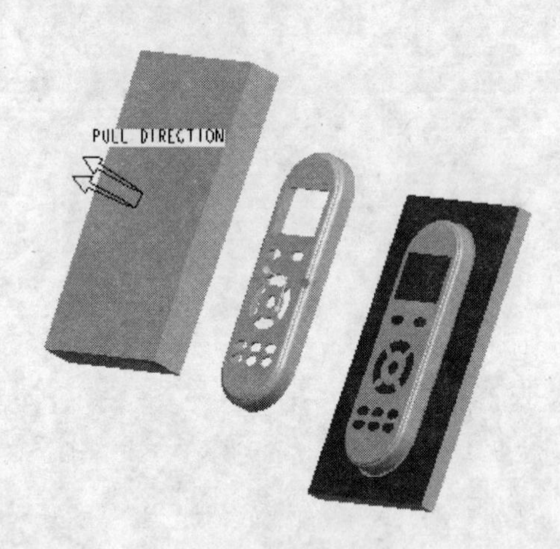

图7-1 实例效果图

下面以第3课中3.4节的程序设计前的空调遥控器外壳为例，进行模具设计和分型面的创建。

7.1.1 新建文件

（1）在桌面上双击图标，启动Pro/ENGINEER 5.0。

（2）选择【文件】|【新建】菜单命令或单击【文件】工具栏中的【新建】按钮，打开【新建】对话框，选择【类型】为【制造】，选择【子类型】为【模具型腔】，在【名称】文本框中输入名称，取消启用【使用缺省模板】复选框，如图7-2所示。单击【确定】按

钮，打开【新文件选项】对话框，选择公制零件模板mmns_mfg_mold，如图7-3所示。单击【确定】按钮。

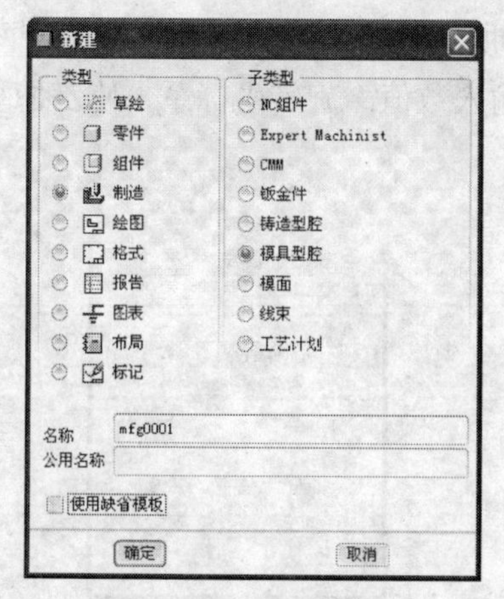

图7-2 取消启用【使用缺省模板】复选框

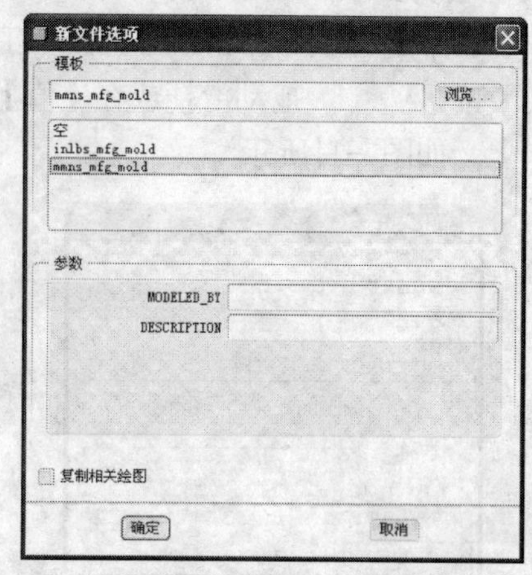

图7-3 选择零件模板

7.1.2 创建模具模型

（1）单击【模具/铸件制造】工具栏中的【模具型腔布局】按钮，打开【打开】对话框和【布局】对话框，如图7-4和图7-5所示。

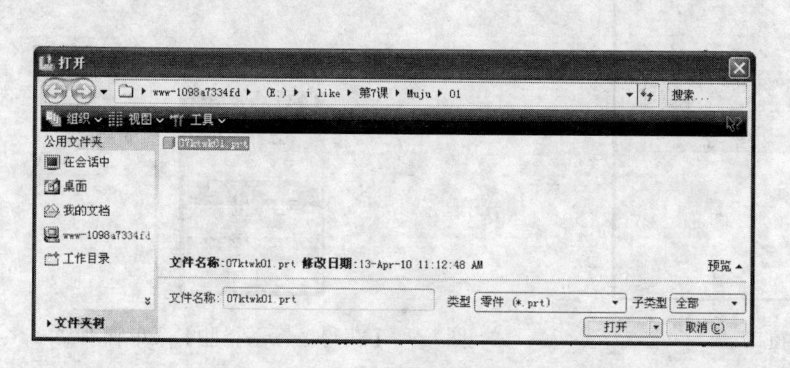

图7-4 【打开】对话框

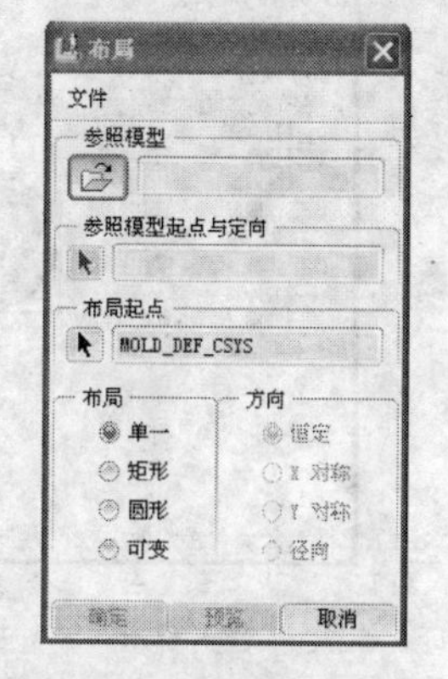

图7-5 【布局】对话框

（2）在【打开】对话框中选择遥控器外壳文件（程序设计之前），单击【打开】按钮，在【创建参照模型】对话框中的【参照模型类型】选项组中选中【同一模型】单选按钮，如图7-6所示，单击【确定】按钮。

提示

按参照合并：Pro/ENGINEER会将选定的零件成品完全一样地复制到模具装配体中，后续的一些操作（设置收缩、创建拔模、倒圆角和应用其他特征）都将在参照复制的模型上进行，而所有这些改变都不会影响零件成品。

同一模型：Pro/ENGINEER会将选定的零件成品直接装配作为参照模型，以后的拆模直接对零件成品进行操作。

继承：参照模型继承零件成品中的所有几何和特征信息。可指定在不更改零件成品情况下，要在参照模型上进行修改的几何及特征数据。该选项可为在不更改零件成品情况下修改参照模型提供更大的自由度。

（3）单击【参照模型起点与定向】选项组中的【选取或创建坐标系】按钮，如图7-7所示，打开如图7-8所示的活动窗口和【获得坐标系类型】菜单管理器（如图7-9所示），在菜单管理器中选择【动态】选项后，打开如图7-10所示的【参照模型方向】对话框，单击【旋转】按钮，拖动滑杆或在【值】文本框中输入数值，旋转坐标系，使Z轴垂直壳体表面向上，如图7-11所示。

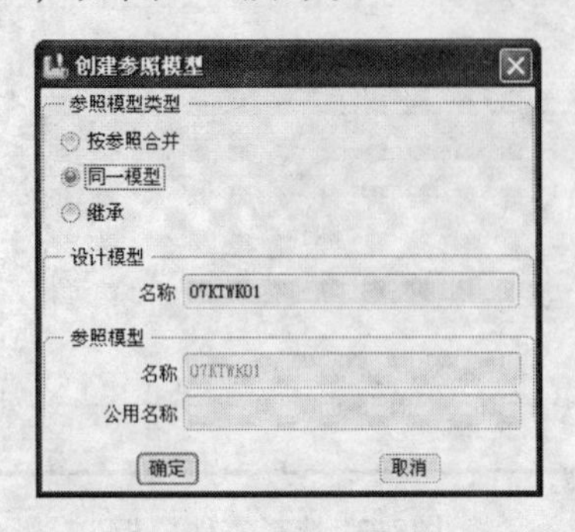

图7-6 选中【同一模型】单选按钮

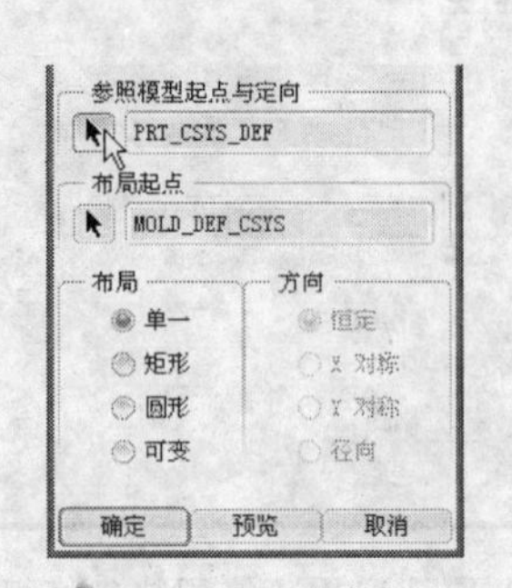

图7-7 单击【选取或创建坐标系】按钮

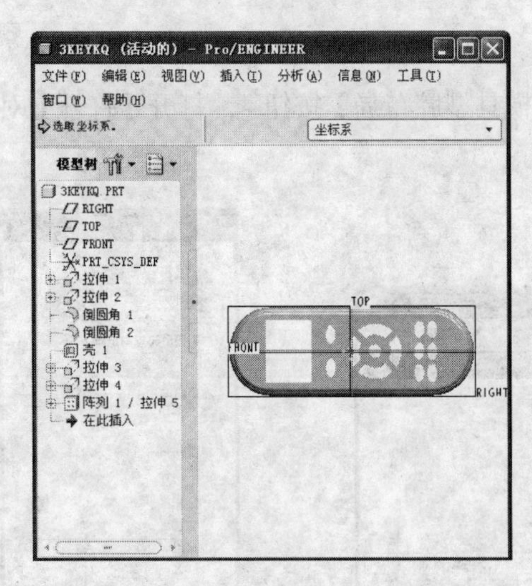

图7-8 活动窗口

图7-9 【获得坐标系类型】菜单管理器

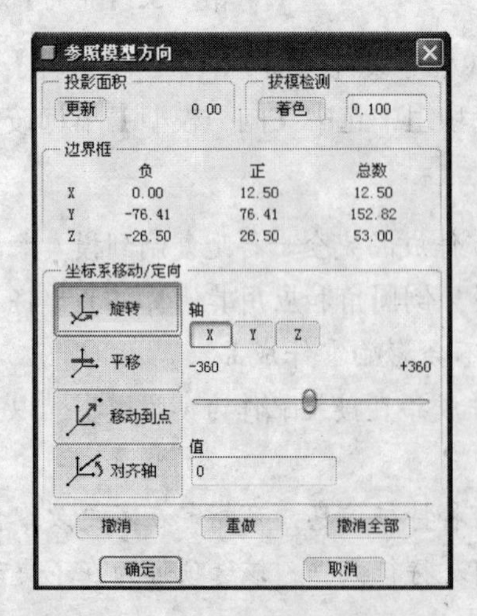

图7-10 【参照模型方向】对话框

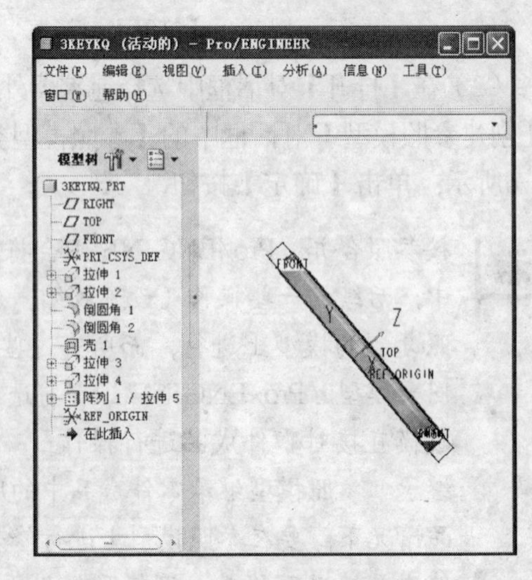

图7-11 为坐标系定向

（4）在【布局】对话框的【布局】选项组中选中【单一】单选按钮，然后单击【确定】按钮。零件模型出现在绘图区，如图7-12所示。

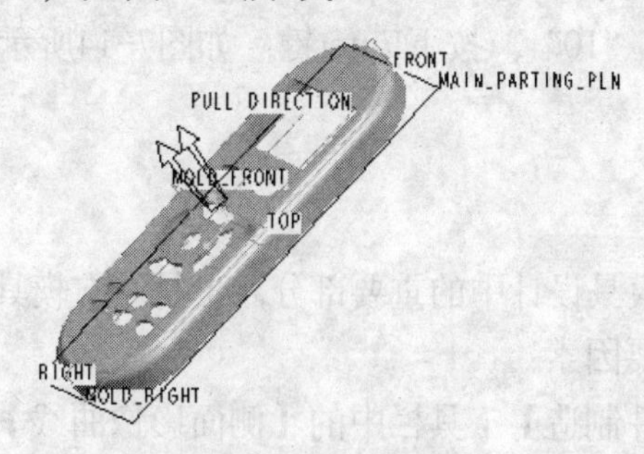

图7-12 零件模型

7.1.3 设置收缩率

单击【模具/铸件制造】工具栏中的【按比例收缩】按钮，打开【按比例收缩】对话框，单击【选取坐标系】按钮，在绘图区选择零件的坐标系，在【收缩率】文本框中输入“0.002”，其他的选项按照默认设置，如图7-13所示，单击【应用并保存】按钮。

提示 Pro/ENGINEER系统提供了两种设置收缩率的方式：【按比例收缩】和【按尺寸收缩】。

【按比例收缩】：允许整个参照模型零件几何相对某个坐标系按比例收缩，还可以单独设定某个坐标方向上的不同收缩率。

【按尺寸收缩】：允许整个参照模型尺寸均按照同一收缩系数收缩，还可以单独设定某个个别尺寸的收缩系数。

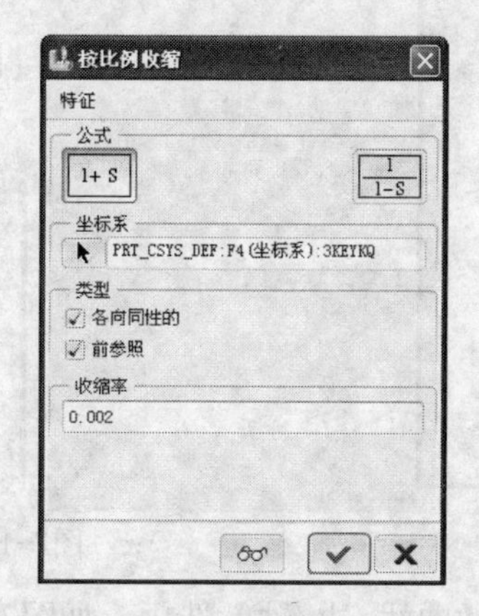

图7-13 设置【按比例收缩】对话框

提示 按钮：收缩计算公式为1+S，S为收缩因子（在【收缩率】选项组设定），收缩因子基于模型的原始几何，为系统默认选项。

按钮：收缩计算公式为$\frac{1}{1-S}$，收缩因子基于模型的生成几何。

7.1.4 创建工件

（1）单击【模具/铸件制造】工具栏中的【自动工件】按钮，打开【自动工件】对话框，单击【模具原点】选项组中的【选取组件及坐标系】按钮，在绘图区选择零件的坐标系。

（2）在【整体尺寸】选项组的【X】文本框中输入“100”，按下Enter键，在【Y】文本框中输入“180”，按下Enter键，在【+Z型腔】文本框中输入“22”，按下Enter键，在【－Z型芯】文本框中输入“10”，按下Enter键，如图7-14所示，单击【确定】按钮，创建的工件如图7-15所示。

7.1.5 创建分型面

模具的分型面选择是模具设计中的重要部分，也是左右模具结构、成本、制品质量、制品外观、模具寿命等的重要因素。

（1）单击【模具/铸件制造】工具栏中的【侧面影像曲线】按钮，打开如图7-16所示的【侧面影像曲线】对话框，选择【方向】，然后单击【定义】按钮，打开【一般选取方向】菜单管理器。

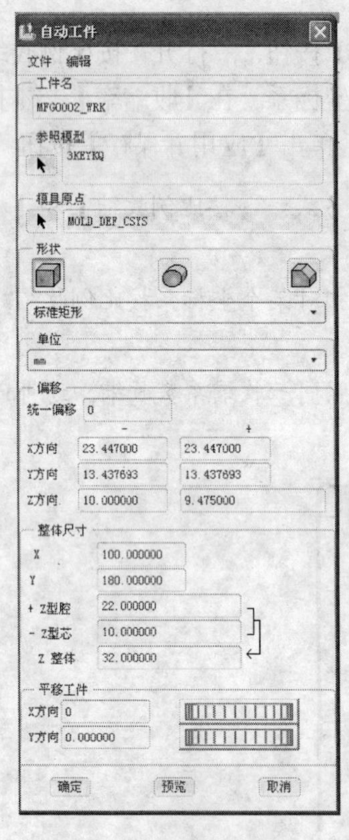

图7-14 设置整体尺寸

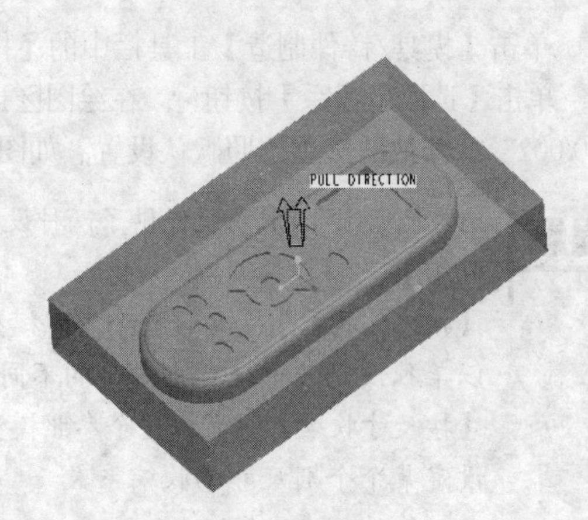

图7-15 创建的工件

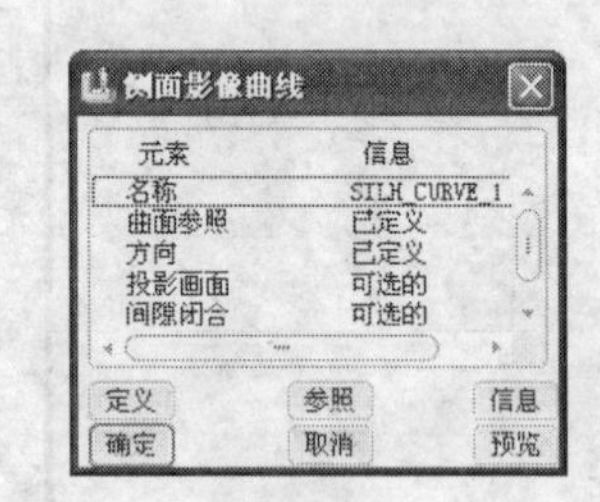

图7-16 【侧面影像曲线】对话框

（2）在菜单管理器中选择【曲线/边/轴】选项，如图7-17所示。在工件上选择与Z轴平行的一条边，在如图7-18所示的【方向】菜单管理器中选择【确定】选项。注意，若箭头所指方向与图中的相反，应先选择【反向】选项，再选择【确定】选项。

（3）单击【侧面影像曲线】对话框中的【确定】按钮，系统生成投影曲线，如图7-19所示，可以看到在参照模型的边缘和内部孔的轮廓上均产生了曲线。

（4）单击【模具/铸件制造】工具栏中的【分型面】按钮，进入分型面设计模式，选择【编辑】|【裙边曲面】菜单命令，打开如图7-20所示的【裙边曲面】对话框和如图7-21所示的【链】菜单管理器。

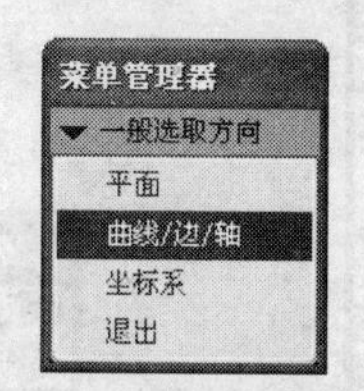

图7-17 选择【曲线/边/轴】

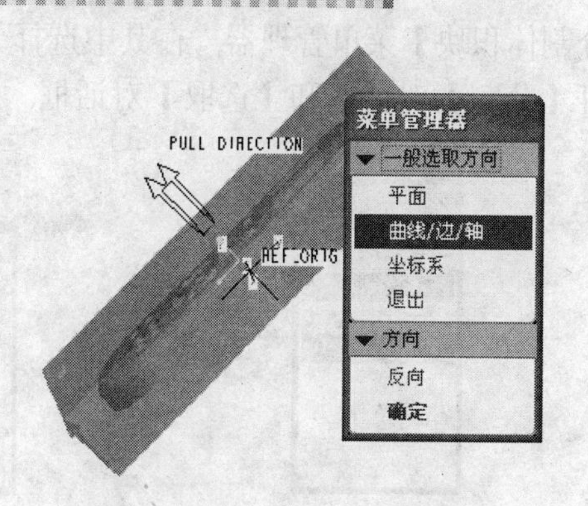

图7-18 【方向】菜单管理器

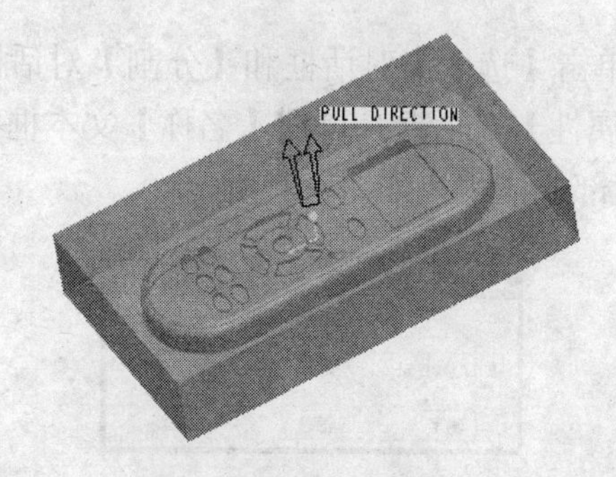

图7-19 生成投影曲线

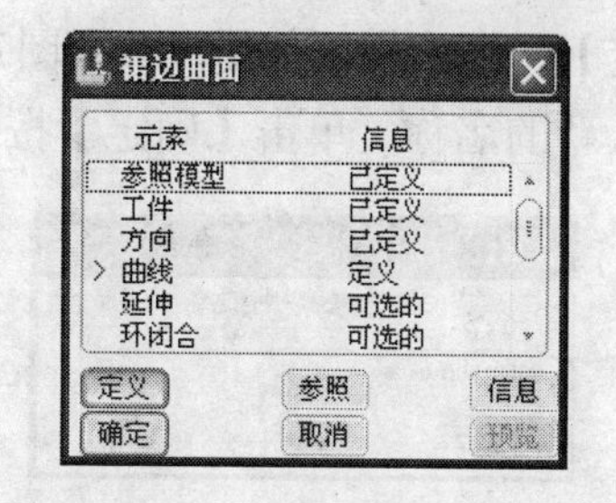

图7-20 【裙边曲面】对话框

（5）在【链】菜单管理器中选择【特征曲线】选项，然后在绘图区选择刚才创建的影像曲线，选择菜单管理器中的【完成】选项，单击【裙边曲面】对话框中的【确定】按钮，系统随即生成裙状曲面，从图7-22可以看到所有的孔均已填补完毕，轮廓曲线向外延伸至工件边界，在【MFG】体积块中单击【确定】按钮✓，退出创建分型面模式。创建的分型面如图7-23所示。

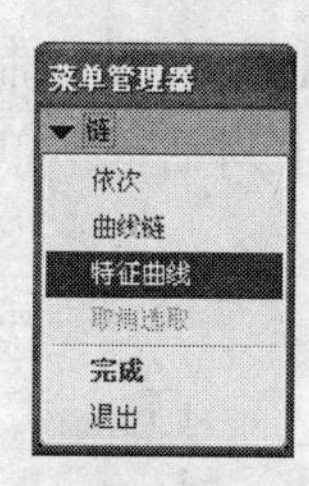

图7-21 【链】菜单管理器

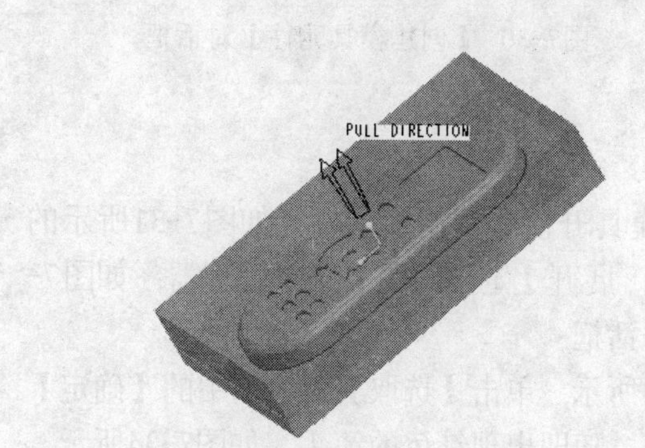

图7-22 填补孔

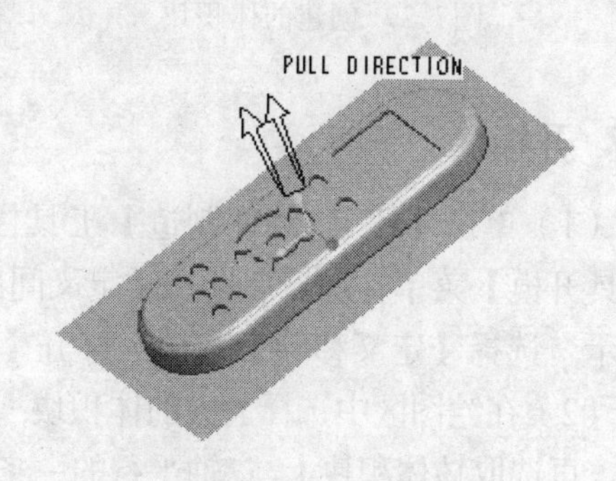

图7-23 创建的分型面

7.1.6 创建模具体积块

（1）单击【模具/铸件制造】工具栏中的【体积块分割】按钮，打开如图7-24所示的

【分割体积块】菜单管理器，在其中选择【两个体积块】、【所有工件】、【完成】选项，打开【分割】对话框和【选取】对话框，如图7-25和图7-26所示。

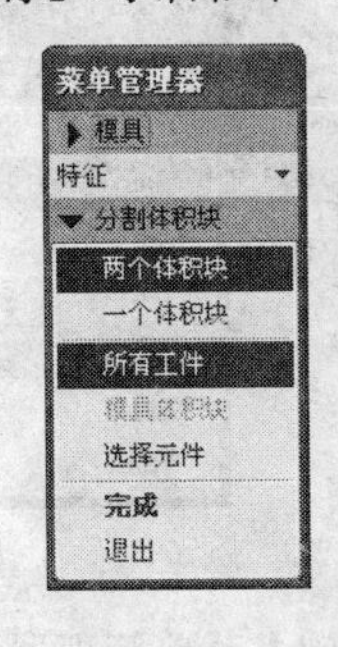

图7-24 【分割体积块】菜单管理器

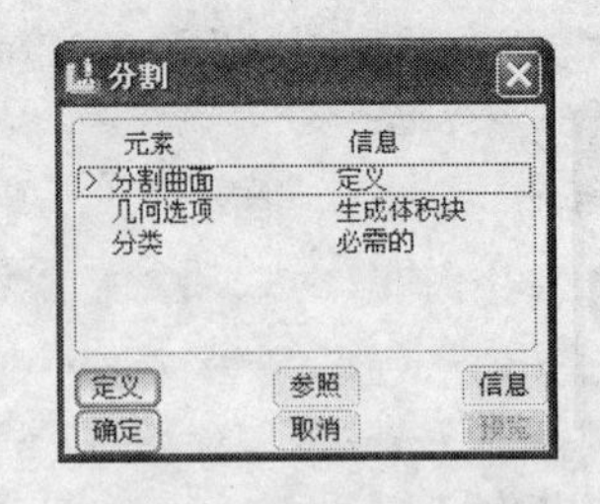

图7-25 【分割】对话框

图7-26 【选取】对话框

（2）在绘图区选择刚才创建的分型面，分别单击【选取】对话框和【分割】对话框中的【确定】按钮。打开如图7-27和图7-28所示的【属性】对话框，可在【名称】文本框中为体积输入新的名称。单击【确定】按钮，创建的两部分体积块如图7-29所示。

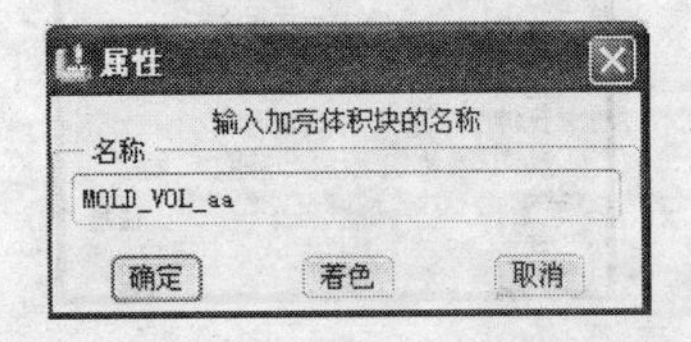

图7-27 【属性】对话框（一）

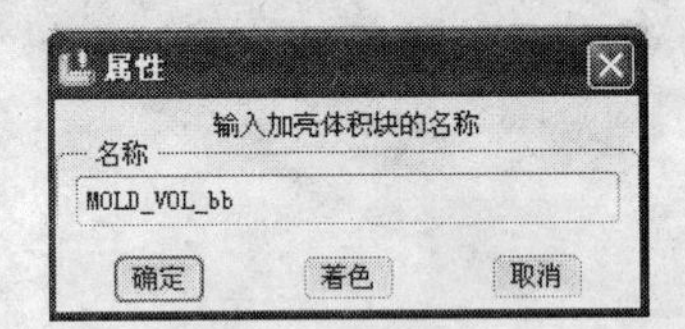

图7-28 【属性】对话框（二）

（3）单击【模具/铸件制造】工具栏中的【型腔插入】按钮，打开如图7-30所示的【创建模具元件】对话框，单击【选择全部体积块】按钮，然后单击【确定】按钮。

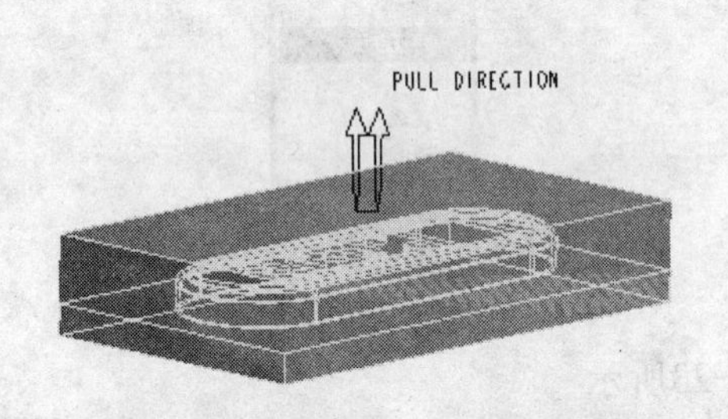

图7-29 创建的体积块

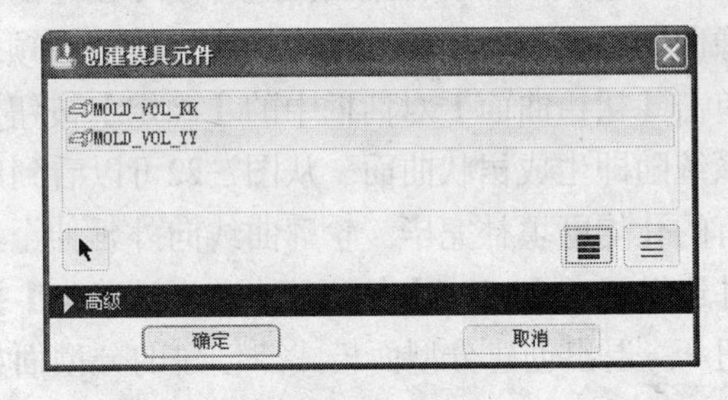

图7-30 【创建模具元件】对话框

7.1.7 开模

（1）单击【模具/铸件制造】工具栏中的【模具开模】按钮，打开如图7-31所示的【模具开模】菜单管理器，选择【定义间距】选项，展开【定义间距】菜单管理器，如图7-32所示，选择【定义移动】选项，打开【选取】对话框。

（2）在绘图区中选择上方的体积块，如图7-33所示，单击【选取】对话框中的【确定】按钮，再选取该体积块上与Z轴平行的一条竖直边线，随即出现红色的箭头，如图7-34所示，在如图7-35所示的提示栏中输入沿指定方向的位移“100”。注意，若箭头方向与图7-34中的相反，应输入负值，单击【接受值】按钮。

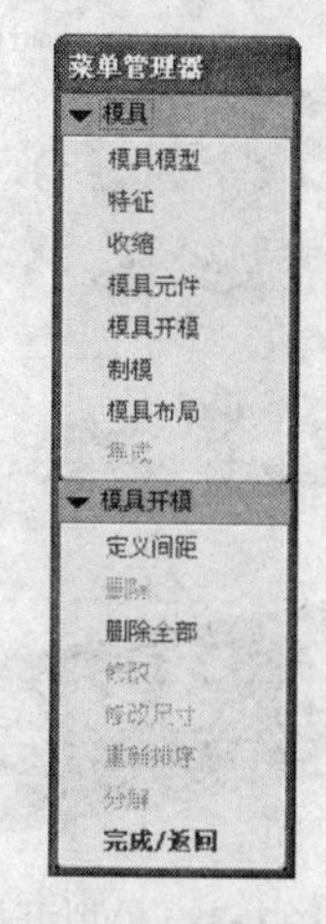

图7-31 【模具开模】菜单管理器

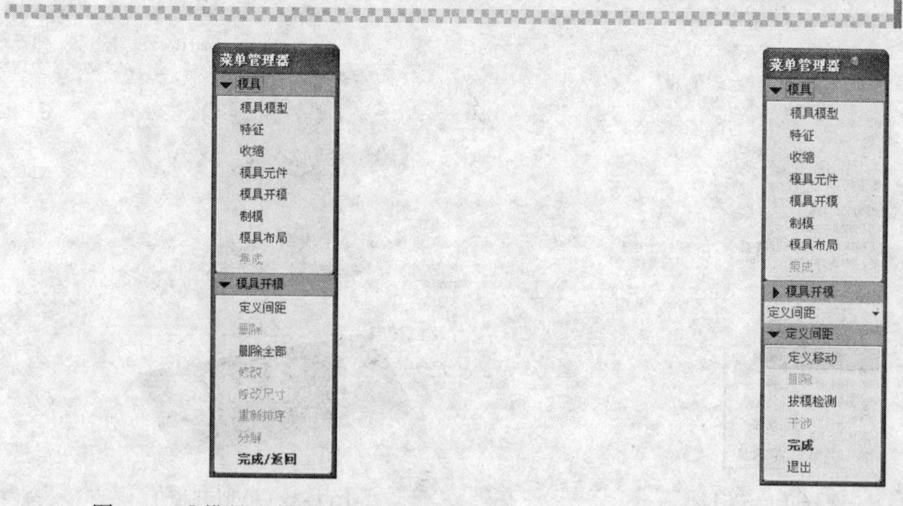

图7-32 【定义间距】菜单管理器

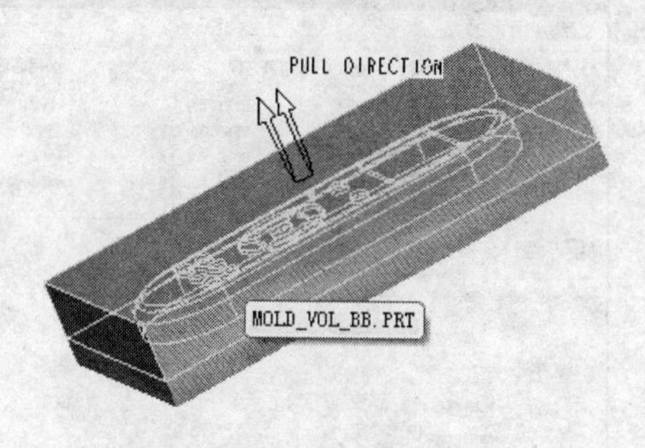

图7-33 选择上方的体积块

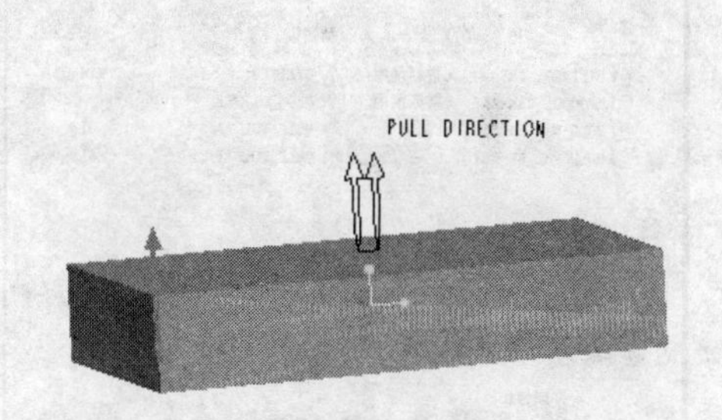

图7-34 偏移箭头

（3）在【定义间距】菜单管理器中选择【定义移动】选项，在绘图区选取下方的体积块，单击【选取】对话框中的【确定】按钮，然后选择该体积块上的与Z轴平行的竖直边线，出现指向+Z方向的箭头。如图7-36所示。在提示栏中输入“－100”，注意若箭头指向－Z方向，应输入正值。

图7-35 提示栏

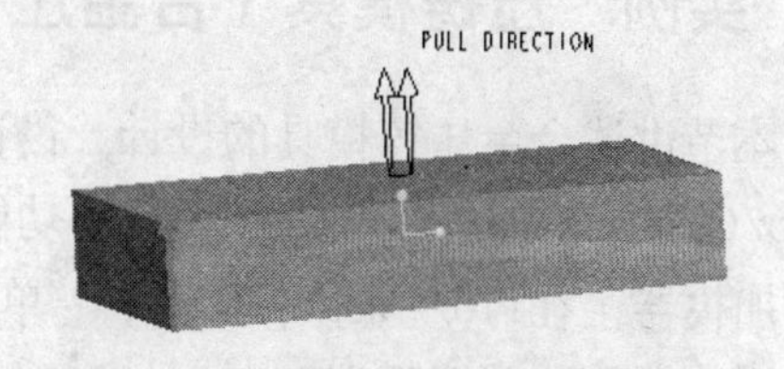

图7-36 指向+Z方向的箭头

（4）单击【定义间距】菜单管理器中的【完成】选项，模具开模设计完成。

（5）在模型树中选择工件和裙边曲面及侧面影像曲线的图标，单击鼠标右键，在快捷菜单中选择【隐藏】选项，如图7-37所示。模拟开模的效果如图7-38所示。

7.1.8 保存副本

选择【文件】|【保存副本】菜单命令，打开【保存副本】对话框，选择合适的保存位置，输入新的名称“muju”，单击【确定】按钮，打开【组件保存为一个副本】对话框，在4个零件名称右侧的【操作】列中选择【新名称】选项，如图7-39所示，系统自动在两个体积块的名称后面加上一个“_”，如图7-40所示。单击【保存副本】按钮即可。

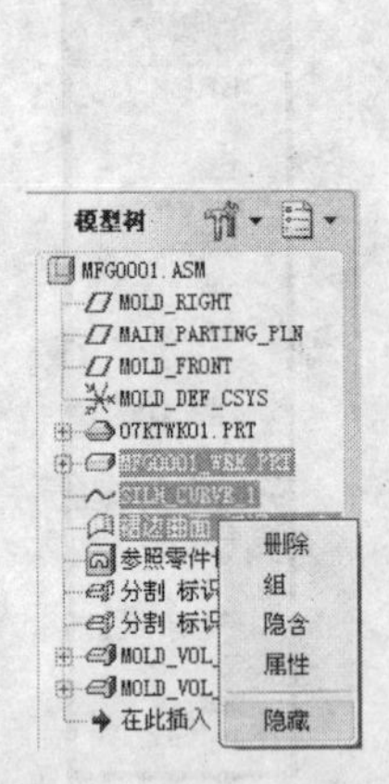

图7-37 选择【隐藏】

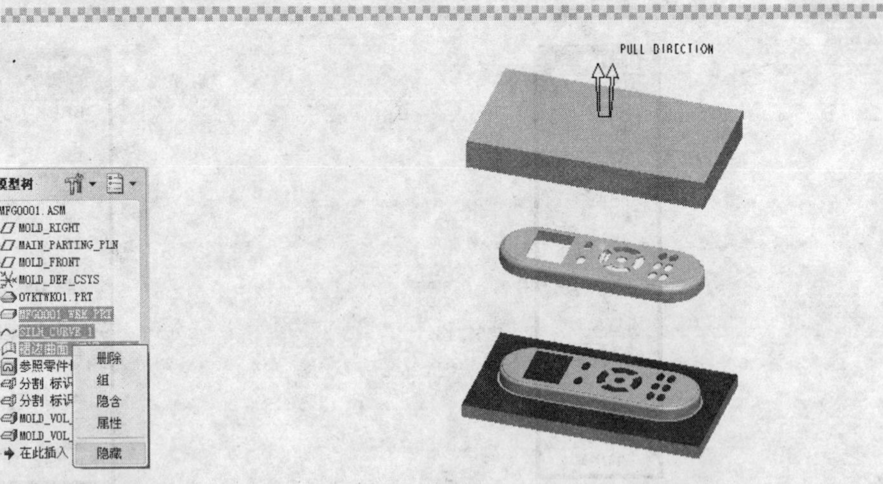

图7-38 模拟开模

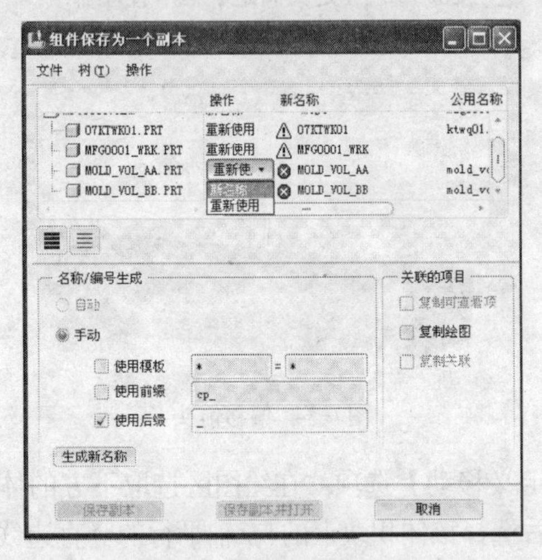

图7-39 选择【新名称】选项

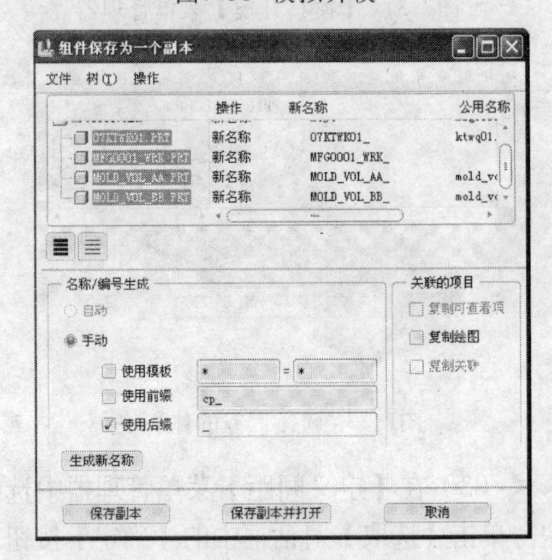

图7-40 系统自动命名

7.2 实例：压铸模具（合金压铸模具设计和分型）

本节讲述合金压铸模具的设计，设计合金压铸模具，主要在Pro/Casting模块中进行，其中Pro/Casting与Pro/Moldesign模块的功能基本相同，只是有些名词不同，例如工件在铸造中称为加模器。在Pro/Casting模块中，单击分型面按钮不再进入分型面创建模式，而是弹出【曲面选项】菜单管理器。

7.2.1 设置隐含零件

（1）选择【文件】|【打开】菜单命令，打开配套资料第7章文件夹中的ele.prt文件，如图7-41所示。

（2）在【模型树】中用鼠标右键单击【旋转3】，在弹出的快捷菜单中选择【隐含】命令，系统将弹出【隐含】对话框，并加亮显示特征，单击【确定】按钮。

提示 默认状态下，隐含的特征不在模型树中显示，要显示隐含的特征，应在【导航器】选项卡的【设置】列表中单击【树过滤器】按钮，在【模型树项目】对话框中选择【隐含的对象】，单击【确定】按钮，模型树中将显示隐含的特征。

（3）单击【工程特征】工具栏中的【孔】按钮，打开【孔】操控面板，选择孔类型为【简单孔】，设置【直径】为“8”，在绘图区选择孔的放置面为凸台的端面。

（4）切换至【放置】选项卡，选择【偏移参照】为“A_2”轴，设置偏移距离为0，选择任意一个基准面为【尺寸方向参照】，如图7-42所示，选择深度方式为【钻孔至所有曲面相交】，单击【应用并保存】按钮，效果如图7-43所示。

图7-41 打开的文件

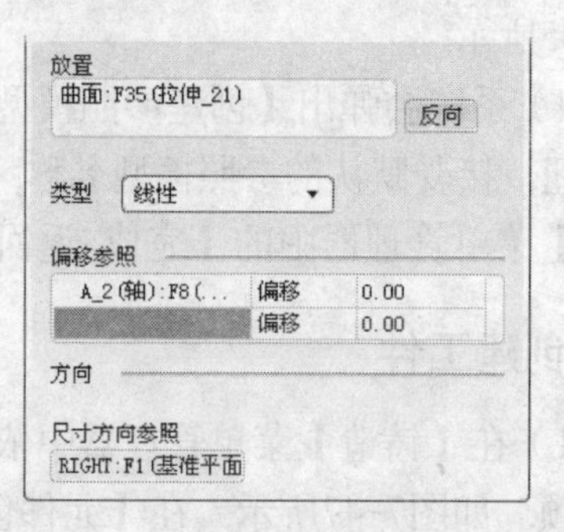

图7-42 设置【放置】选项卡

图7-43 孔特征

7.2.2 模具布局

（1）选择【文件】|【新建】菜单命令，在弹出的【新建】对话框中选择【类型】为【制造】，【子类型】为【铸造型腔】，在【名称】文本框中输入模具模型的名称“ele”，取消启用【使用缺省模板】复选框，单击【确定】按钮，在弹出的【新文件选项】对话框中，选择【mmns_mfg_cast】选项，单击【确定】按钮，如图7-44所示。

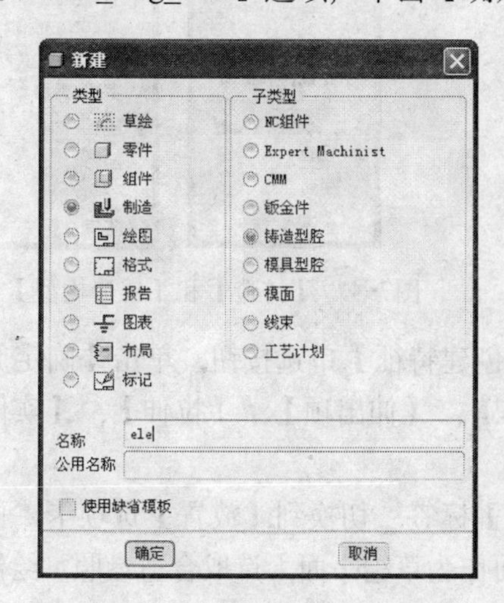

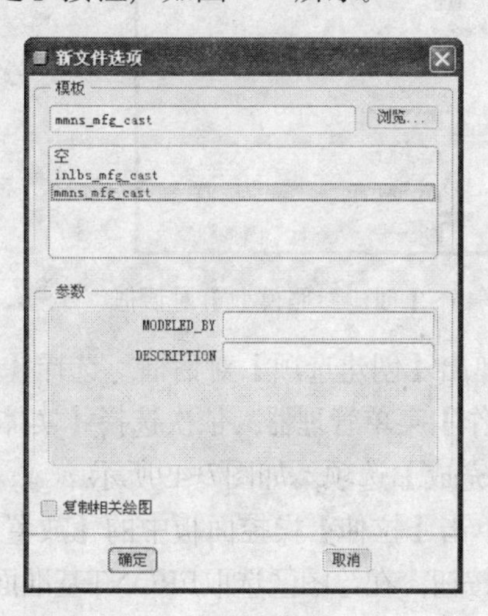

图7-44 【新建】对话框和【新文件选项】对话框

（2）在【铸造】菜单管理器中依次选择【铸造模型】、【装配】、【参照模型】选项，在弹出的【打开】对话框中选择“ele.prt”零件作为设计模型的参照，单击【打开】按钮。

（3）在【装配】操控面板中添加3个约束，“CAST_FRONT”与“TOP”配对，“MAIN_PARTING_PLN”与“FRONT”配对，“CAST_RIGHT”与“RIGHT”配对，单击【应用并保存】按钮☑，最后选择【模具元件】菜单管理器中的【完成/返回】选项，效果如图7-45所示。

（4）系统会弹出【创建参照模型】对话框，选择【按参照合并】单选按钮，单击【确定】按钮，接受默认的参照模型名称，如图7-46所示，完成参照模型的加入。最后选择【模具模型】菜单管理器中的【完成/返回】选项。

7.2.3 创建工件

（1）在【铸造】菜单管理器中依次选择【铸造模型】、【创建】、【夹模器】、【手动】选项，如图7-47所示，在【元件创建】对话框中输入名称“ele1”，如图7-48所示，单击【确定】按钮。

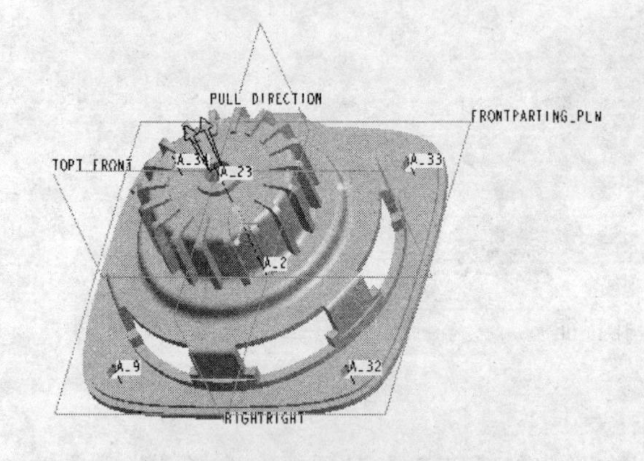

图7-45 放置参照模型

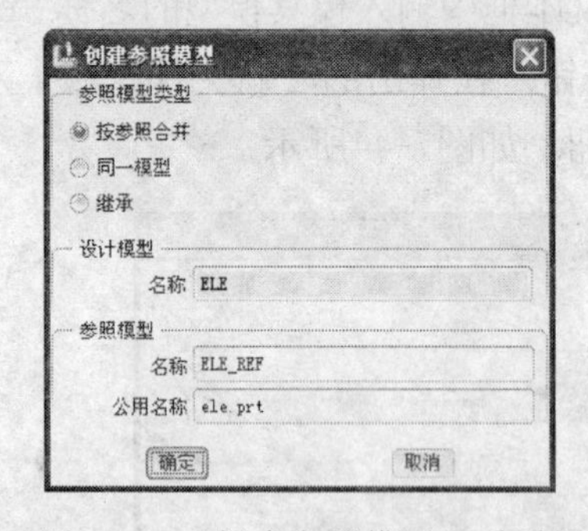

图7-46 【创建参照模型】对话框

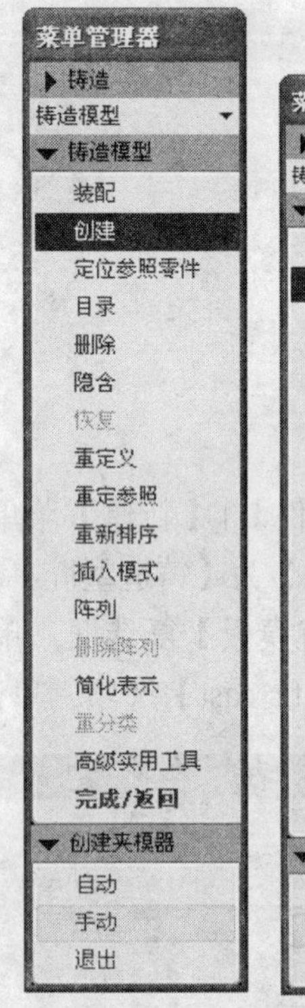

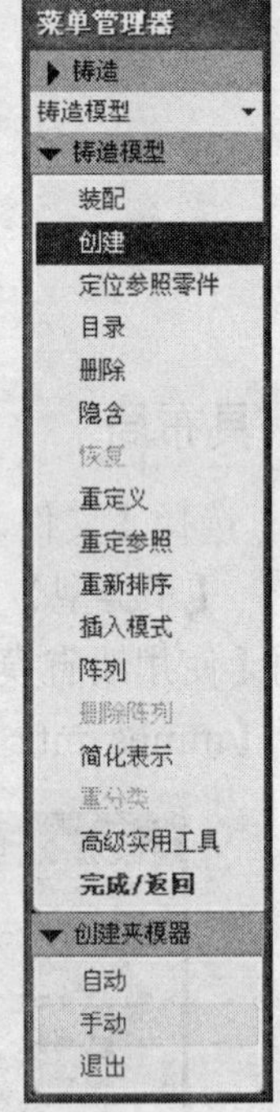

图7-47 【铸造】和【铸造模型】菜单管理器

（2）弹出【创建选项】对话框，选择【创建特征】单选按钮，单击【确定】按钮，弹出【特征操作】菜单管理器，依次选择【实体】、【伸出项】、【拉伸】、【实体】选项，最后选择【完成】选项，如图7-49所示。

（3）单击【拉伸】操控面板中的【放置】标签，切换到【放置】选项卡，再单击其中的【定义】按钮，在绘图区选取FRONT基准面作为草绘平面，选取合适参照，绘制矩形，如图7-50所示。

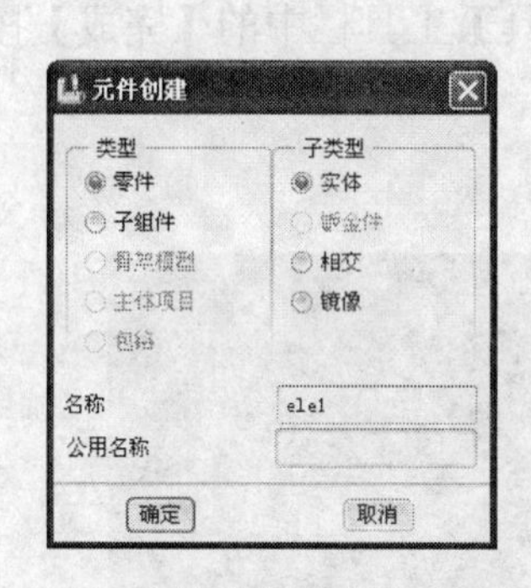

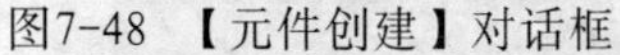

图7-48 【元件创建】对话框

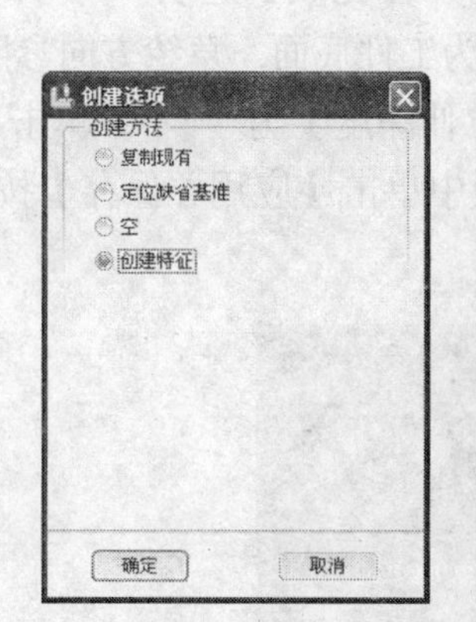

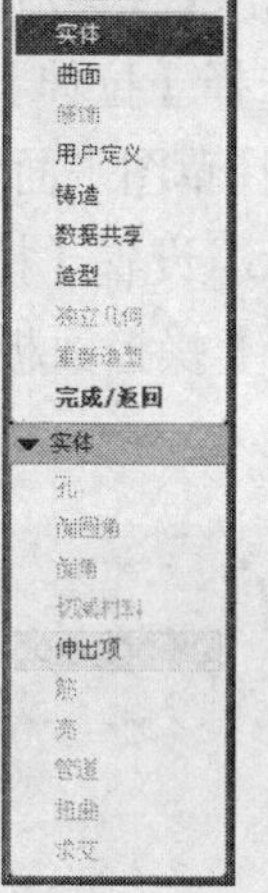

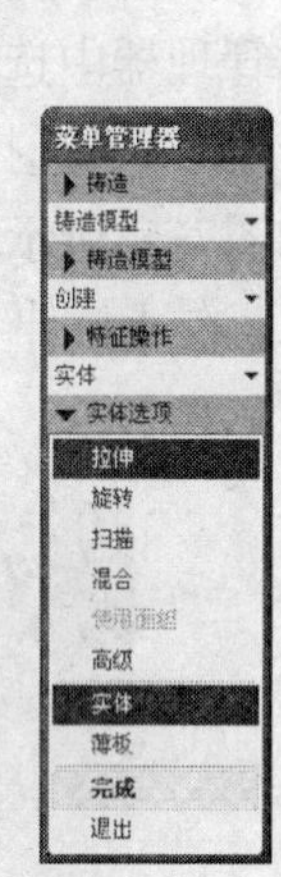

图7-49 【创建选型】对话框和【特征操作】菜单管理器

（4）单击【草绘器工具】工具栏中的【完成】按钮✓，在【拉伸】操控面板中选择拉伸方式为【在各方向上以指定深度值的一半拉伸草绘平面的两侧】，设置拉伸深度为“120”，单击【应用并保存】按钮，最后在菜单管理器中两次选择【完成/返回】选项，完成夹模器的创建，工件将以绿色透明的方式显示在绘图区，如图7-51所示。

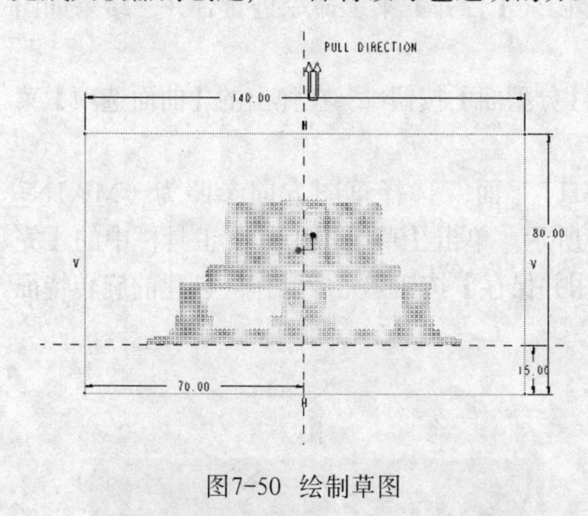

图7-50 绘制草图

图7-51 工件效果

7.2.4 设计型腔组件

（1）在【铸造】菜单管理器中依次选择【收缩】、【按尺寸】选项，系统会弹出一个窗口显示参照模型，并弹出【按尺寸收缩】对话框，在对话框中选择【收缩公式】为【1+S】。

（2）在【收缩率】列表框的【比率】文本框中设置各个方向的收缩率值为“0.05”。

（3）单击对话框中的【应用并保存】按钮退出，完成收缩率的设置。

（4）单击【模具/铸件制造】工具栏中的【分型面】按钮，在弹出的【曲面选项】菜单管理器中选择【拉伸】、【完成】选项。

（5）选择草绘平面为工件底面，草绘方向参照为（CAST_FRONT，底部），绘制草图，如图7-52所示。绘制完成后，在【拉伸】操控面板中选择深度方式为【拉伸至指定的点、曲线、平面或曲面】，即“MAIN_PARTING_PLN”面，单击【草绘器工具】工具栏中的【完成】按钮，在【拉伸】操控面板中单击【应用并保存】按钮。

（6）单击【模具/铸件制造】工具栏中的【分型面】按钮，在弹出的【曲面选项】菜单管理器中选择【拉伸】、【完成】选项。

（7）选择草图平面为工件底面，草绘方向参照为（CAST_FRONT，底），绘制草图，如图7-53所示，设置【拉伸深度】为“5”，单击【草绘器工具】工具栏中的【完成】按钮，在【拉伸】操控面板中单击【应用并保存】按钮。

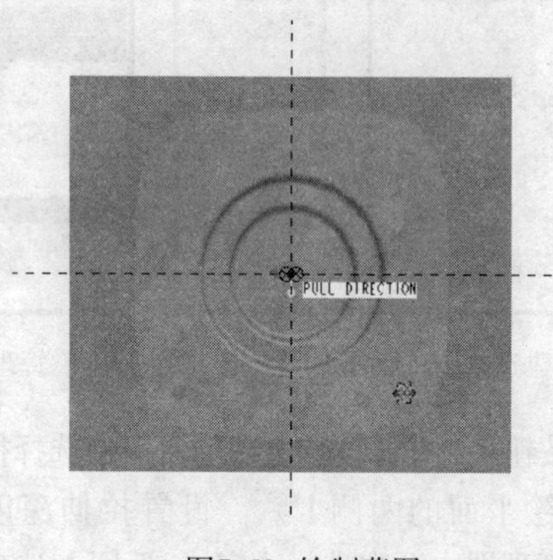

图7-52 绘制草图

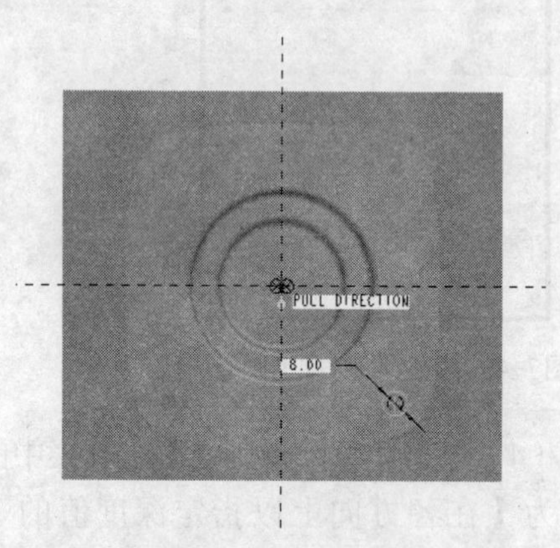

图7-53 绘制草图

（8）选择刚创建的两个曲面，选择【编辑】|【合并】菜单命令进行合并，结果如图7-54所示。

（9）单击【模具/铸件制造】工具栏中的【分型面】按钮，在弹出的【曲面选项】菜单管理器中选择【旋转】、【完成】选项。

（10）选择草绘平面为“MOLD_RIGHT”面，选择草图方向参照为（MAIN_PARTING_PLN，顶），绘制草图，如图7-55所示，单击【草绘器工具】工具栏中的【完成】按钮，在【旋转】操控面板中单击【应用并保存】按钮完成操作，创建的旋转特征如图7-56所示。

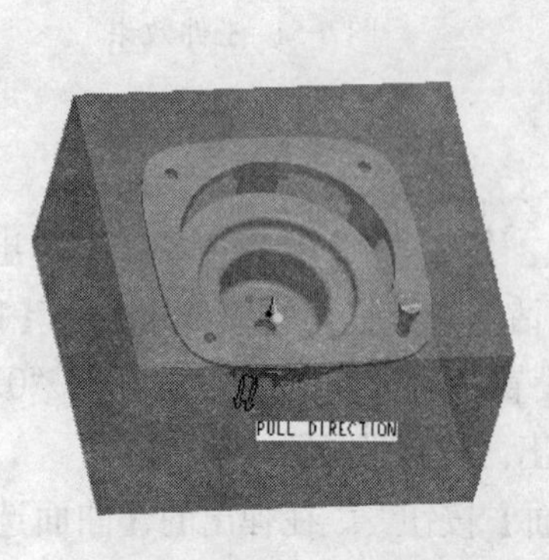

图7-54 合并分型面

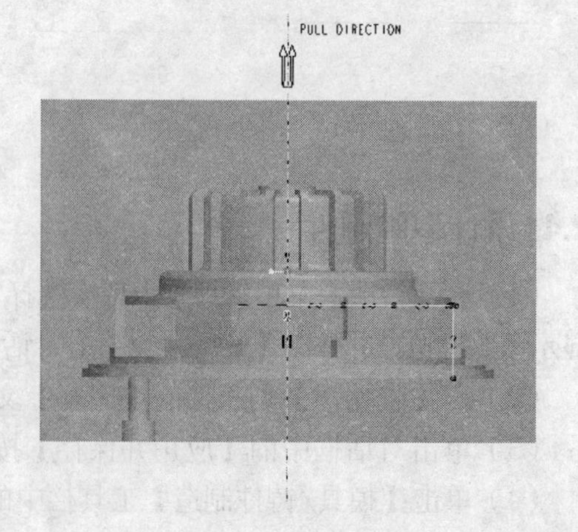

图7-55 绘制的草图

（11）单击【模具/铸件制造】工具栏中的【分型面】按钮，在弹出的【曲面选项】菜单管理器中选择【平整】、【完成】选项。

（12）选择草绘平面为“MAIN_PARTING_PLN”，选择草绘方向参照为（CAST_FRONT，右），绘制草图，如图7-57所示。单击【草绘器工具】工具栏中的【完成】按钮，在【填充】操控面板中单击【应用并保存】按钮。

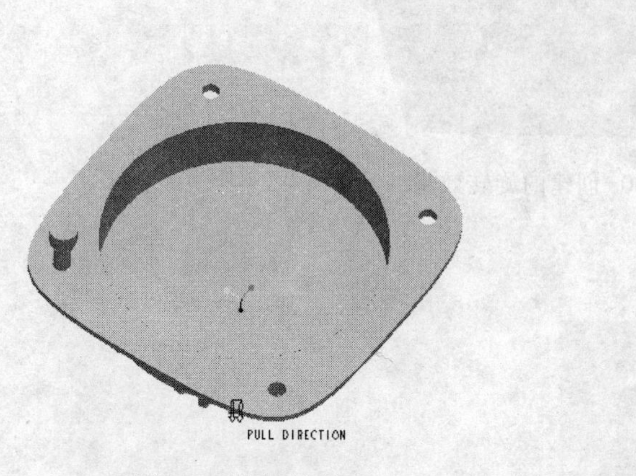

图7-56　旋转效果

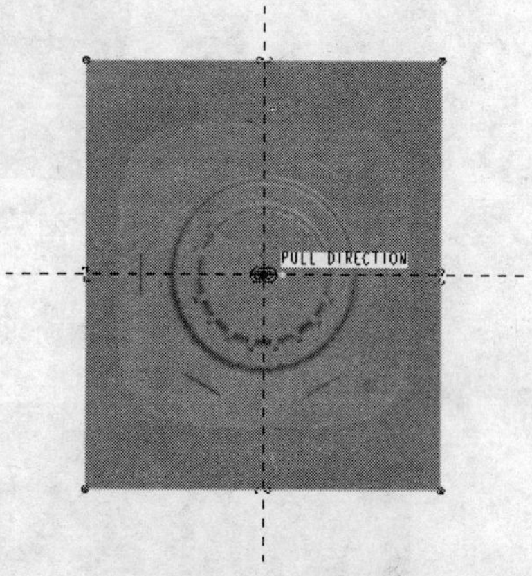

图7-57　绘制草图

（13）按住Ctrl键，选择刚创建的两个曲面，选择【编辑】|【合并】菜单命令，单击【应用并保存】按钮，如图7-58所示。

（14）单击【模具/铸件制造】工具栏中的【分型面】按钮，在弹出的【曲面选项】菜单管理器中选择【旋转】、【完成】选项。

（15）选择草绘平面为“MOLD_RIGHT”，选择草绘方向参照为（MAIN_ PARTING_PLN，顶），绘制草图，如图7-59所示。单击【草绘器工具】工具栏中的【完成】按钮，在【旋转】操控面板中单击【应用并保存】按钮完成操作，效果如图7-60所示。

图7-58　合并分型面

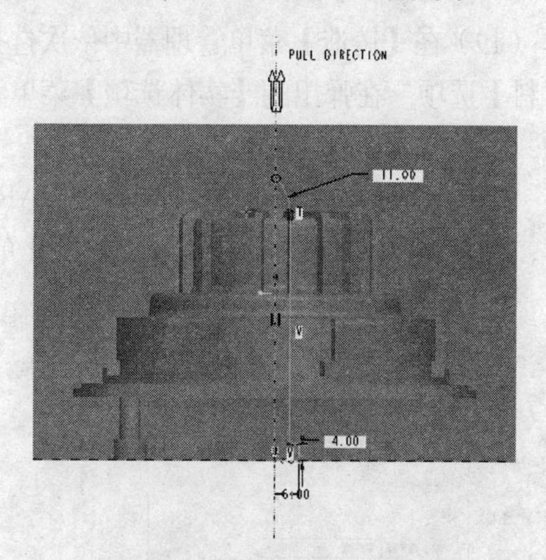

图7-59　绘制的旋转截面

（16）在【铸造】菜单管理器中依次选择【铸造特征】、【型腔组件】、【实体】、【切减材料】选项，在弹出的【实体选项】菜单管理器中依次选择【旋转】、【实体】、【完成】选项。

（17）在【草绘】对话框中单击【使用先前的】按钮，使用刚创建的草绘平面和草绘方向参照，绘制草图，如图7-61所示。单击【草绘器工具】工具栏中的【完成】按钮☑。

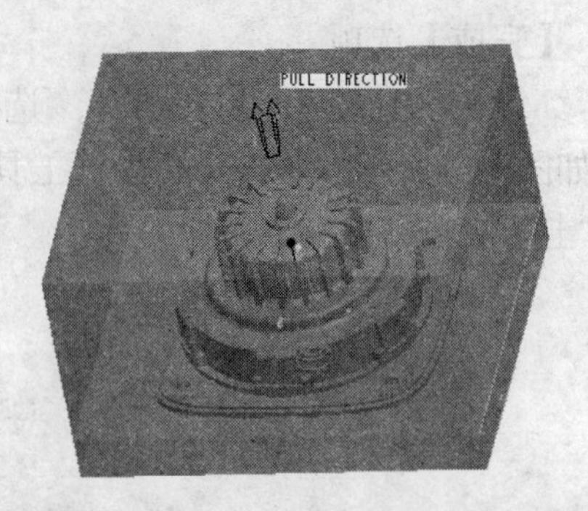

图7-60 创建的旋转效果

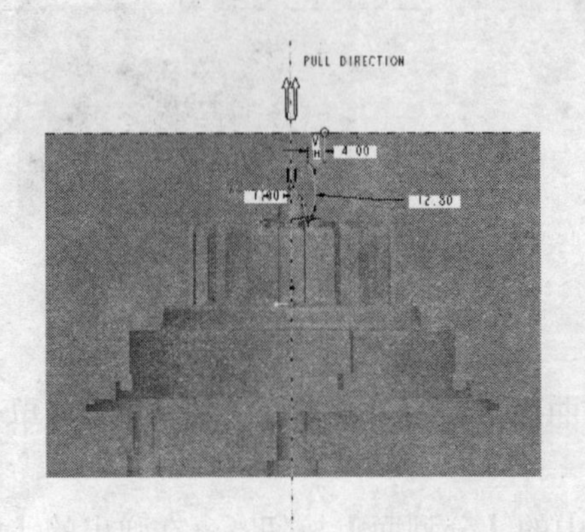

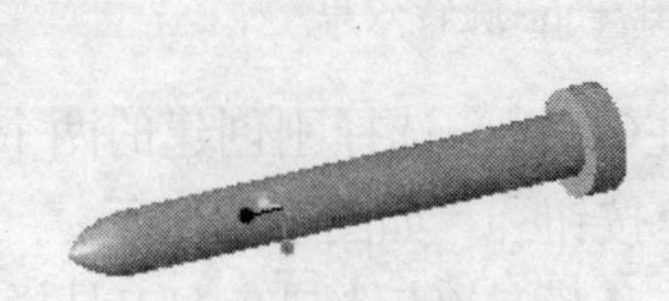

图7-61 绘制草图

（18）在【旋转】操控面板上，单击【相交】标签，切换到【相交】选项卡，取消启用【自动更新】复选框，将ele1的显示级调整为【零件级】，如图7-62所示。单击【应用并保存】按钮☑。

（19）在【铸造】菜单管理器中依次选择【铸造特征】、【型腔组件】、【实体】、【切减材料】选项，在弹出的【实体选项】菜单管理器中依次选择【拉伸】、【实体】、【完成】选项。

（20）选择草绘平面为“MAIN_PARTING_PLN”，草图参照为（CAST_RIGHT，左），绘制草图，如图7-63所示。单击【草绘器工具】工具栏中的【完成】按钮☑。

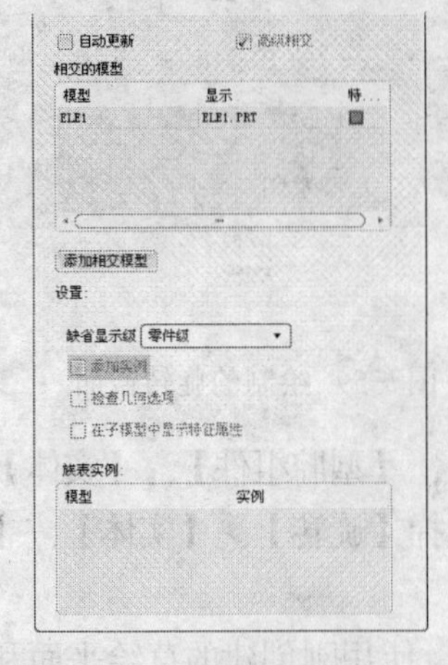

图7-62 【相交】选项卡

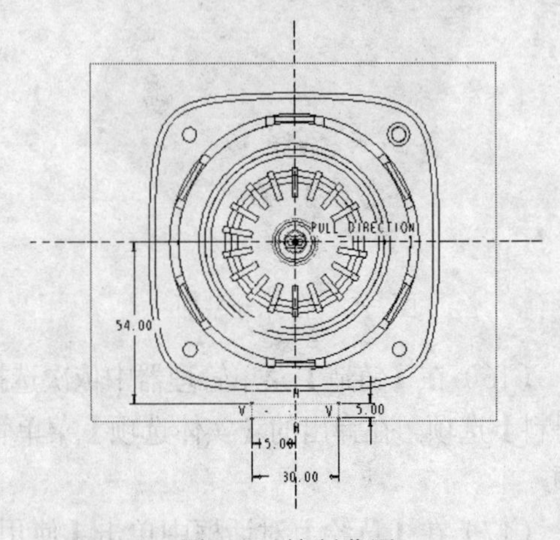

图7-63 绘制草图

（21）在【拉伸】操控面板中，切换到【相交】选项卡，取消启用【自动更新】复选框，将ele1的显示级调整为【零件级】，如图7-64所示。单击【应用并保存】按钮☑。

（22）在【模型树】中用鼠标右键单击刚创建的拉伸特征，在弹出的快捷菜单中选择【阵列】命令，在【阵列】操控面板的【阵列方式】列表中选择【轴】阵列方式，选择“A_2”轴，设置【阵列数目】为“4”，【阵列角度】为“90”，单击【应用并保存】按钮☑，效果如图7-65所示。

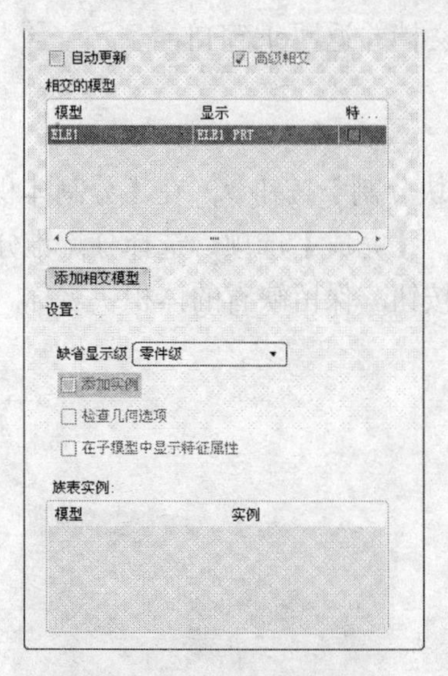

图7-64　【相交】选项卡

图7-65　阵列特征

（23）在【铸造】菜单管理器中依次选择【铸造特征】、【型腔组件】、【实体】、【切减材料】选项，在弹出的【实体选项】菜单管理器中依次选择【拉伸】、【实体】、【完成】选项。

（24）在【草绘】对话框中选择先前的草绘平面和草绘方向参照，绘制草图，如图7-66所示。单击【草绘器工具】工具栏中的【完成】按钮✓。

（25）在【拉伸】操控面板中单击【相交】标签，切换到【相交】选项卡，取消启用【自动更新】复选框，将ele1的显示级调整为【零件级】，如图7-67所示；设置【深度】为“0.5”，单击【应用并保存】按钮☑。

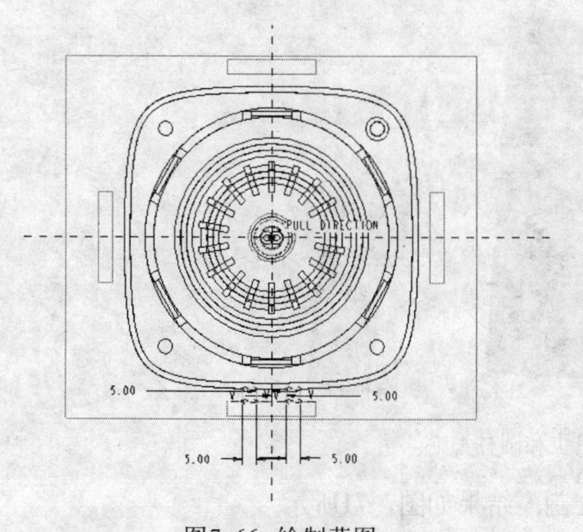

图7-66　绘制草图

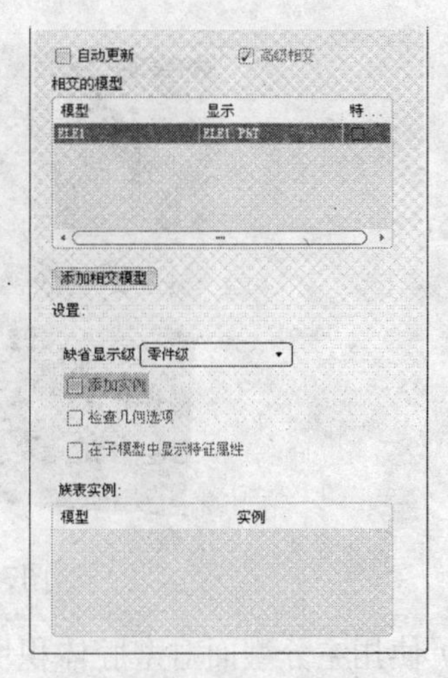

图7-67　【相交】选项卡

（26）用相同的方法，继续创建横向拉伸剪切特征。

（27）在【模型树】中用鼠标右键单击ele1.prt，在弹出的快捷菜单中选择【打开】命令，可以看到工具工件已添加了浇注系统的切割特征，如图7-68所示。

（28）单击【工程特征】工具栏中的【拔模】按钮，按住Ctrl键，选择溢流槽各侧面为拔模曲面，底面为拔模枢轴平面，设置【拔模角度】为“15”，单击【应用并保存】按钮。

（29）用相同的方法，继续为其余的溢流槽添加拔模特征。

（30）选择【文件】|【保存】菜单命令，保存文档并返回ele窗口。

7.2.5 分割工件

（1）单击【模具/铸件制造】工具栏中的【体积块分割】按钮，在【分割体积块】菜单管理器中依次选择【两个体积块】、【所有工件】、【完成】选项，选择分流锥分型面作为分割的曲面组，单击【分割】对话框中的【确定】按钮，保留缺省的体积块名称，完成体积块的创建，如图7-69所示。

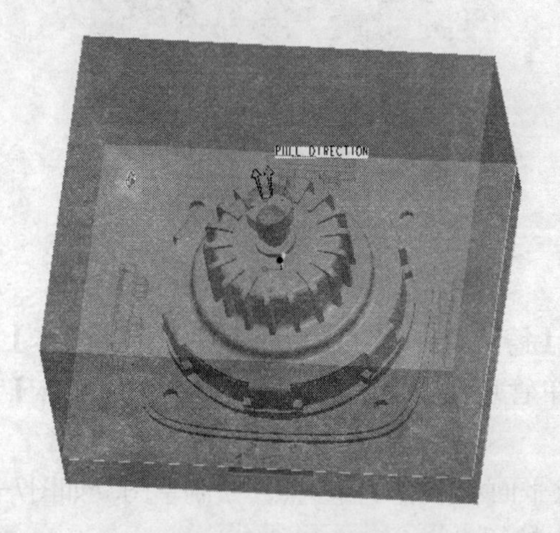

图7-68 夹模器

图7-69 分割工件结果

（2）继续使用圆柱型芯分型面对大的体积块进行分割，得到圆柱型芯和另一个体积块，如图7-70所示。

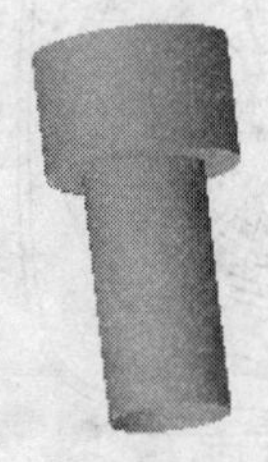

图7-70 体积块和圆柱型芯

（3）使用主分型面对型腔体积块进行分割，结果如图7-71所示。

图7-71 分割的工件

（4）单击【模具/铸件制造】工具栏中的【型腔插入】按钮，在弹出的【创建模具元件】对话框中选择已创建的体积块，单击【选择全部体积块】按钮，单击【确定】按钮。

（5）在【铸造】菜单管理器中依次选择【铸造模型】、【创建】、【模具元件】选项，弹出【元件创建】对话框，在【子类型】中选择【镜像】，输入名称“DEL2”，单击【确定】按钮。

（6）系统将弹出【镜像零件】对话框，选择“DIE_VOL_4”零件为【零件参照】，选择“MOLD_FRONT”面为【平面参照】，单击【确定】按钮。

（7）用相同的方法继续创建另外两个镜像元件：DEL3和DEL4。

（8）在【铸造】菜单管理器中依次选择【铸造模型】、【高级实用工具】、【切除】选项，选择“DIE_VOL_5”和“DIE_VOL_6”为元件切除对象，单击【确定】按钮，再选择通过镜像得到的各型芯作为参照零件，切除结果如图7-72所示。

图7-72 分割工件结果

（9）最后对模型进行分模操作，结果如图7-73所示。选择【文件】|【保存】菜单命令保存文件。

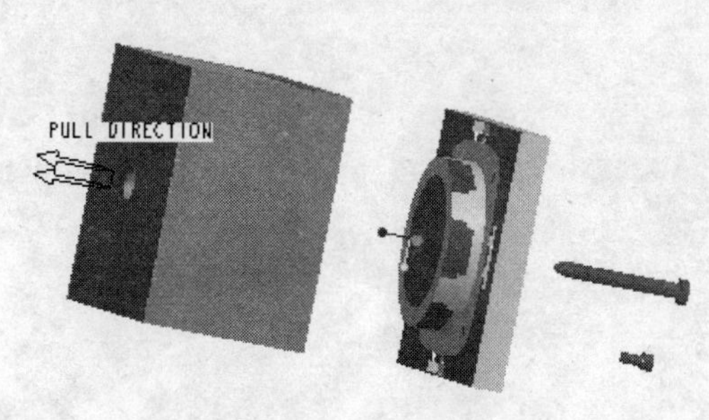

图7-73 模具的凹凸模

课后练习

设计模具，要用到的零件如图7-74所示。

图7-74 外壳模型

第8课

数控加工

本课知识结构：本课通过具体的实例讲解了数控铣削加工、数控孔加工和数控车削加工的方法。

就业达标要求：

★ 掌握数控铣削加工的基本方法；

★ 掌握孔加工的基本过程；

★ 掌握数控铣削加工的步骤。

本课建议学时：3学时

8.1 实例：加工模具（数控铣削加工操作）

本例对第7.1节设计的模具型腔进行数控加工操作，主要内容包括设置机床，设置刀具类型，设置参照、退刀和坯件材料，以及根据数控加工环境中各项数据的需要进行的操作，最后进行刀轨演示和过切检查，完成的实例如图8-1所示。

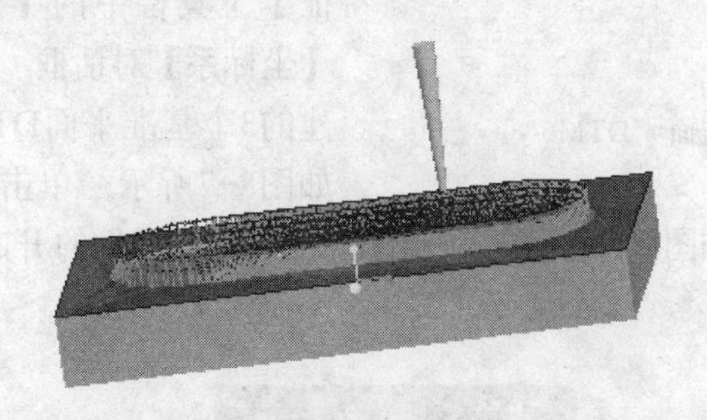

图8-1 实例图

8.1.1 加工操作前期工作

（1）打开型腔零件，即名称为“mold_vol_bb_.prt”的零件，如图8-2所示。

（2）选择【插入】|【模型基准】|【平面】菜单命令或单击绘图区域右侧【特征】工具栏中的【平面】按钮▱，打开【基准平面】对话框。选择如图8-2所示的面，输入偏移距离为“90”，注意若偏移方向与图8-3中的相反，应输入负值，单击【确定】按钮，创建基准面“DTM1”，如图8-4所示。

（3）单击绘图区域右侧【特征】工具栏中的【平面】按钮▱，打开【基准平面】对话框，选择如图8-4所示的面，创建与该面的偏移距离为“50”的基准面“DTM2”，如图8-5所示。

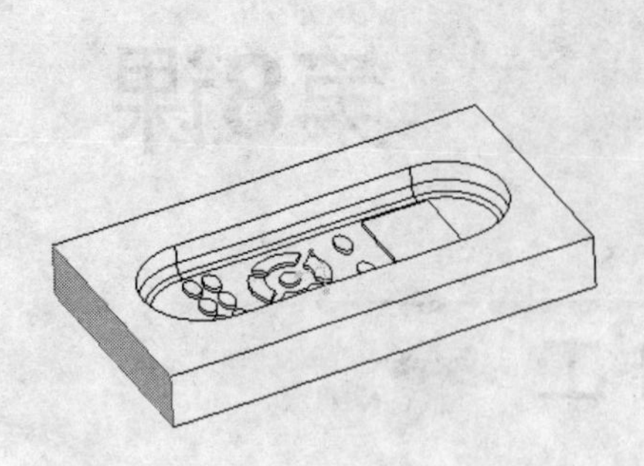

图8-2 打开零件

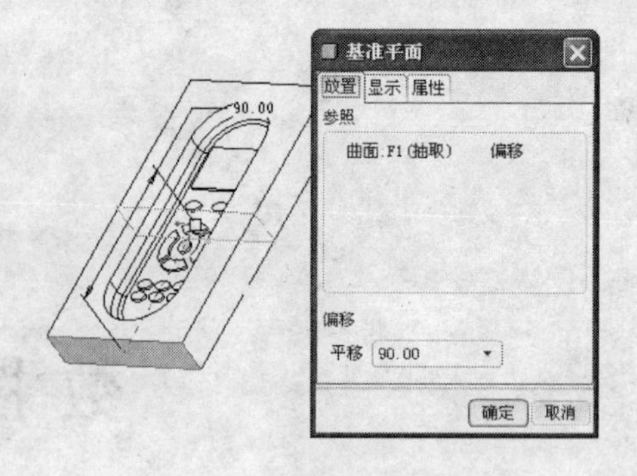

图8-3 偏移方向

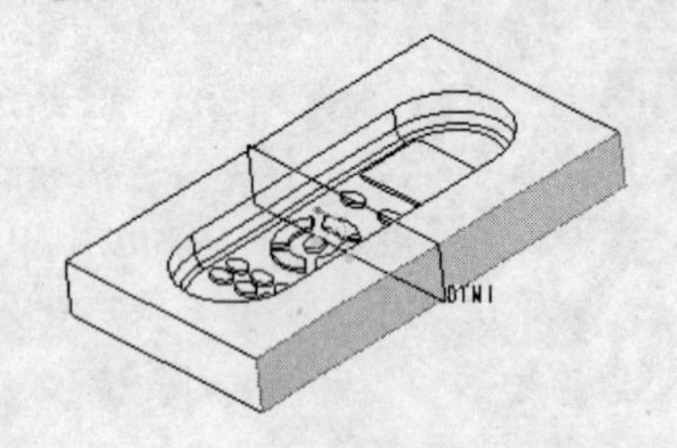

图8-4 创建的基准面“DTM1”

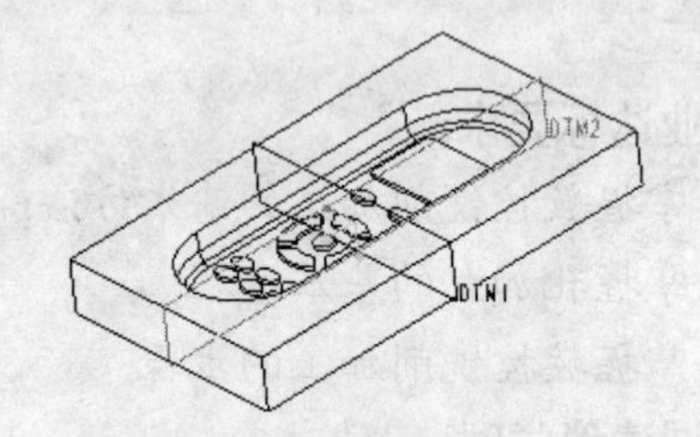

图8-5 创建的基准面“DTM2”

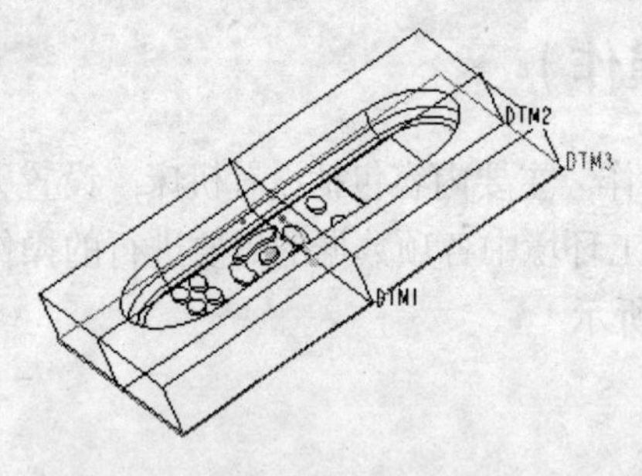

图8-6 创建的基准面“DTM3”

（4）创建与底面重合的基准面“DTM3”，如图8-6所示。

（5）选择【插入】|【模型基准】|【坐标系】菜单命令或单击绘图区域右侧【特征】工具栏中的【坐标系】按钮，打开【坐标系】对话框。按住Ctrl键，选择前面创建的3个基准平面DTM1、DTM2和DTM3，如图8-7所示。单击【方向】标签，切换到【方向】选项卡，按照如图8-8所示设置参数，使Z轴指向零件的开口方向，单击【确定】按钮，效果如图8-9所示。

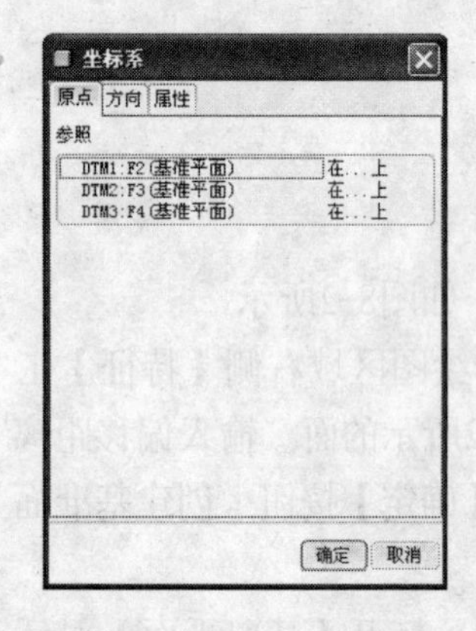

图8-7 选择参照平面

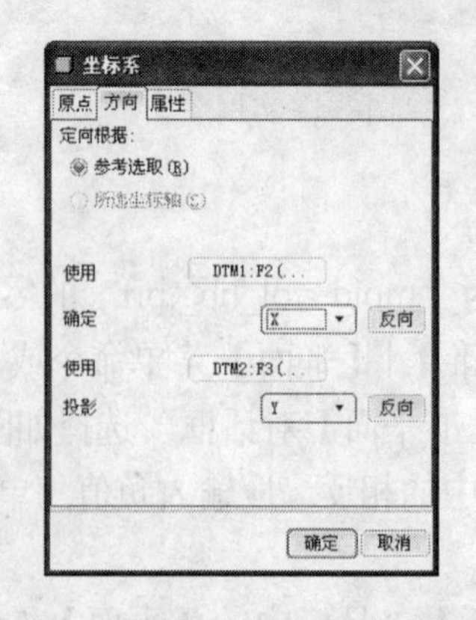

图8-8 设置【方向】选项卡

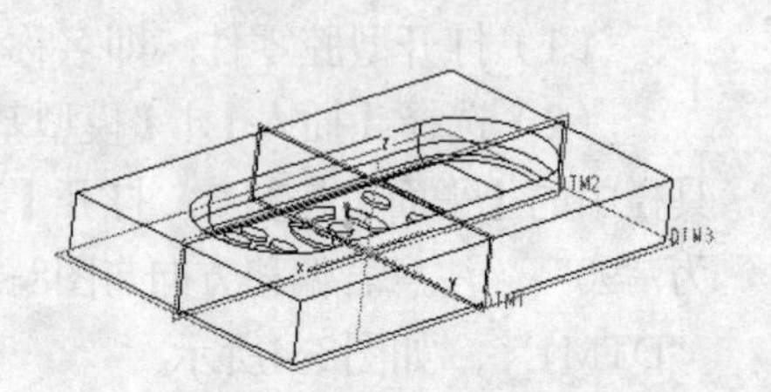

图8-9 创建的坐标系

（6）保存副本，文件名称为“xingqiang.prt”。

8.1.2 创建工件

（1）选择【文件】|【新建】菜单命令或单击工具栏中的【新建】按钮，打开【新建】对话框，选择【类型】为【零件】，选择【子类型】为【实体】，在【名称】文本框中输入名称为“jggongjian.part”，单击【确定】按钮。打开【新文件选项】对话框，选择公制零件模板mmns_part_solid，单击【确定】按钮。

（2）选择【插入】|【拉伸】菜单命令或单击【基础特征】工具栏中的【拉伸】按钮，打开【拉伸特征】操控面板。单击【放置】标签，切换到【放置】选项卡，单击【定义】按钮，打开【草绘】对话框，选择基准平面FRONT为草绘平面，其他按默认设置，如图8-10所示，单击【草绘】按钮。绘制如图8-11所示的草图。单击【完成】按钮✓，退出草绘界面，返回到特征工作窗口。

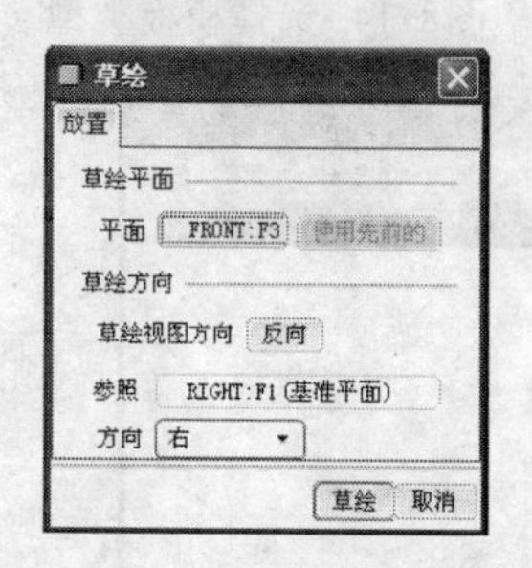

图8-10 【草绘】对话框

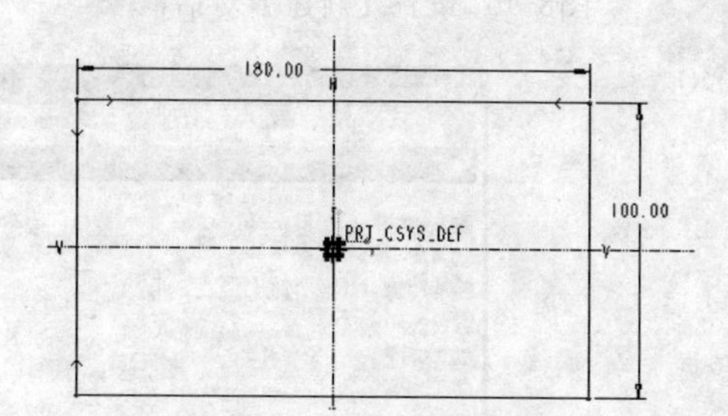

图8-11 绘制草图

（3）在操控面板中选择【拉伸为实体】，拉伸方向为Z轴正方向，拉伸深度选择【从草绘平面以指定的深度值拉伸】，输入拉伸深度为“22”，单击【应用并保存】按钮✓。创建的特征如图8-12所示。

（4）保存文件。

图8-12 创建的拉伸特征

8.1.3 新建加工文件

（1）选择【文件】|【新建】菜单命令或单击工具栏中的【新建】按钮，打开【新建】对话框，选择【类型】为【制造】，选择【子类型】为【NC组件】，在【名称】文本框中输入名称为“ncjiagong”，如图8-13所示。单击【确定】按钮，打开【新文件选项】对话框，选择公制零件模板mmns_mfg_nc，如图8-14所示。单击【确定】按钮。

（2）选择【插入】|【参照模型】|【装配】菜单命令或单击【制造元件】工具栏中的【装配参照模型】按钮，打开【打开】对话框，选择保存好的零件文件“xingqiang.part”，如图8-15所示。单击【打开】按钮。

（3）打开如图8-16所示的【装配】操控面板，单击【放置】标签，切换到【放置】选项卡，在【约束类型】下拉列表中选择【坐标系】选项，如图8-17所示。首先在绘图区选择“xingqiang.part”文件的坐标系，再选择机床坐标系，单击【应用并保存】按钮✓。装配效果如图8-18所示。

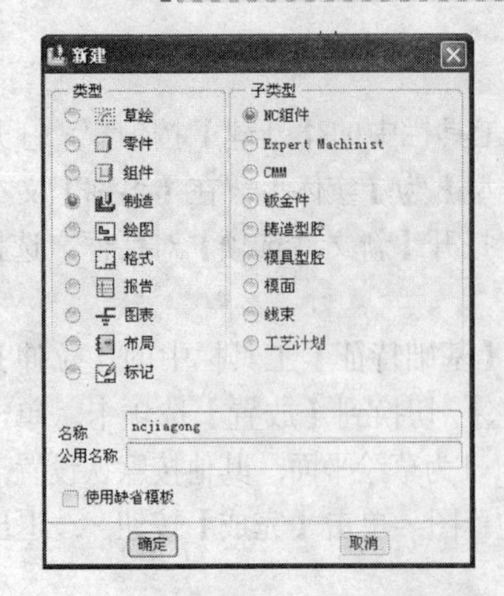

图8-13 设置【新建】对话框

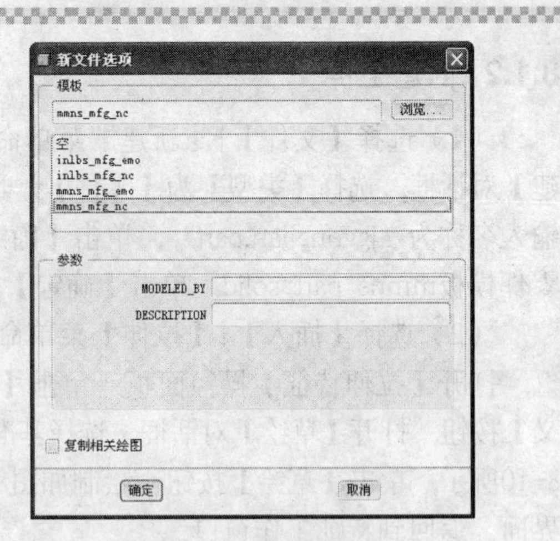

图8-14 选择模板类型

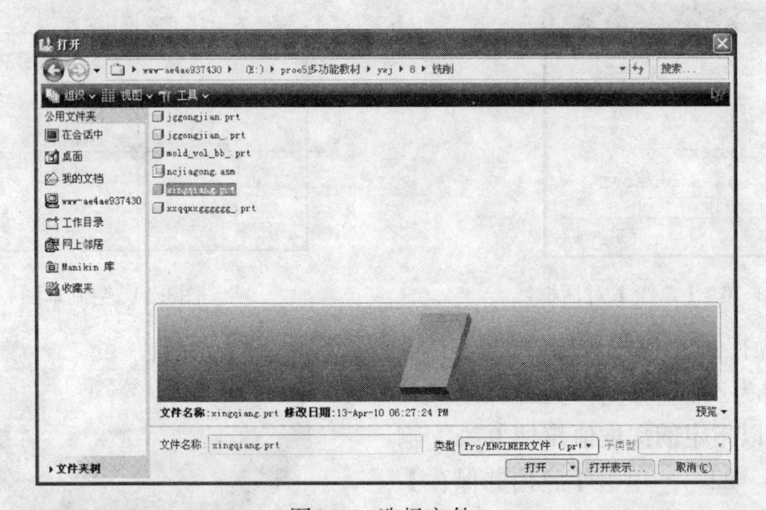

图8-15 选择文件

图8-16 【装配】操控面板

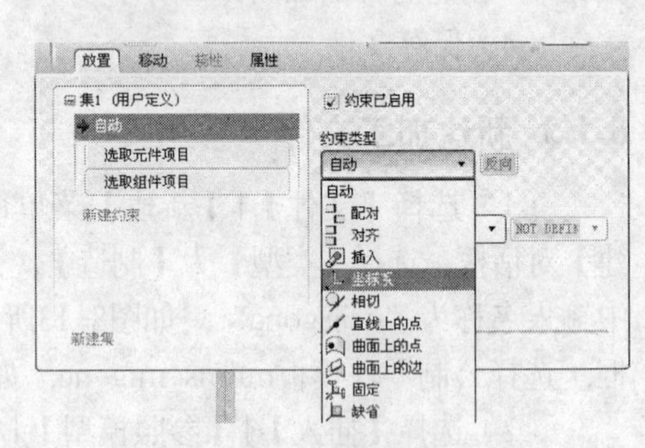

图8-17 选择【坐标系】选项

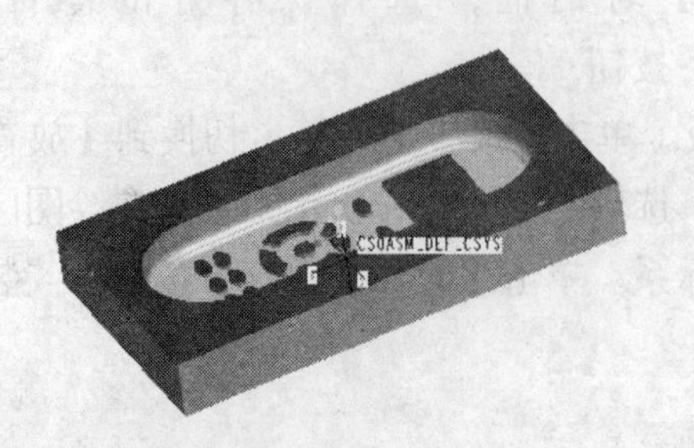

图8-18 装配的制造模型

（4）选择【插入】|【工件】|【装配】菜单命令或单击【制造元件】工具栏中的【装配工件】按钮，打开【打开】对话框，选择保存好的文件“jggongjian.part”，单击【打开】按钮。打开如图8-19所示的【装配】操控面板，设置【约束类型】为

【坐标系】，首先选择“jggongjian.part”文件的坐标系，再选择“xingqiang.part”文件的坐标系，单击【应用并保存】按钮✓。装配效果如图8-20所示。

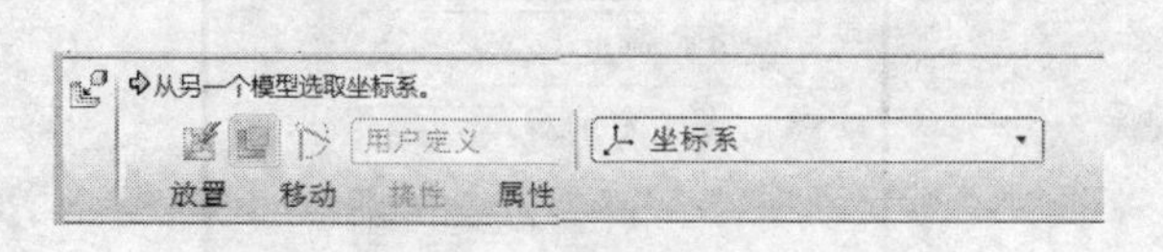

图8-19 【装配】操控面板

图8-20 装配的工件

8.1.4 创建操作

（1）选择【步骤】|【操作】菜单命令，打开如图8-21所示的【操作设置】对话框。输入适当的操作名称，单击【一般】标签，切换到【一般】选项卡，再单击【参照】选项组中的【选取或创建程序】按钮，在工作区选择机床的坐标系，单击【退刀】选项组中的【选取或创建退刀平面】按钮，打开【退刀设置】对话框，在工作区选择零件的Z轴负方向的底平面，方向箭头向下，输入偏移值为“-30”，如图8-22所示。单击【确定】按钮。

图8-21 【操作设置】对话框

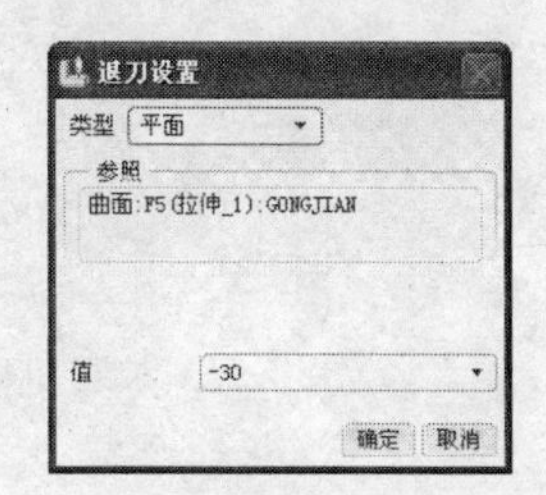

图8-22 设置【退刀设置】对话框

（2）单击【打开机床对话框以创建或重定义机床】按钮，打开【机床设置】对话框，按默认设置，如图8-23所示。单击【确定】按钮，单击【打开夹具对话框以重定义夹具】按钮，打开【夹具设置】对话框，按默认设置，如图8-24所示。单击✓按钮。

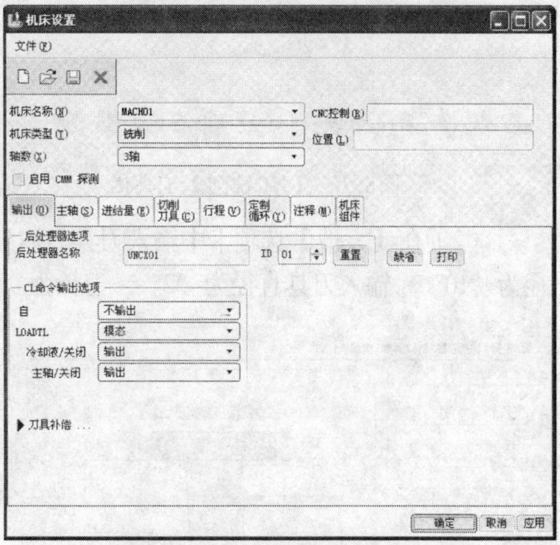

图8-23 【机床设置】对话框

（3）在【操作设置】对话框中输入公差为“0.03”，启用【始终使用退刀操作】复选框，选择坯件材料为【STEEL】，如图8-25所示。单击【确定】按钮，打开【NC铣削】工具栏，如图8-26所示。

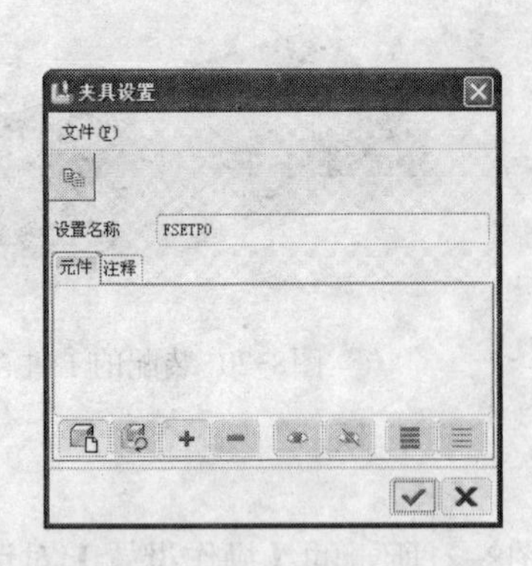

图8-24 【夹具设置】对话框

图8-25 设置【操作设置】对话框

8.1.5 创建刀具

（1）单击【制造】工具栏中的【刀具管理器】按钮，打开如图8-27所示的【刀具设定】对话框。单击【显示细节】按钮，展开刀具的细节区域。

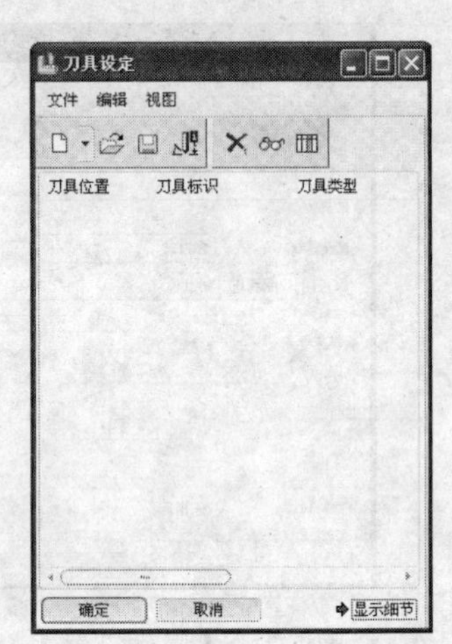

图8-26 【NC铣削】工具栏

图8-27 【刀具设定】对话框

（2）在【一般】选项卡中输入刀具名称为“T001”，类型选择【铣削】，设置到刀柄直径为“10”，输入刀具直径为“2”，刀长为“50”，输入在工件和刀尖之间的角度为“3”，如图8-28所示。在【设置】选项卡中输入刀具号为“1”，其他项目不填，如图8-29所示。在【刀具设定】对话框中单击【应用】按钮。

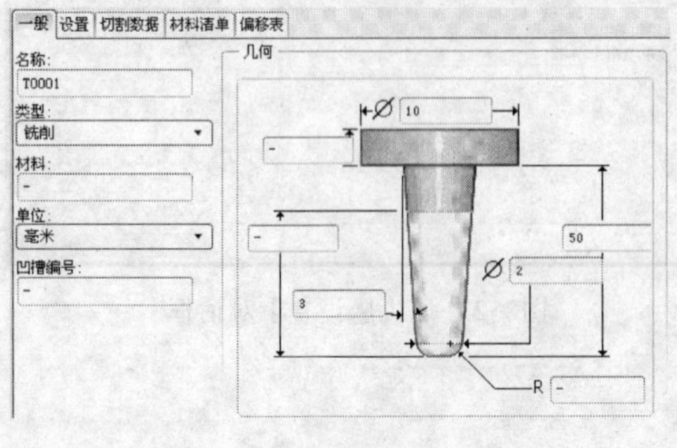

图8-28 设置刀具T001的参数

（3）在【一般】选项卡中输入刀具名称为“T002”，类型选择【球铣削】，输入刀具直径为“1”，刀长为“50”，如图8-30所示。在【设置】选项卡中输入刀具号为“2”。在【刀具设定】对话框中单击【应用】按钮。单击【确定】按钮，关闭【刀具设定】对话框。

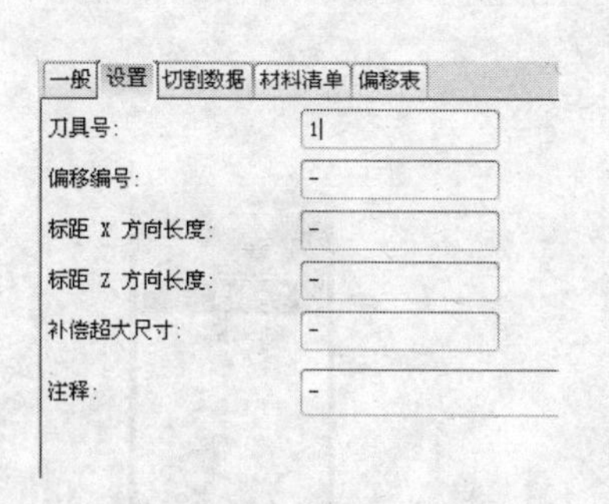

图8-29 输入刀具号

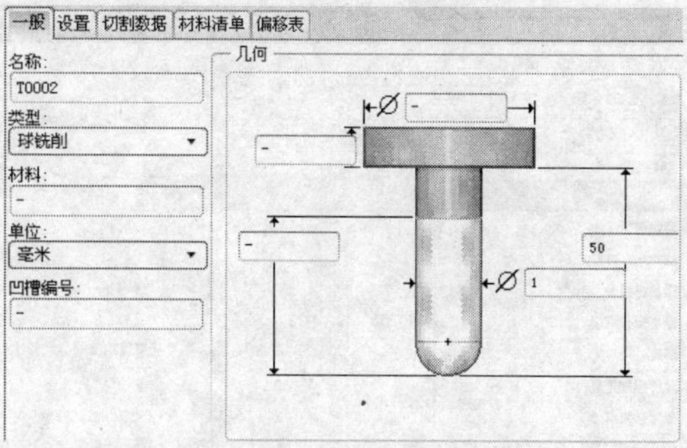

图8-30 设置刀具T002的参数

8.1.6 创建粗加工

（1）单击【MFG几何特征】工具栏中的【铣削窗口】按钮，打开如图8-31所示的【铣削窗口】操控面板，选择【侧面影像窗口类型】，在工作区选择坯件的Z轴正方向表面，如图8-32所示。单击【应用并保存】按钮✓。

图8-31 【铣削窗口】操控面板

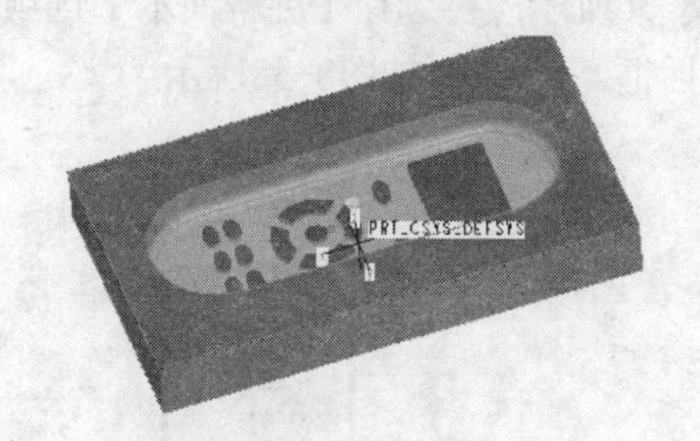

图8-32 选择坯件的Z轴正方向表面

（2）单击【NC铣削】工具栏中的【粗加工】按钮，打开【NC序列】菜单管理器，如图8-33所示设置，选择【完成】，打开【刀具设定】对话框，选择刀具“T001”，单击【确定】按钮。打开【编辑序列参数“粗加工”】对话框，双击切削进给文本框，输入参数“300”。双击最小步长深度参数文本框，输入参数“1”。双击跨度参数文本框，输入参数“0.5”。双击允许粗加工坯件参数文本框，输入参数“0.1”。双击最大台阶深度参数文本框，输入参数“2”。双击安全距离参数文本框，输入参数“6”。双击主轴转速参数文本框，输入参数“1000”，如图8-34所示。单击【确定】按钮。出现如图8-35所示的【定义窗口】菜单管理器，选择第一步创建的铣削窗口。

图8-33 【NC序列】菜单管理器

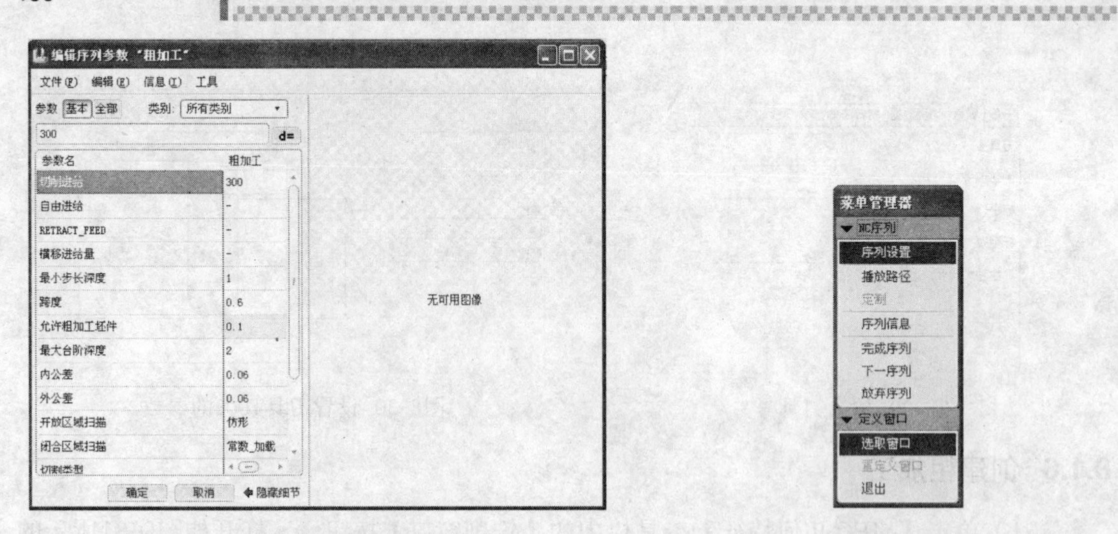

图8-34 设置粗加工各项参数的数值

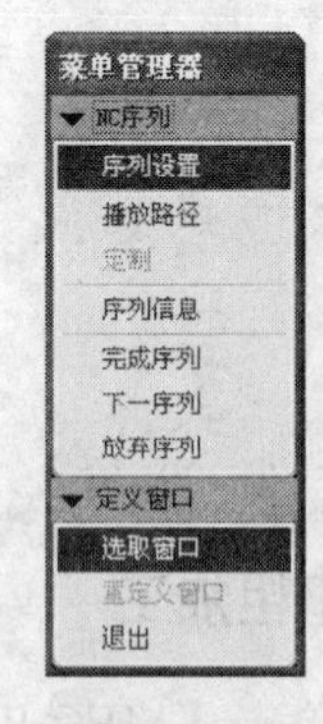

图8-35 【定义窗口】菜单管理器

（3）在【NC序列】菜单管理器中选择【播放路径】，启用【计算CL】复选框，如图8-36所示，再选择【屏幕演示】选项，系统经过计算，打开如图8-37所示的【播放路径】对话框。CL数据如图8-38所示。

图8-36 启用【计算CL】复选框

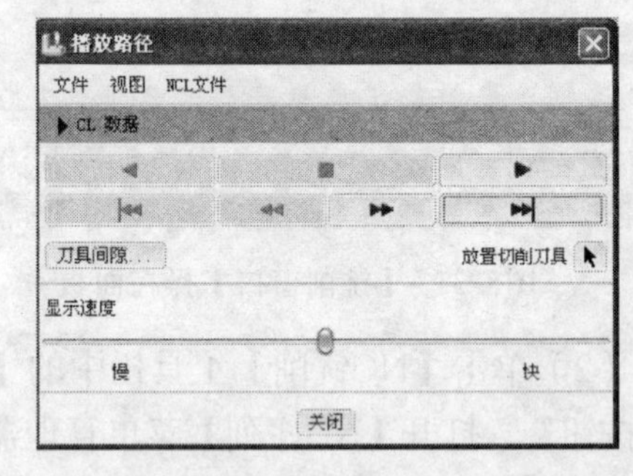

图8-37 【播放路径】对话框

（4）单击图8-37中的【向前播放】按钮，系统进行刀轨演示，效果如图8-39所示。

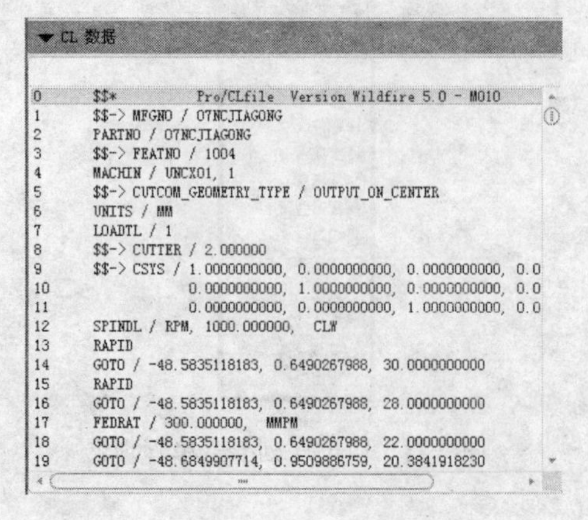

图8-38 CL数据

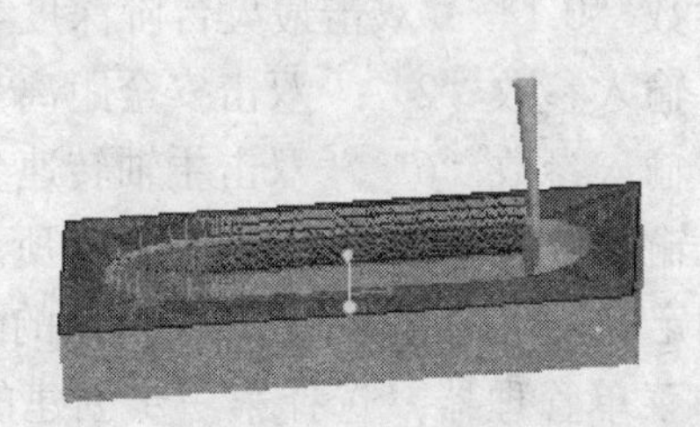

图8-39 刀轨演示的效果

（5）在【NC序列】菜单管理器中选择【过切检查】，在【选取曲面】菜单管理器中选择【零件】，打开如图8-40所示的【选取】对话框，在工作区选择零件，在【选取】对话框中单击【确定】按钮。选择图8-41中【选取曲面】菜单管理器中的【完成/返回】选项，在【曲面零件选择】菜单管理器中启用【加零件参照】复选框，然后选择【完成/返回】选项。

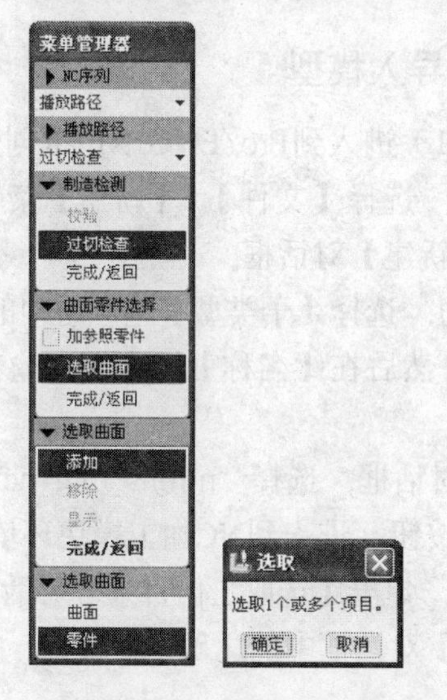

图8-40 设置【NC序列】菜单管理器

图8-41 设置菜单管理器

（6）选择如图8-42所示的【过切检查】菜单管理器中的【运行】选项。

（7）系统经过计算，运行结果如图8-43所示。

图8-42 【过切检查】菜单管理器

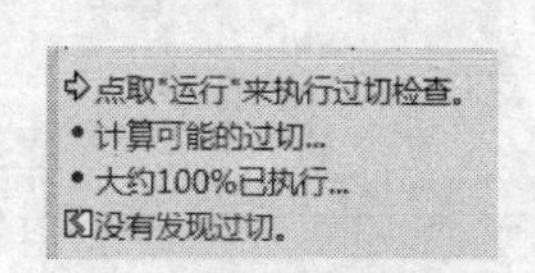

图8-43 系统运行结果

（8）保存副本，设置名称为“ncjiagong.prt”。

8.2 实例：孔加工（数控孔加工操作）

由于孔加工方式的内容比较多，因此本节将通过这个常用的简单实例重点讲解孔加工方式中的“钻孔”加工方式。读者可以先学习和掌握一些基本的操作命令，然后逐步深入地学习。本例以常用的孔加工零件讲解孔加工方式的相关知识。孔加工包括钻孔、铰孔以及如何定制孔加工循环等内容。钻孔加工方式的产品模型如图8-44所示。

通过学习这个实例，首先要弄清楚“车削加工”、“铣削加工”、“孔加工”的区别。也就是说对于什么样零件选择什么样的加工方式。对于孔加工方式来说，定义“孔加工范围

图8-44 孔加工的产品模型

的设定、孔加工轨迹的生成”非常重要。当然正确地设置机床参数、加工参数等也很重要，读者只要认真练习这个实例，将会很快掌握这些内容。

8.2.1 导入模型

（1）进入到Pro/ENGINEER创建图形的环境中。选择【文件】|【新建】菜单命令，打开【新建】对话框。

（2）选择【类型】选项组中的【制造】单选按钮，选择【子类型】选项组中的【NC组件】单选按钮，取消启用【使用缺省模板】复选框，然后在【名称】文本框中输入“drill-hole”。

（3）单击【确定】按钮，打开【新文件选项】对话框，选择“mmns_mfg_nc”选项。

（4）单击【新文件选项】对话框中的【确定】按钮，进入到NC加工模块环境中。

（5）选择【文件】|【设置工作目录】菜单命令，弹出【选取工作目录】对话框，在其中设置本例的工作目录。设置后单击【选取工作目录】对话框中的【确定】按钮，完成工作目录的设置。

（6）选择【插入】|【参照模型】|【装配】菜单命令或者单击【制造元件】工具栏中的【装配参照模型】按钮，弹出【打开】对话框。

（7）单击【打开】对话框中的产品图形“drill-hole”，然后单击【打开】按钮，打开此产品模型图。

（8）在【装配】操控面板中的【约束类型】下拉列表框中选择【坐标系】选项，如图8-45所示，然后分别选择参照模型的坐标系和NC组件坐标系NC_ASM_DEF_CSYS。

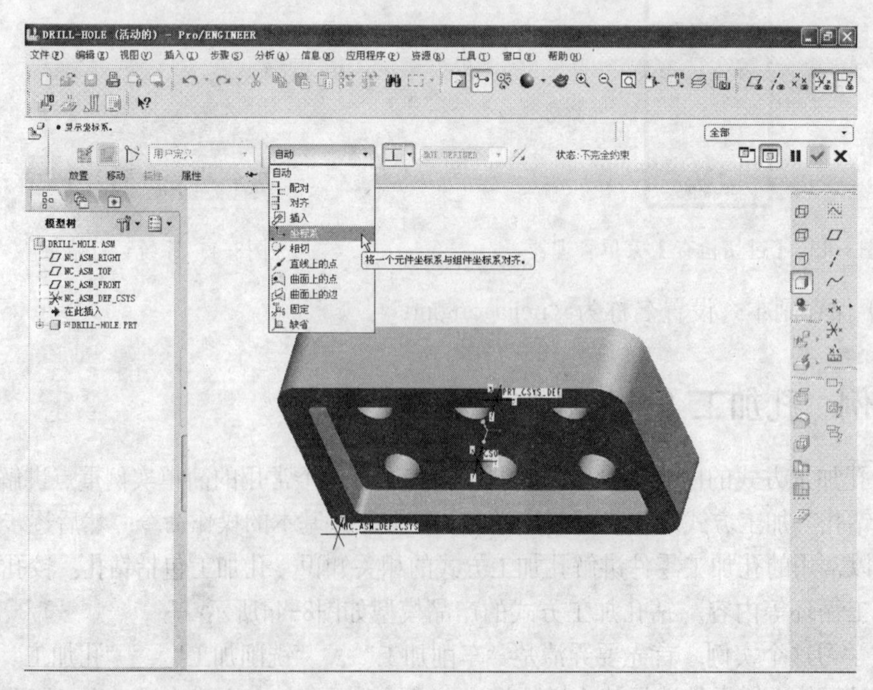

图8-45 【约束类型】下拉列表框

(9) 单击【应用并保存】按钮☑，完成参考模型的缺省放置，同时弹出【创建参照模型】对话框，如图8-46所示。

(10) 选择【创建参照模型】对话框中的【同一模型】或者【继承】单选按钮，单击【确定】按钮，完成参照类型的选择，效果如图8-47所示。

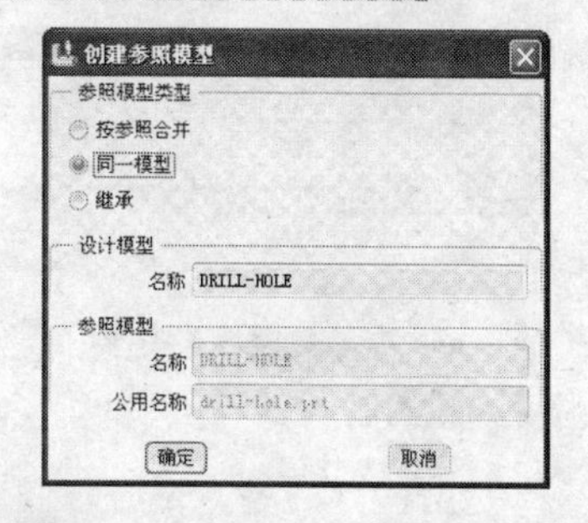

图8-46 【创建参照模型】对话框

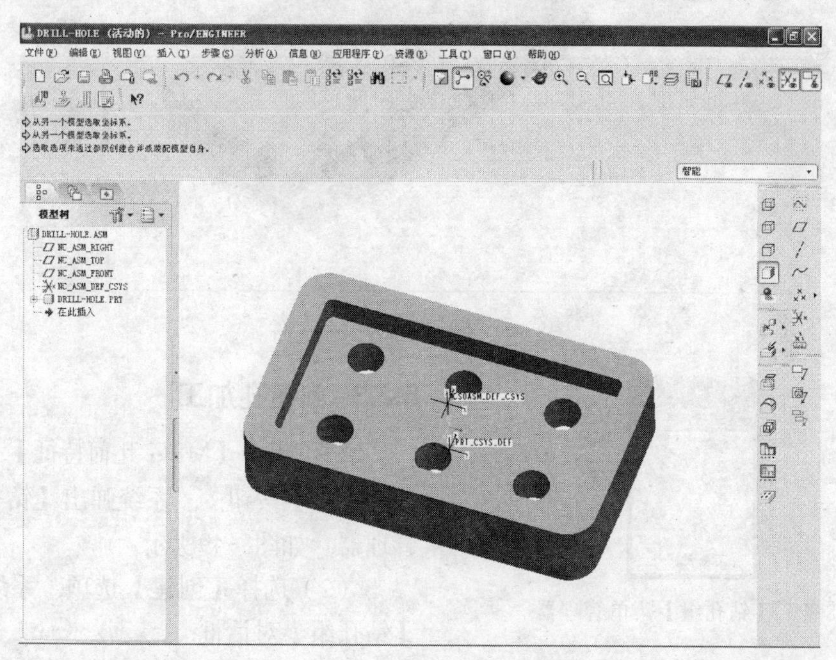

图8-47 参照模型

8.2.2 导入工件

(1) 单击【制造元件】工具栏中的【装配工件】按钮或者选择【插入】|【工件】|【装配】菜单命令，弹出【打开】对话框，选择“work”文件，单击【打开】按钮，打开此文件，系统自动进入到【装配】操控面板选项中。

(2) 单击工件模型中的“RIGHT”基准平面与产品模型中的“RIGHT”基准平面，在【约束】操控面板【约束类型】中选择【重合】选项工。

(3) 单击工件模型中的“TOP”基准平面与产品模型中的“TOP”基准平面，系统自动选择【重合】选项工。

(4) 单击工件模型中的“底平面”与产品模型中的“底平面”，系统自动选择【重合】选项工。

(5) 单击【确定】按钮☑，完成产品模型与工件模型的完全约束放置，同时弹出【创建参照模型】对话框。

(6) 选择【创建参照模型】对话框中的【同一模型】或者【继承】单选按钮，单击【确定】按钮，完成参照类型的选择，效果如图8-48所示。

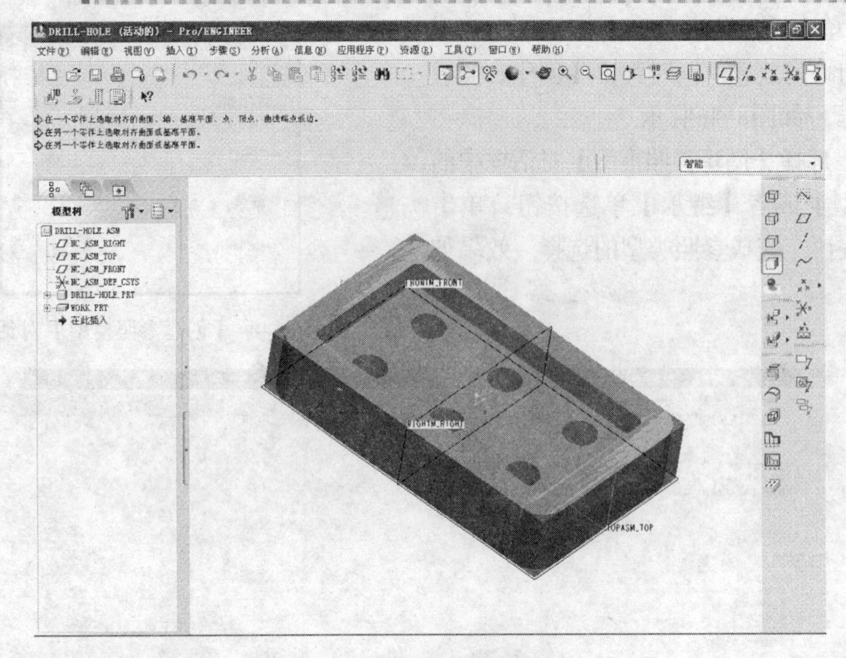

图8-48 装配产品模型和工件

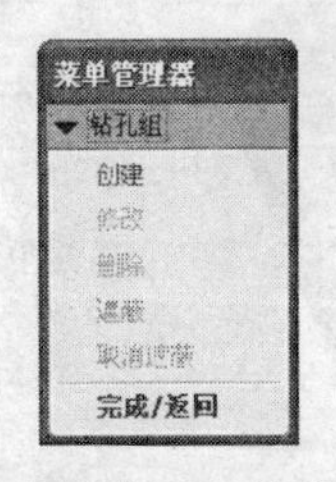

图8-49 【钻孔组】菜单管理器

8.2.3 创建孔加工

（1）单击【MFG几何特征】工具栏中的【钻孔组】按钮，系统弹出【钻孔组】菜单管理器，如图8-49所示。

（2）选择【创建】选项，系统自动弹出【钻孔组】对话框。

（3）单击【钻孔组】对话框中的【轴】选项卡下的【添加】按钮，选中如图8-50所示的六个孔的内表面。

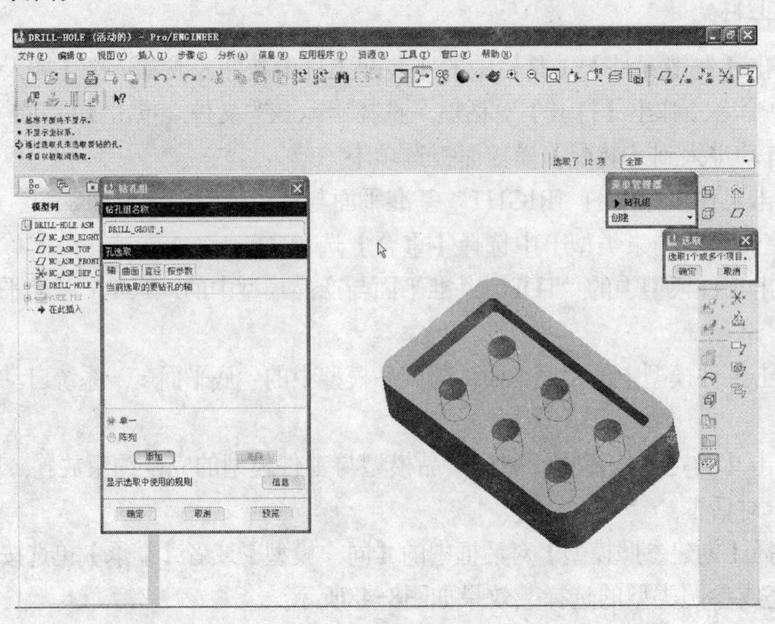

图8-50 选取曲面

（4）单击【选取】对话框中的【确定】按钮，系统返回到【钻孔组】对话框，效果如图8-51所示。

（5）单击【钻孔组】对话框中的【曲面】标签，切换到【曲面】选项卡，再单击【添加】按钮，选中如图8-50所示的六个孔的内表面。

（6）单击【选取】对话框中的【确定】按钮，系统返回到【钻孔组】对话框，效果如图8-52所示。

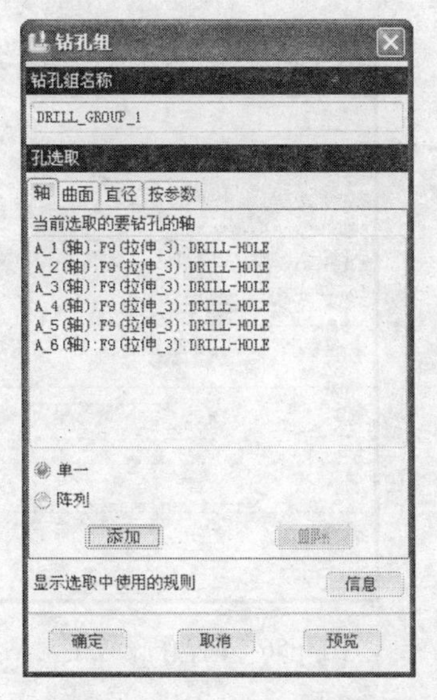

图8-51 【钻孔组】对话框

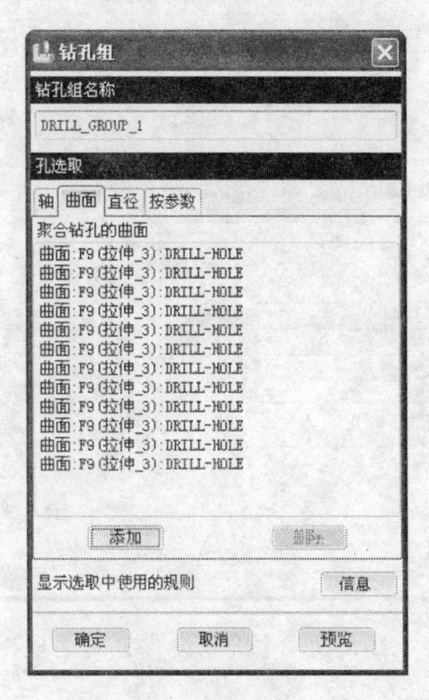

图8-52 【钻孔组】对话框

（7）单击【钻孔组】对话框中的【直径】标签，切换到【直径】选项卡，单击【添加】按钮，系统弹出【选取孔直径】对话框，如图8-53所示。

（8）选择【选取孔直径】对话框中的“25”，单击【确定】按钮，在【钻孔组】对话框中单击【确定】按钮，返回【钻孔组】菜单管理器后，选择【完成/返回】选项。

（9）选择【步骤】|【操作】菜单命令，系统自动弹出【操作设置】对话框，如图8-54所示。

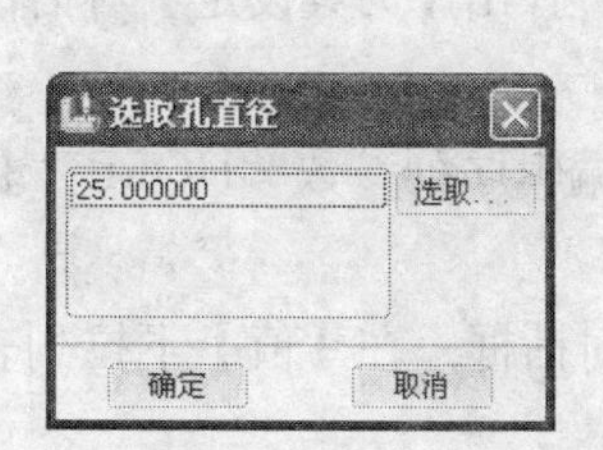

图8-53 【选取孔直径】对话框

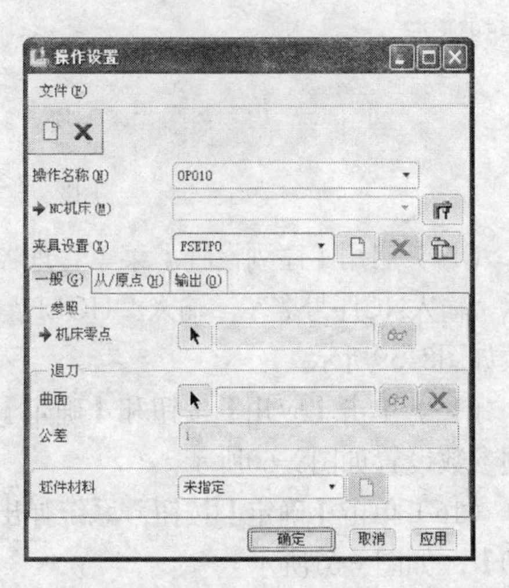

图8-54 【操作设置】对话框

（10）单击【操作设置】对话框中的【定义机床】按钮，系统自动打开【机床设置】对话框，各项设置如图8-55所示。

（11）单击【确定】按钮，完成机床参数的定义，系统自动返回到【操作设置】对话框，如图8-56所示。

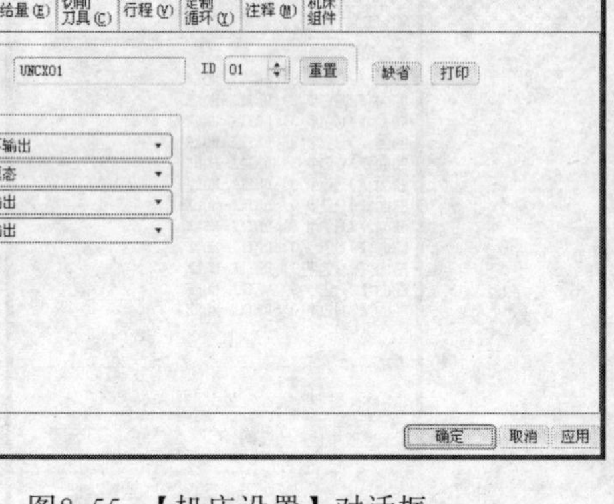

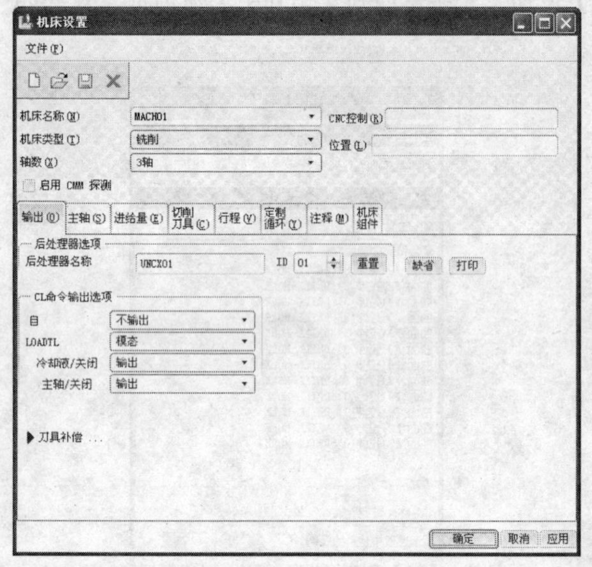

图8-55 【机床设置】对话框

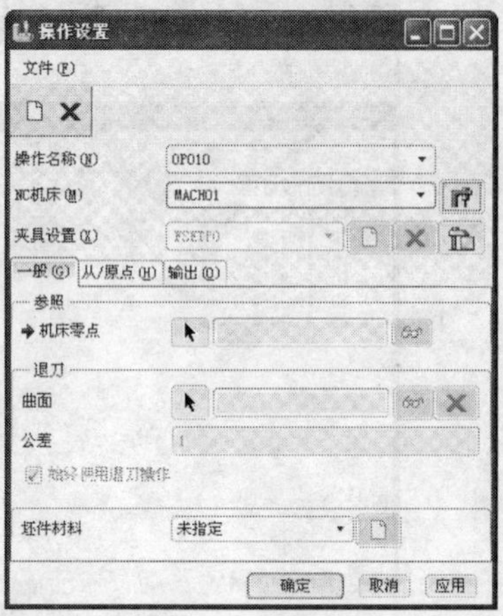

图8-56 【操作设置】对话框

（12）在【操作设置】对话框中，单击【机床零点】后面的【选取】按钮，然后选择NC组件的坐标系作为加工坐标系。

小技巧 如果默认的坐标系的Z轴方向不与加工方向一致，用户需自行选择其他与加工方向一致的坐标，否则系统将无法进行加工程序的工作。

（13）系统自动弹出如图8-57所示的【NC铣削】工具栏，单击其中的【标准】按钮或者选择【步骤】|【钻孔】|【标准】菜单命令，系统自动弹出【序列设置】菜单管理器，如图8-58所示。

图8-57 【NC铣削】工具栏

（14）启用【序列设置】菜单管理器中的复选框，选择【完成】选项，系统在提示框中提示“输入NC序号名”，输入“HOLE”，按下Enter键，弹出【刀具设定】对话框，设置的参数如图8-59所示。

（15）单击【应用】按钮和【确定】按钮，弹出【编辑序列参数“HOLE”】对话框，各项参数设置如图8-60所示。

（16）单击【确定】按钮，系统弹出【退刀设置】对话框，在【值】下拉列表框中选择【80】，如图8-61所示。

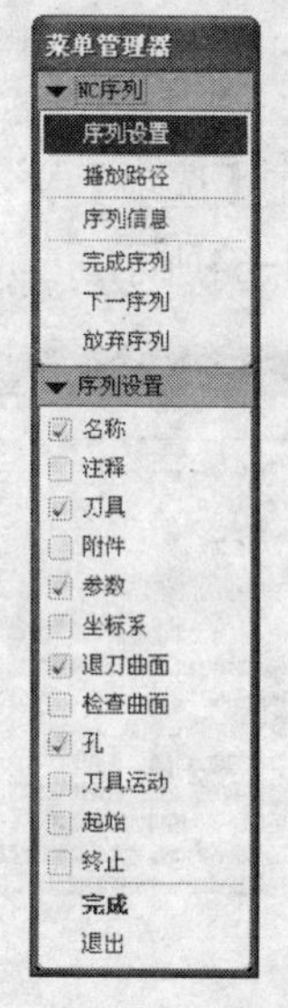

图8-58 【序列设置】菜单管理器

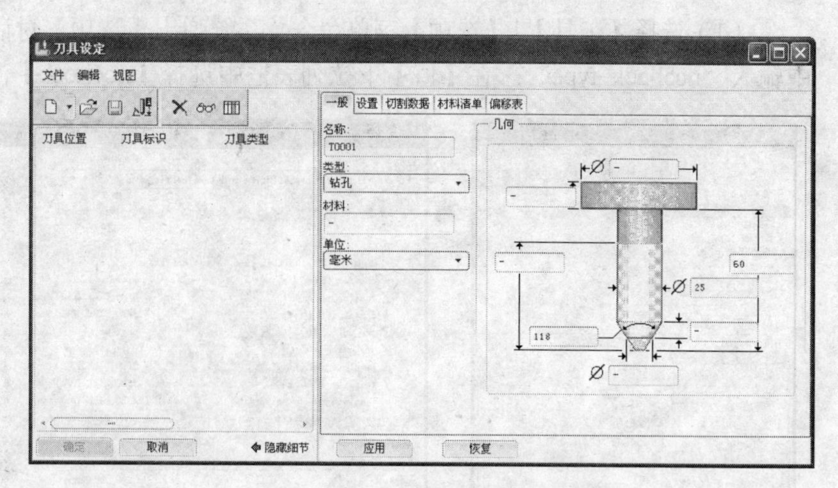

图8-59 【刀具设定】对话框

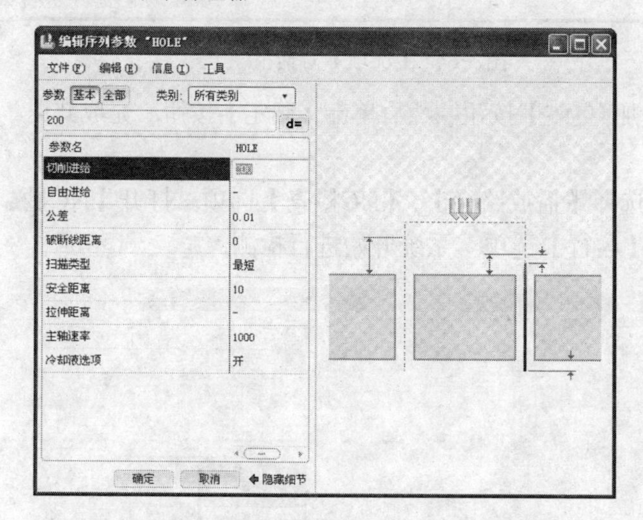

图8-60 【编辑序列参数“HOLE”】对话框

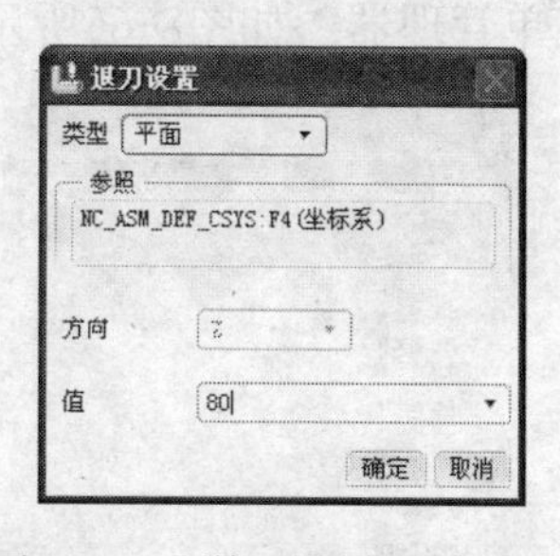

图8-61 【退刀设置】对话框

（17）单击【退刀设置】对话框中的【确定】按钮，系统弹出如图8-62所示的【孔集】对话框。

（18）单击【孔集】对话框中的【细节】按钮，系统打开【孔集子集】对话框，单击【组】标签，切换到【组】选项卡，选择【可用的】列表中的“DRILL_GROUP_1”，如图8-63所示，然后单击 » 按钮，在对话框中单击【完成】按钮✔，返回【孔集】对话框。

（19）单击【孔集】对话框中的【完成】按钮✔，在【NC序列】菜单管理器中选择【完成】选项，完成孔加工方式的所有定义。

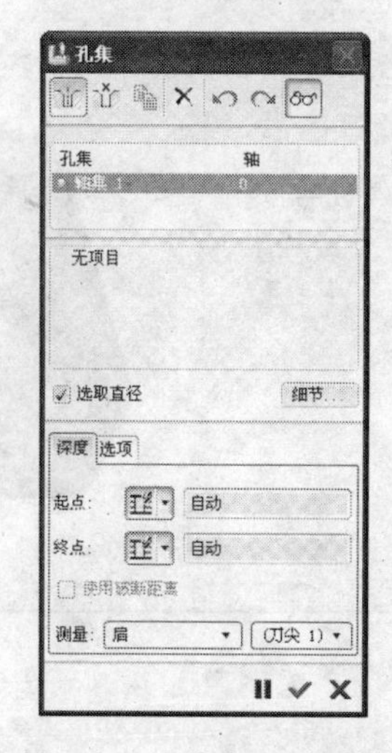

图8-62 【孔集】对话框

8.2.4 演示孔加工

（1）选择【工具】|【选项】菜单命令，系统弹出【选项】对话框，在【选项】文本框中输入“nccheck_type”，在【值】下拉列表框中选择【nccheck】，如图8-64所示。

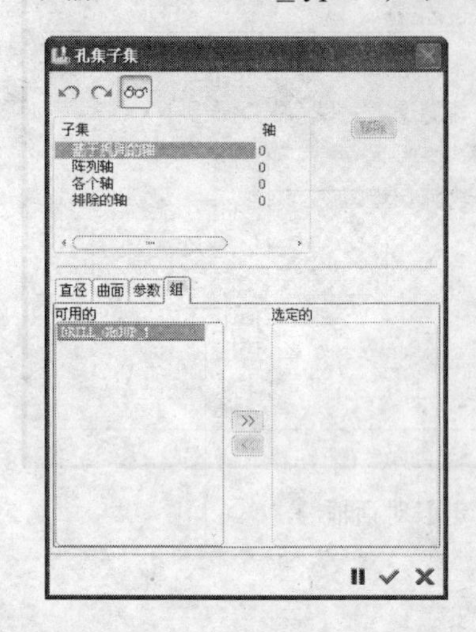

图8-63 设置【孔集子集】对话框

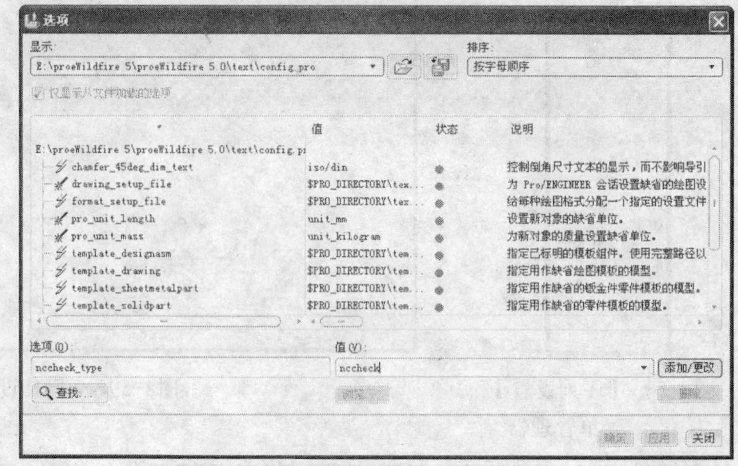

图8-64 【选项】对话框

（2）单击【选项】对话框中的【添加/更改】按钮，然后单击【确定】按钮，完成并退出检查类型的设置。

（3）在【NC序列】菜单管理器中选择【播放路径】|【NC检查】选项，打开【NC显示】菜单管理器，如图8-65所示，选择【运行】选项，系统开始进行检测。

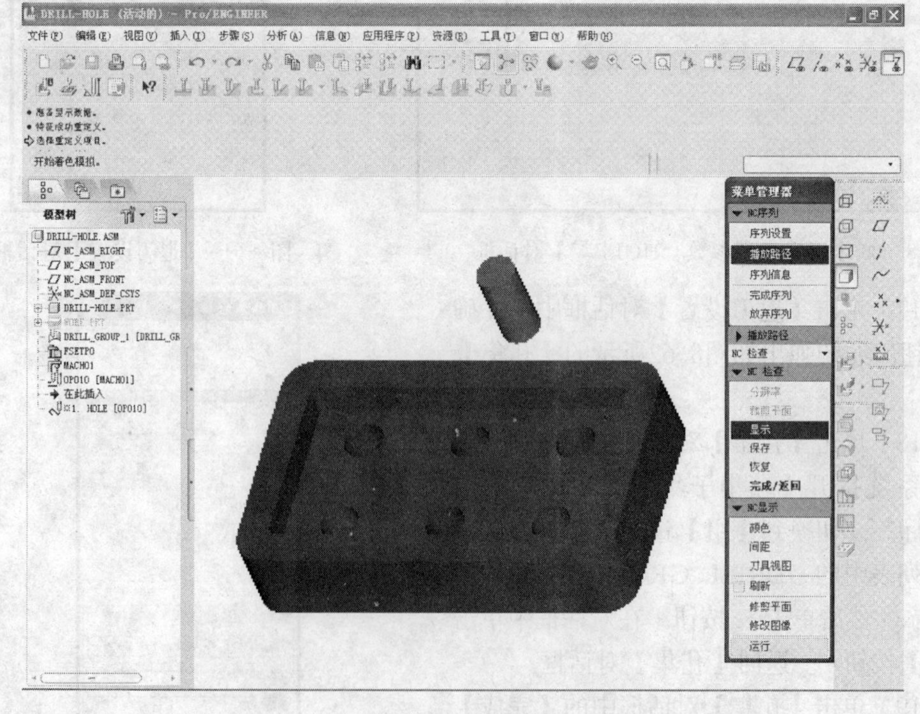

图8-65 运行检测

8.3 实例：加工轴（数控车削加工操作）

本节以常用的轴类零件为例讲解车削加工方式的参数设置。通常，数控车床能对轴类或盘类零件自动地完成内外圆柱面、圆锥面、球面、圆锥螺纹等工序的切削加工，并且能进行切槽、钻、扩、铰孔等工序加工。

由于车削加工的内容比较多，因此，本节将通过这个常用的简单实例重点讲解车削加工方式中区域加工的基本参数设置及一些操作命令的用法，比如"定义车削轮廓、机床参数设置、刀具设置"等内容。

对于轴类零件或盘类零件，通常都是采用车削加工方式。当然这类零件在产品设计和加工制造中也是不可缺少的特征，因此，作为一名比较全面的NC编程人员，必须能够熟练地掌握本节所讲的内容。

本节所讲的实例主要是对PRO/E加工模块中的区域车削加工方法进行详细的介绍。但在这里最重要的不是学习这个例子的本身，而是通过本例学习区域车削加工方法，以及编写类似铣削程序应注意的一些要点等。区域车削的产品模型如图8-66所示。

制作这个实例，首先要弄清楚"车削加工"与"铣削加工"的区别，也就是说对于什么样零件选择什么样的加工方式。对于车削加工方式来说，定义"车削轮廓"非常重要，如果车削轮廓定义错了，那么后面的所有参数设置都将发生错误。读者通过反复学习本节所讲的内容，将会很快掌握如何定义车削轮廓。

图8-66 轴加工的产品模型

8.3.1 导入车削模型

（1）打开Pro/ENGINEER野火5.0，进入到创建图形的环境中。

（2）选择【文件】|【新建】菜单命令，出现【新建】对话框。

（3）选择【类型】为【制造】，【子类型】为【NC组件】，取消启用【使用缺省模板】复选框，然后在【名称】文本框中输入"milling-thread"，如图8-67所示。

（4）单击【确定】按钮，进入到【新文件选项】对话框，选中【mmns_mfg_nc】选项，如图8-68所示。

（5）单击【新文件选项】对话框中的【确定】按钮，进入Pro/ENGINEER 5.0的NC加工模块环境中，结果如图8-69所示。

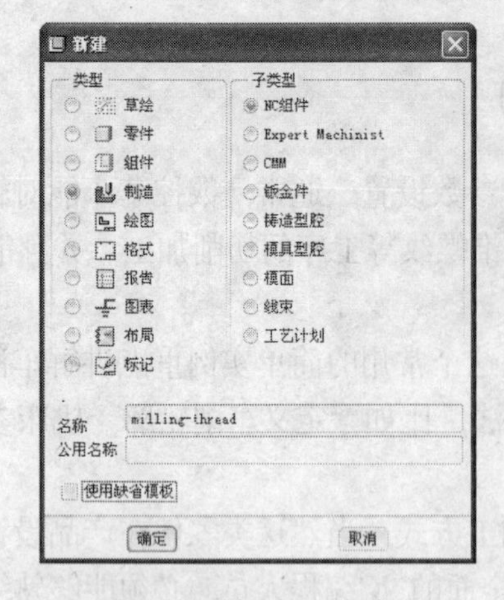

图8-67 【新建】对话框

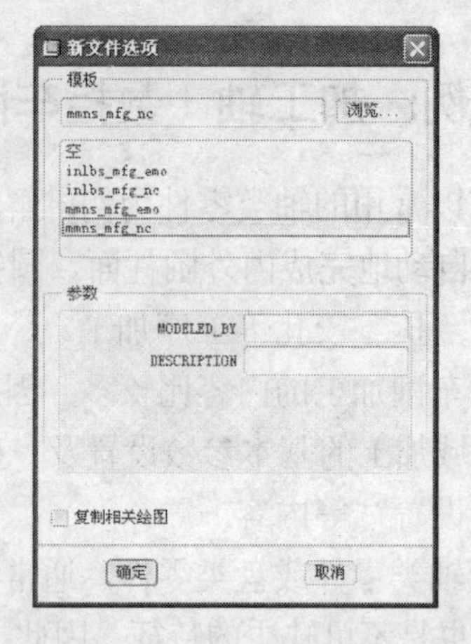

图8-68 【新文件选项】对话框

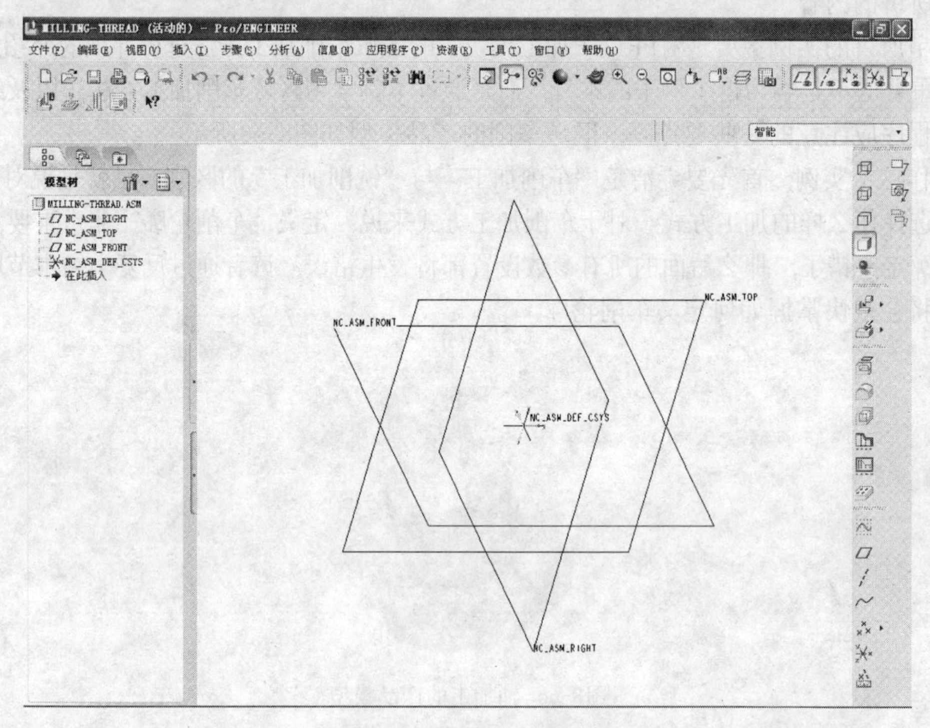

图8-69 NC加工环境

（6）选择【文件】|【设置工作目录】菜单命令，弹出【选取工作目录】对话框，如图8-70所示，设置工作目录。

（7）单击【选取工作目录】对话框中的【确定】按钮，完成工作目录的设置。

（8）选择【插入】|【参照模型】|【装配】菜单命令或者单击【制造元件】工具栏中的【装配参照模型】按钮，弹出【打开】对话框，如图8-71所示。

（9）选中【打开】对话框中的产品零件“lathe”，然后单击【打开】按钮，将此产品模型图打开。

（10）在【装配约束】操控面板的【约束类型】下拉列表框中选择【坐标系】选项，然后分别选择参照模型的坐标系CS0和NC组件坐标系NC_ASM_DEF_CSYS，如图8-72所示。

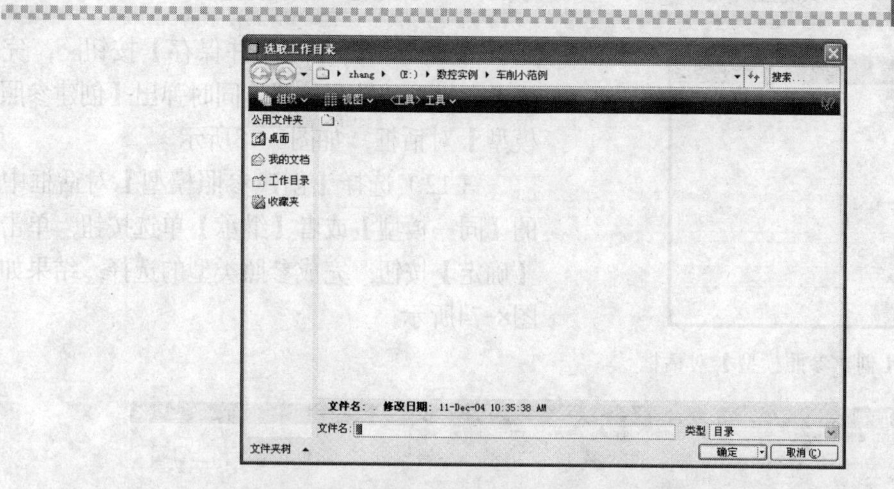

图8-70 【选取工作目录】对话框

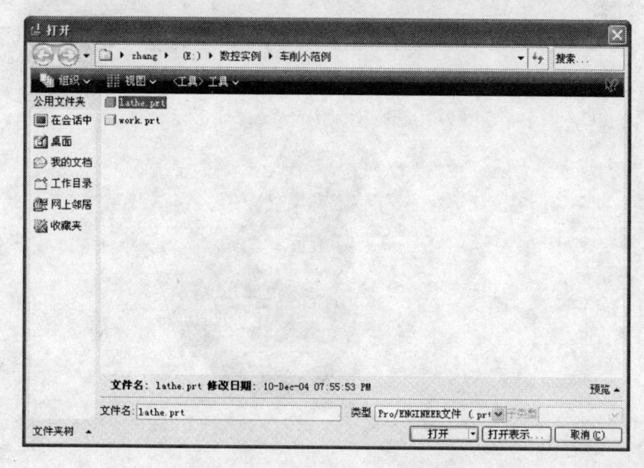

图8-71 【打开】对话框

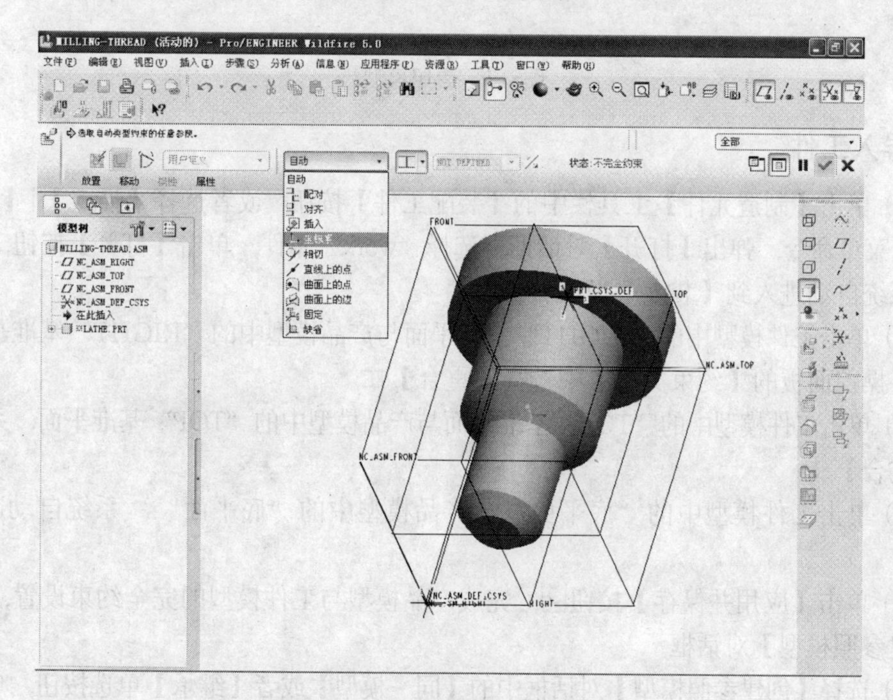

图8-72 【约束类型】下拉列表框

（11）单击【应用并保存】按钮☑，完成参考模型的缺省放置，同时弹出【创建参照模型】对话框，如图8-73所示。

（12）选择【创建参照模型】对话框中的【同一模型】或者【继承】单选按钮，单击【确定】按钮，完成参照类型的选择，结果如图8-74所示。

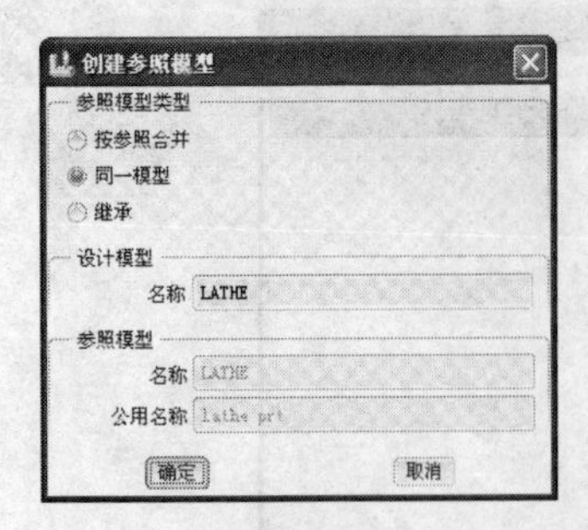

图8-73 【创建参照模型】对话框

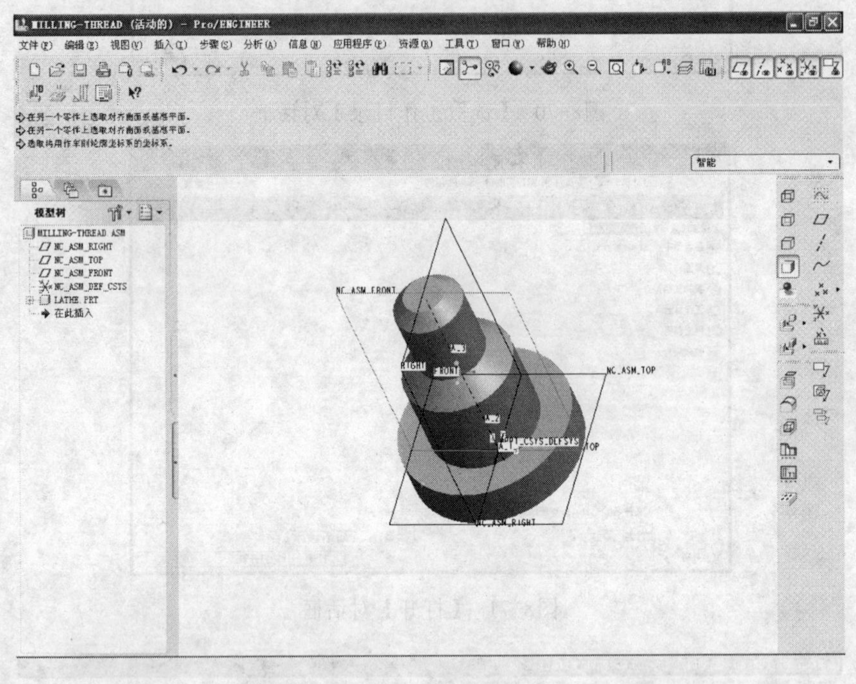

图8-74 参照模型

8.3.2 导入工件

（1）单击【制造元件】工具栏中的【装配工件】按钮或者选择【插入】|【工件】|【装配】菜单命令，弹出【打开】对话框，选择“work”零件，单击【打开】按钮，打开此文件，系统自动进入到【装配】操控面板中。

（2）单击工件模型中的“RIGHT”基准平面与产品模型中的“RIGHT”基准平面，在【约束】操控面板的【约束类型】中选择【重合】工。

（3）单击工件模型中的“TOP”基准平面与产品模型中的“TOP”基准平面，系统自动选择【重合】工。

（4）单击工件模型中的“底平面”与产品模型中的“底平面”，系统自动选择【重合】工。

（5）单击【应用并保存】按钮☑，完成产品模型与工件模型的完全约束设置，同时弹出【创建参照模型】对话框。

（6）选择【创建参照模型】对话框中的【同一模型】或者【继承】单选按钮，单击【确定】按钮，完成参照类型的选择，结果如图8-75所示。

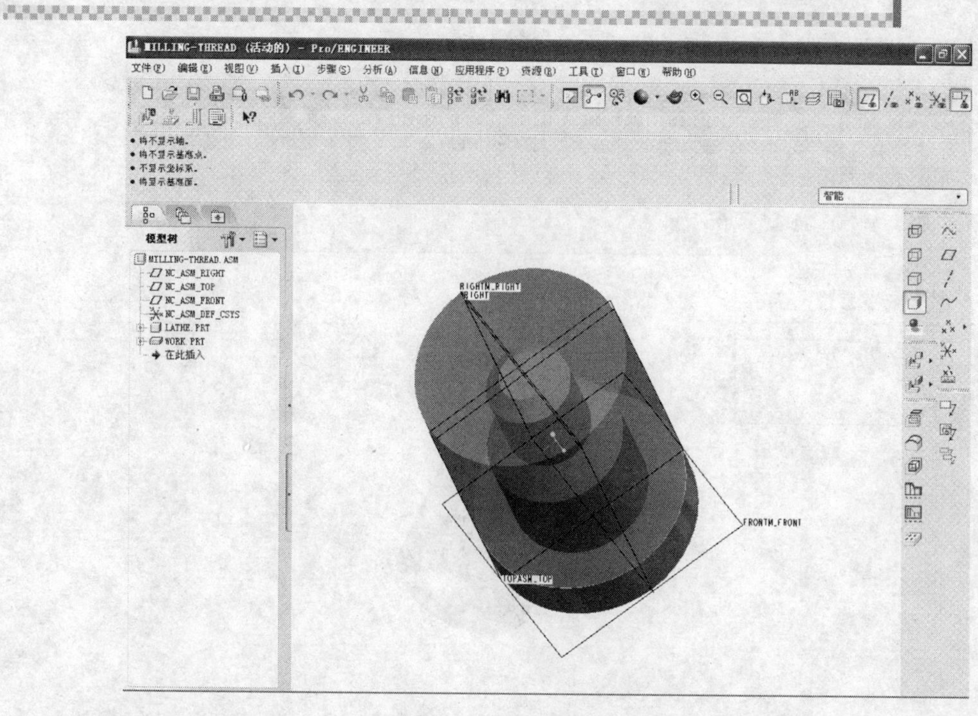

图8-75 装配产品模型和工件

8.3.3 创建车削加工

（1）单击【MFG几何特征】工具栏中的【车削轮廓】按钮，系统弹出【车削轮廓】操控面板，如图8-76所示。

（2）切换到【放置】标签，然后选择如图8-77所示模型的坐标系。

图8-76 【车削轮廓】操控面板

图8-77 选择模型坐标系

（3）选择坐标系，系统自动显示车削轮廓，如图8-78所示。

（4）如图8-78所示的箭头表示轮廓方向，用户可以单击【车削轮廓】操控面板中的【轮廓】标签，切换到【轮廓】选项卡进行轮廓方向的设置，调整后的轮廓方向如图8-79所示。

（5）由于系统自动生成的车削轮廓不是要定义的轮廓，因此需要对它进行修改。在要定义的位置单击鼠标右键，在弹出的快

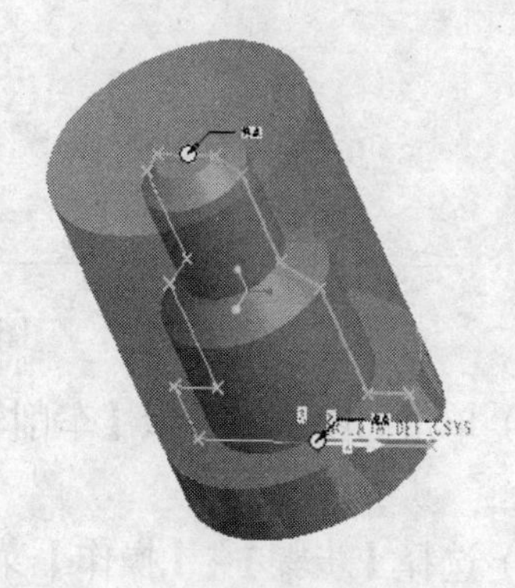

图8-78 车削轮廓

捷菜单中选择【设置为起点】选项，结果如图8-80所示。

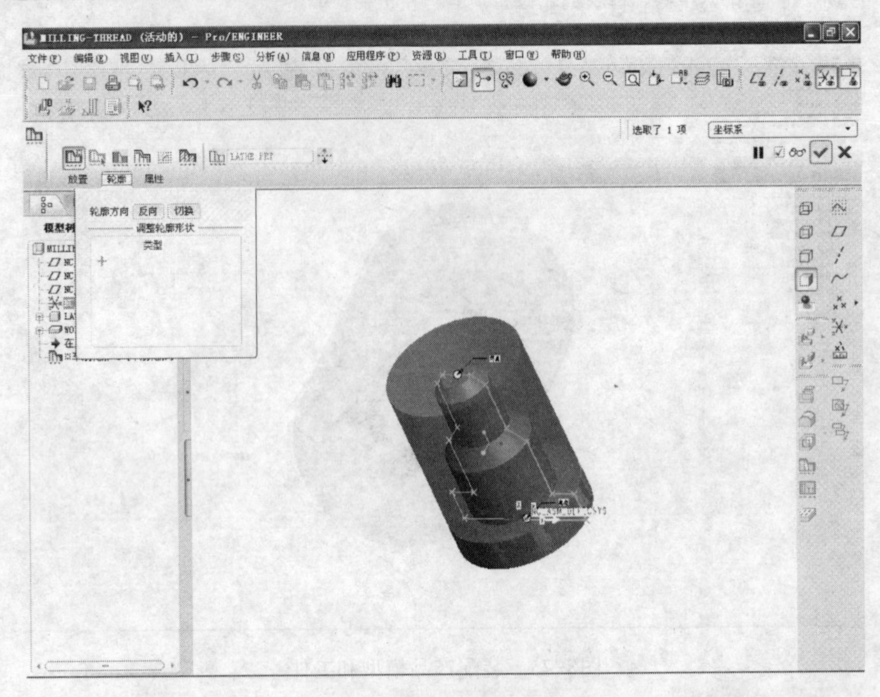

图8-79 调整后的轮廓方向

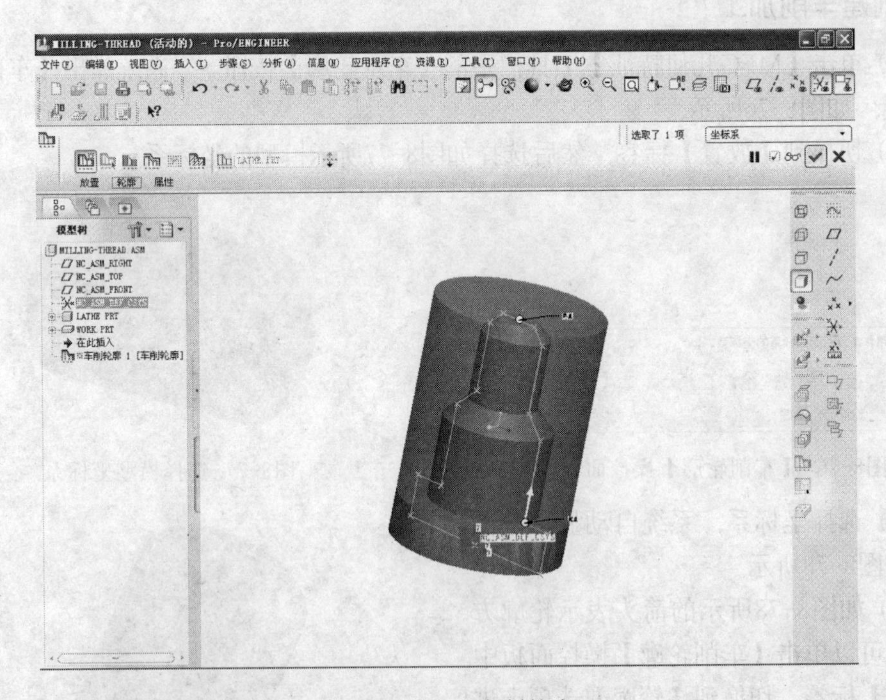

图8-80 重定义车削轮廓

（6）单击如图8-76所示【车削轮廓】操控面板中的【应用并保存】按钮☑，结果如图8-81所示。

（7）选择【步骤】|【操作】菜单命令，系统弹出【操作设置】对话框。

（8）单击【定义机床】按钮，系统自动打开【机床设置】对话框，各项设置如图8-82所示。

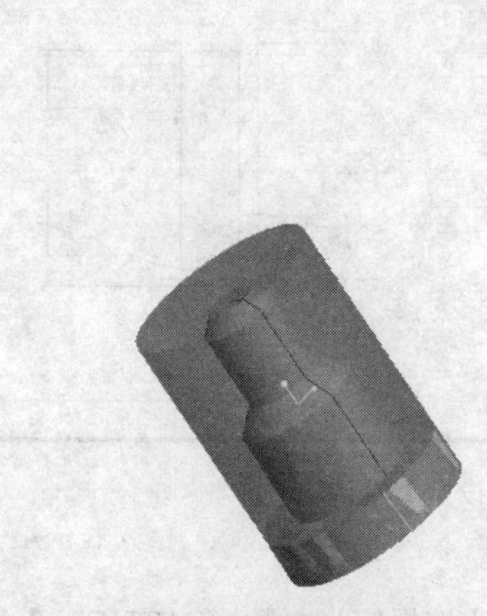

图8-81　重定义后的车削轮廓

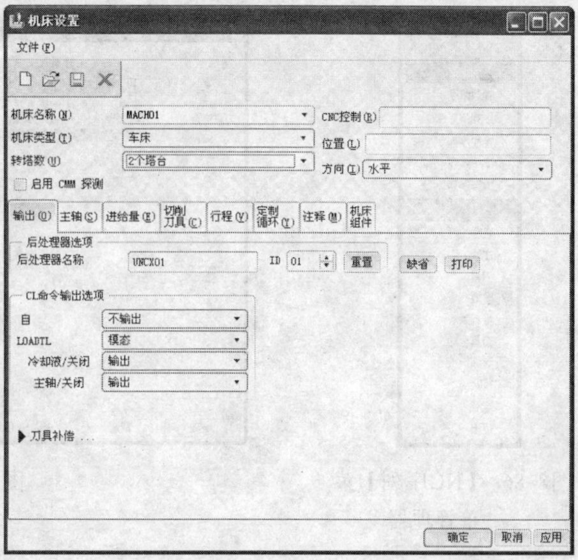

图8-82　【机床设置】对话框

（9）单击【确定】按钮，完成机床参数的定义，系统自动返回到【操作设置】对话框，如图8-83所示。

（10）在【操作设置】对话框中，选择【加工零点】后面的【选取】按钮，然后选择NC组件的坐标系作为加工坐标系。

（11）系统自动弹出【NC车削】工具栏，如图8-84所示。

（12）单击【区域车削】按钮，在如图8-85所示的【车削头】菜单管理器中选择【头1】、【完成】选项，系统打开【NC序列】菜单管理器。

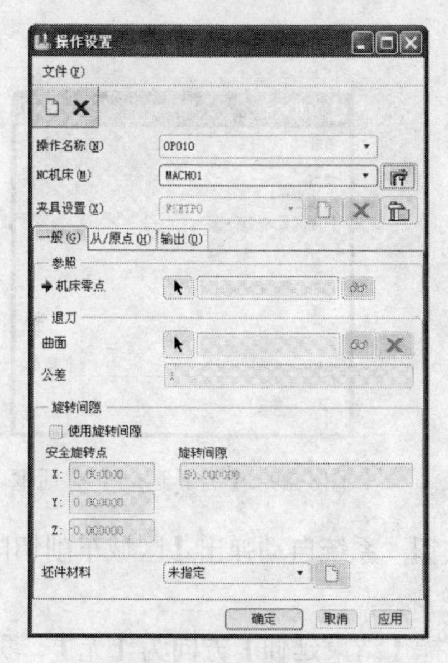

图8-83　【操作设置】对话框

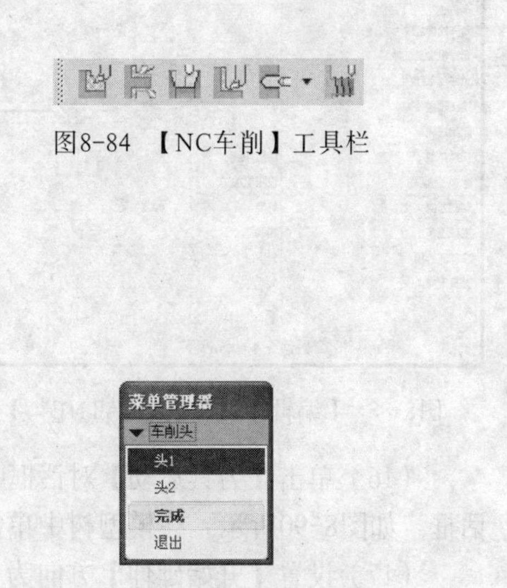

图8-84　【NC车削】工具栏

图8-85　【车削头】菜单管理器

（13）启用菜单管理器中的复选框，如图8-86所示，系统在提示栏中提示“输入NC序号名”，此处输入“LATHE”，按下Enter键，弹出【刀具设定】对话框，设置后的参数如图8-87所示。

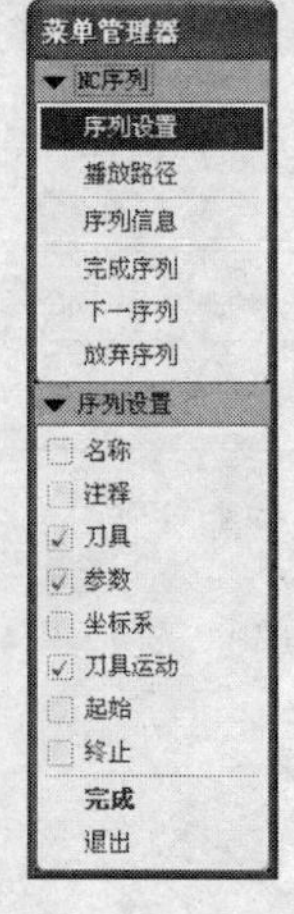

图8-86 【NC序列】菜单管理器

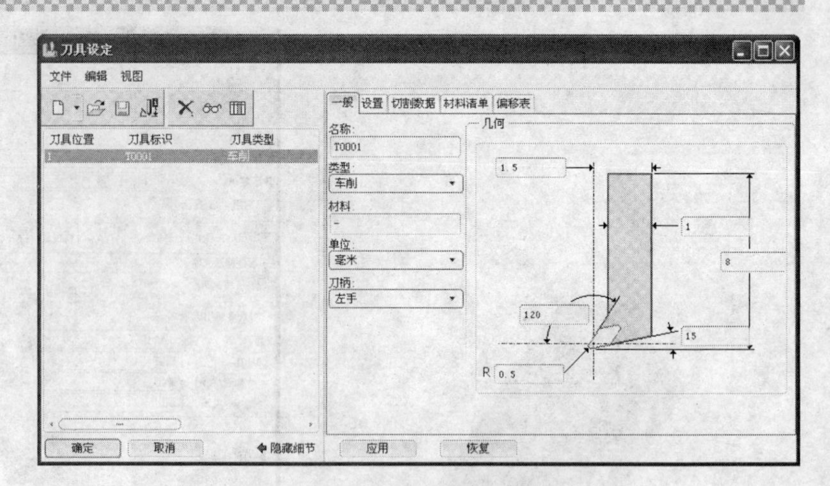

图8-87 【刀具设定】对话框

（14）单击【应用】按钮，再单击【确定】按钮，弹出【编辑序列参数“LATHE”】对话框，各项参数设置如图8-88所示。

（15）单击【确定】按钮，弹出【刀具运动】对话框，如图8-89所示。

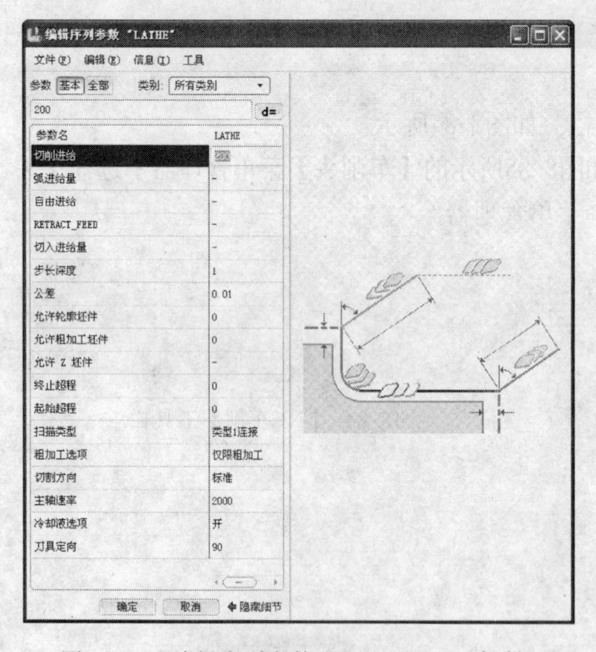

图8-88 【编辑序列参数“LATHE”】对话框

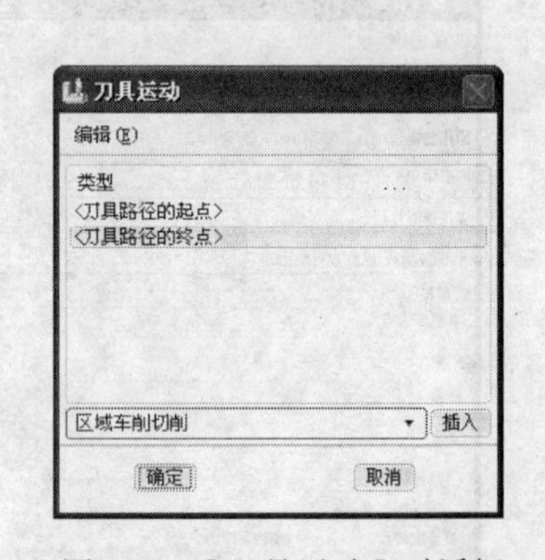

图8-89 【刀具运动】对话框

（16）单击【刀具运动】对话框中的【插入】按钮，系统自动弹出【区域车削切削】对话框，如图8-90所示，在模型树中单击创建的车削轮廓。

（17）设置【开始延伸】方向为【X正向】，选择【结束延伸】方向为【无】，完成起点和终点方向的设置，如图8-91所示，单击【应用并保存】按钮✔。

（18）系统显示如图8-92所示的刀具路径，在【刀具运动】对话框中单击【确定】按钮。

（19）在【NC序列】菜单管理器中选择【完成序列】选项，到此完成车削加工的参数设置。

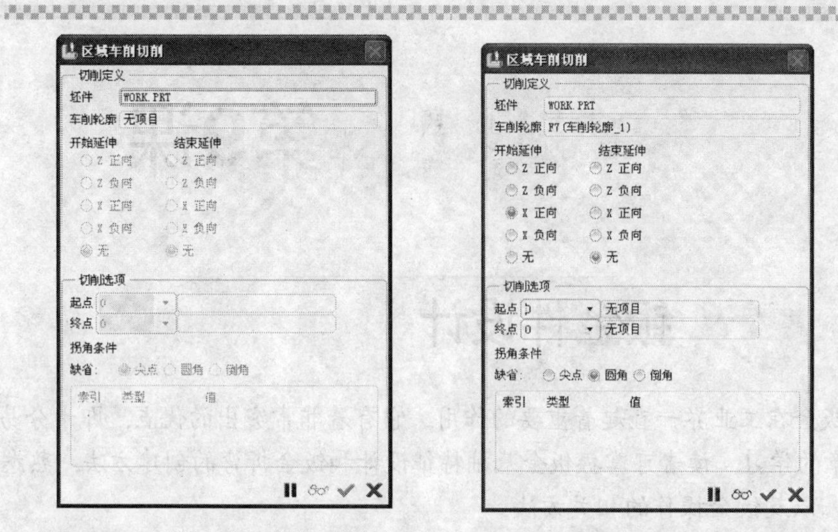
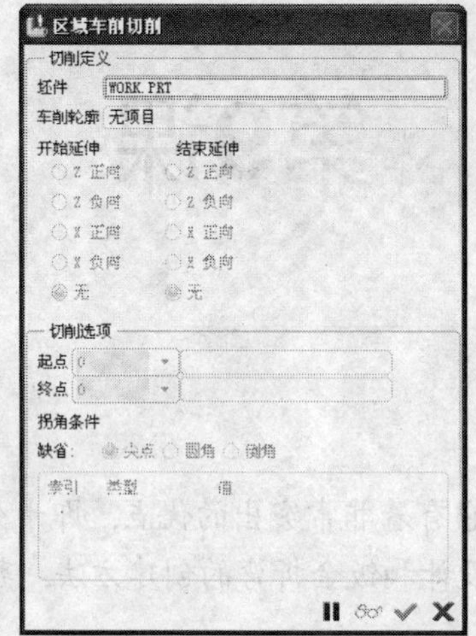

图8-90 【区域车削切削】对话框

图8-91 设置起点和终点方向

图8-92 演示刀具路径

（20）打开【NG序列】菜单管理器，选择其中【播放路径】、【屏幕演示】选项，弹出【播放路径】对话框。

（21）单击【向前播放】按钮 ▶ ，即可演示轨迹路径，如图8-93所示。

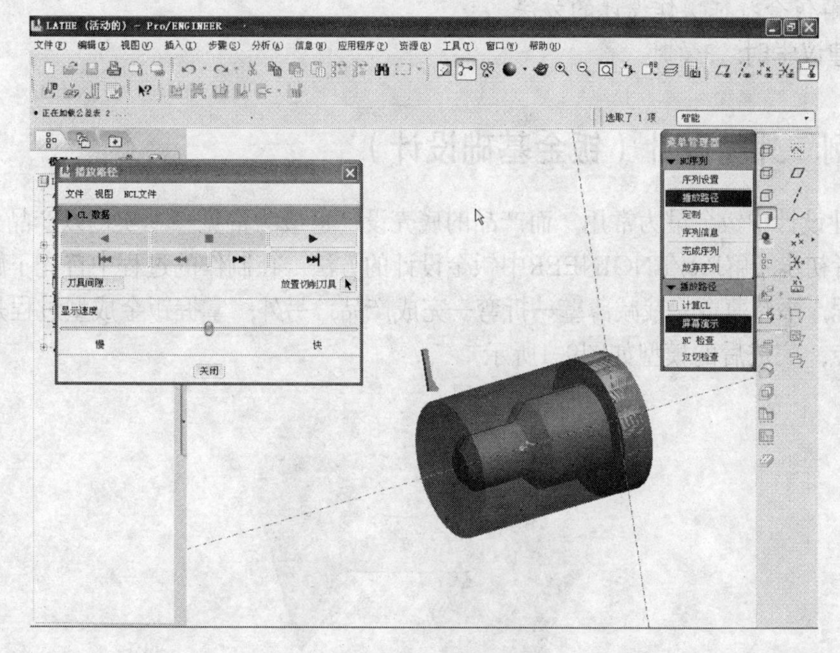

图8-93 演示轨迹路径

课后练习

对如图8-94所示的零件进行数控铣削加工操作。

图8-94 零件图

第9课

钣金件设计

本课知识结构：钣金在工业界一直起着重要的作用，它有着非常突出的优点，即十分易于冷成型。通过对本章的学习，读者可掌握钣金基础特征设计和钣金折弯的创建方法，熟悉钣金凹槽与冲孔设计，以及钣金操作的相关方法。

就业达标要求：

★ 熟练掌握创建钣金基础特征的方法，包括拉伸壁、平整壁、法兰壁等。

★ 熟悉钣金折弯特征的创建方法。

★ 熟悉钣金凹槽与冲孔设计的方法。

★ 了解钣金特征操作设计的方法。

本课建议学时：3学时

9.1 实例：外壳设计（钣金基础设计）

在工业设计中钣金最为常用，而产品的底壳设计也最为常见。本实例以产品外壳设计为例，让读者初步了解Pro/ENGINEER中钣金设计的方法。在制作的过程中首先了解钣金设计的成型过程，平整薄壁—裁减薄壁—折弯—完成产品，另外，掌握钣金成型过程是本实例的重点与难点，完成后的模型如图9-1所示。

图9-1 完成后的零件模型

9.1.1 新建文件

（1）选择【文件】|【新建】菜单命令或单击【文件】工具栏中的【新建】按钮。

（2）在弹出的【新建】对话框中，选择新建类型为【零件】，子类型为【钣金件】，零件名为sheet01，单击【确定】按钮。

9.1.2 创建拉伸壁钣金特征

（1）创建拉伸薄壁。单击【拉伸】按钮，打开钣金【拉伸特征】操控面板。

提示 拉伸壁的创建方法是首先绘制钣金件的侧面外形线，然后给定钣金件的厚度，最后将侧面拉伸一个深度来生成钣金件，当然，在特征操控面板中，厚度和深度的给定顺序并不重要，主要看用户的习惯。

（2）在【拉伸特征】操控面板中，打开【放置】选项卡，如图9-2所示，单击【定义】按钮。

（3）系统弹出【草绘】对话框，在屏幕绘图区选择FRONT基准面为草绘平面，选择TOP基准面为草绘视图的顶参考面，设置完毕后【草绘】对话框如图9-3所示，单击【草绘】对话框中的【草绘】按钮，进入草绘状态。

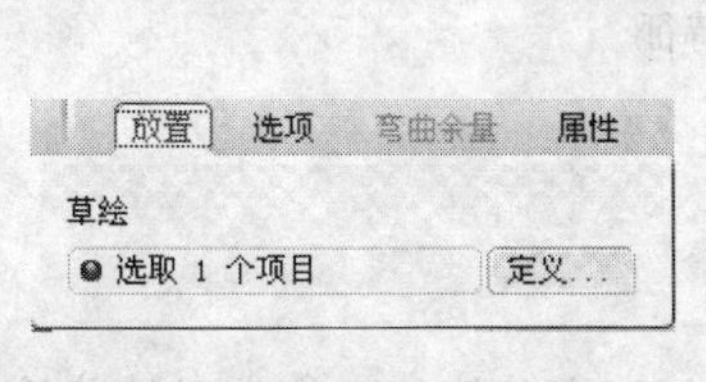

图9-2 【放置】选项卡

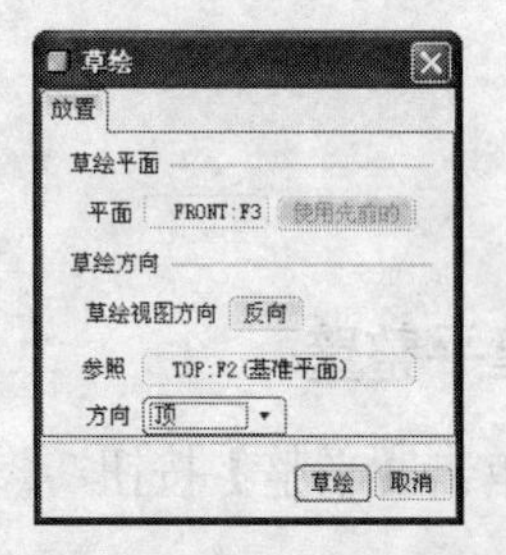

图9-3 【草绘】对话框

（4）以TOP基准面和RIGHT基准面为参照，绘制如图9-4所示的图形，作为产品外壳的拉伸截面图形。

【技术提要】：此时绘制的线条就是将来的绿色面赖以生成的图形。

（5）在屏幕中单击右键，弹出如图9-5所示的快捷菜单，单击【加厚】选项。方向选择为反向，箭头方向如图9-6所示，选择【正向】。

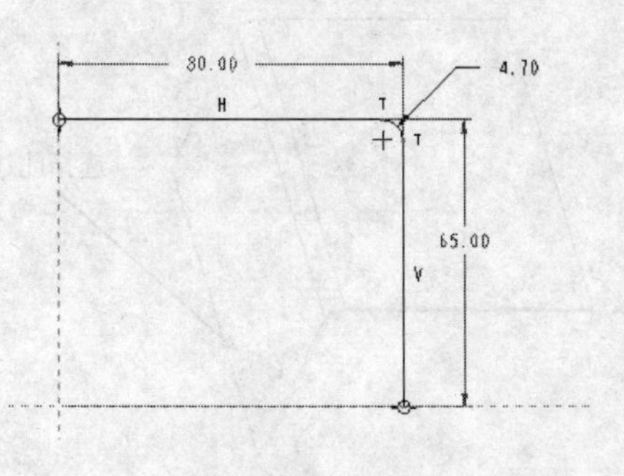

图9-4 绘制图形

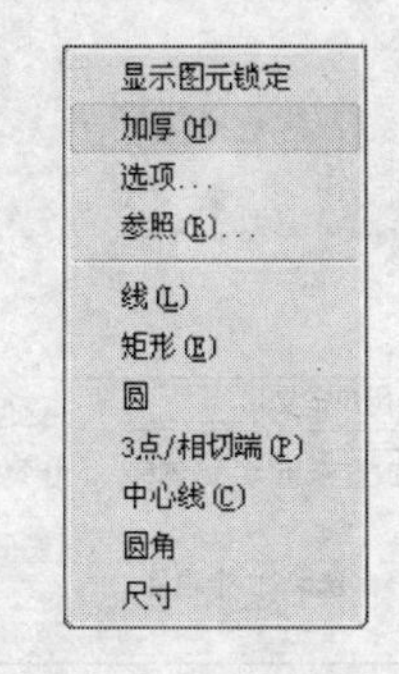

图9-5 快捷菜单

（6）在提示栏中，输入加厚特征的厚度为1.20。单击【接受值】按钮☑。

（7）单击【草绘器工具】工具栏中的【完成】按钮✔，退出草绘状态。

（8）在【拉伸特征】操控面板中，使用系统默认的计算拉伸长度的方式⊥，即按指定深度拉伸。

（9）在【拉伸特征】操控面板中，设置拉伸特征的拉伸长度为100。

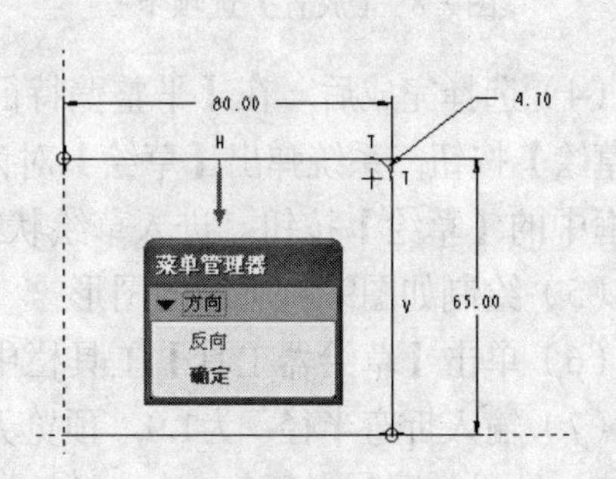

图9-6 选择方向

（10）设置截面的厚度为⊏，设置厚度值为1.20。

（11）单击【特征预览】按钮进行预览，无误后单击【应用并保存】按钮☑，完成拉伸特征的创建，如图9-7所示。

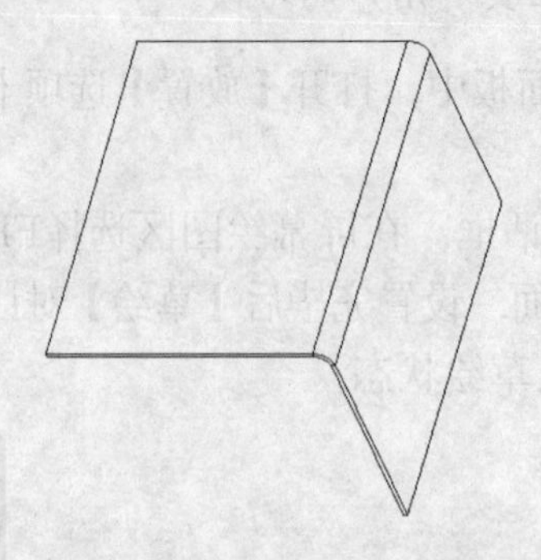

图9-7 创建的拉伸特征

9.1.3 创建平整壁

（1）单击【平整】按钮，创建平整壁。

提示 第一壁完成后，通常的操作就是要在其上增加其他壁特征，最常用的莫过于平整壁了，基于其创建思路，平整壁可以更方便地控制壁的形状，有利于进行不规则外形壁的生成。

（2）在【平整壁特征】操控面板中，将【矩形】选项改为【用户定义】选项。打开【放置】选项卡，如图9-8所示。

（3）选择如图9-9所示的边为连接到侧壁上的边。

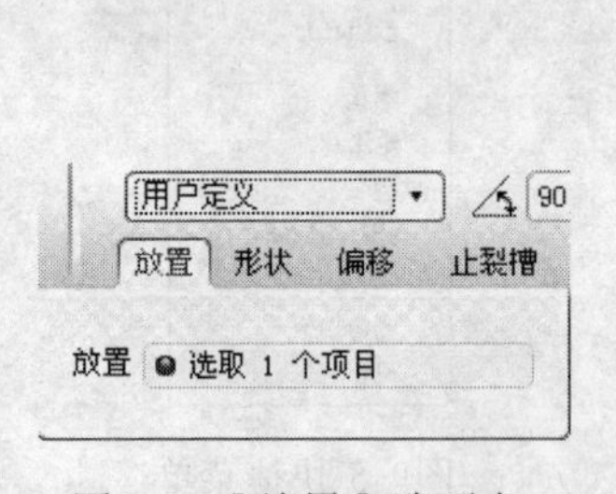

图9-8 【放置】选项卡

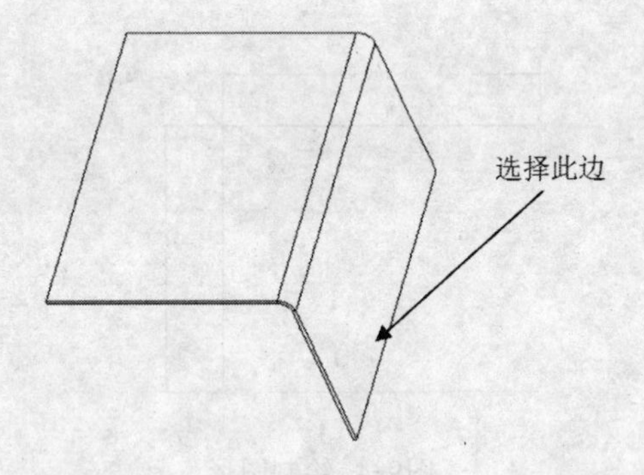

图9-9 选择边

（4）选择完成后，在【平整壁特征】操控面板中，切换到【形状】选项卡，单击其中的【草绘】按钮，系统弹出【草绘】对话框，如图9-10所示。按照默认参照，单击【草绘】对话框中的【草绘】按钮，进入草绘状态。

（5）绘制如图9-11所示的图形。

（6）单击【草绘器工具】工具栏中的【完成】按钮✓，退出草绘状态。

（7）输入折弯半径为1.0，预览无误后单击【应用并保存】按钮☑，完成平整壁特征的创建，结果如图9-12所示。

【技术提要】：在单击☑按钮之前，读者应当试着修改折弯角度为60度、30度等，结合工作区中的实时预览来观察和理解折弯角度的概念。

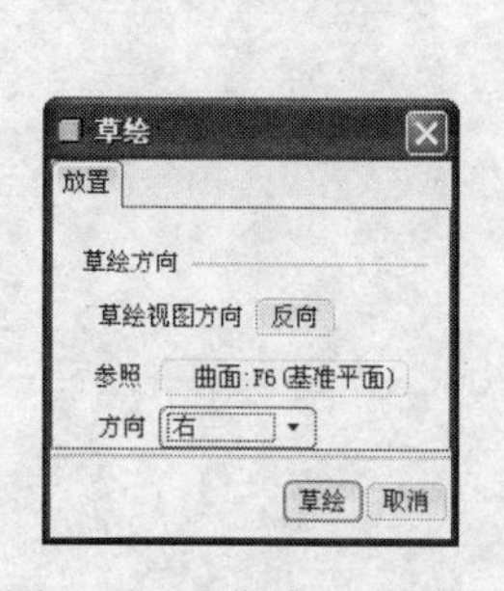

图9-10 【草绘】对话框

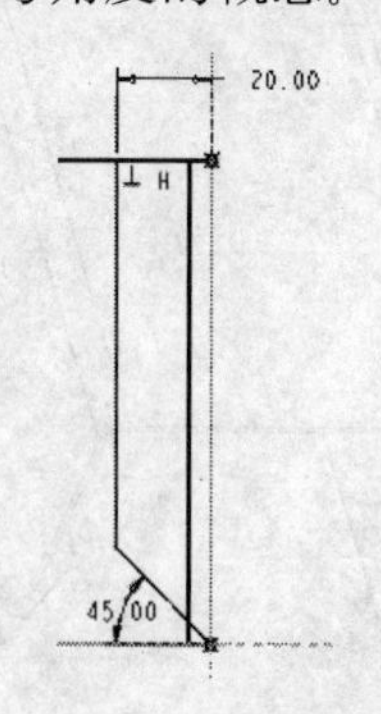

图9-11 绘制图形

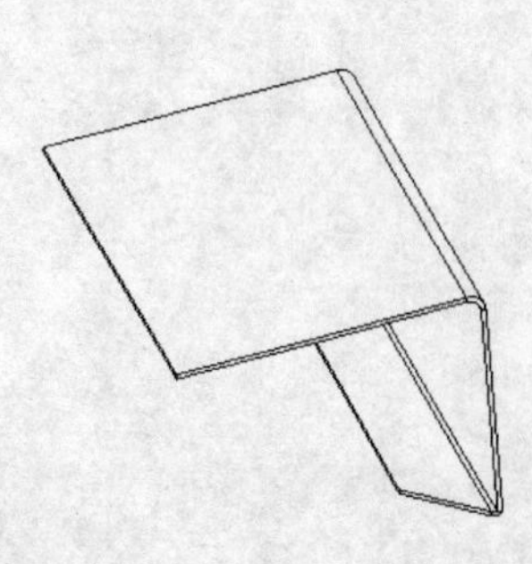

图9-12 创建的平整壁特征

9.1.4 创建法兰壁

（1）单击【法兰】按钮，创建法兰壁。

（2）在【法兰壁特征】操控面板中，将【I】选项改为【用户定义】选项。打开【位置】选项卡，如图9-13所示。

图9-13 【位置】选项卡

（3）选择如图9-14所示的边为连接到侧壁上的边。

（4）选择完成后，在【法兰壁特征】操控面板中，单击【轮廓】按钮，再单击【草绘】按钮，系统弹出【草绘】对话框。按照默认参照，单击【草绘】对话框中的【草绘】按钮，进入草绘状态。

（5）绘制如图9-15所示的图形。

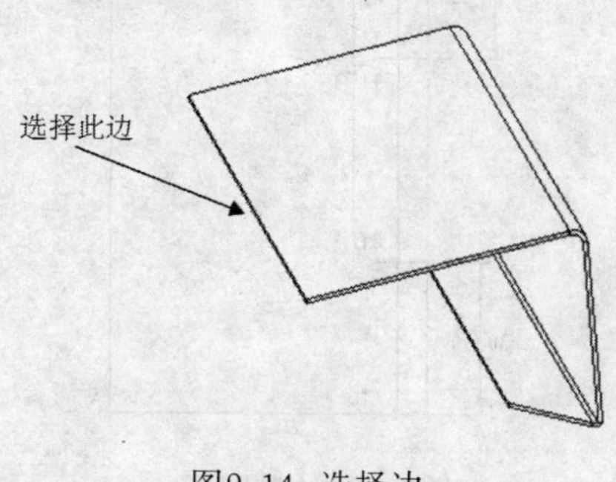

图9-14 选择边

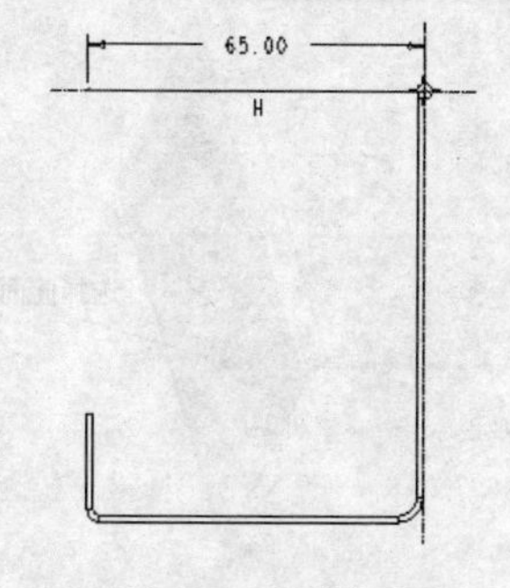

图9-15 绘制图形

（6）单击【草绘器工具】工具栏中的【完成】按钮✓，退出草绘状态。

（7）输入折弯半径为4.7，无误后单击【应用并保存】按钮，完成法兰壁特征的创建，结果如图9-16所示。

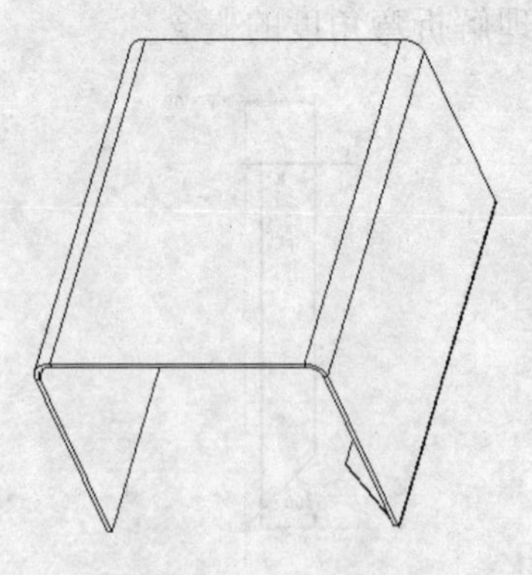

图9-16 创建的法兰壁

9.1.5 创建分离的平整壁

分离壁并不是一种单独的创建壁的方法，而是在使用诸如平整、旋转、混合、偏移等方式制作后续壁时的一种可选方式。所以本节并不具体到每一步骤来讲解技术，因为其过程是相同的，重点要讲的是在分离壁这一特殊方式操作时的一些需要注意的技术要点。

（1）选择基准面DTM1，单击【基准】工具栏中的【平面】按钮，弹出【基准平面】对话框，参照如图9-17所示，在【基准平面】对话框中输入偏移距离为50。单击【基准平面】对话框中的【确定】按钮，完成基准面DTM1的操作。

（2）单击【平整】按钮创建分离的平整壁。系统弹出【分离的平整壁特征】操控面板，在【分离的平整壁特征】操控面板中单击【参照】按钮，再单击【定义】按钮，系统弹出【草绘】对话框，选择刚做好的DTM1作为绘图平面，单击【草绘】对话框中的【草绘】按钮，进入草绘状态。

（3）单击工具栏中的按钮，去掉基准平面显示。选择图形的边界为参照对象，绘制如图9-18所示的图形。

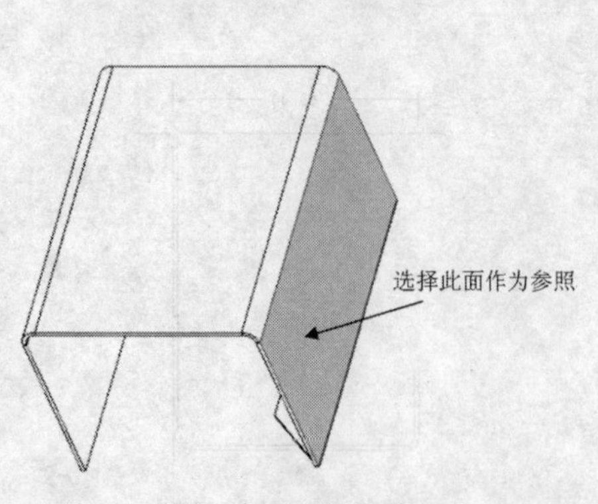

图9-17 设置参照

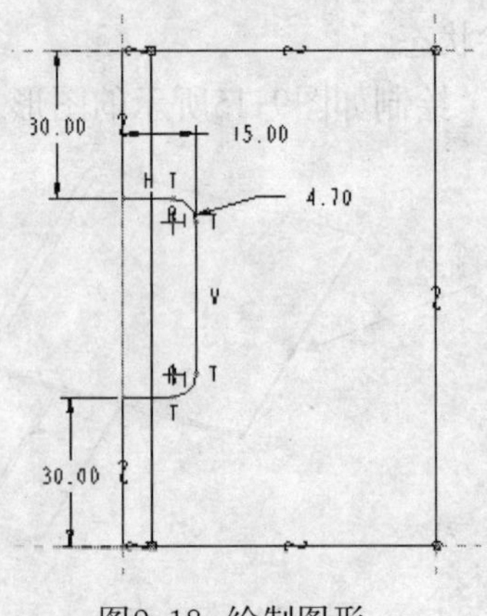

图9-18 绘制图形

（4）单击【草绘器工具】工具栏中的按钮，退出草绘状态。

（5）这时我们要注意钣金件的生长面（即绿色的那一面）要和前面所做的图形的生长面在同一侧，如不在同一侧，单击按钮来改变钣金件的生长方向。单击按钮进行预览，无误后单击【应用并保存】按钮，完成分离的平整壁特征的创建，结果如图9-19所示。

图9-19 创建的平整壁特征

9.1.6 连接薄壁特征

（1）完成两个薄壁连接。单击【钣金件】工具栏中的【拉伸】按钮，系统进入拉伸薄壁的创建模式。

（2）在【拉伸特征】操控面板中，单击【移除材料】按钮，去掉裁减。单击【放置】选项卡，单击【定义】按钮。系统弹出【草绘】对话框，如图9-20所示。

（3）以FRONT平面作为草绘平面，以RIGHT平面作为参照，单击【草绘】对话框中的【草绘】按钮，进入草绘状态。选择两面的绿色边为参照，绘制如图9-21所示的图形。

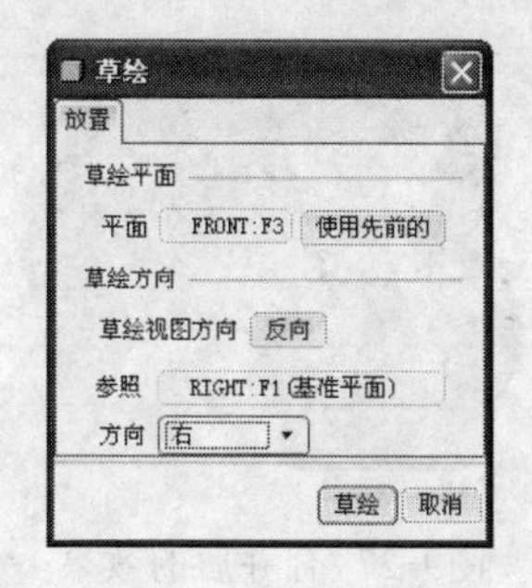

图9-20 【草绘】对话框

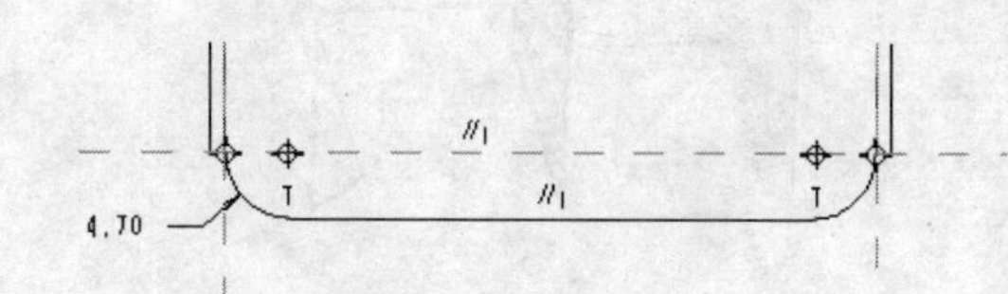

图9-21 绘制的图形

（4）单击【草绘器工具】工具栏中的【完成】按钮，退出草绘状态。

（5）这时我们要注意钣金件的拉伸长度以及生长方向，在【拉伸特征】操控面板中单击按钮，选择其中的按钮，选择如图9-22所示的平面作为拉伸到的平面。生长方向为向外生长，如方向不同，单击按钮来改变钣金件的生长方向。

（6）单击【特征预览】按钮进行预览，无误后单击【应用并保存】按钮，完成两薄壁连接特征的创建，结果如图9-23所示。

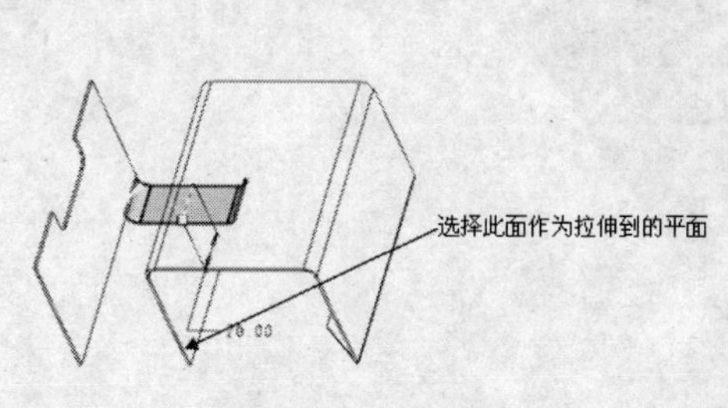

图9-22 选择平面

图9-23 创建的两薄壁连接特征

9.1.7 合并薄壁

（1）合并我们刚做好的三个薄壁。单击【钣金件】工具栏中的【合并壁】按钮，或者选择【插入】|【合并壁】菜单命令，系统打开如图9-24所示的【壁选项：合并】对话框和【特征参考】菜单管理器。

（2）选择如图9-25所示的两个绿色面，然后单击【选取】对话框中的【确定】按钮，接着选择【特征参考】菜单管理器中的【完成参考】选项。

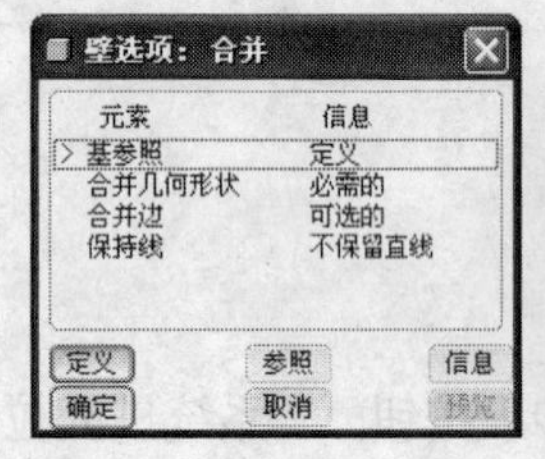

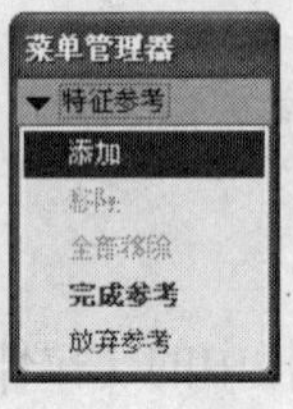

图9-24 【壁选项：合并】对话框和【特征参考】菜单管理器

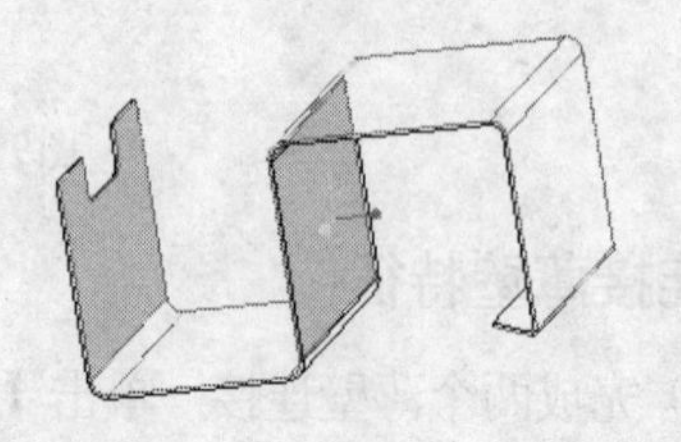

图9-25 选择的两个绿色面

（3）在钣金模型中选取如图9-26所示的两个圆弧面。

（4）单击【特征参考】菜单管理器中的【完成参考】选项，单击【壁选项：合并】对话框中的【确定】按钮，完成合并操作，如图9-27所示。

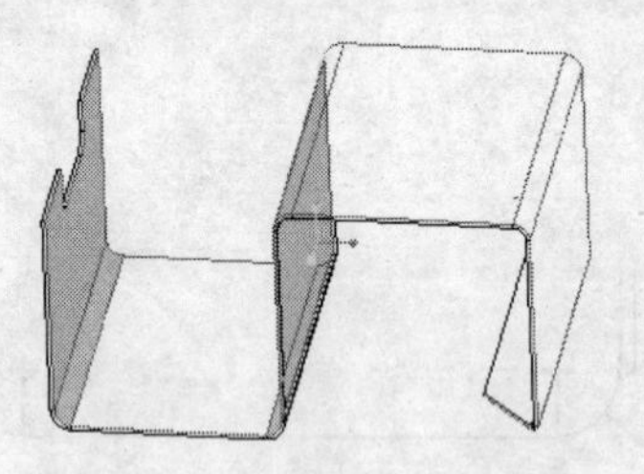

图9-26 选择的两个圆弧面

图9-27 合并后的效果

（5）保存文件，完成实例练习。

9.2 实例：盖板设计（钣金折弯设计）

本实例以箱体盖板设计为例，让读者进一步了解Pro/ENGINEER中钣金设计的方法。箱体盖板完成后的钣金件模型如图9-28所示。

图9-28 完成后的零件模型

9.2.1 创建分离的平整壁

（1）新建名称为sheet02的钣金零件文件，单击【钣金件】工具栏中的【平整】按钮，打开【分离的平整壁特征】操控面板。

（2）在【分离的平整壁特征】操控面板中，单击【参照】按钮，弹出如图9-29所示的【参照】选项卡，在此选项卡上单击【定义】按钮。

（3）此时系统出现【草绘】对话框，在屏幕绘图区选择FRONT基准面为草绘平面，单击【反向】按钮，让钣金件的生长方向为反向，RIGHT基准面为草绘视图的右参考面，设置完毕后【草绘】对话框如图9-30所示，单击【草绘】对话框中的【草绘】按钮，进入草绘状态。

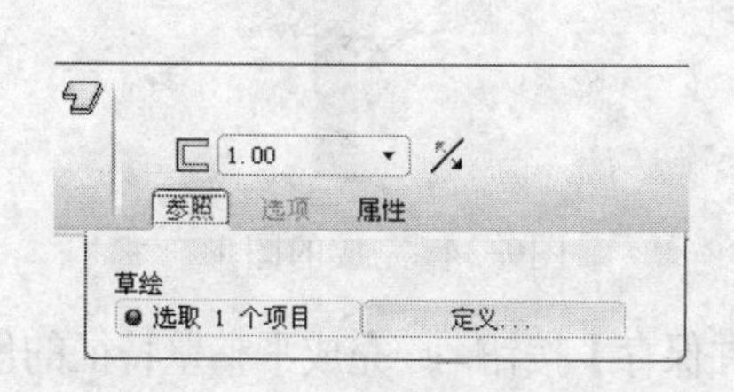

图9-29 【参照】选项卡

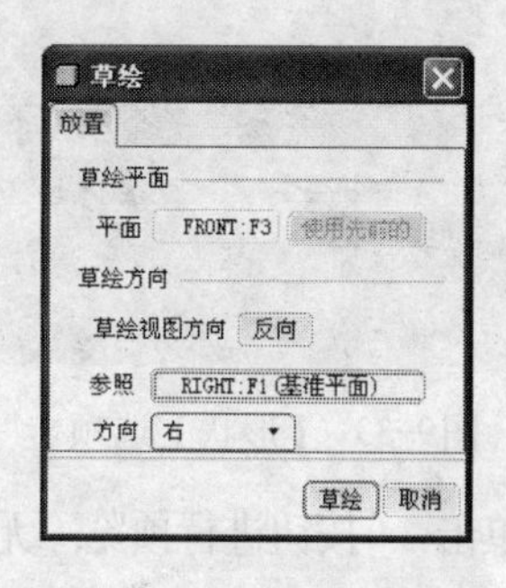

图9-30 【草绘】对话框

（4）以TOP基准面和RIGHT基准面为参照，绘制如图9-31所示的图形，作为电脑机箱侧板的平整截面图形。

（5）单击【草绘器工具】工具栏中的【完成】按钮✓，退出草绘状态。

（6）在【分离的平整壁特征】操控面板中，设置电脑机箱侧板的平整厚度，在图标后的文本框中输入平整厚度值为1.0。

（7）单击按钮进行预览，无误后单击【应用并保存】按钮，完成分离的平整壁特征的创建。

9.2.2 创建平整壁

（1）单击【平整】按钮创建平整壁。选择如图9-32所示的边作为折弯边，再单击【形状】按钮，切换到如图9-33所示的【形状】选项卡，在高度值处输入值15.0。

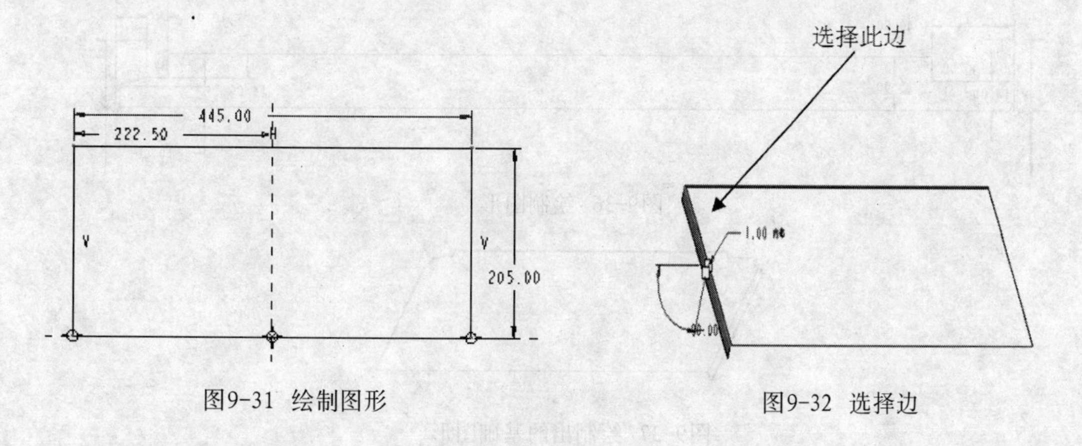

图9-31 绘制图形

图9-32 选择边

（2）这时我们要注意，平整壁不是与先做好的图形外边缘对齐，单击工具栏中的按钮，选择TOP视图，查看是否对齐，完成的图形如图9-34所示，用平整壁特征面板中第二个按钮来改变图形的方向。单击按钮将圆角的方向改为外侧。

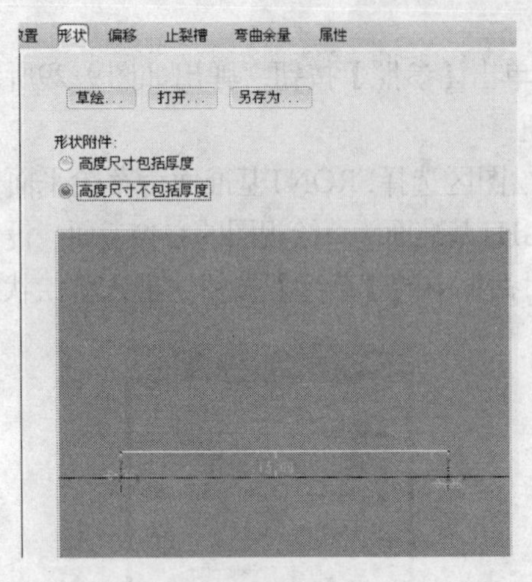

图9-33 【形状】选项卡

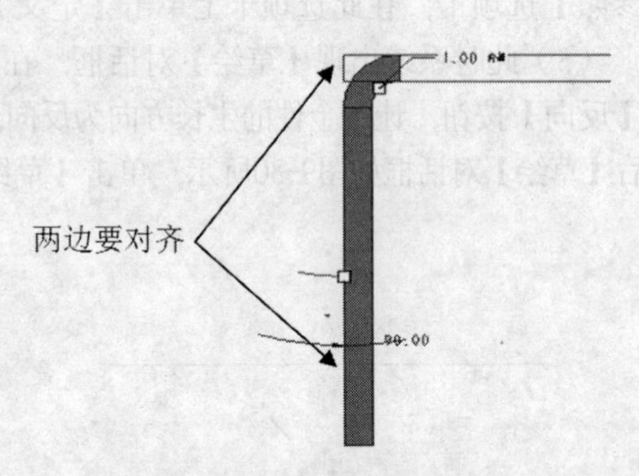

图9-34 完成的图形

（3）单击按钮进行预览，无误后单击【应用并保存】按钮，完成平整壁特征的创建。

（4）单击【平整】按钮，创建平整壁。在平整壁面板中选择如图9-35所示的边作为平整边。将系统默认的图形形状【矩形】改为【用户定义】，再将系统默认的角度90度改为【平整】。单击【形状】按钮，再单击形状面板中的【草绘】按钮，系统弹出【草绘】对话框，将系统默认的方向改为顶视图，单击【草绘】对话框中的【草绘】按钮，进入草绘状态。

（5）单击工具栏中的【草绘】|【参照】命令，选择图形顶边作为绘图参照，绘制如图9-36所示的图形。

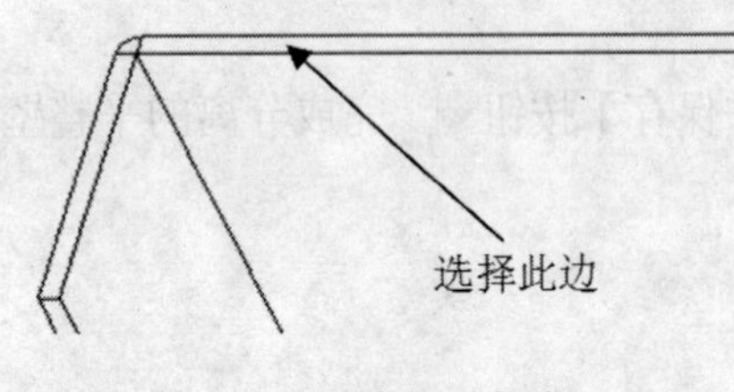

图9-35 选择平整边

（6）单击【草绘器工具】工具栏中的按钮，退出草绘状态。

（7）单击按钮进行预览，无误后单击【应用并保存】按钮，完成平整壁特征的创建，结果如图9-37所示。

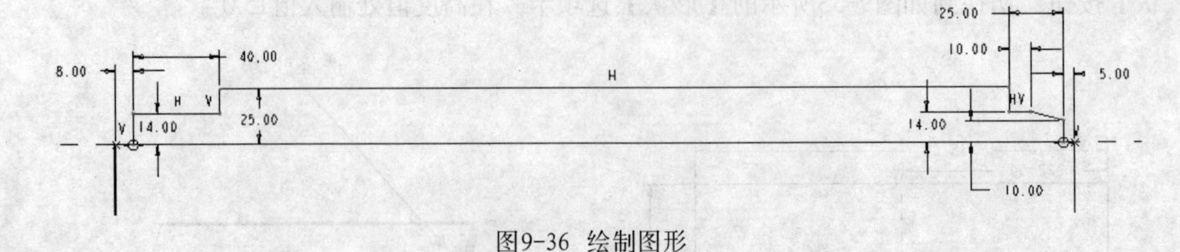

图9-36 绘制图形

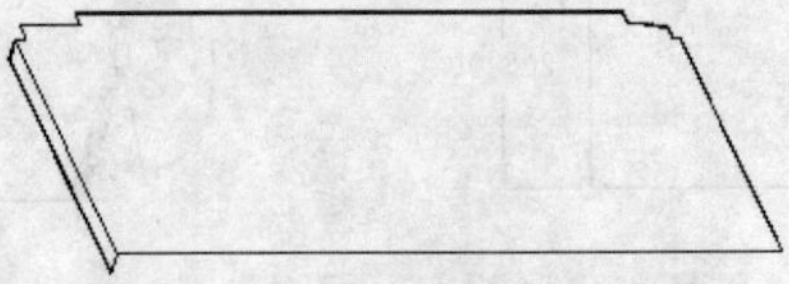

图9-37 绘制出的基础图形

9.2.3 创建第1个折弯特征

（1）单击【钣金件】工具栏中的【折弯】按钮，创建折弯特征，系统弹出如图9-38所示的【选项】菜单管理器，选择【角度】、【常规】选项，单击【完成】。系统接着弹出如图9-39所示的【使用表】菜单管理器，选择【零件折弯表】选项，单击【完成/返回】。

（2）系统弹出如图9-40所示的【半径所在的侧】菜单管理器，选择【外侧半径】选项，选择【完成/返回】选项。系统接着弹出如图9-41所示的【设置草绘平面】菜单管理器，提示选择要折弯的草绘平面。

图9-38 【选项】菜单管理器

图9-39 【使用表】菜单管理器

图9-40 【半径所在的侧】菜单管理器

（3）选择如图9-42所示的平面作为草绘平面。

图9-41 【设置草绘平面】菜单管理器

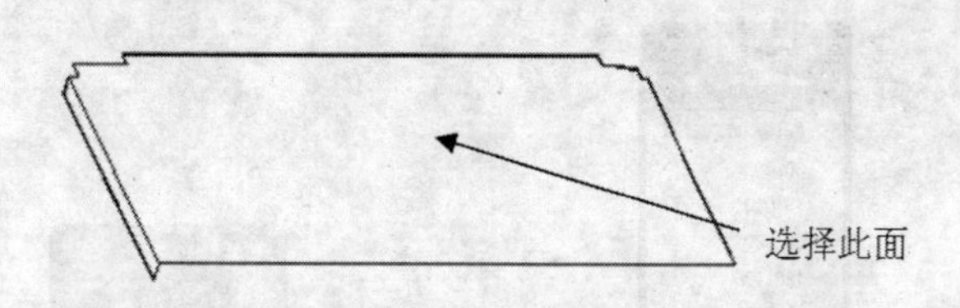

图9-42 选择草绘平面

（4）选择完草绘平面后，系统弹出如图9-43所示的【方向】菜单管理器，单击【确定】。系统弹出如图9-44所示的【草绘视图】菜单管理器，选择【缺省】，系统进入草绘状态。

（5）单击工具栏中的【草绘】|【参照】选项，选择刚绘制的图形边界作为绘图参照，绘制一条如图9-45所示的折弯线。

图9-43 【方向】菜单管理器

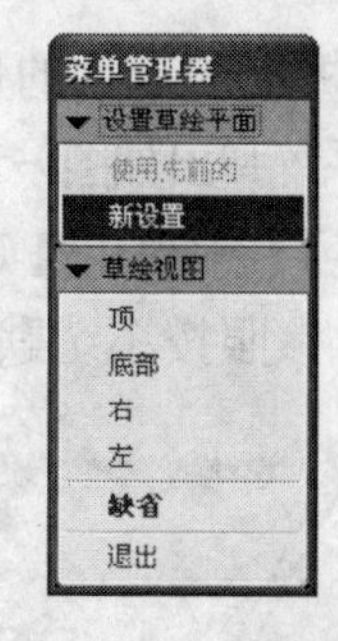

图9-44 【草绘视图】菜单管理器

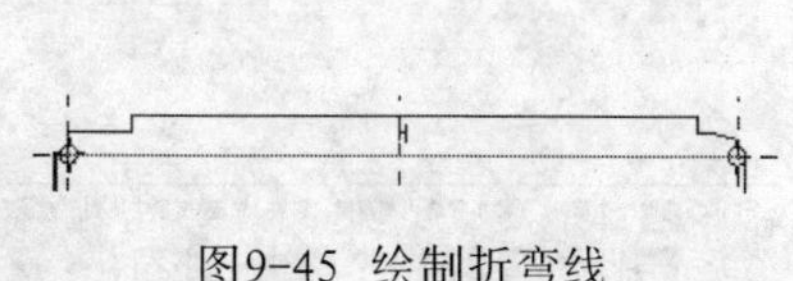
图9-45 绘制折弯线

（6）单击【草绘器工具】工具栏中的✓按钮，退出草绘状态。

（7）系统弹出如图9-46所示的【折弯侧】菜单管理器，提示实体在哪一侧创建折弯特征，选择【确定】。系统弹出如图9-47所示的【方向】菜单管理器，提示实体折弯特征的固定侧，选择【反向】，然后单击【确定】。

（8）此时系统弹出如图9-48所示的【止裂槽】菜单管理器，选择【无止裂槽】折弯选项，单击【完成】。

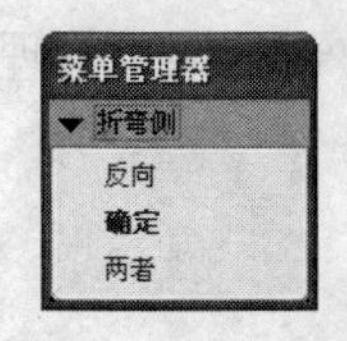

图9-46 【折弯侧】菜单管理器

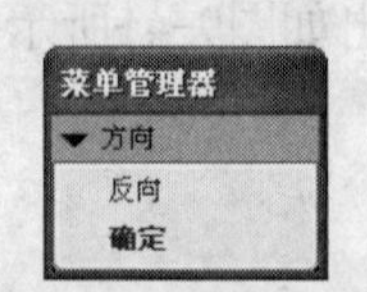

图9-47 【方向】菜单管理器

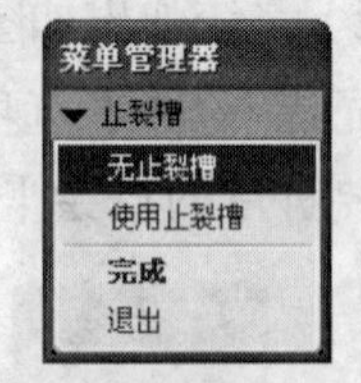

图9-48 【止裂槽】菜单管理器

（9）此时系统弹出【DEF BEND ANGLE（折弯的角度）】菜单管理器，如图9-49所示，选择【Enter Value】选项，在提示栏中输入180，单击【接受值】按钮，启用【反向】复选框，单击【完成】。打开如图9-50所示的【选取半径】菜单管理器，系统提示输入折弯半径，选择【输入值】选项，输入折弯半径值1.1，单击【接受值】按钮。

（10）在如图9-51所示的【折弯选项：角度，常规】对话框中单击【预览】按钮，确定无误后，单击【确定】按钮，完成折弯特征的操作。

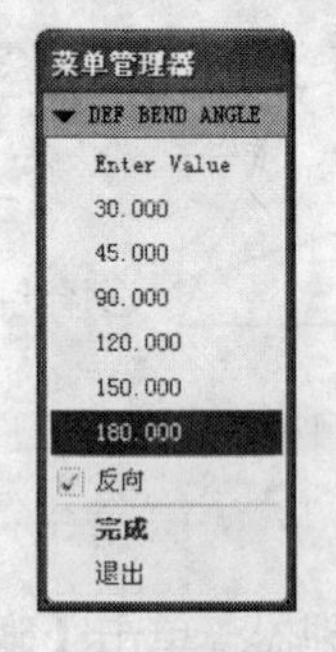

图9-49 【DEF BEND ANGLE】菜单管理器

图9-50 【选取半径】菜单管理器

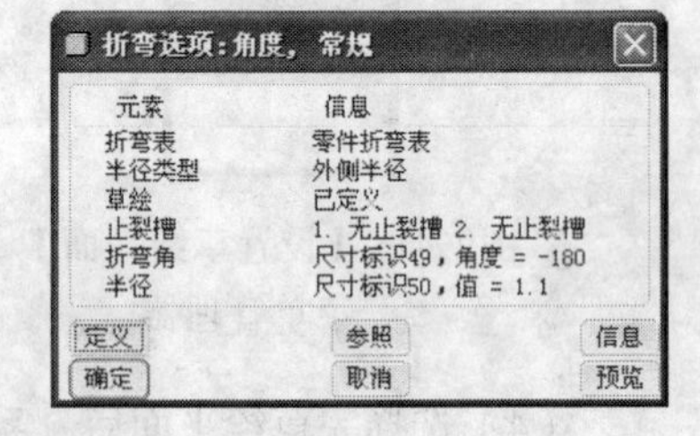

图9-51 【折弯选项：角度，常规】对话框

9.2.4 创建剪切特征

（1）下面用剪切特征来做出电脑机箱侧板上的卡钩的形状。

（2）单击【钣金件】工具栏上的按钮，系统弹出如图9-52所示的【拉伸特征】操控面板。

（3）单击【放置】标签，在【放置】选项卡中单击【定义】，系统弹出【草绘】对话框，选择如图9-53所示的平面作为草绘平面，参照按系统默认即可。

图9-52 【拉伸特征】操控面板

图9-53 选择草绘平面

（4）单击【草绘】按钮，系统进入草绘状态。绘制如图9-54所示的图形。

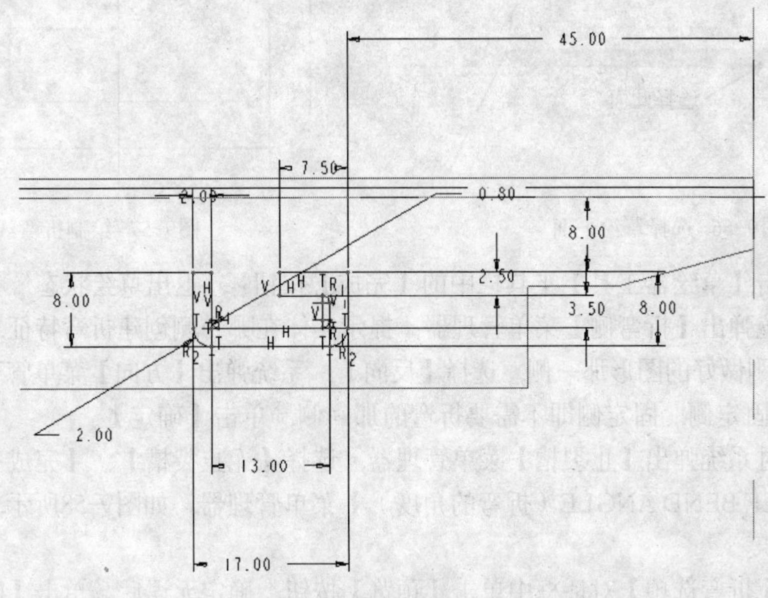

图9-54　草绘图形

（5）单击【草绘器工具】工具栏中的【完成】按钮✓，退出草绘状态。

（6）在【拉伸特征】操控面板中，使用系统默认的计算拉伸长度的方式为⊔，即以指定的深度值拉伸，输入剪切拉伸长度1.0。

（7）单击【特征预览】按钮☑∞进行预览，无误后单击【应用并保存】按钮☑，完成剪切特征的创建，如图9-55所示。

图9-55　完成剪切特征的创建

9.2.5　创建第2个折弯特征

（1）单击【钣金件】工具栏中的【折弯】按钮创建折弯特征，系统弹出【选项】菜单管理器，选择【角度】、【常规】、【完成】选项。系统弹出【使用表】菜单管理器，选择【零件折弯表】、【完成/返回】。

（2）系统弹出【半径所在的侧】菜单管理器，选择【外侧半径】、【完成/返回】选项。系统弹出【设置草绘平面】菜单管理器，提示选择要折弯的草绘平面。

（3）选择如图9-56所示的平面作为草绘平面。

（4）选择完草绘平面后，系统弹出【方向】菜单管理器，选择【确定】选项。系统弹出【草绘视图】菜单管理器，选择【缺省】选项，系统进入草绘状态。

（5）选择【草绘】|【参照】菜单命令，选择刚绘制的图形边界作为绘图参照，绘制如图9-57所示的一条折弯线。

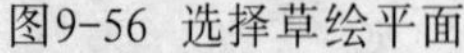

图9-56 选择草绘平面

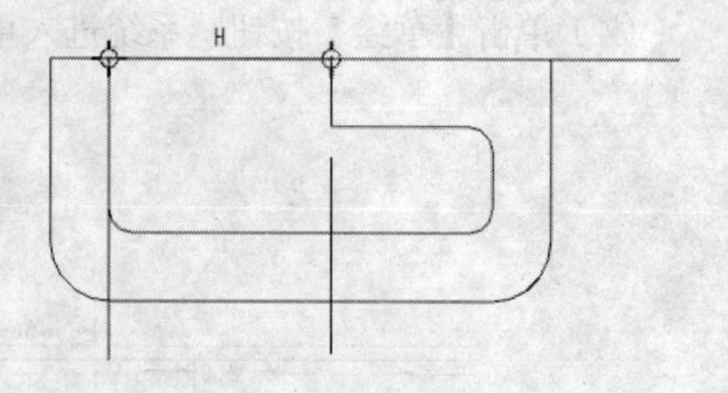

图9-57 绘制折弯线

（6）单击【草绘器工具】工具栏中的【完成】按钮✓，退出草绘状态。

（7）系统弹出【折弯侧】菜单管理器，提示实体在哪一侧创建折弯特征，这时注意箭头方向要指在刚做好的图形那一侧，选择【反向】。系统弹出【方向】菜单管理器，提示实体折弯特征的固定侧，固定侧即不需要折弯的那一侧，单击【确定】。

（8）此时系统弹出【止裂槽】菜单管理器，选择【无止裂槽】、【完成】选项。此时系统弹出【DEF BEND ANGLE（折弯的角度）】菜单管理器，如图9-58所示，折弯角度按系统默认的90度。

（9）在【折弯选项】对话框中单击【预览】按钮，确定无误后，单击【确定】按钮，完成折弯特征的操作，结果如图9-59所示。

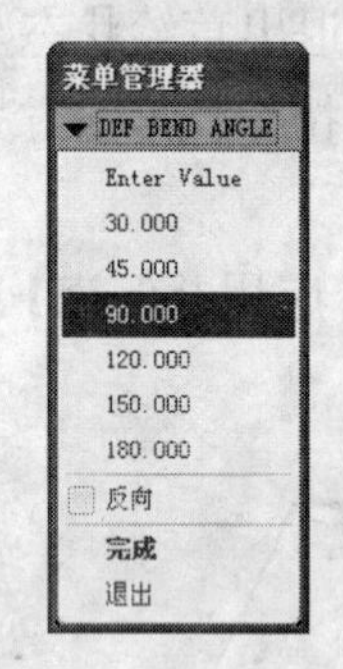

图9-58 【DEF BEND ANGLE】菜单管理器

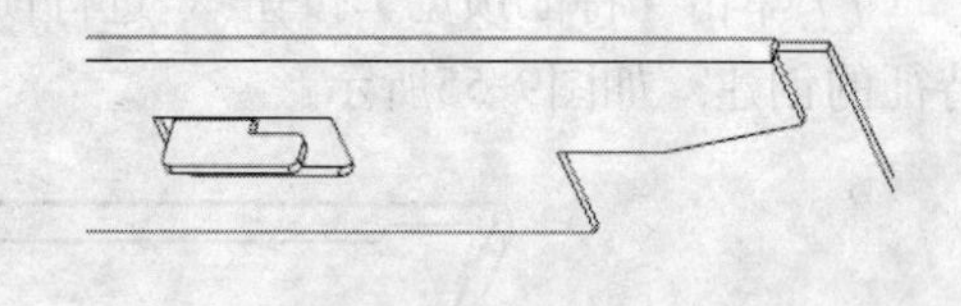

图9-59 第2次折弯的结果

9.2.6 创建阵列特征

下面将刚才做好的卡钩进行阵列操作。

（1）在进行阵列前要将前面做好的剪切特征和折弯特征组合为组，在模型树上选择如图9-60所示的两个特征，选择特征时要按住Ctrl键，选择完成后单击鼠标右键，系统弹出如图9-61所示的快捷菜单，选择【组】命令，完成组合特征的创建。这时模型树的显示如图9-62所示。

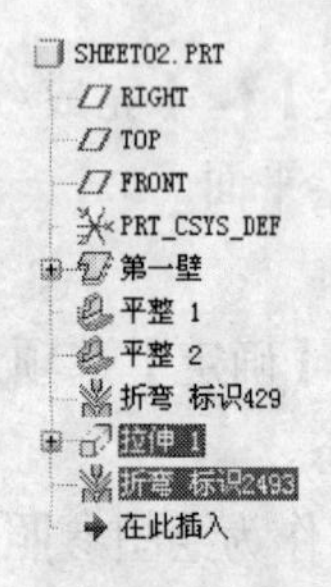

图9-60 选择特征

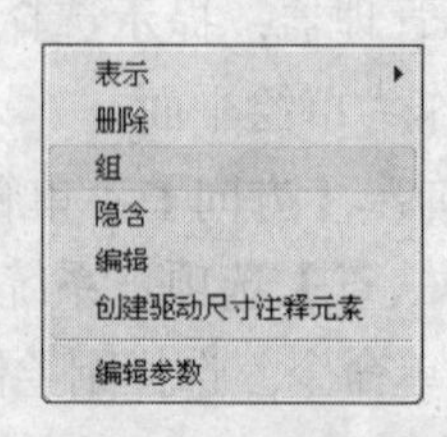

图9-61 快捷菜单

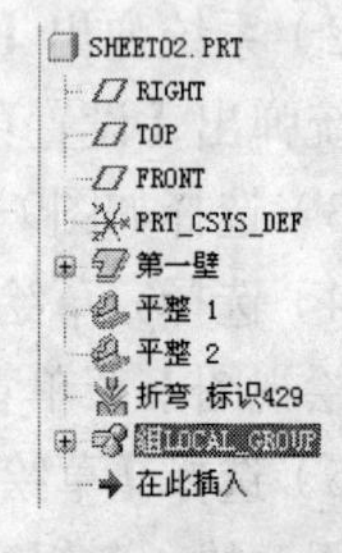

图9-62 显示的模型树

（2）在刚做好的组合特征上单击鼠标右键，系统弹出如图9-63所示的快捷菜单，选择菜单中的【阵列】。

（3）系统弹出【阵列特征】操控面板，按尺寸方式进行阵列，选取尺寸数值45，输入值100，在阵列数量文本框中输入4，如图9-64所示。

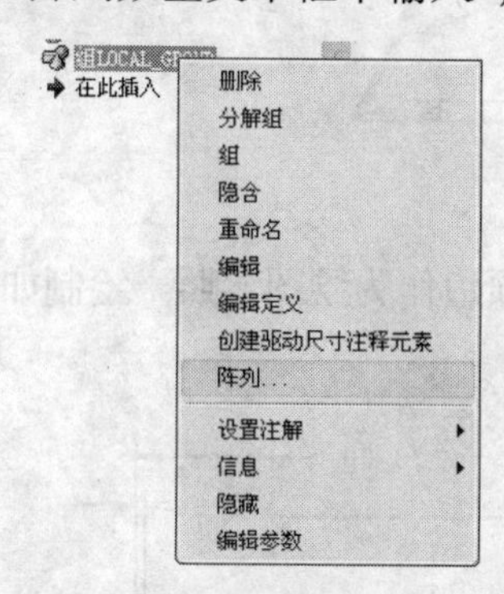

图9-63 选择【阵列】

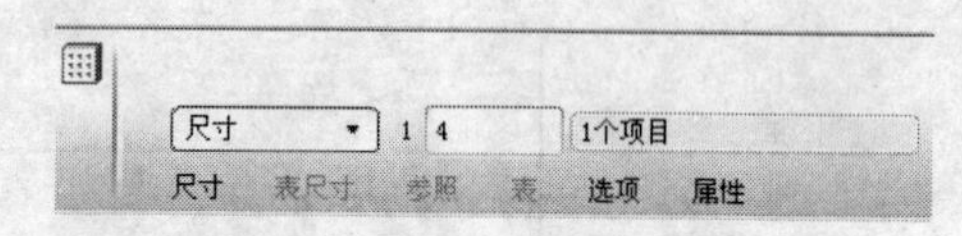

图9-64 【阵列特征】操控面板

（4）单击【应用并保存】按钮☑，完成阵列特征的创建，结果如图9-65所示。

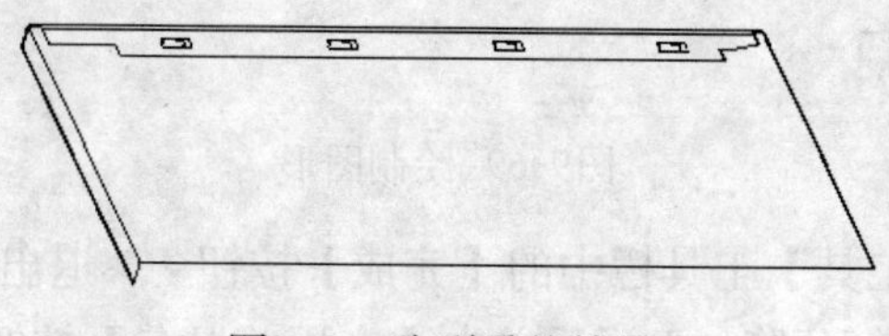

图9-65 阵列后的结果

9.2.7 创建镜像特征

创建钣金件镜像特征，要将整个钣金件进行镜像特征，选中模型树上的sheet02.Prt文件，即钣金件的名称。

（1）单击菜单栏上的【编辑】|【镜像】命令，选择如图9-66所示的面作为镜像参考面。

（2）单击【镜像特征】操控面板上的 按钮进行预览，无误后单击【应用并保存】按钮☑，完成钣金件镜像特征的创建，结果如图9-67所示。

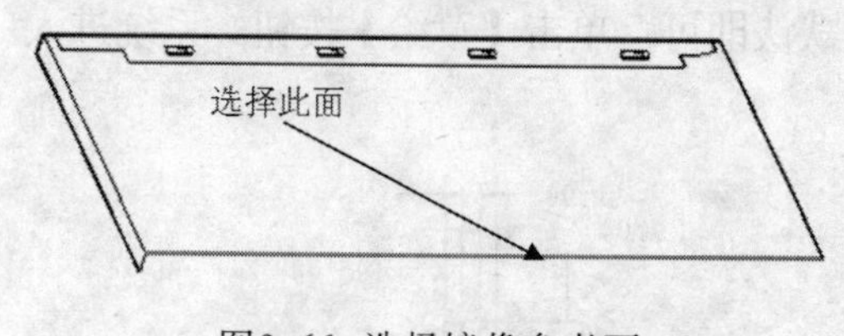

图9-66 选择镜像参考面

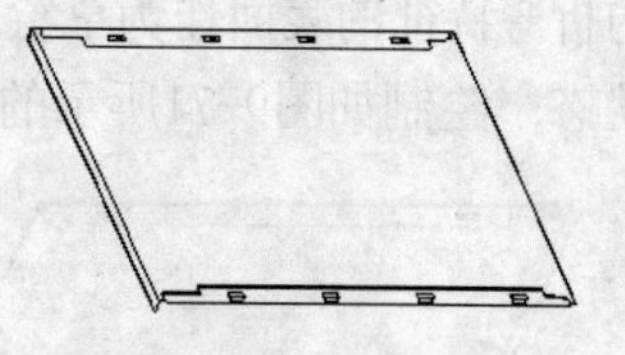

图9-67 镜像后的结果

9.2.8 创建第3个折弯特征

下面绘制电脑机箱面板前侧的折弯特征。

（1）单击【平整】按钮，选择如图9-68所示的边作为平整边。将系统默认的图形形状【矩形】改为【用户定义】，将系统默认的角度90°改为【平整】。在【形状】选项卡中单击【草绘】按钮，系统弹出【草绘】对话框，将系统默认的方向改为顶视图，单击【草绘】对话框中的【草绘】按钮，进入草绘状态。

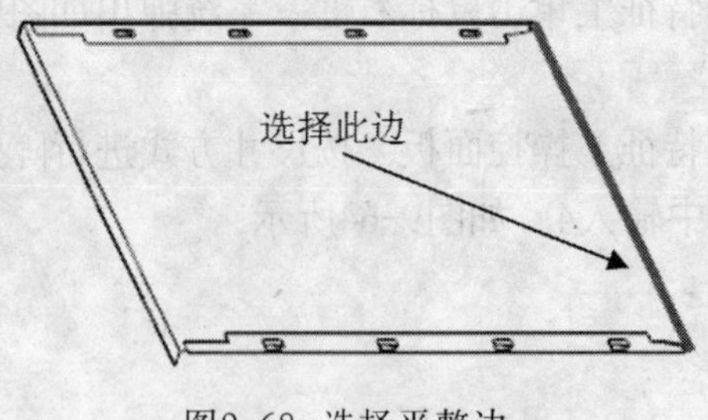

图9-68 选择平整边

（2）选择【草绘】|【参照】菜单命令，选择图形顶边作为绘图参照，绘制如图9-69所示的图形。

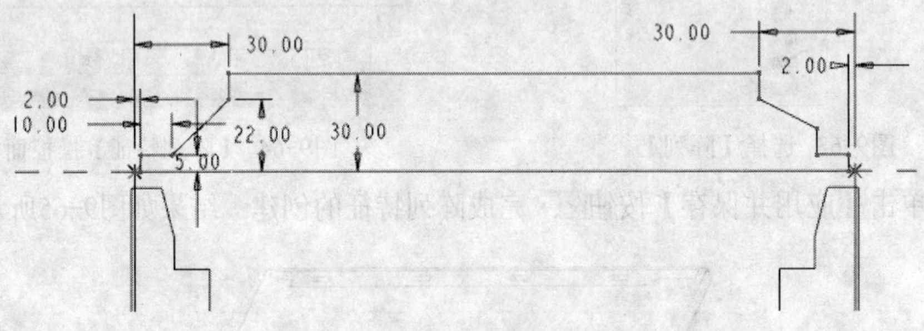

图9-69 绘制图形

（3）单击【草绘器工具】工具栏中的【完成】按钮✓，退出草绘状态。

（4）单击☑ ∞按钮进行预览，无误后单击【应用并保存】按钮☑，完成平整壁特征的创建。

（5）单击【钣金件】工具栏中的【折弯】按钮，按照前面的方法创建折弯特征，结果如图9-70所示。

9.2.9 创建剪切特征

（1）单击【钣金件】工具栏上的按钮，在弹出的【拉伸特征】操控面板中单击【放置】按钮，在所弹出的选项卡中单击【定义】按钮，系统弹出【草绘】对话框，选择上一步做好的折弯特征的表面作为草绘平面，参照按系统默认即可。单击【草绘】按钮，系统进入草绘状态。绘制如图9-71所示的图形。

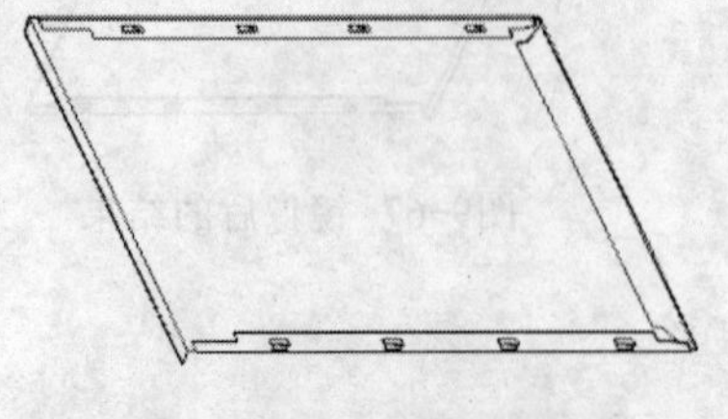

图9-70 创建的折弯特征

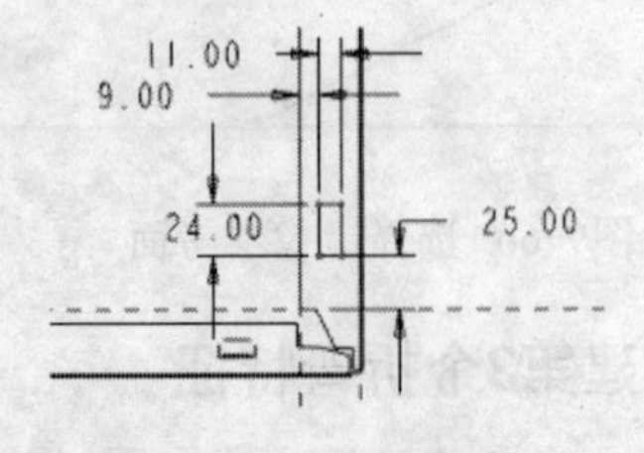

图9-71 绘制图形

（2）单击【草绘器工具】工具栏中的【完成】按钮✓，退出草绘状态。

（3）在【拉伸特征】操控面板中，单击【移除材料】按钮。使用系统默认的计算拉伸长度的方式为，即按指定深度拉伸，输入剪切拉伸长度1.0。

（4）单击☑ ∞按钮进行预览，无误后单击【应用并保存】按钮☑，完成剪切特征的创建。

9.2.10 创建凸缘特征

（1）单击【钣金件】工具栏中的【法兰】按钮，创建卡钩。选择如图9-72所示的边作为法兰壁的折弯边，系统弹出【法兰壁特征】操控面板，参数设置如图9-73所示。

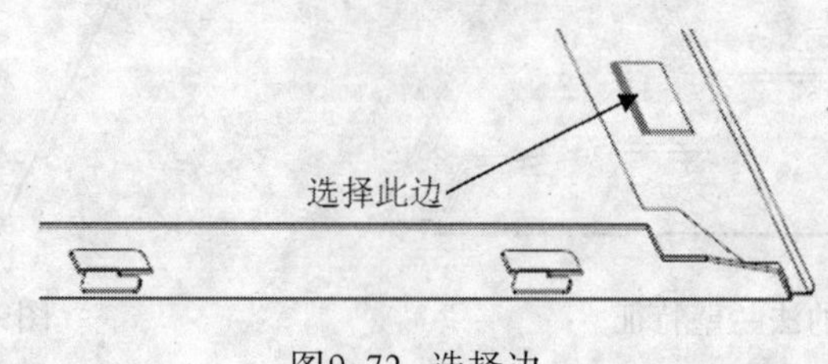

图9-72 选择边

图9-73 【法兰壁特征】操控面板

（2）在【法兰壁特征】操控面板中，单击【形状】标签，切换到【形状】选项卡，参数设置如图9-74所示。

（3）单击【止裂槽】标签，切换到【止裂槽】选项卡，参数的设置如图9-75所示。

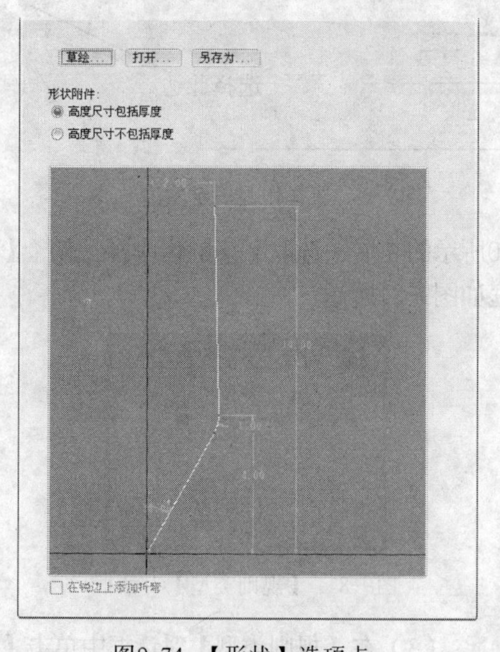

图9-74 【形状】选项卡

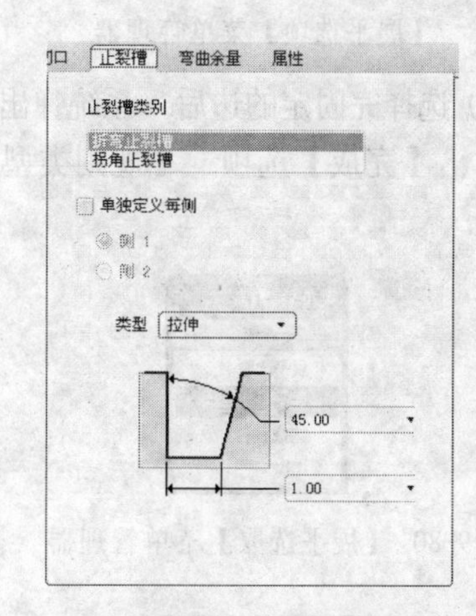

图9-75 【止裂槽】选项卡

（4）单击按钮进行预览，无误后单击【应用并保存】按钮，完成法兰壁特征的创建，结果如图9-76所示。

（5）将创建好的法兰壁特征进行阵列，用前面讲解的步骤做出法兰壁的阵列特征，这时的阵列个数为3个、阵列的尺寸为140。阵列完成的结果如图9-77所示。

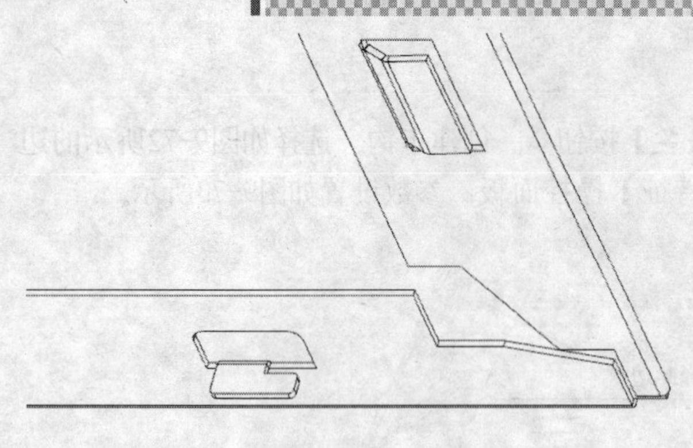
图9-76 完成的法兰壁特征

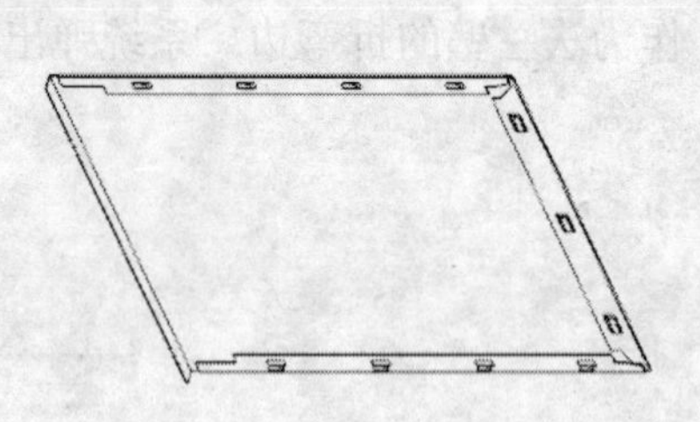
图9-77 阵列完成的结果

9.2.11 创建展平特征

下面使用展平工具，将前面做好的折弯特征进行展开。

（1）单击【展平】按钮，系统弹出如图9-78所示的【展平选项】菜单管理器。选择【常规】、【完成】选项，这时系统提示选取当展平时保持固定的平面或边，选择如图9-79所示的边作为固定的边。

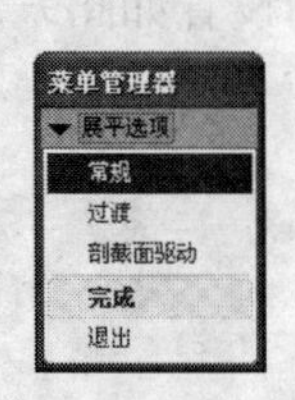

图9-78 【展平选项】菜单管理器

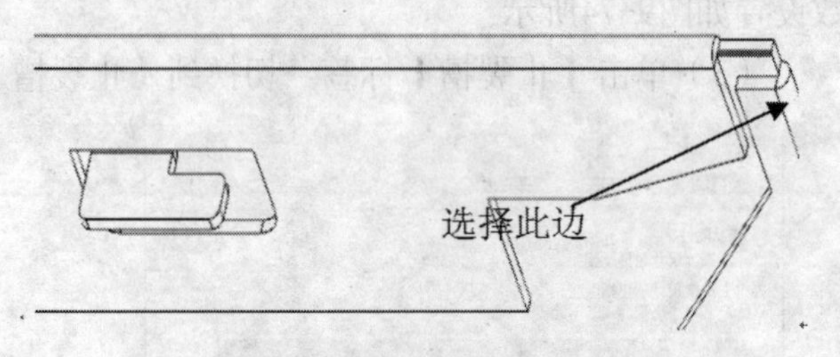

图9-79 选择作为固定的边

（2）选择完固定的边后，系统弹出如图9-80所示的【展平选取】菜单管理器，选择【展平全部】、【完成】选项。【规则类型】对话框如图9-81所示。

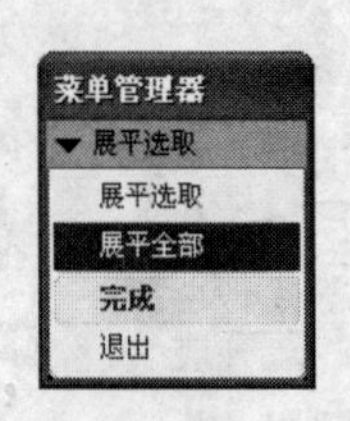

图9-80 【展平选取】菜单管理器

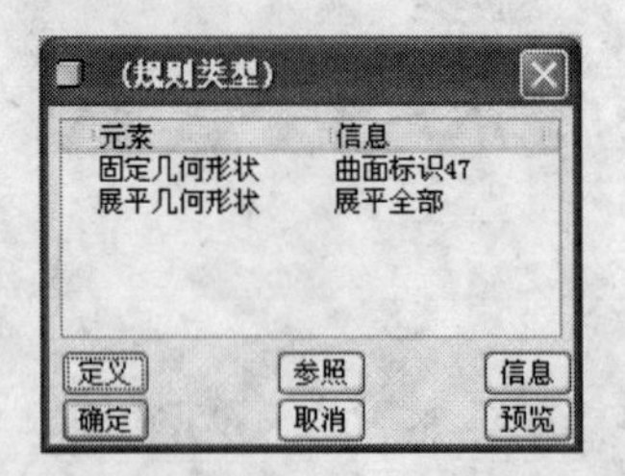

图9-81 【规则类型】对话框

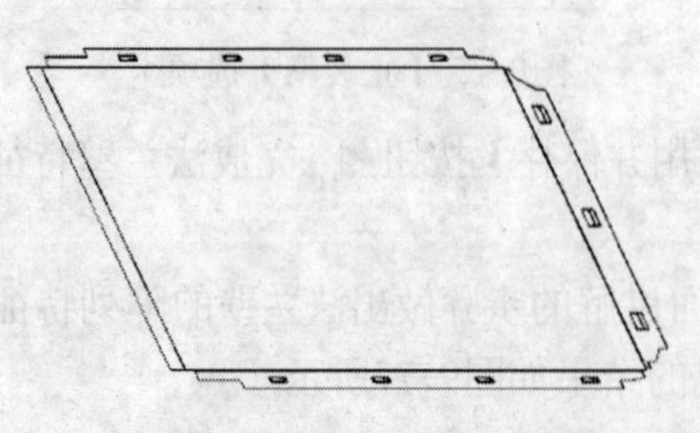
图9-82 展平后的结果

（3）在【规则类型】对话框中单击【预览】按钮，确定无误后，单击【确定】按钮，完成展平特征的创建，结果如图9-82所示。

（4）展平后单击【钣金件】工具栏中的【折弯回去】按钮，单击上面的按钮，即可以将刚才展平的钣金件折弯回去。步骤同上。

（5）保存文件，完成实例练习。

9.3 实例：风机上盖设计（钣金凹槽与冲孔设计）

风机上盖是很常见的一种钣金件，下面用钣金件设计中的凹槽与冲孔特征将其拐角处的部分剪切掉。本节主要介绍Pro/ENGINEER中钣金模块中的凹槽与冲孔设计的应用，凹槽与冲孔的UDF库的制作是本节的重点及难点所在，完成后的钣金件如图9-83所示。

图9-83 完成后的零件模型

9.3.1 创建钣金零件

（1）新建名称为sheet03的钣金零件文件，单击【钣金件】工具栏中的【拉伸】按钮，在【拉伸特征】操控面板中，单击【放置】选项卡中的【定义】按钮。系统弹出【草绘】对话框，在屏幕绘图区选择FRONT基准面为草绘平面，TOP基准面为草绘视图的顶参考面，单击【草绘】对话框中的【草绘】按钮，进入草绘状态。

（2）以TOP基准面和RIGHT基准面为参照，绘制如图9-84所示的图形，作为截面图形。

（3）绘制完图形后，单击鼠标右键，弹出如图9-85所示的快捷菜单，选择【加厚】选项，输入加厚值1.0。单击【草绘器工具】工具栏中的【完成】按钮，退出草绘状态。在【拉伸特征】操控面板中，单击按钮，输入拉伸的长度值200，输入平整厚度值1.0。单击按钮进行预览，无误后单击【应用并保存】按钮，完成拉伸特征的创建。

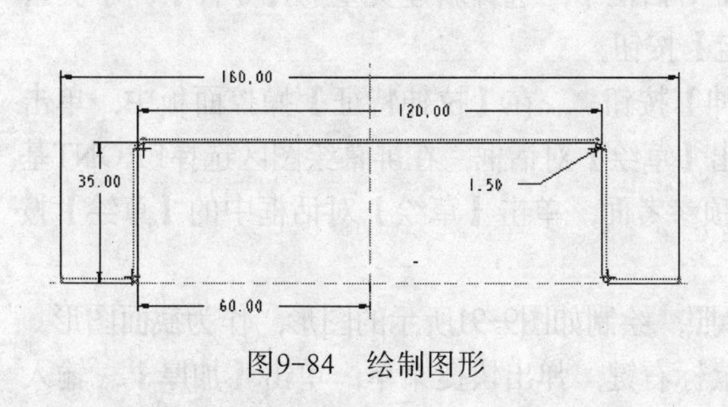

图9-84 绘制图形

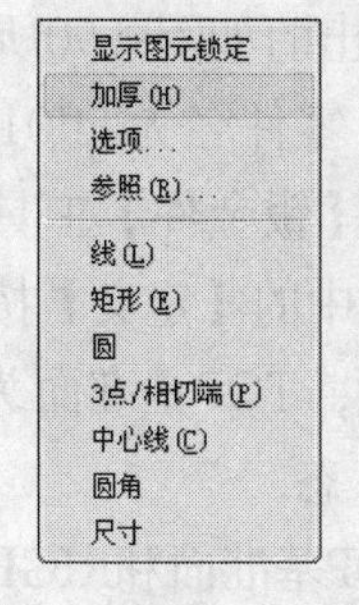

图9-85 快捷菜单

9.3.2 创建展平特征

（1）单击【钣金件】工具栏中的【展平】按钮，系统弹出如图9-86所示的【展平选项】菜单管理器，选择【常规】展平方式，再选择【完成】选项。系统弹出如图9-87所示的【规则类型】对话框。

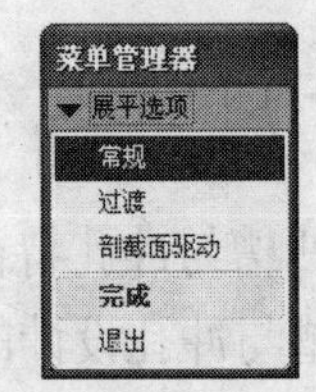

图9-86 【展平选项】菜单管理器

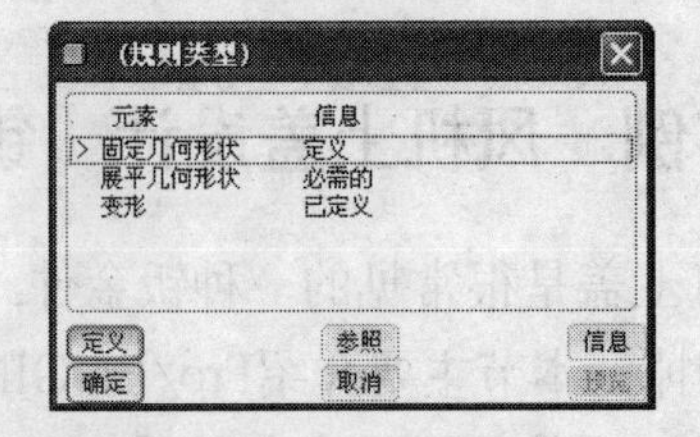

图9-87 【规则类型】对话框

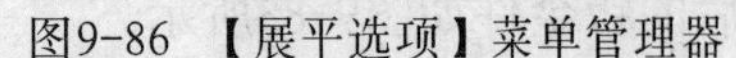

（2）系统提示选择折弯或展平时保持不变的边或面，选择如图9-88所示的平面作为展平时保持不变的面。选择完成后，系统弹出如图9-89所示的【展平选取】菜单管理器，单击【展平全部】、【完成】选项。再单击【规则类型】对话框中的【预览】按钮，确定无误后，单击【确定】按钮，完成展平特征的创建。

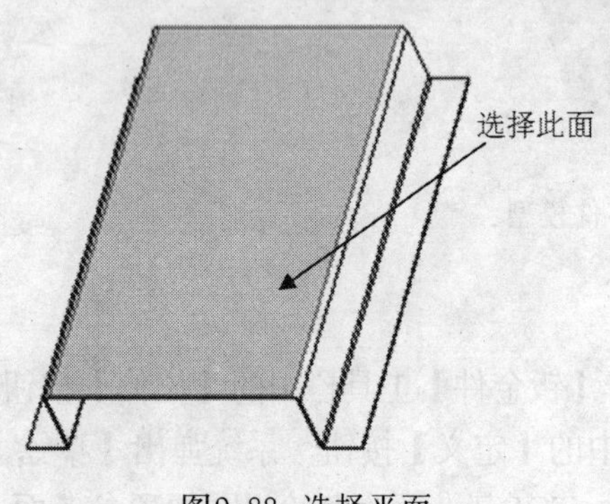

图9-88 选择平面

图9-89 【展平选取】菜单管理器

（3）保存刚完成的钣金件模型。

9.3.3 创建凹槽与冲孔特征

在做特征凹槽与冲孔前，首先要定义凹槽与冲孔创建特征的形状，然后才可以将凹槽与冲孔特征放置到钣金件上。

（1）选择【文件】|【新建】菜单命令或单击【新建】按钮。

（2）在弹出的如图9-90所示的【新建】对话框中，选择新建类型为【零件】，子类型为【钣金件】，零件名为udf01，单击【确定】按钮。

（3）单击【钣金件】工具栏中的【拉伸】按钮，在【拉伸特征】操控面板中，单击【放置】选项卡中的【定义】按钮。系统弹出【草绘】对话框，在屏幕绘图区选择FRONT基准面为草绘平面，TOP基准面为草绘视图的顶参考面，单击【草绘】对话框中的【草绘】按钮，进入草绘状态。

（4）以TOP基准面和RIGHT基准面为参照，绘制如图9-91所示的图形，作为截面图形。

（5）绘制完图9-91所示图形后，单击鼠标右键，弹出快捷菜单，单击【加厚】，输入加厚值1.0。单击【草绘器工具】工具栏中的【完成】按钮，退出草绘状态。在【拉伸特征】操控面板中，单击按钮，输入拉伸的长度值50，输入平整厚度值为1.0。单击按钮进行预览，无误后单击【应用并保存】按钮，完成拉伸特征的创建。

（6）单击【钣金件】工具栏中的【展平】按钮，系统弹出【展平选项】菜单管理器，选择【常规】展平方式，再选择【完成】选项，系统弹出【规则类型】对话框。

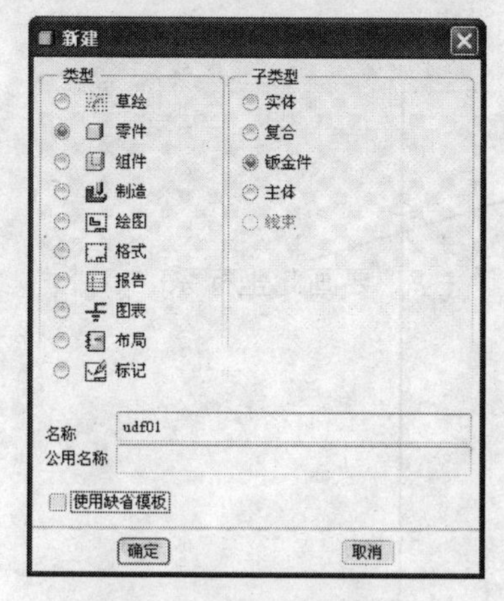

图9-90 【新建】对话框

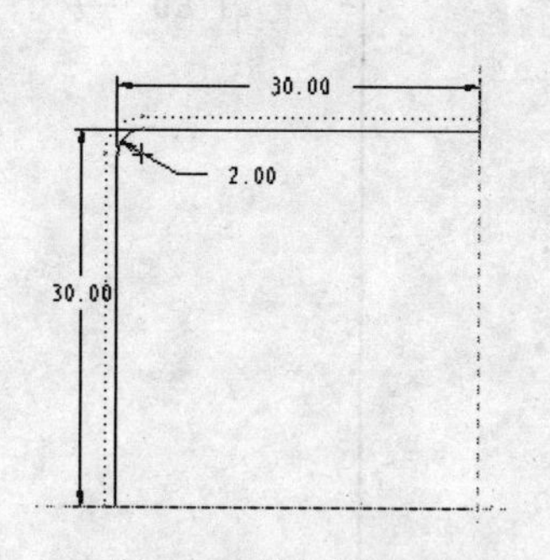

图9-91 绘制图形

（7）系统提示选择折弯或展平时保持不变的边或面，选择如图9-92所示的平面作为展平时保持不变的面。选择完成后，系统弹出如图9-93所示的【展平选取】菜单管理器，单击【展平全部】、【完成】选项。再单击【规则类型】对话框中的【预览】按钮，确定无误后，单击【确定】按钮，完成展平特征的创建。

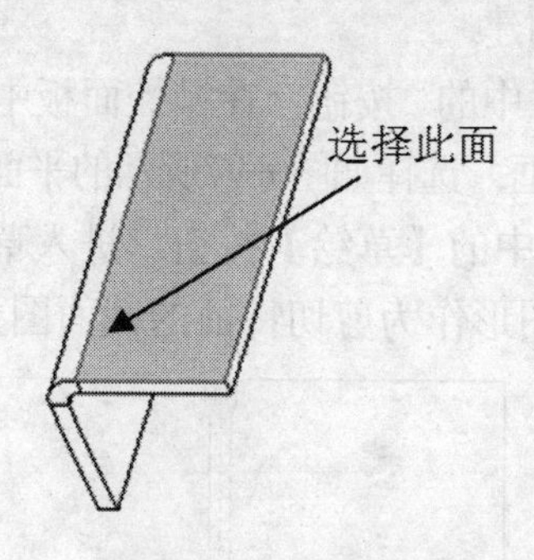

图9-92 选择平面

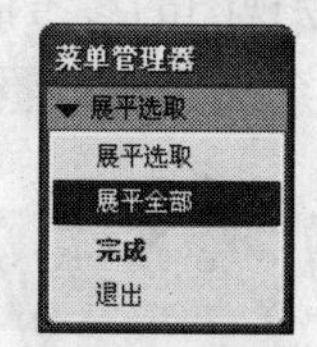

图9-93 【展平选取】菜单管理器

（8）单击【钣金件】工具栏中的按钮，在操控面板中单击【移除材料】按钮，单击【放置】选项卡中的【定义】按钮。系统弹出【草绘】对话框，选择如图9-94所示的平面为草绘平面，选择如图9-95所示的平面为草绘视图的底参考面，单击【草绘】对话框中的【草绘】按钮，进入草绘状态。

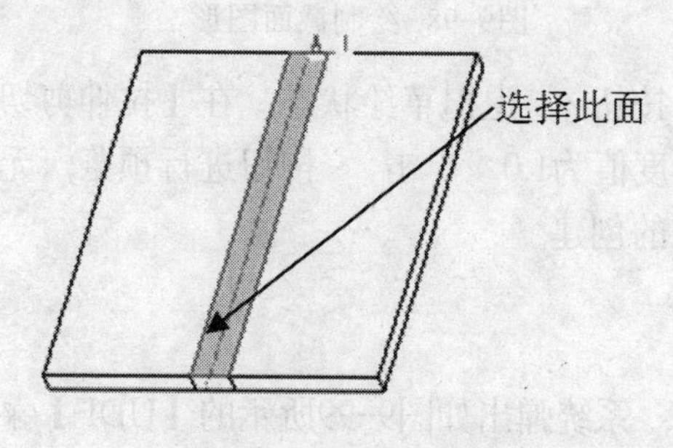

图9-94 选择草绘平面

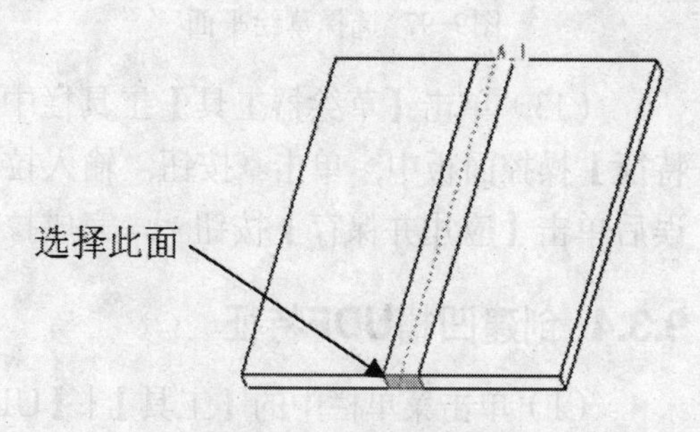

图9-95 选择底参考面

（9）选择中心轴作为绘图参照，绘制如图9-96所示的图形作为剪切特征的截面图形。

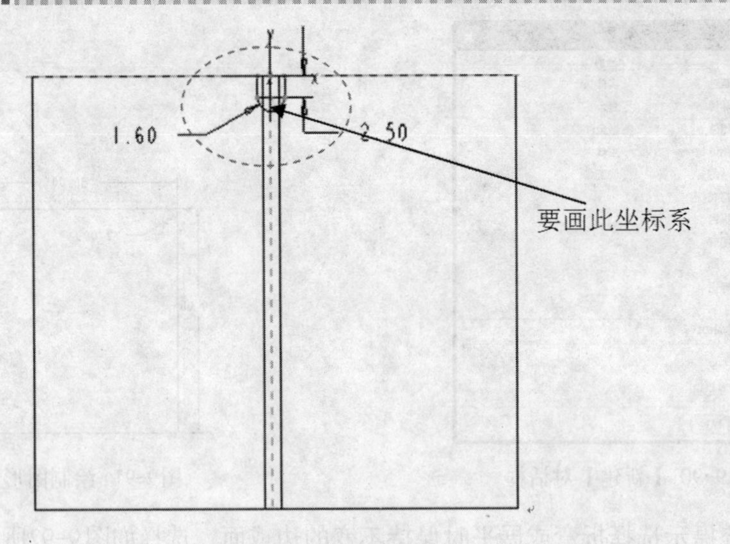

图9-96 绘制截面图形

（10）单击【草绘器工具】工具栏中的按钮✓，退出草绘状态。在【拉伸剪切特征】操控面板中，选择拉伸方式为，输入拉伸剪切的长度值为1.0。单击按钮进行预览，无误后单击【应用并保存】按钮，完成拉伸剪切特征的创建。

（11）绘制冲孔所需特征，单击【钣金件】工具栏中的按钮，在操控面板中单击【放置】选项卡中的【定义】按钮。系统弹出【草绘】对话框，选择如图9-97所示的平面为草绘平面，系统默认草绘视图的参考面，单击【草绘】对话框中的【草绘】按钮，进入草绘状态。

（12）按照系统默认参照，绘制如图9-98所示的图形作为剪切特征的截面图形。

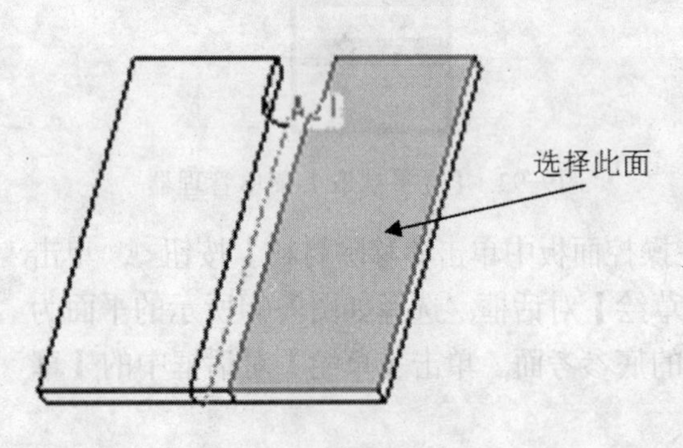

图9-97 选择草绘平面

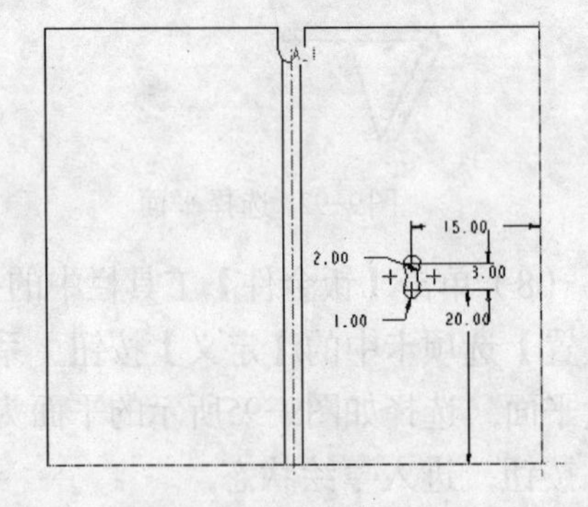

图9-98 绘制截面图形

（13）单击【草绘器工具】工具栏中的【完成】按钮✓，退出草绘状态。在【拉伸剪切特征】操控面板中，单击按钮，输入拉伸剪切的长度值为1.0。单击按钮进行预览，无误后单击【应用并保存】按钮，完成拉伸剪切特征的创建。

9.3.4 创建凹槽UDF特征

（1）单击菜单栏中的【工具】|【UDF库】命令，系统弹出如图9-99所示的【UDF】菜单管理器，单击【创建】，系统弹出如图9-100所示的提示栏，要求输入UDF库的名称，输入udf_cut_01。

（2）单击提示栏中的【接受值】按钮，系统弹出如图9-101所示的【UDF选项】菜单管理器，按照系统默认选项，选择【完成】选项，系统弹出如图9-102所示的【UDF特征】

菜单管理器，提示选择要创建UDF库的特征。

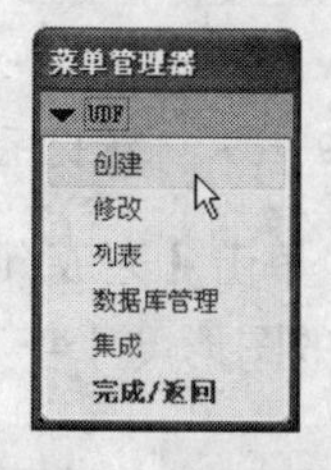

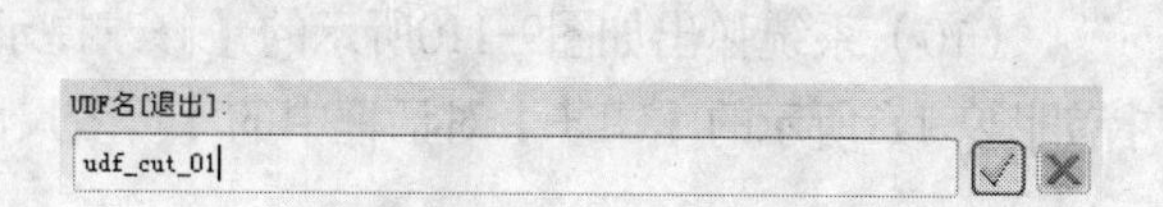

图9-99　【UDF】菜单管理器　　　图9-100　提示栏

（3）选择图9-96所绘制的图形特征作为加入UDF库的特征，选择【完成】选项，系统弹出如图9-103所示的【UDF特征】菜单管理器，提示是否添加特征加入UDF库，这里不再添加特征，单击【完成/返回】选项。

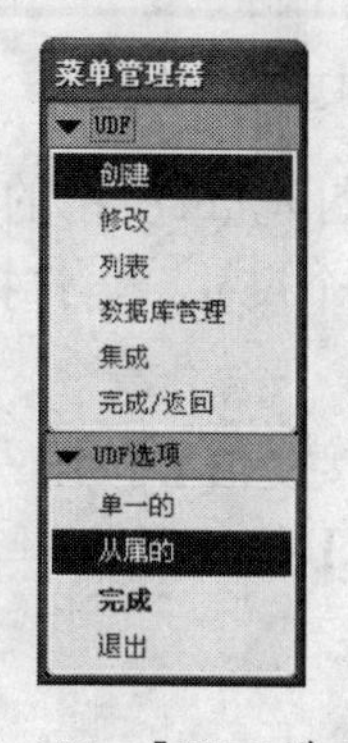

图9-101　【UDF选项】菜单管理器

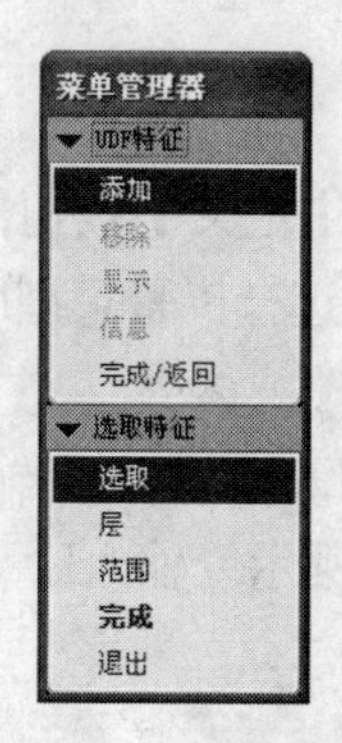

图9-102　【UDF特征】菜单管理器

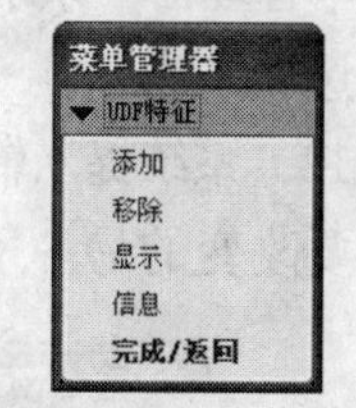

图9-103　【UDF特征】菜单管理器

（4）系统弹出【确定】对话框，询问是否为冲压或穿孔特征定义一个UDF，如图9-104所示，单击【是】按钮。

（5）系统提示输入刀具名称，输入cut01为刀具名称，如图9-105所示，单击【接受值】按钮☑，系统弹出【对称】菜单管理器，选择【Y轴】。

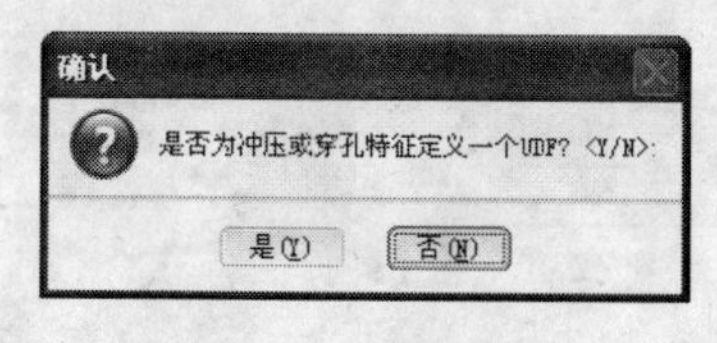

图9-104　系统提示

图9-105　系统提示2

（6）系统提示输入曲面，如图9-106所示，输入surface01，单击【接受值】按钮☑。

（7）系统再次提示输入曲面，如图9-107所示，输入surface02，单击【接受值】按钮☑。

图9-106　系统提示1　　　图9-107　系统提示2

（8）系统第3次提示输入曲面，如图9-108所示，输入surface03，单击【接受值】按钮☑。

（9）系统第4次提示输入曲面，如图9-109所示，输入Axis，单击【接受值】按钮☑。

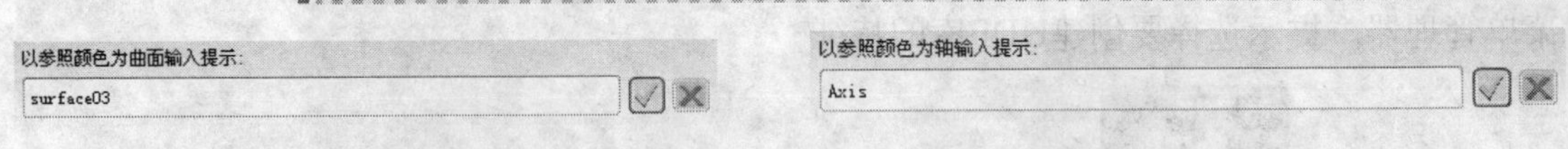

图9-108 系统提示3　　图9-109 系统提示4

（10）系统弹出如图9-110所示的【修改提示】菜单管理器，单击【完成/返回】选项。选择如图9-111所示的【UDF】对话框中的【可变尺寸】项，将绘制的图形尺寸变为可变的尺寸。

图9-110 【修改提示】菜单管理器

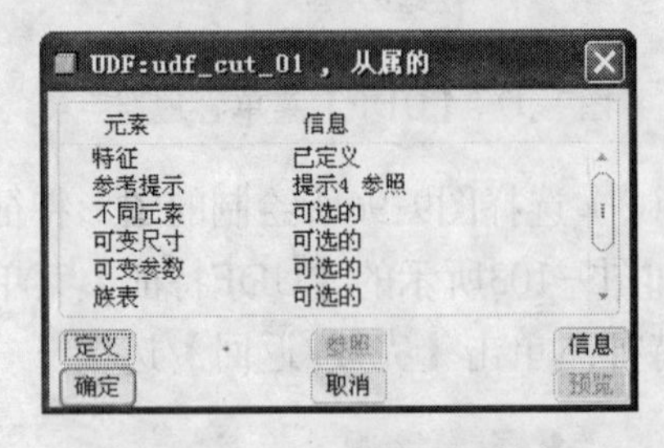

图9-111 【UDF】对话框

（11）单击【UDF】对话框中的【定义】按钮，系统弹出如图9-112所示的【可变尺寸】菜单管理器，系统提示选择尺寸，选择屏幕模型中的1.6及2.5两个尺寸，再选择【完成/返回】选项。

（12）系统提示输入尺寸值，如图9-113所示，输入R，单击【接受值】按钮☑，系统提示输入要改变的另一尺寸，如图9-114所示，输入L，单击【接受值】按钮☑。

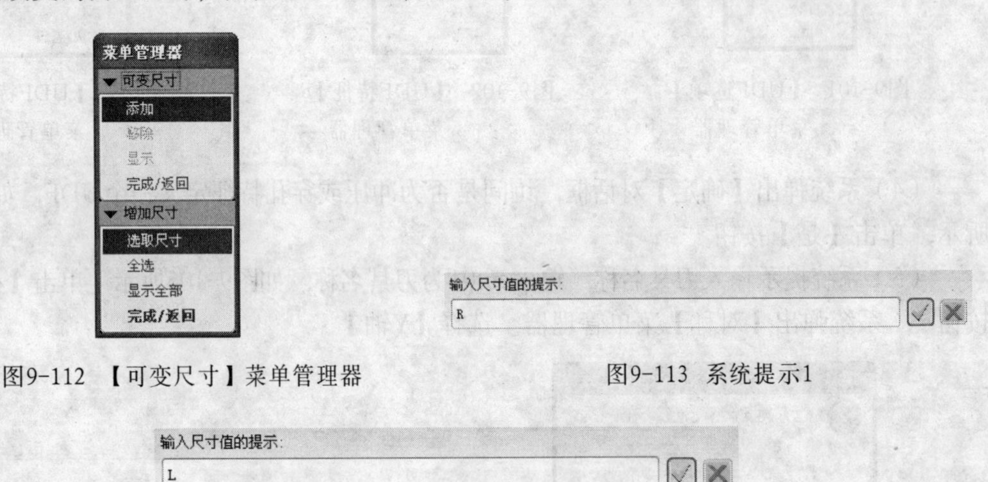

图9-112 【可变尺寸】菜单管理器　　图9-113 系统提示1

输入尺寸值的提示:
L

图9-114 系统提示2

（13）单击【UDF】对话框中的【确定】按钮，完成创建特征的UDF。

重复操作，创建另一个绘制图形的UDF特征，将UDF的名称设置为udf_cut_02。

9.3.5 放置凹槽UDF特征

（1）单击【钣金件】工具栏中的【凹槽】按钮，即如图9-115所示的位置。系统弹出【打开组目录】对话框，选择已完成的UDF特征库udf_cut_01作为凹槽的特征，单击【打开】按钮，系统弹出如图9-116所示的【插入用户定义的特征】对话框。

（2）单击对话框中的【确定】按钮，系统弹出如图9-117所示的【用户定义的特征放置】对话框，系统提示UDF特征要放置的位置。

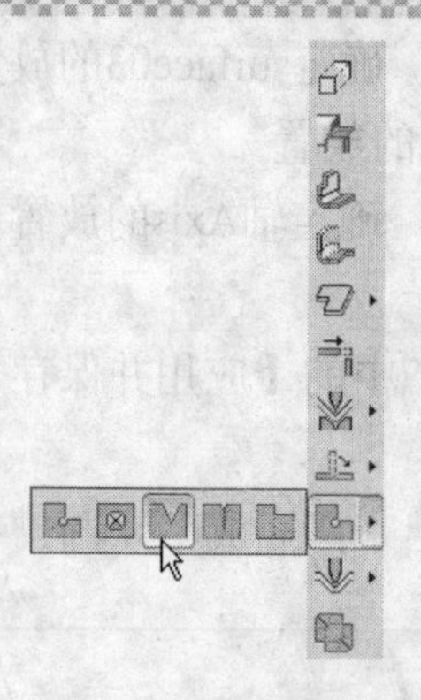

图9-115 工具栏

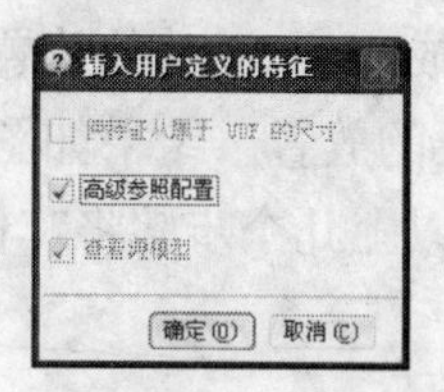

图9-116 【插入用户定义】对话框

（3）现在系统提示surface01曲面所要放置的位置，单击如图9-118所示的面作为surface01的参考面，完成surface01的放置。

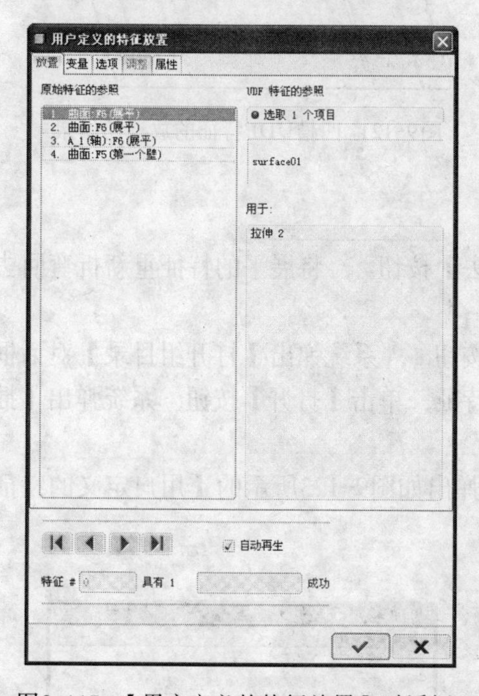

图9-117 【用户定义的特征放置】对话框

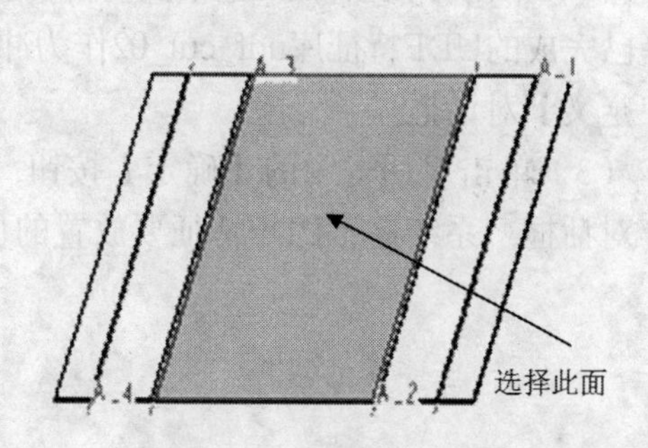

图9-118 surface01的参考面

（4）单击【用户定义的特征放置】对话框中的2选项，确定surface02的放置位置，单击如图9-119所示的面作为surface02的参考面，完成surface02的放置。

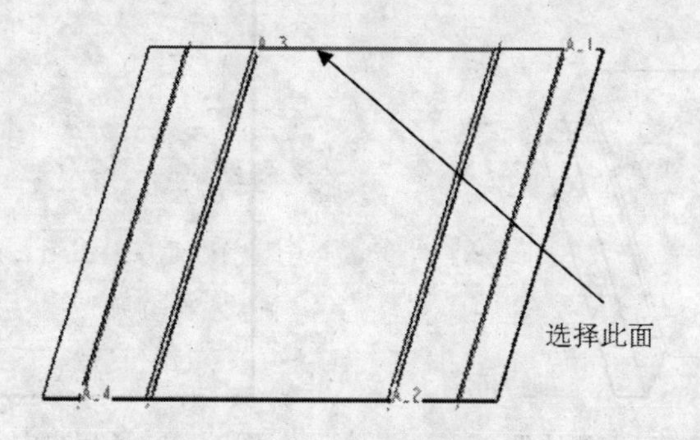

图9-119 surface02的参考面

（5）单击【用户定义的特征放置】对话框中的3选项，确定surface03的放置位置，单击如图9-120所示的面作为surface03的参考面，完成surface03的放置。

（6）单击【用户定义的特征放置】对话框中的4选项，确定轴Axis的放置位置，选择模型中的轴A-2为放置轴Axis的参考，完成Axis的放置。

（7）完成udf_cut_01的放置位置的确定，单击图9-117中的【应用并保存】按钮，完成凹槽UDF特征的放置，结果如图9-121所示。

（8）用以上几个步骤将其他四个角的凹槽特征创建出来，完成UDF凹槽特征的创建。

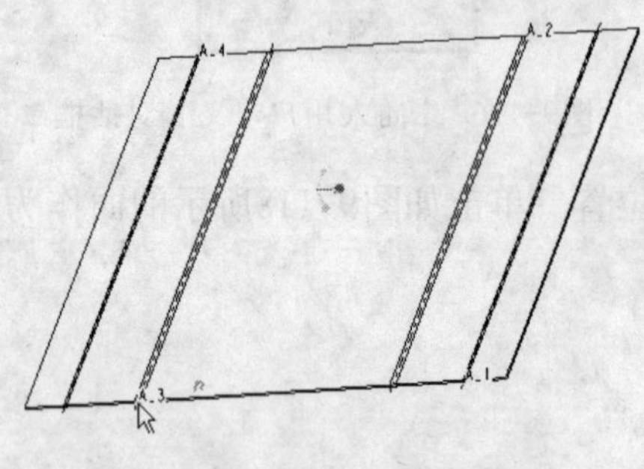

图9-120 surface03的参考面

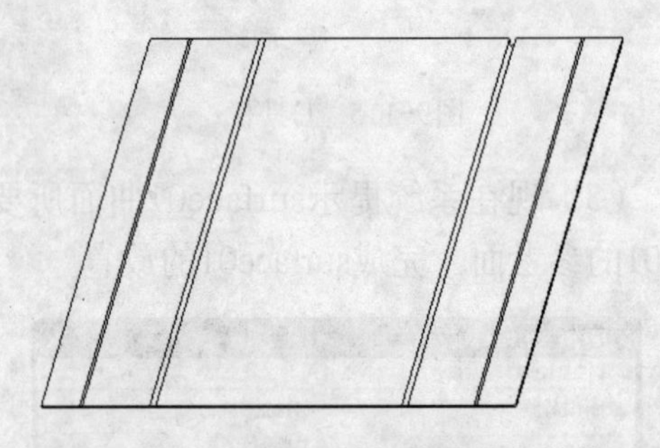

图9-121 凹槽UDF特征的放置的结果

9.3.6 放置冲孔UDF特征

（1）单击【钣金件】工具栏中的【折弯回去】按钮，将展平的特征重新折弯回去，结果如图9-122所示。

（2）单击【钣金件】工具栏中的【冲孔】按钮，系统弹出【打开组目录】对话框，选择已完成的UDF特征库udf_cut_02作为冲孔的特征，单击【打开】按钮，系统弹出【插入用户定义】对话框。

（3）单击对话框中的【确定】按钮，系统弹出如图9-123所示的【用户定义的特征放置】对话框，系统提示UDF特征要放置的位置。

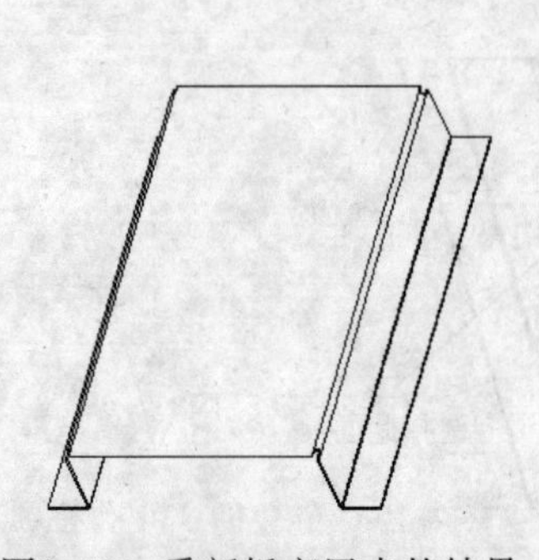

图9-122 重新折弯回去的结果

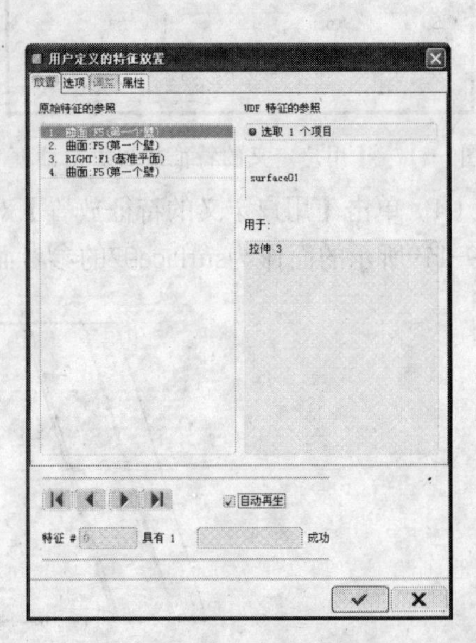

图9-123 【用户定义的特征放置】对话框

（4）现在系统提示surface01曲面所要放置的位置，单击如图9-124所示的面作为surface01的参考面，完成surface01的放置。

（5）单击图9-123中的2选项，确定surface02的放置位置，单击如图9-125所示的面作为surface02的参考面，完成surface02的放置。

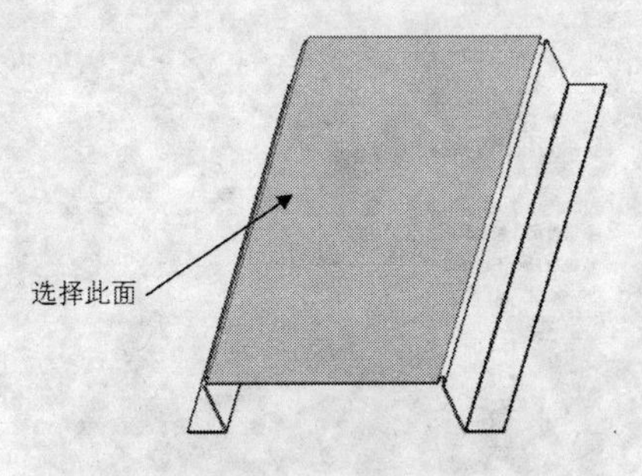

图9-124 surface01的参考面

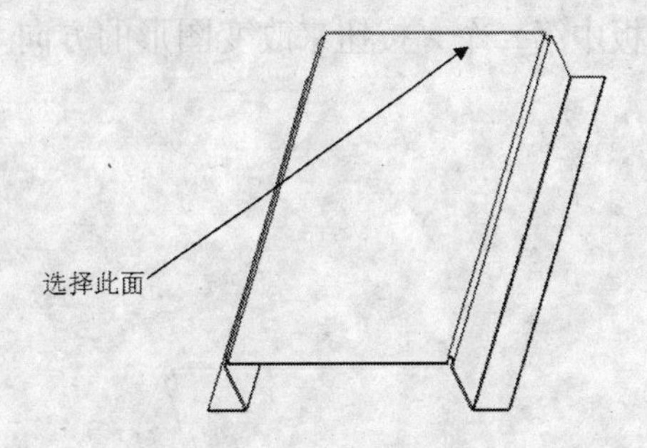

图9-125 surface02的参考面

（6）单击图9-123中的3选项，确定surface03的放置位置，单击如图9-126所示的面作为surface03的参考面，完成surface03的放置。

（7）单击图9-123中的4选项，确定Axis的放置位置，单击如图9-127所示的面作为Axis的参考面，完成Axis的放置。

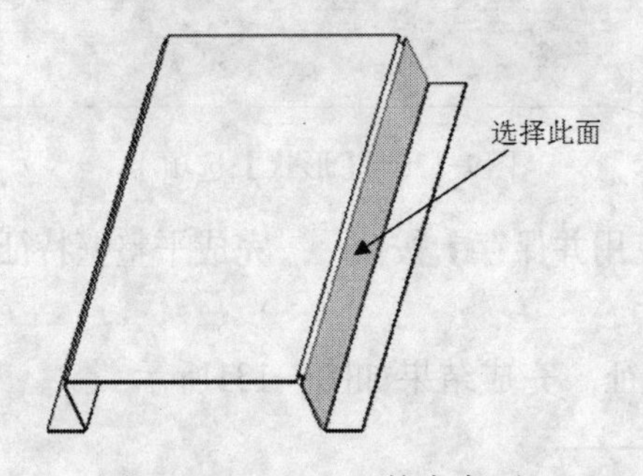

图9-126 surface03的参考面

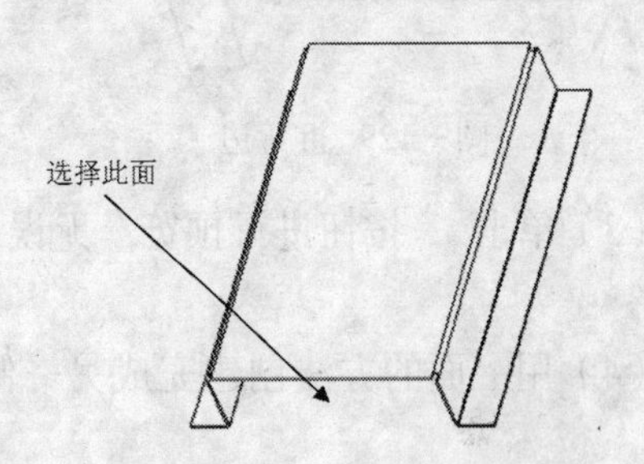

图9-127 Axis的参考面

（8）完成udf_cut_02的放置位置的确定，单击【用户定义的特征放置】对话框中的【应用并保存】按钮，完成冲孔UDF特征的放置。

（9）用上面的方法将上盖的另一个孔的位置放置好，这里有一点要注意，在做完步骤7后，在【用户定义的特征放置】对话框中将其中的尺寸18改为179。完成UDF冲孔特征的放置。

（10）将刚放置好的两个孔进行镜像特征的创建，完成UDF孔特征的创建，结果如图9-128所示。

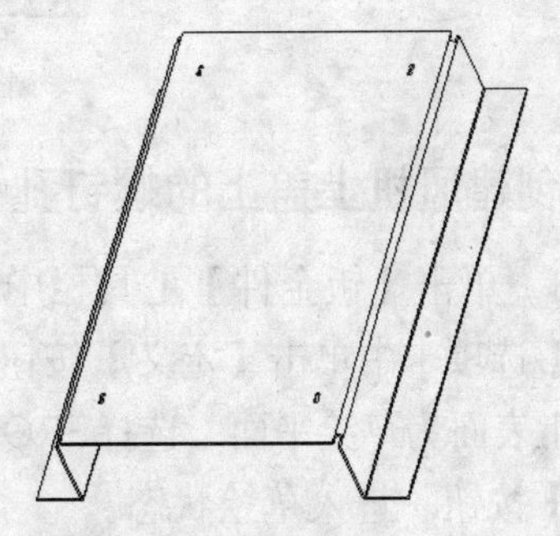

图9-128 创建的UDF孔特征

9.3.7 创建平整壁特征

（1）单击【钣金件】工具栏中的【平整】按钮创建平整壁特征。在【平整壁特征】操控面板中选择如图9-129所示的边作为折弯边，单击【平整壁特征】操控面板中的按钮，改变平整壁的方向。使用系统默认图形形状矩形，再单击【形状】标签，系统弹出如图9-130所示的【形状】选项卡，在高度值处输入值35.0。

（2）这时我们要注意，平整壁并不是与先做好的图形外边缘对齐，单击【视图】工具栏中的【已命名的视图列表】按钮，选择TOP视图，查看是否对齐，用【平整壁特征】操控面板中第二个按钮来改变图形的方向。

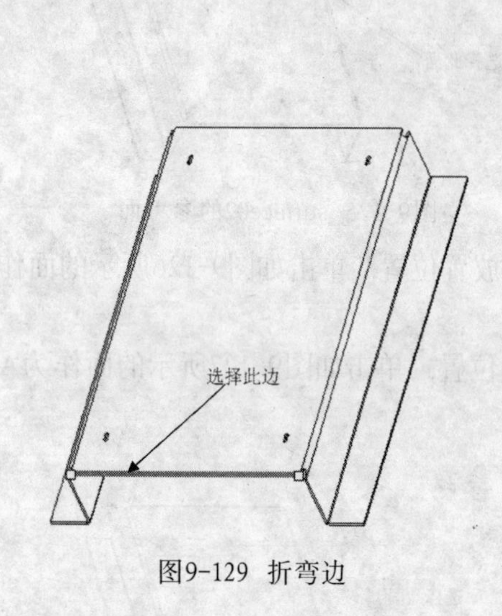

图9-129 折弯边

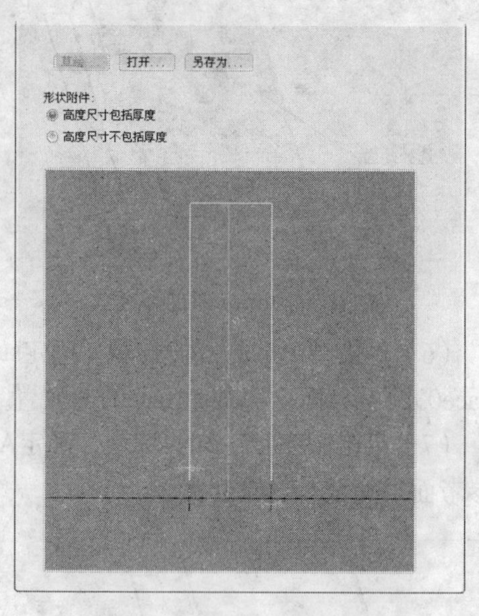

图9-130 【形状】选项卡

（3）单击按钮进行预览，无误后单击【应用并保存】按钮，完成平整壁特征的创建。

（4）用上面的方法创建完成另一侧平整壁特征，完成结果如图9-131所示。

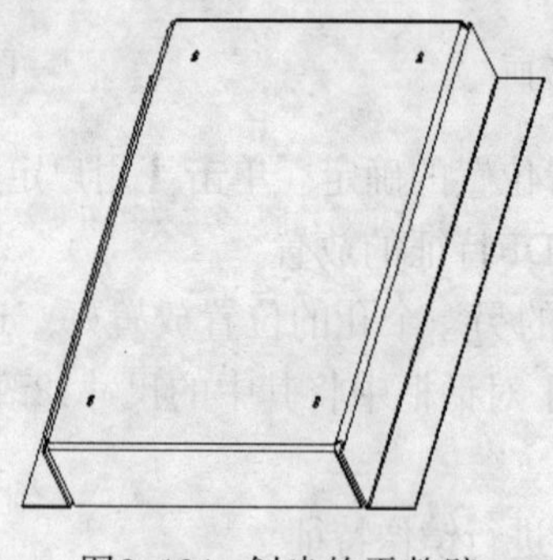

图9-131 创建的平整壁

9.3.8 创建风机上盖上的螺钉孔

（1）单击【钣金件】工具栏中的按钮，在操控面板中单击【移除材料】按钮，在【放置】选项卡中单击【定义】按钮。系统弹出【草绘】对话框，在屏幕绘图区选择模型折弯处的上表面为草绘平面，选择FRONT基准面为绘图的左参考面，单击【草绘】对话框中的【草绘】按钮，进入草绘状态。

（2）选择上盖的外边为参照，绘制如图9-132所示的图形为螺钉孔的截面图形。

（3）单击【草绘器工具】工具栏中的【完成】按钮✓，退出草绘状态。在【拉伸剪切特征】操控面板中，单击⊒按钮，输入拉伸剪切的长度值1.0。单击☑∞按钮进行预览，无误后单击【应用并保存】按钮☑，完成螺钉孔的拉伸剪切特征的创建。

（4）阵列螺钉孔，选中模型树上的螺钉孔特征，单击鼠标右键，在系统弹出的对话框中单击阵列选项，选择阵列的方式为【尺寸】，选择图形上的尺寸20，输入尺寸80，在【阵列数量】文本框内输入数量值3，单击【阵列特征】操控面板中的【应用并保存】按钮☑，完成螺钉孔的阵列。

（5）将刚阵列好的螺钉孔镜像到风机的另一侧，在模型树上选中刚阵列好的螺钉孔特征，单击菜单栏中的【编辑】|【镜像】命令，系统提示选择镜像所参考的平面或边，单击RIGHT基准面为镜像的平面，单击【镜像特征】操控面板中的【应用并保存】按钮☑，完成螺钉孔的镜像特征。完成结果如图9-133所示。

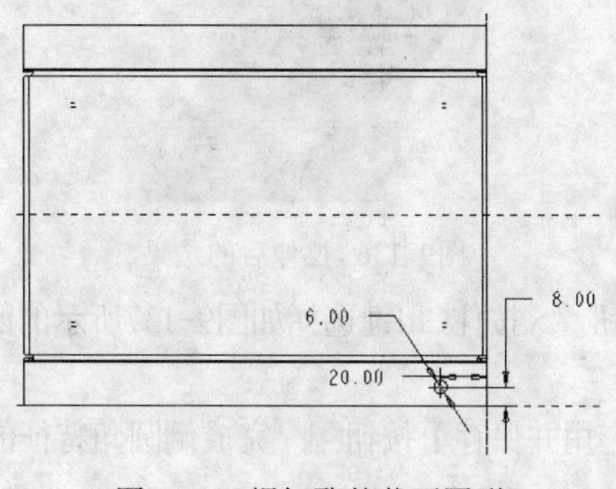

图9-132 螺钉孔的截面图形

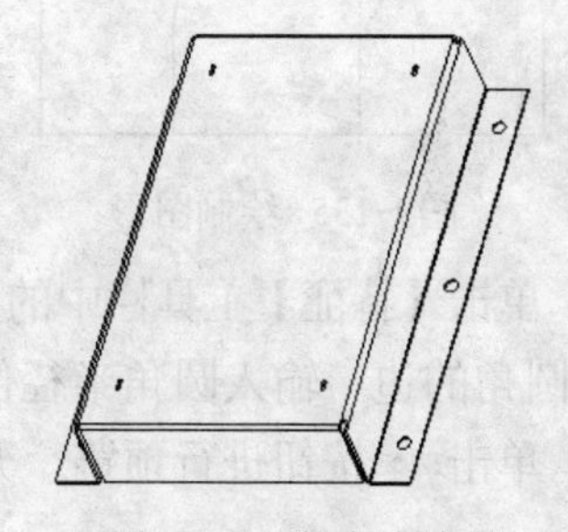

图9-133 完成的结果

（6）保存文件，完成实例练习。

9.4 实例：电暖气操作面板外壳设计（钣金特征操作设计）

下面以电暖气操作面板外壳设计为例，让读者了解在Pro/ENGINEER中怎样将实体特征转换为钣金件。电暖气操作面板外壳完成后的钣金件模型如图9-134所示。

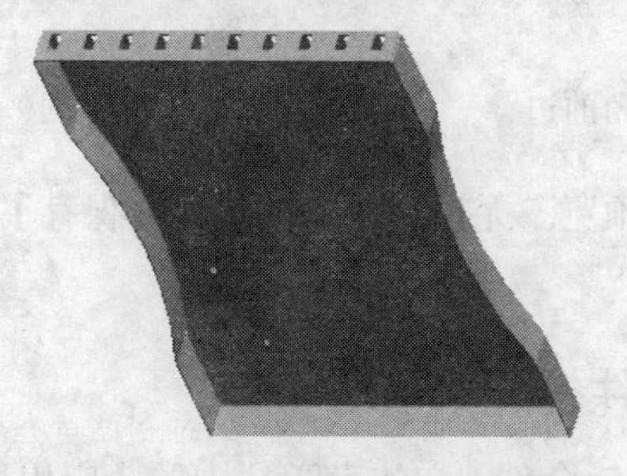

图9-134 完成后的零件模型

9.4.1 创建实体特征

（1）新建零件文件，单击【特征】工具栏中的【拉伸】按钮⊡创建拉伸特征，在打开的【拉伸特征】操控面板中的【放置】选项卡里单击【定义】按钮，系统弹出【草绘】对话框，选择FORNT基准面作为草绘平面，RIGHT基准面为草绘视图的右参考面，单击【草绘】

对话框中的【草绘】按钮，进入草绘状态。

（2）以TOP基准面和RIGHT基准面为参照，绘制如图9-135所示的图形，作为盖板的截面图形。

（3）单击【草绘器工具】工具栏中的【完成】按钮，退出草绘状态。

（4）在【拉伸深度】选项卡中选择拉伸方式为，输入拉伸深度值10。单击按钮进行预览，无误后单击【应用并保存】按钮完成基础模型的创建，结果如图9-136所示。

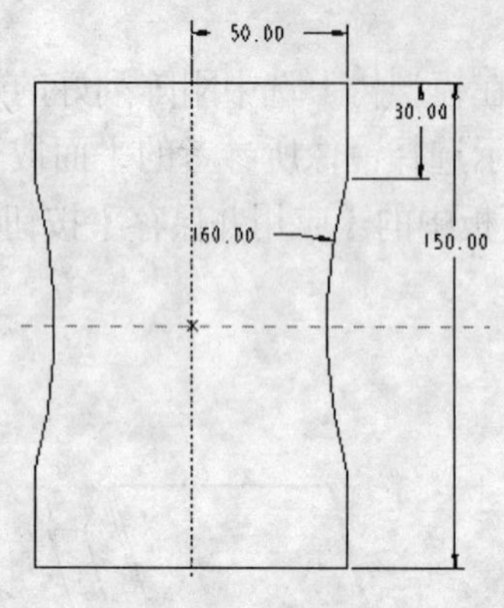

图9-135 绘制图形

图9-136 拉伸后的结果

（5）单击【特征】工具栏中的【倒圆角】按钮，按住Ctrl键选择如图9-137所示的四条边作为倒圆角的边，输入圆角半径值3.0。

（6）单击按钮进行预览，无误后单击【应用并保存】按钮，完成倒圆角特征的创建。

（7）单击【特征】工具栏中的【倒圆角】按钮，按住Ctrl键选择如图9-138所示的边作为倒圆角的边，输入圆角半径值1.0。

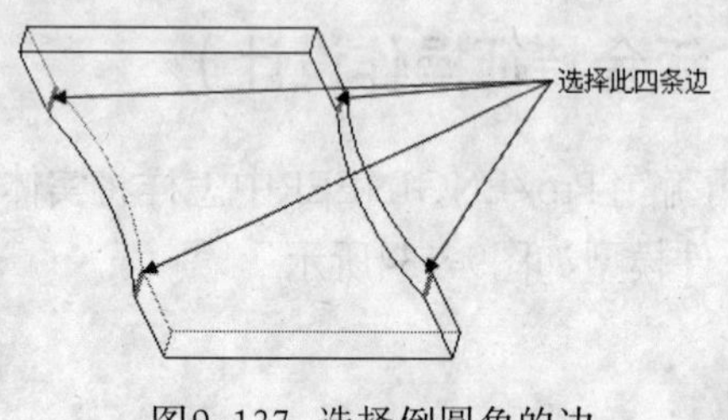

图9-137 选择倒圆角的边

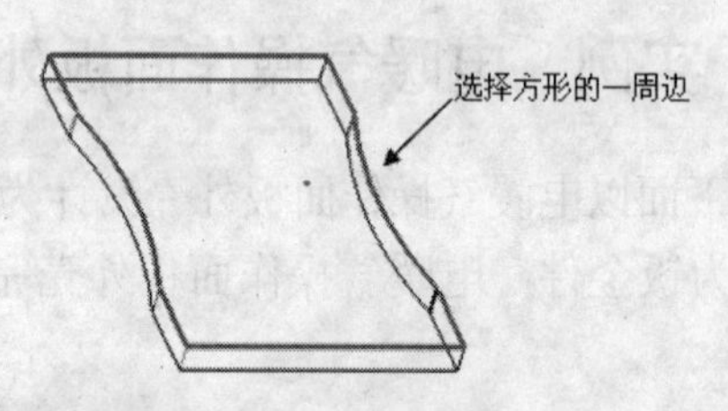

图9-138 选择倒圆角的边

（8）单击按钮进行预览，无误后单击【应用并保存】按钮，完成倒圆角特征的创建。

9.4.2 将实体转换为钣金件

（1）将实体特征转换为钣金件。单击菜单栏中的【应用程序】|【钣金件】命令，系统弹出如图9-139所示的【钣金件转换】菜单管理器。选择其中的【壳】选项，系统弹出如图9-140所示的【特征参考】菜单管理器。

（2）系统提示选择一个或多个要删除的曲面，选择如图9-141所示的平面作为删除的曲面，即没倒圆角侧的平面，选择【完成参考】选项，系统打开提示栏，提示输入薄壳的厚度，输入厚度值0.5。

图9-139 【钣金转换】菜单管理器

图9-140 【特征参考】菜单管理器

（3）单击【接受值】按钮☑，完成实体转换为钣金件的特征操作，结果如图9-142所示。

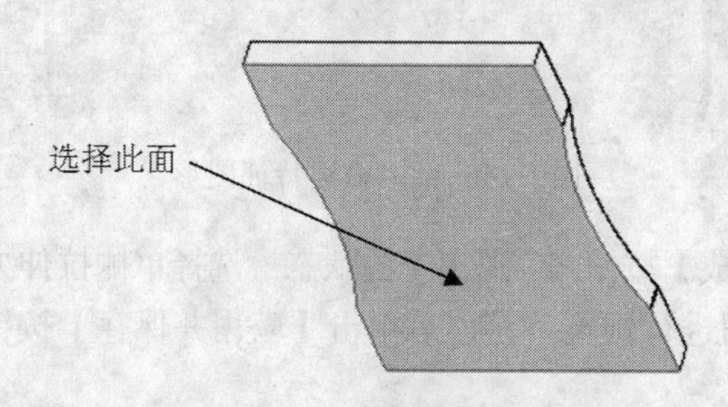

图9-141 选择删除的曲面

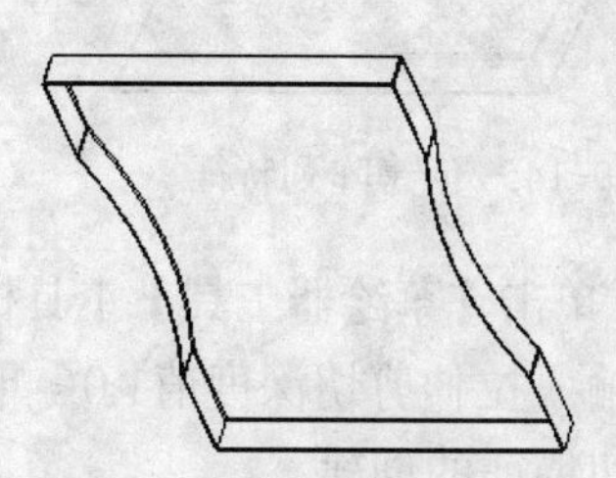

图9-142 转换为钣金件

9.4.3 创建散热孔

（1）单击【钣金件】工具栏中的按钮创建拉伸剪切特征，单击【移除材料】按钮，在【拉伸特征】操控面板中的【放置】选项卡中单击【定义】按钮，系统弹出【草绘】对话框，选择如图9-143所示的平面作为草绘平面，使用系统默认参考面，单击【草绘】对话框中的【草绘】按钮，进入草绘状态。

（2）按照系统默认参照，绘制如图9-144所示的图形作为散热孔截面图形。

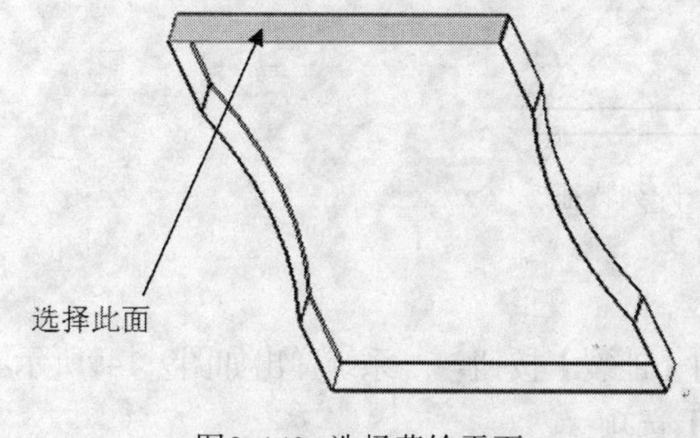

图9-143 选择草绘平面

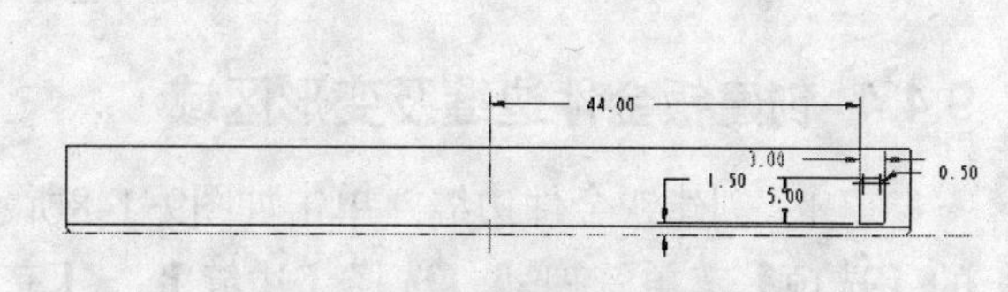

图9-144 绘制散热孔截面图形

（3）单击【草绘器工具】工具栏中的【完成】按钮✓，退出草绘状态。

（4）选择单侧拉伸方式为，输入拉伸剪切深度值1.0。单击按钮进行预览，无误后单击【应用并保存】按钮☑完成剪切特征的创建。

（5）将刚创建好的方孔进行阵列，在模型树中选中刚创建好的拉伸剪切特征，单击鼠标右键，在弹出的快捷菜单中选择【阵列】选项，系统弹出【阵列特征】操控面板，选择阵列的方式为尺寸阵列，单击模型中的尺寸值44，输入尺寸－10，阵列数量为10，单击【阵列特征】操控面板中的【应用并保存】按钮☑，完成阵列特征的创建，结果如图9-145所示。

（6）单击【钣金】工具栏中的按钮创建拉伸剪切特征，单击【拉伸特征】操控面板中【放置】选项卡中的【定义】按钮，系统弹出【草绘】对话框，选择模型的上表面作为草绘平面，使用系统默认参考面，单击【草绘】对话框中的【草绘】按钮，进入草绘状态。

（7）选择刚创建好的方孔外边作为绘图参照，绘制如图9-146所示的图形作为截面特征图形。

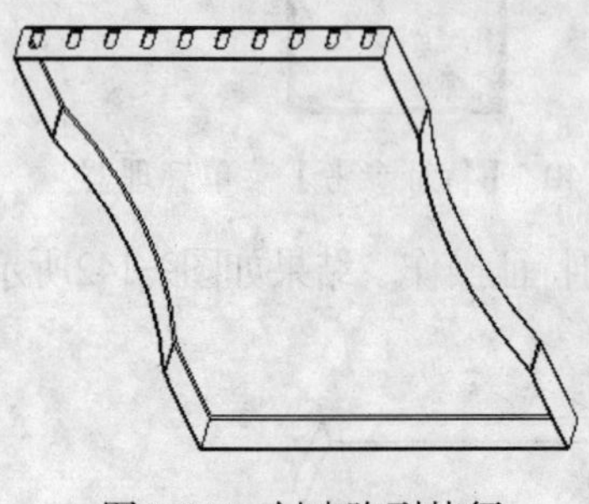

图9-145 创建阵列特征

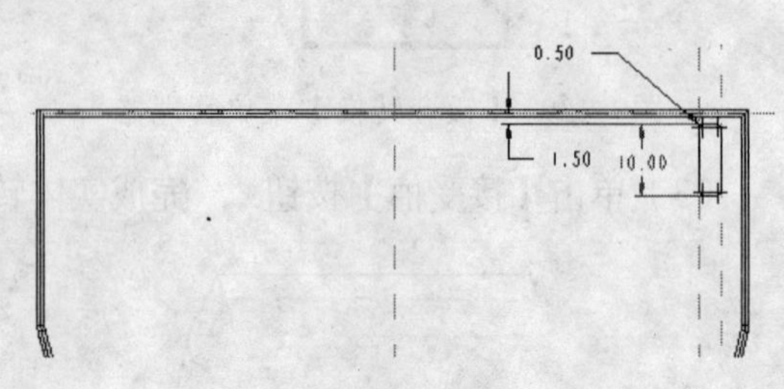

图9-146 绘制截面特征图形

（8）单击【草绘器工具】工具栏中的【完成】按钮，退出草绘状态。选择单侧拉伸方式为，输入拉伸剪切深度值1.0。单击按钮进行预览，无误后单击【应用并保存】按钮完成剪切特征的创建。

（9）将刚创建好的方孔进行阵列，在模型树中选中刚创建好的拉伸剪切特征，单击鼠标右键，在弹出的快捷菜单中选择【阵列】选项，系统弹出【阵列特征】操控面板，选择阵列的方式为方向阵列，单击模型下边缘线，输入尺寸10，阵列数量为10，单击【阵列特征】操控面板中的【应用并保存】按钮，完成阵列特征的创建，如图9-147所示。

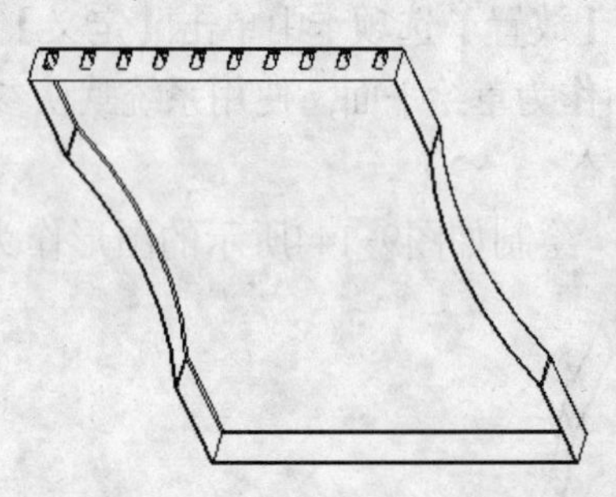

图9-147 创建第2个阵列特征

9.4.4 创建钣金件边缝及变形区域

（1）创建钣金件边缝，单击如图9-148所示的【扯裂】按钮，系统弹出如图9-149所示的【选项】菜单管理器，选择【边缝】、【完成】选项。

（2）系统弹出如图9-150所示的【割裂】对话框和如图9-151所示的【割裂工件】菜单管理器。

（3）系统提示选择要创建边缝的边，选择如图9-152所示的四条边作为创建边缝的边。

（4）单击【割裂工件】菜单管理器中的【完成集合】选项，在【割裂】对话框中单击【预览】按钮，确定无误后，单击【确定】按钮，完成边缝特征的创建。

（5）绘制折弯变形区域，选择【插入】|【折弯操作】|【变形区域】菜单命令，系统弹出如图9-153所示的【变形区域】对话框及如图9-154所示的【设置草绘平面】菜单管理器。

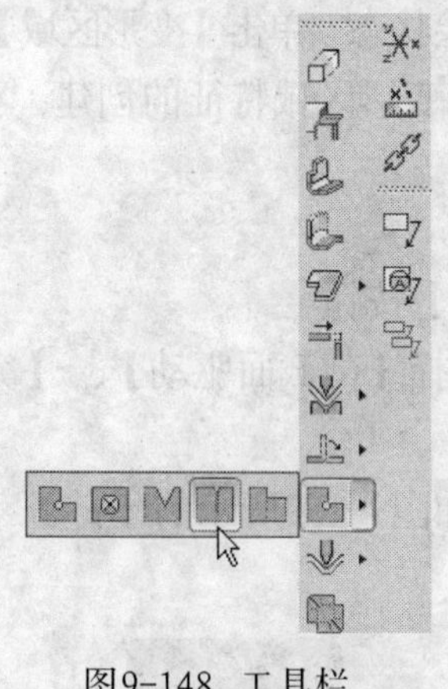

图9-148　工具栏

图9-149　【选项】菜单管理器

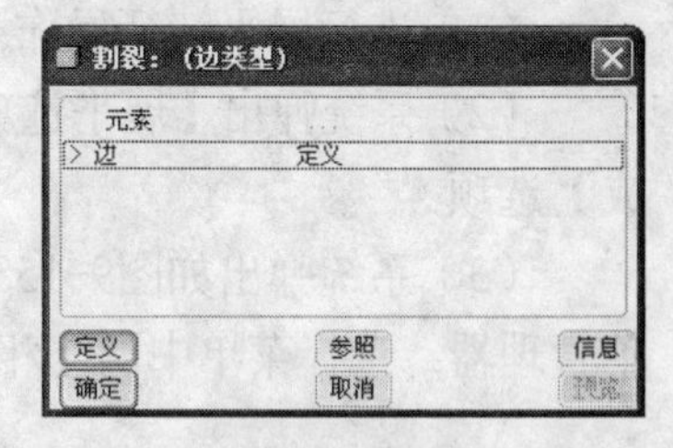

图9-150　【割裂】对话框

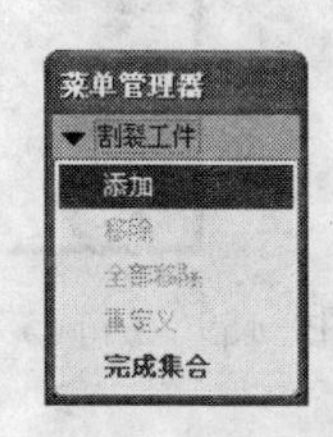

图9-151　【裂缝工件】菜单管理器

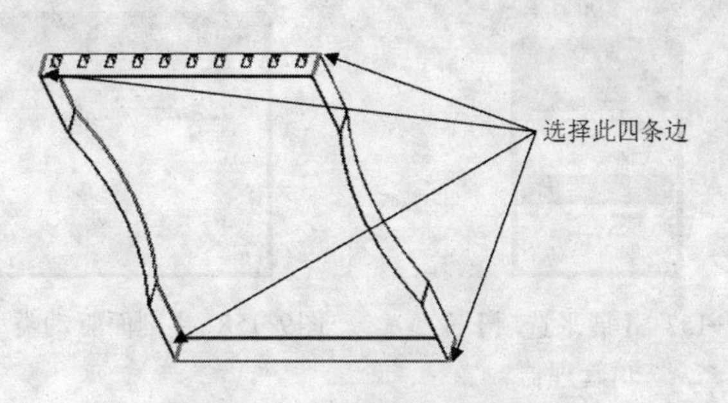

图9-152　选择创建边缝的边

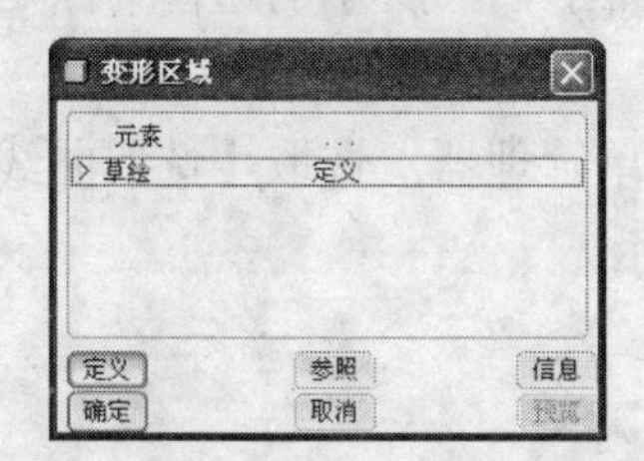

图9-153　【变形区域】对话框

图9-154　【设置草绘平面】菜单管理器

（6）系统提示选择草绘平面，选取如图9-155所示的表面作为草绘平面，选取默认的草绘视图，选择【缺省】，系统进入草绘状态。

（7）进入草绘环境后，选取如图9-156所示的两条边作为草绘参照，绘制如图9-156所示的变形区域线。

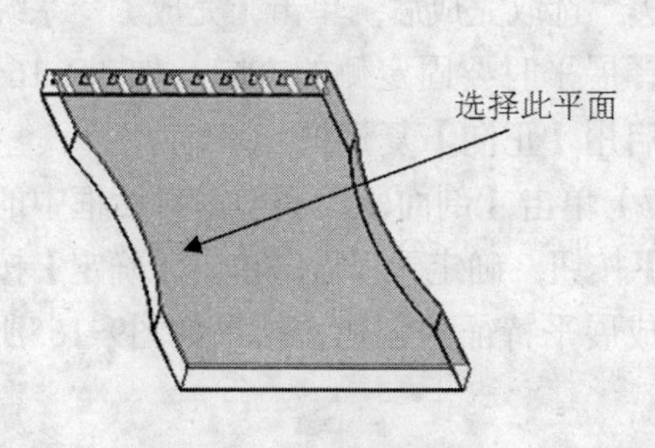

图9-155　选取草绘平面

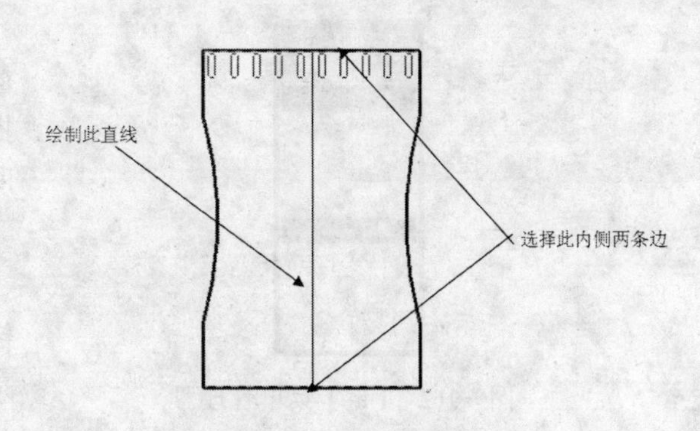

图9-156　绘制变形区域线

（8）单击【草绘器工具】工具栏中的【完成】按钮✓，退出草绘状态。单击【变形区域】对话框中的【预览】按钮，确定无误后，单击【确定】按钮，完成变形区域特征的创建。

9.4.5 创建展平特征

（1）进行展平特征操作，单击【钣金件】工具栏中的【展平】按钮。

（2）系统弹出【展平选项】菜单管理器，如图9-157所示，选择【剖截面驱动】、【完成】选项。

（3）系统弹出如图9-158所示的【剖面驱动类型】对话框及如图9-159所示的【链】菜单管理器，选择菜单中的【相切链】选项。

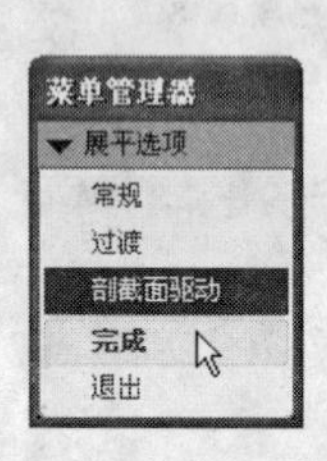

图9-157 【展平选项】菜单管理器

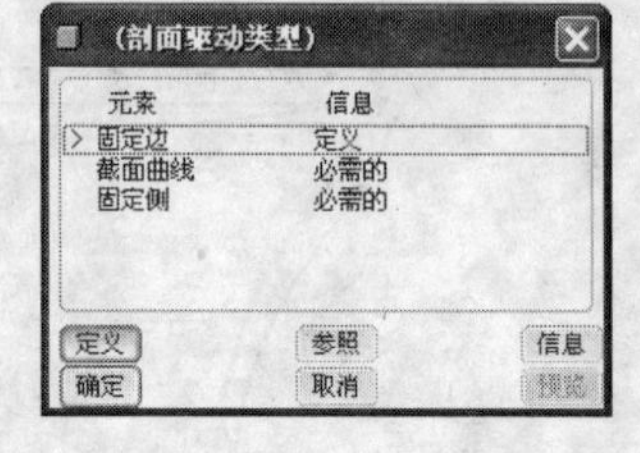

图9-158 【剖面驱动类型】对话框

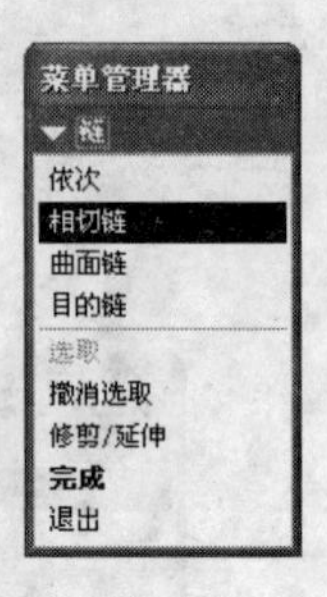

图9-159 【链】菜单管理器

（4）系统提示选择要展平时保持固定的边，选择如图9-160所示的边作为固定边。单击【链】菜单管理器中的【完成】选项。

（5）系统弹出如图9-161所示的【剖截面曲线】菜单管理器，选取【选取曲线】、【完成】选项，系统打开【链】菜单管理器，如图9-162所示。

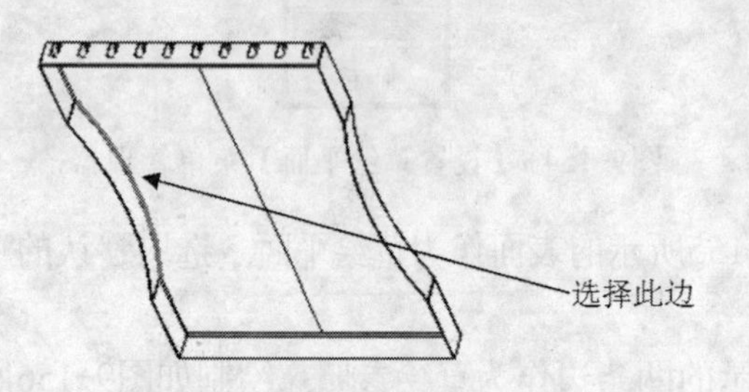

图9-160 选择固定边

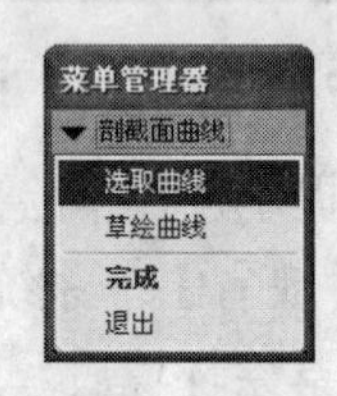

图9-161 【剖截面曲线】菜单管理器

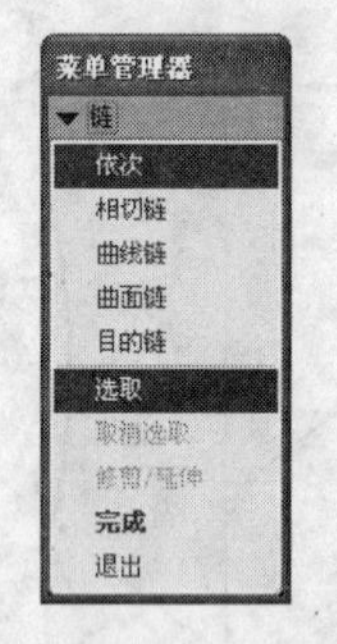

图9-162 【链】菜单管理器

（6）选择如图9-163所示的边作为控制截面的边，选取完成后，单击【完成】。系统提示选择展平时要固定侧的方向，如图9-164所示，启用【正向】复选框。

（7）单击【剖面驱动类型】对话框中的【预览】按钮，确定无误后，单击【确定】按钮，完成展平特征的创建。结果如图9-165所示。

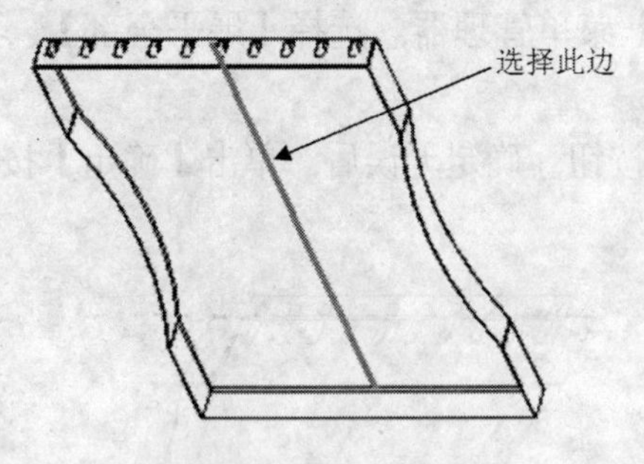

图9-163 控制截面的边

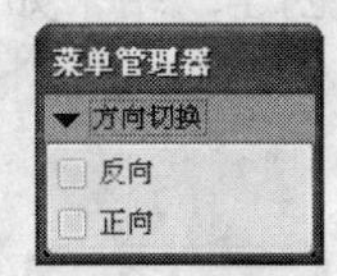

图9-164 【方向切换】菜单管理器

（8）对盖板的另一侧进行展平特征的创建，结果如图9-166所示。

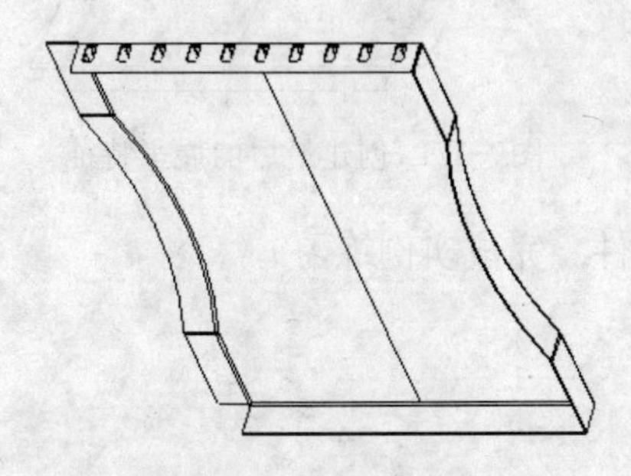

图9-165 创建展平特征

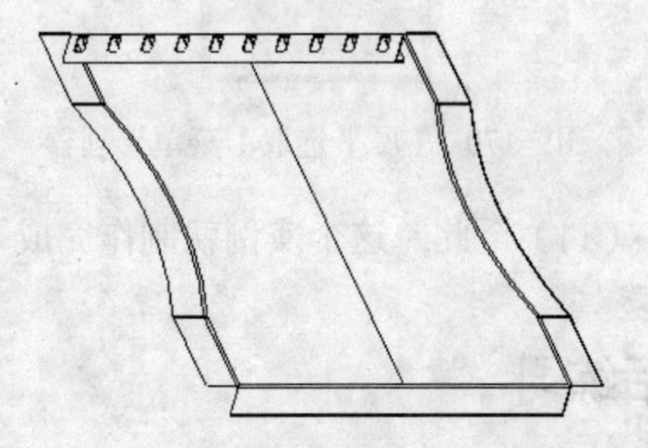

图9-166 另一侧进行展平特征的创建

（9）将盖板的前后面板进行展平特征的创建。

（10）单击【钣金件】工具栏中的【展平】按钮，系统弹出如图9-167所示的【展平选项】菜单管理器，选择【常规】展平方式，然后选择【完成】。系统弹出如图9-168所示的【规则类型】对话框。

图9-167 【展平选项】菜单管理器

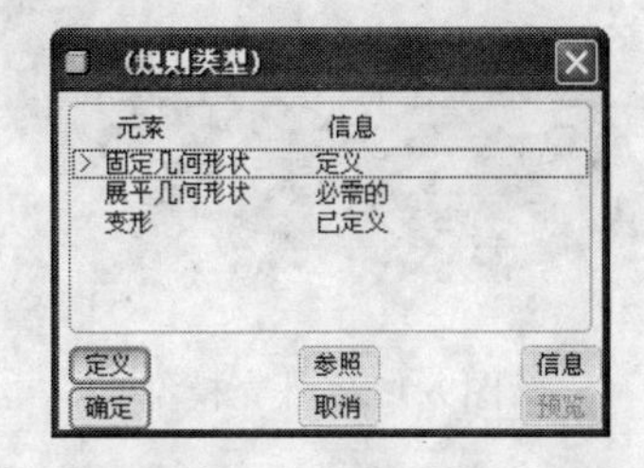

图9-168 【规则类型】对话框

（11）系统提示选择当展平/折弯回去时保持固定的平面或边，选取如图9-169所示的平面作为保持不变的平面。

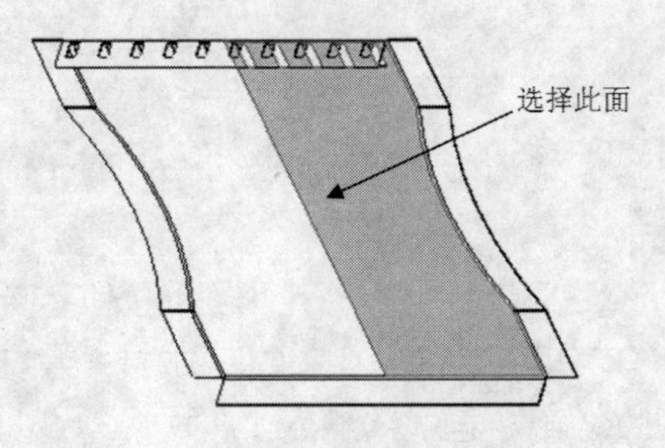

图9-169 选取平面

（12）系统弹出如图9-170所示的【展平选取】菜单管理器，选择【展平全部】、【完成】选项。

（13）单击【规则类型】对话框中的【预览】按钮，确定无误后，单击【确定】按钮，完成展平特征的创建，结果如图9-171所示。

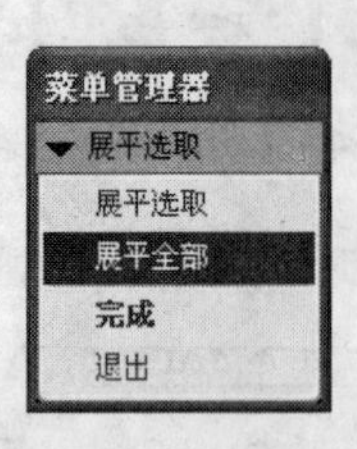

图9-170 【展平选取】菜单管理器

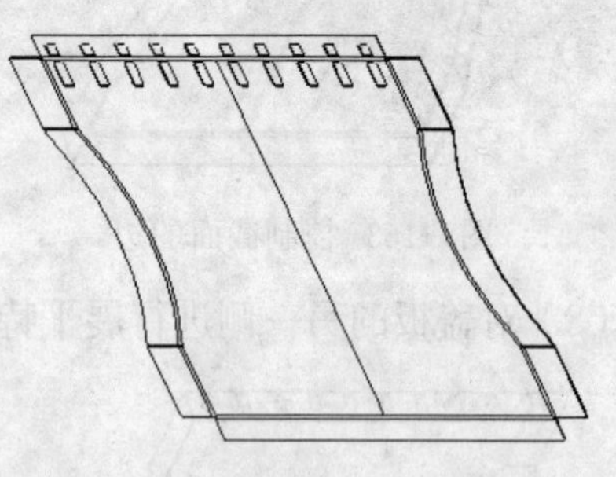

图9-171 创建最后的展平特征

（14）至此，这个实例就制作完成了，保存文件，完成实例练习。

课后练习

1. 创建如图9-172所示的钣金件基础特征。
2. 使用凹槽与冲孔的设计方法创建如图9-173所示的安装架钣金件。

图9-172 外壳模型

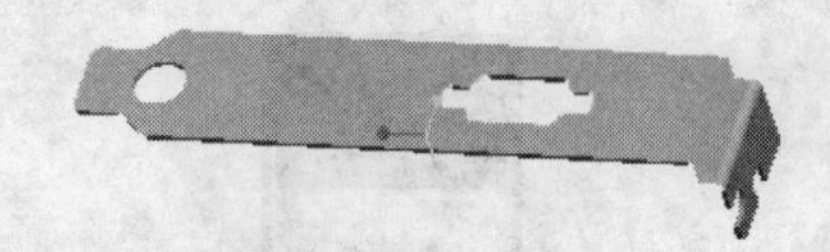

图9-173 安装架